Deck
Der Itô-Kalkül

Thomas Deck

Der Itô-Kalkül

Einführung und Anwendungen

 Springer

Dr. habil. Thomas Deck
Fakultät für Mathematik und Informatik
Universität Mannheim
Seminargebäude A5
68131 Mannheim, Deutschland
e-mail: deck@math.uni-mannheim.de

Bibliografische Information der Deutschen Bibliothek

Die Deutsche Bibliothek verzeichnet diese Publikation in der Deutschen Nationalbibliografie;
detaillierte bibliografische Daten sind im Internet über http://dnb.ddb.de abrufbar.

Mathematics Subject Classification (2000): 60-01, 60H05, 60H10, 60G35, 60G44,
91B28

ISBN-10 3-540-25392-0 Springer Berlin Heidelberg New York
ISBN-13 978-3-540-25392-1 Springer Berlin Heidelberg New York

Springer ist ein Unternehmen von Springer Science+Business Media

springer.de

© Springer-Verlag Berlin Heidelberg 2006
Printed in Germany

Umschlaggestaltung: *design & production* GmbH, Heidelberg
Herstellung: LE-TEX Jelonek, Schmidt & Vöckler GbR, Leipzig
Satz: Digitale Druckvorlage des Autors
Gedruckt auf säurefreiem Papier   44/3142YL - 5 4 3 2 1 0

Vorwort

Der *Itô-Kalkül* ist ein Differentialkalkül für (gewisse) stochastische Prozesse. Er bildet zusammen mit Martingalen den mathematischen Kern der sogenannten *stochastischen Analysis*. In dieser Disziplin sind Wahrscheinlichkeitstheorie und Analysis eng verzahnt, und sie besitzt viele Anwendungen in den Naturwissenschaften, in Technik und Ökonomie. Ihre Anwendungsgebiete expandieren ständig, sodass neben Stochastikern auch zunehmend mathematisch arbeitende „Nicht-Stochastiker" (Mathematiker wie Anwender) dieses Werkzeug einsetzen. Ein gewisses Problem besteht darin, dass stochastische Analysis *essenziell auf Maß- und Wahrscheinlichkeitstheorie aufbaut*, und dass diese Grundlage vielen Nicht-Stochastikern nur wenig vertraut ist. Ein mathematisch nachvollziehbarer Aufbau wird dadurch erschwert. Dennoch ist ein solcher Aufbau Voraussetzung für einen sicheren Umgang mit der stochastischen Analysis: Gerade in dieser Disziplin führen heuristische Argumente leicht zu falschen Schlüssen, und so manches korrekte Resultat ist intuitiv nur schwer nachvollziehbar. Daher kann auf eine mathematisch saubere Fundierung kaum verzichtet werden.

Moderne Lehrbücher über (allgemeine) stochastische Integrale wählen ausnahmslos einen Zugang über *Semimartingale*, was letztlich durch ein sehr allgemeines stochastisches Integral belohnt wird. Dieser Weg besitzt jedoch zwei Nachteile: Erstens ist er aufgrund der benötigten Vorbereitungen (über Semimartingale) für Anwender fast nicht gehbar, und auch für Mathematiker ist er lang und steinig (auch wenn gelegentlich anderes behauptet wird). Zweitens basiert der größte Teil aller Anwendungen auf dem Itô-Integral der Brownschen Bewegung, und dieses lässt sich schon mit viel weniger Voraussetzungen weitgehend vollständig darstellen. Der vorliegende Text umgeht diese beiden Nachteile. Er besteht aus zwei etwa gleich großen Hauptteilen (entsprechend zwei zweistündigen Vorlesungen) und wird durch Anwendungskapitel ergänzt. Im ersten Teil, Kapitel 2, 4 und 5, wird mit „minimalen" mathematischen Voraussetzungen der Itô-Kalkül entwickelt. Mit *minimalen Voraussetzungen* ist Folgendes gemeint: Erstens ist dafür bereits eine

Einführung in die Wahrscheinlichkeitstheorie ausreichend, vorausgesetzt es werden dabei die *Grundbegriffe* der Maß- und Integrationstheorie mit behandelt. (Kapitel 1 gibt einen vollständigen Überblick der benötigten Voraussetzungen.) Zweitens wird der Itô-Kalkül völlig ohne Martingale entwickelt, sodass deutlich weniger stochastisches Instrumentarium als üblich benötigt wird. Und drittens werden Ergänzungen über Maß- und Wahrscheinlichkeitstheorie nur nach Bedarf entwickelt, dort wo sie erstmals benötigt werden. All dies gestattet einen schnelleren Zugang zum Itô-Kalkül als die auf Martingalen basierenden Darstellungen. Um die Eigenschaften des Itô-Integrals zügig zu entwickeln wurde vieles weggelassen, was dafür nicht zweckdienlich ist (z.B. Stratonovich-Integrale). Der erste Teil des Buches schließt ab mit dem Itôschen Differentialkalkül. Er ist für vieles eine ausreichende Grundlage, z.B. für wesentliche Aspekte stochastischer Differentialgleichungen. Letztere werden in den Anwendungskapiteln 3 und 6 dargestellt.

Der zweite Hauptteil des Buches, Kapitel 7 bis 10, behandelt den Zusammenhang zwischen Itô-Integralen und stetigen Martingalen. Nur das absolut Notwendige wird über Martingale bewiesen; die Theorie stetiger Semimartingale wird (bis auf Anmerkungen) ausgeklammert. Dies ist zwar bedauerlich, aber Tatsache ist, dass an *weiterführender* Literatur zu diesem Themenkreis (im Gegensatz zu einführenden Texten) kein Mangel besteht. Außerdem gestattet die Beschränkung auf Martingale in vielen Fällen eine vereinfachte Beweisführung, ohne dass darunter die Essenz der Resultate wesentlich leidet. Dies gilt z.B. für die Lévysche Martingalcharakterisierung der Brownschen Bewegung, welche im vorliegenden Text eine noch zentralere Rolle spielt als sonst. Itô-Integrale lassen sich nicht nur auf Martingale anwenden (z.B. in Form des Integraldarstellungssatzes für Martingale), sondern umgekehrt liefern auch Martingalargumente weitergehende Aussagen über Itô-Integrale. Martingale sind damit nicht nur wegen ihrer Anwendungsrelevanz von Interesse (wie in Kapitel 11 – Optionspreise – dargestellt), sondern sie sind auch für den Beweis von tiefer liegenden Eigenschaften des Itô-Integrals geradezu unentbehrlich.

Die vorliegende Einführung ist, basierend auf Kapitel 1, weitgehend selbstkonsistent. Sie wendet sich an Studierende der Mathematik und an mathematisch orientierte Anwender, die an einem direkten Zugang zum Itô-Kalkül interessiert sind, *ohne* dabei auf vollständige Beweise verzichten zu wollen. Obwohl auf Ausführlichkeit Wert gelegt wird sind ein paar Beweise doch etwas schwieriger, vor allem im zweiten Teil des Textes. Beim ersten Lesen können diese zurückgestellt werden; dies gilt auch für Sätze mit *, welche im Haupttext nicht weiter benötigt werden. Vereinzelt sind Übungsaufgaben in den Text gestreut, die nummerierten Aufgaben werden im Anhang gelöst. Dem Anfang jedes Kapitels ist eine kurze Orientierung vorangestellt.

Mannheim, im Mai 2005   *Thomas Deck*

Inhaltsverzeichnis

1

Mathematische Voraussetzungen

In diesem Kapitel werden die benötigten Voraussetzungen über Maße, Integrale und Wahrscheinlichkeiten zusammengestellt. Es dient zur allgemeinen Orientierung, zur Festlegung von Notationen, und als Referenz für spätere Kapitel. Sätze werden hier keine bewiesen. Ihre Relevanz für das Folgende wird aber diskutiert und an einige Konstruktionen, auf die später Bezug genommen wird, wird erinnert. Diese Zusammenstellung eignet sich sicherlich nicht als Einführung in die mathematischen Grundlagen; hierzu findet man etwa in [BN] in kurzer und vollständiger Form alles Benötigte. Ausführlichere Standardwerke über Maß- und Integrationstheorie sind [Ba1,El]; für Wahrschenlichkeitstheorie sei auf [Ba2] verwiesen. Am Ende dieses Kapitels wird kurz auf sonstige mathematische Voraussetzungen eingegangen.

1.1 Voraussetzungen über Maß- und Integrationstheorie

In der Maßtheorie geht es zunächst darum ein "Maß" $\mu(A)$ für *möglichst viele* Teilmengen A einer Grundmenge Ω festzulegen. Ein Grundproblem ist, dass $\mu(A)$ i.A. nicht für *alle* $A \subset \Omega$ definierbar ist, wenn μ gewisse Mindestbedingungen erfüllen soll (etwa die Translationsinvarianz von μ für $\Omega = \mathbb{R}^3$). Es hat sich aber gezeigt, dass es einen Typ von *Mengensystemen* $\mathcal{F}$ über Ω gibt (d.h. eine Menge $\mathcal{F}$ von Teilmengen $A \subset \Omega$), für welchen die Festlegung eines Maßbegriffs mit hinreichend allgemeinen Grundeigenschaften möglich ist:

Definition. Eine *σ-Algebra $\mathcal{F}$ über einer (nichtleeren) Menge Ω* ist ein System von Teilmengen $A \subset \Omega$ mit folgenden Eigenschaften:

(S1) $\Omega \in \mathcal{F}$.

(S2) $A \in \mathcal{F} \Rightarrow A^c \in \mathcal{F}$ (A^c bezeichnet das Komplement von A).

(S3) $A_n \in \mathcal{F}$ für alle $n \in \mathbb{N} \Rightarrow \cup_{n \in \mathbb{N}} A_n \in \mathcal{F}$.

Ist $\mathcal{H}$ ein Teilsystem von $\mathcal{F}$, also $\mathcal{H} \subset \mathcal{F}$, welches ebenfalls eine σ-Algebra über Ω ist heißt *Unter-σ-Algebra von $\mathcal{F}$*.

Bemerkungen. 1. Das Paar $(\Omega, \mathcal{F})$ stellt die Grundlage zur Definition von Maßen dar und wird als *Messraum* oder auch als *messbarer Raum* bezeichnet. 2. Aus (S1) und (S2) folgt $\emptyset \in \mathcal{F}$. Das Mengensystem $\{\Omega, \emptyset\}$ ist die kleinste σ-Algebra über Ω, das System aller Teilmengen von Ω (die *Potenzmenge* $\mathcal{P}(\Omega)$) ist die größte σ-Algebra über Ω. 3. Aus (S2) und (S3) folgt, dass mit $A_n \in \mathcal{F}$ auch $\cap_{n \in \mathbb{N}} A_n \in \mathcal{F}$ gilt. *Abzählbare* Mengenoperationen führen also nicht aus einer σ-Algebra heraus. Dies ist für Grenzwerteigenschaften wichtig.

Der Umgang mit σ-Algebren ist meistens nicht besonders schwierig. Dies soll anhand einiger Grundbegriffe nun kurz diskutiert werden:

1. Ist ein beliebiges Mengensystem $\mathcal{A}$ über Ω gegeben, so gibt es eine kleinste σ-Algebra, genannt *die von $\mathcal{A}$ erzeugte σ-Algebra* $\sigma(\mathcal{A})$, welche $\mathcal{A}$ enthält. Per Definition heißt dies, dass jede weitere σ-Algebra $\mathcal{F}$ welche $\mathcal{A}$ enthält auch $\sigma(\mathcal{A})$ enthält. $\sigma(\mathcal{A})$ besteht aus genau denjenigen $A \subset \Omega$ welche in *jeder* σ-Algebra $\mathcal{F} \supset \mathcal{A}$ enthalten sind.

2. Ist umgekehrt eine σ-Algebra $\mathcal{F}$ über Ω gegeben, so nennt man ein Teilsystem $\mathcal{E} \subset \mathcal{F}$ einen *Erzeuger von $\mathcal{F}$*, wenn $\sigma(\mathcal{E}) = \mathcal{F}$ gilt.

3. Die Mengen einer σ-Algebra sind (bis auf wenige Ausnahmen) fast nie explizit bekannt. Diese "technische Schwierigkeit" ist aber beherrschbar, denn meist genügt es Eigenschaften nur für einen Erzeuger $\mathcal{E}$ von $\mathcal{F}$ nachzuweisen. $\mathcal{E}$ ist im Gegensatz zu $\sigma(\mathcal{E})$ häufig explizit bekannt.

4. Ist $\mathcal{F}$ eine σ-Algebra über Ω, so definiert

$$\mathcal{F} \cap \Omega_0 := \{A \cap \Omega_0 \mid A \in \mathcal{F}\}$$

eine σ-Algebra über $\Omega_0 \subset \Omega$, die sogenannte *Spur-σ-Algebra*.

Definition. Es seien $(\Omega, \mathcal{F})$ und $(\Omega', \mathcal{F}')$ zwei Messräume. Eine Abbildung $T : \Omega \to \Omega'$ heißt $\mathcal{F} - \mathcal{F}'$-*messbar* (oder kurz: $T : (\Omega, \mathcal{F}) \to (\Omega', \mathcal{F}')$ heißt *messbar*), wenn für das Urbild jeder Menge $A' \in \mathcal{F}'$ gilt:

$$T^{-1}(A') := \{\omega \in \Omega \mid T(\omega) \in A'\} \in \mathcal{F}.$$

Eine Abbildung T ist bereits dann messbar, wenn für einen beliebigen Erzeuger $\mathcal{E}' \subset \mathcal{F}'$ die Inklusion $T^{-1}(\mathcal{E}') \subset \mathcal{F}$ gilt. Die Regel $(T_1 \circ T_2)^{-1} = T_2^{-1} \circ T_1^{-1}$ zeigt, dass Kompositionen messbarer Abbildungen messbar sind. Besonders wichtig sind messbare, reelle Funktionen $f : \Omega \to \mathbb{R}$. Auf $\mathbb{R}$ wählt man standardmäßig die *Borelsche σ-Algebra* $\mathcal{B}(\mathbb{R})$. Diese wird erzeugt durch alle Intervalle $[a, b) \subset \mathbb{R}$. Es ist nicht schwierig zu zeigen, dass $\mathcal{B}(\mathbb{R})$ auch durch das System aller offenen Mengen in $\mathbb{R}$ erzeugt wird. Ist klar welche σ-Algebra $\mathcal{F}$ auf Ω vorliegt, so nennt man eine $\mathcal{F} - \mathcal{B}(\mathbb{R})$-messbare Funktion f einfach *messbar*. Es gelten folgende *Stabilitätseigenschaften*:

– Ist $\alpha \in \mathbb{R}$ und sind f und g messbare Funktionen, so sind auch $f + \alpha g$, $f \cdot g$, $f \wedge g := \min\{f, g\}$ und $f \vee g := \max\{f, g\}$ messbar.

– Ist $f_n : \Omega \to \mathbb{R}$ eine (punktweise) konvergente Folge messbarer Funktionen so ist die punktweise definierte Grenzfunktion messbar.

Für Maß-Integrale werden sogenannte *numerische Funktionen* f benötigt, d.h. $\mathcal{F}-\mathcal{B}(\overline{\mathbb{R}})$-messbare Abbildungen $f : \Omega \to \overline{\mathbb{R}} := \mathbb{R} \cup \{-\infty, \infty\}$. Dabei wird die σ-Algebra $\mathcal{B}(\overline{\mathbb{R}})$ erzeugt durch $\mathcal{B}(\mathbb{R})$ und durch die Mengen $\{-\infty\}$ und $\{\infty\}$. Per Spurbildung sind damit auch alle σ-Algebren von Teilmengen $I \subset \overline{\mathbb{R}}$ festgelegt, etwa $\mathcal{B}([0, \infty]) := \mathcal{B}(\overline{\mathbb{R}}) \cap [0, \infty]$. Nach diesen mengentheoretischen Vorbereitungen kommen wir nun zum Begriff des Maßes:

Definition. Sei $(\Omega, \mathcal{F})$ ein Messraum. Eine Abbildung $\mu : \mathcal{F} \to [0, \infty]$ heißt *Maß auf $\mathcal{F}$*, wenn folgende beiden Eigenschaften erfüllt sind:

(M1) $\mu(\emptyset) = 0$.

(M2) μ ist *σ-additiv*, d.h. für disjunkte Mengen $A_1, A_2, \ldots$ in $\mathcal{F}$ gilt:

$$\mu\Big(\bigcup_{n=1}^{\infty} A_n \Big) = \sum_{n=1}^{\infty} \mu(A_n) \,. \tag{1.1}$$

μ heißt *endliches Maß* falls $\mu(\Omega) < \infty$, bzw. *Wahrscheinlichkeitsmaß* (kurz W-Maß), wenn $\mu(\Omega) = 1$. Ein $N \in \mathcal{F}$ mit $\mu(N) = 0$ heißt *(μ-) Nullmenge*, $(\Omega, \mathcal{F}, \mu)$ heißt *Maßraum*. Ist klar welche σ-Algebra $\mathcal{F}$ auf Ω gegeben ist, so spricht man auch kurz von einem *Maß auf Ω*.

Beispiel. Sei $(\Omega, \mathcal{F})$ ein Messraum und $\omega_0 \in \Omega$. Dann definiert,

$$\varepsilon_{\omega_0}(A) := \begin{cases} 1 & \text{falls } \omega_0 \in A \\ 0 & \text{falls } \omega_0 \notin A \,, \end{cases}$$

ein W-Maß ε_{ω_0} auf $\mathcal{F}$, das *Einpunkt-* bzw. *Dirac-Maß in ω_0*.

Bemerkungen. 1. Dieses Beispiel zeigt, dass auf jeder σ-Algebra Maße existieren. Trotz ihres trivialen Charakters spielen Dirac-Maße ε_{ω_0} in der Wahrscheinlichkeitstheorie (kurz *W-Theorie*) eine wichtige Rolle. 2. Aus (M1) und (M2) folgt leicht, dass für $B_n \in \mathcal{F}$ mit $B_n \subset B_{n+1}$ und $B := \cup_{n \in \mathbb{N}} B_n$ – kurz: $B_n \uparrow B$ – die Konvergenz $\mu(B_n) \to \mu(B)$ gilt. [Ist μ ein endliches Maß, $B_n \supset B_{n+1}$ und $B := \cap_{n \in \mathbb{N}} B_n$ – kurz $B_n \downarrow B$ – so gilt dies ebenfalls.] Weiter ist μ *σ-subadditiv*, d.h. für eine *beliebige* Folge $A_1, A_2, \ldots$ in $\mathcal{F}$ ist in (1.1) " $=$ " durch " $\leq$ " zu ersetzen. Insbesondere sind abzählbare Vereinigungen von Nullmengen wieder Nullmengen, und μ *isoton*, d.h. für $A, B \in \mathcal{F}$ gilt:

$$A \subset B \;\Rightarrow\; \mu(A) \leq \mu(B) \,.$$

3. Allgemein nennt man eine Funktion μ von einem Mengensystem $\mathcal{R}$ nach $[0, \infty]$ *σ-additiv*, wenn sie folgende Eigenschaft hat: Ist $(A_n)_{n \in \mathbb{N}}$ eine Folge disjunkter Mengen in $\mathcal{R}$ für die auch $\cup_{n \in \mathbb{N}} A_n \in \mathcal{R}$ ist, so gilt (1.1). 4. Jedes Maß μ auf $\mathcal{F}$ lässt sich durch eine messbare Abbildung $T : (\Omega, \mathcal{F}) \to (\Omega', \mathcal{F}')$ nach $\mathcal{F}'$ „verpflanzen", indem man das *Bildmaß* $T_* \mu$ (auch *induziertes Maß* genannt) auf $\mathcal{F}'$ durch $T_* \mu(A') := \mu(T^{-1}(A'))$ definiert. Man schreibt auch $T_* \mu = \mu \circ T^{-1}$, wobei man die Zuordnung $A' \mapsto T^{-1}(A')$ als Abbildung $T^{-1} : \mathcal{P}(\Omega') \to \mathcal{P}(\Omega)$ zwischen Potenzmengen auffasst.

Das bereits oben angedeutete Problem der *Konstruktion von Maßen* μ auf einer σ-Algebra über Ω lässt sich allgemein in zwei Schritten lösen, und basiert auf dem Begriff des Rings: Ein Mengensystem $\mathcal{R} \subset \mathcal{P}(\Omega)$ heißt *Ring über* Ω, wenn mit $A, B \in \mathcal{R}$ auch $A \cup B \in \mathcal{R}$ und $A \backslash B \in \mathcal{R}$ gelten.

Im *ersten Schritt* legt man μ auf einem System $\mathcal{H} \subset \mathcal{P}(\Omega)$ fest, welches ein *Halbring* ist, d.h. mit $A, B \in \mathcal{H}$ ist auch $A \cap B \in \mathcal{H}$, und $A \backslash B$ lässt sich darstellen als endliche disjunkte Vereinigung von Mengen aus $\mathcal{H}$. Nun lässt sich μ leicht auf den von $\mathcal{H}$ erzeugten *Ring* $\mathcal{R} \supset \mathcal{H}$ fortsetzen, denn dieser besteht aus allen endlichen Vereinigungen $\cup_{k=1}^{n} A_k$ disjunkter Mengen $A_k \in \mathcal{H}$, sodass eine eindeutige Fortsetzung durch $\mu(\cup_{k=1}^{n} A_k) = \sum_{k=1}^{n} \mu(A_k)$ definiert wird. Ist μ auf $\mathcal{H}$ sogar σ-additiv (dieser Nachweis ist der schwierigste Teil bei der Konstruktion konkreter Beispiele), so ist μ auf $\mathcal{R}$ auch σ-additiv.

Der *zweite Schritt* der Maßfortsetzung wird allgemein für Ringe gelöst:

Satz 1.1 (Fortsetzungssatz). *Sei $\mathcal{R}$ ein Ring über Ω und $\mu : \mathcal{R} \to [0, \infty]$ eine σ-additive Funktion mit $\mu(\emptyset) = 0$. Dann existiert ein Maß $\hat{\mu}$ auf $\sigma(\mathcal{R})$ welches μ fortsetzt, d.h. welches auf $\mathcal{R}$ mit μ übereinstimmt:*

$$\hat{\mu}(A) = \mu(A), \qquad \text{für alle } A \in \mathcal{R}.$$

Bemerkungen. 1. Abgesehen von der Ringstruktur von $\mathcal{R}$ sind die Voraussetzungen an μ im Fortsetzungssatzes unverzichtbar, in Anbetracht der beiden Eigenschaften (M1) und (M2), welche jedes Maß per Definition erfüllen muss. 2. Satz 1.1 lässt sich mit Hilfe der *Carathéodory-Konstruktion* beweisen. Da ein Aspekt diese Konstruktion für spätere Kapitel relevant ist, sei diese hier kurz erläutert: Zunächst definiert man folgende Abbildung $\mu^* : \mathcal{P}(\Omega) \to [0, \infty]$:

$$\mu^*(A) := \inf\{\sum_{n=1}^{\infty} \mu(A_n) \mid \cup_{n \in \mathbb{N}} A_n \supset A, A_n \in \mathcal{R} \; \forall n \in \mathbb{N}\}.$$

Die entscheidende Beobachtung von Carathéodory ist nun, dass

$$\mathcal{F} := \{A \subset \Omega \mid \mu^*(B) = \mu^*(A \cap B) + \mu^*(A^c \cap B), \forall B \subset \Omega\}$$

eine σ-Algebra $\mathcal{F} \supset \sigma(\mathcal{R})$ ist, und dass $\mu^*|_{\mathcal{F}}$ ein Maß ist mit $\mu^*|_{\mathcal{R}} = \mu$. Das Fortsetzungsproblem wird daher durch die Festlegung $\hat{\mu} := \mu^*|_{\sigma(\mathcal{R})}$ gelöst.

Man beachte, dass Satz 1.1 keine Eindeutigkeitsaussage über $\hat{\mu}$ macht. Hierfür wird ein weiterer Begriff benötigt: Ein Mengensystem $\mathcal{E}$ heißt $\cap$-*stabil*, wenn mit $E_1, E_2 \in \mathcal{E}$ auch $E_1 \cap E_2 \in \mathcal{E}$ gilt.

Satz 1.2 (Eindeutigkeitssatz). *Sei $(\Omega, \mathcal{F})$ ein Messraum, $\mathcal{E}$ ein $\cap$-stabiler Erzeuger von $\mathcal{F}$, und μ_1, μ_2 Maße auf $\mathcal{F}$. Es gelte*

(E1) $\mu_1(E) = \mu_2(E)$, *für alle $E \in \mathcal{E}$.*

(E2) $\exists$ *Folge $(E_n)_{n \in \mathbb{N}}$ in $\mathcal{E}$ mit $\mu_1(E_n) < \infty$ und $\cup_{n \in \mathbb{N}} E_n = \Omega$.*

Dann stimmen die beiden Maße auf ganz $\mathcal{F}$ überein, also $\mu_1 = \mu_2$.

Bemerkungen. 1. Ist μ in Satz 1.1 σ-*endlich*, d.h. gibt es geeignete $A_n \in \mathcal{R}$ mit $\mu(A_n) < \infty$ und $\cup_{n \in \mathbb{N}} A_n = \Omega$, so ist die Fortsetzung $\hat{\mu}$ eindeutig: Ist nämlich $\tilde{\mu}$ eine zweite Fortsetzung, so gilt $\hat{\mu}(A_n) = \mu(A_n) = \tilde{\mu}(A_n) < \infty$ für alle $n \in \mathbb{N}$, d.h. nach Satz 1.2 (mit $\mathcal{E} := \mathcal{R}$) muss $\tilde{\mu} = \hat{\mu}$ gelten. 2. Bei der Konstruktion von W-Maßen gilt häufig $\Omega \in \mathcal{R}$. In diesem Fall nennt man $\mathcal{R}$ eine *(Mengen-) Algebra*. Da ein W-Maß μ die Eigenschaft $\mu(\Omega) = 1$ hat, so zeigt die Wahl $A_n = \Omega$, dass μ σ-endlich ist, sodass die Fortsetzung $\hat{\mu}$ wieder eindeutig bestimmt ist. 3. Die Beweise der Sätze 1.1 und 1.2 sind nicht einfach, vgl. [Ba2], aber sie sind relativ leicht anwendbar. Die Anwendungen von Satz 1.2 sind oft fast trivial, während der Nachweis der σ-Additivität in Satz 1.1 das Hauptproblem bei konkreten Maß-Konstruktionen ist.

Beispiele.

1. (Lebesgue-Maß λ auf $\mathbb{R}$.) Man konstruiert λ wie folgt: Zuerst definiert man λ auf dem Halbring $\mathcal{H} := \{[a, b) \subset \mathbb{R} \mid a \leq b \text{ und } a, b \in \mathbb{R}\}$ durch die Festlegung $\lambda([a, b)) := b - a$. Es ist richtig (aber keineswegs trivial) dass λ auf $\mathcal{H}$ σ-additiv ist, d.h. λ ist auch auf dem von $\mathcal{H}$ erzeugten Ring $\mathcal{R}$ σ-additiv. Nach Satz 1.1 existiert eine Fortsetzung $\hat{\lambda}$ auf $\sigma(\mathcal{R}) = \mathcal{B}(\mathbb{R})$. Wegen $\lambda([-n, n)) = 2n < \infty$ und $\cup_{n \in \mathbb{N}}[-n, n) = \mathbb{R}$ ist $\hat{\lambda}$ σ-endlich und durch $\mathcal{H}$ eindeutig bestimmt. $\hat{\lambda}$ (kurz λ) heißt *Lebesgue-Maß auf* $\mathbb{R}$.

2. (Produktmaße.) Sind $(\Omega_1, \mathcal{F}_1, \mu_1)$, $(\Omega_2, \mathcal{F}_2, \mu_2)$ σ-endliche Maßräume so lässt sich hieraus der *Produktraum* $(\Omega_1 \times \Omega_2, \mathcal{F}_1 \otimes \mathcal{F}_2, \mu_1 \otimes \mu_2)$ wie folgt konstruieren: Man definiert die *Produkt-σ-Algebra* durch

$$\mathcal{F}_1 \otimes \mathcal{F}_2 := \sigma\big(A_1 \times A_2 \mid A_1 \in \mathcal{F}_1, \, A_2 \in \mathcal{F}_2\big),$$

und legt das *Produktmaß* auf $\mathcal{H} := \{A_1 \times A_2 \mid A_1 \in \mathcal{F}_1, \, A_2 \in \mathcal{F}_2\}$ (einem Halbring, wie man leicht verifiziert) wie folgt fest:

$$\mu_1 \otimes \mu_2(A_1 \times A_2) := \mu_1(A_1)\mu_2(A_2). \tag{1.2}$$

Dabei wird die in der Maßtheorie übliche Konvention $0 \cdot \infty = 0$ zugrunde gelegt. Mit Satz 1.1 erhält man eine Fortsetzung auf $\sigma(\mathcal{H}) = \mathcal{F}_1 \otimes \mathcal{F}_2$. Aus Satz 1.2 folgt deren Eindeutigkeit durch die Werte (1.2).

Nun zur Definition des Maß-Integrals $\int f \, d\mu$. Dieses Integral soll durch einen Grenzübergang von Summen der Form $\sum \alpha_k \mu(A_k)$ definiert werden, wobei f auf $A_k \subset \Omega$ näherungsweise den Wert α_k hat. Damit eine solche Summe wohldefiniert ist muss $A_k \in \mathcal{F}$ gelten, und Terme $\mu(A_k) = \infty$ dürfen nicht mit unterschiedlichen Vorzeichen linear kombiniert werden. Dies gilt jedenfalls dann, wenn alle Koeffizienten $\alpha_k \geq 0$ sind:

Definition. Sei $(\Omega, \mathcal{F})$ ein Messraum. Eine Funktion $f : \Omega \to [0, \infty)$ heißt *Elementarfunktion*, kurz $f \in E(\Omega, \mathcal{F})$, wenn es $\alpha_1, \ldots, \alpha_n \in [0, \infty)$ gibt mit

$$f = \sum_{k=1}^{n} \alpha_k 1_{A_k}. \tag{1.3}$$

Dabei bilden die $A_k \in \mathcal{F}$ eine *disjunkte Zerlegung von* Ω (d.h. $A_k \cap A_l = \emptyset$ für $k \neq l$, und $\cup_{k=1}^n A_k = \Omega$), und $1_A(\omega) = 1$ für $\omega \in A$, bzw. $1_A(\omega) = 0$ für $\omega \notin A$, heißt *Indikatorfunktion* der Menge A. Das *Maß-Integral* von f *bezüglich* μ (oder kürzer μ-*Integral*) ist dann definiert durch

$$\int f \, d\mu := \sum_{k=1}^n \alpha_k \, \mu(A_k) \in [0, \infty] \, . \tag{1.4}$$

Es sei angemerkt, dass die Darstellung von f in (1.3) nicht eindeutig ist (man zerlege etwa A_1 in zwei Teile). Jedoch ist leicht zu sehen, dass (1.4) von dieser Mehrdeutigkeit nicht abhängt. Die Ausdehnung des Integrals (1.4) erfolgt nun in zwei Schritten. (Im Folgenden bedeutet $f_n \nearrow f$, dass die Folge (f_n) punktweise monoton wachsend gegen f konvergiert.)

Satz und Definition. *Es sei* $E^*(\Omega, \mathcal{F})$ *die Menge aller* $f : \Omega \to [0, \infty]$ *für die* $f_n \in E(\Omega, \mathcal{F})$ *existieren mit* $f_n \nearrow f$. *Dann ist* $\int f \, d\mu := \lim_{n \to \infty} \int f_n \, d\mu$ ($\in [0, \infty]$) *unabhängig von der speziellen Wahl der* f_n, *und heißt Maß-Integral von* f *bezüglich* μ *(kurz* μ-*Integral von* f*).*

Ist aus dem Kontext klar welches μ zugrunde liegt, so sagt man oft nur *Integral* anstelle von μ-*Integral*. Es ist elementar zu zeigen, dass $E^*(\Omega, \mathcal{F})$ übereinstimmt mit allen messbaren $f : (\Omega, \mathcal{F}) \to ([0, \infty], \mathcal{B}([0, \infty]))$. Bereits mit den nun vorhandenen Begriffen lässt sich einer der wichtigsten Konvergenzsätze der Integrationstheorie beweisen:

Satz 1.3 (Monotone Konvergenz). *Für jede monoton wachsende Folge* (f_n) *in* $E^*(\Omega, \mathcal{F})$ *gilt* $\lim_{n \to \infty} f_n \in E^*(\Omega, \mathcal{F})$ *und weiter*

$$\int \lim_{n \to \infty} f_n \, d\mu = \lim_{n \to \infty} \int f_n \, d\mu \, .$$

Eine direkte Anwendung dieses Satzes sind *Maße mit* μ-*Dichten* (Übung!): Ist $(\Omega, \mathcal{F}, \mu)$ ein Maßraum und $h \in E^*(\Omega, \mathcal{F})$, so definiert

$$h\mu(A) := \int 1_A \cdot h \, d\mu$$

ein Maß $h\mu$ auf $(\Omega, \mathcal{F})$, und für $f \in E^*(\Omega, \mathcal{F})$ gilt $\int f \, d(h\mu) = \int fh \, d\mu$. Für $\mu = \lambda$ heißt h *Lebesgue-Dichte*. Anstelle von $\int_A h(x) \, d\lambda(x)$ schreibt man auch $\int_A h(x) \, dx$, denn für Intervalle $A = [\alpha, \beta]$ und Riemann-integrierbare Funktionen h stimmt das Riemann-Integral mit dem Lebesgue-Integral überein.

Der zweite Schritt bei der Ausdehnung des μ-Integrals besteht nun darin, Funktionen mit variablem Vorzeichen zu integrieren. Für eine numerische Funktion $f : \Omega \to \overline{\mathbb{R}}$ definiert man deren *Positivteil* $f^+ := f \vee 0$ bzw. *Negativteil* $f^- := -(f \wedge 0)$. Es gelten die offensichtlichen Relationen

$$f^{\pm} \geq 0, \quad f = f^+ - f^-, \quad |f| = f^+ + f^- \, .$$

Darüberhinaus ist f genau dann messbar, wenn f^+ und f^- messbar sind.

Definition. Eine numerische Funktion $f = f^+ - f^-$ heißt *(μ-) integrierbar* falls $f^\pm \in E^*(\Omega, \mathcal{F})$, falls $\int f^+ \, d\mu < \infty$ und $\int f^- \, d\mu < \infty$. In diesem Fall sei

$$\int f \, d\mu := \int f^+ \, d\mu - \int f^- \, d\mu. \qquad (1.5)$$

Ist $A \in \mathcal{F}$, so setzt man weiter (wann immer die rechte Seite existiert)

$$\int_A f \, d\mu := \int 1_A \cdot f \, d\mu.$$

Lemma 1.4 (Elementare Eigenschaften des Integrals). *Seien f und g reelle, integrierbare Funktionen auf $(\Omega, \mathcal{F}, \mu)$. Dann gilt:*

(a) *Für jedes $\alpha \in \mathbb{R}$ ist $f + \alpha g$ integrierbar und*

$$\int (f + \alpha g) \, d\mu = \int f \, d\mu + \alpha \int g \, d\mu. \qquad \text{(Linearität)}$$

(b) *Ist $f \le g$, so gilt*

$$\int f \, d\mu \le \int g \, d\mu. \qquad \text{(Monotonie)}$$

Ist $f < g$ und $\mu(\Omega) > 0$, so steht auch zwischen den Integralen ein $<$.

Eine weitere elementare und wichtige Eigenschaft des Integrals ist, dass es auf Nullmengen bei der Integration „nicht ankommt": Ist f integrierbar und g eine messbare numerische Funktion mit $f(\omega) = g(\omega)$ für alle $\omega \in N^c$, mit $\mu(N) = 0$ (kurz: μ-*fast überall*, μ-f.ü.), so ist auch g integrierbar und es gilt $\int f \, d\mu = \int g \, d\mu$. Hieraus folgt leicht eine weitere, sehr nützliche und im Folgenden oft verwendete Aussage: Ist $A \in \mathcal{F}$ und ist f messbar mit $f(\omega) > 0$ für alle $\omega \in A$ so gilt:

$$\int_A f \, d\mu = 0 \quad \Rightarrow \quad \mu(A) = 0. \qquad (1.6)$$

Die Konstruktion des allgemeinen Maß-Integrals (1.5) dient nicht nur zu seiner Definition, sondern sie wird vielfach bei Beweisen zu Integralen wiederholt. Folgender elementare Sachverhalt ist hierfür ein Beispiel:

Lemma 1.5 (Transformationssatz für Integrale). *Sei $T : (\Omega, \mathcal{F}) \to (\Omega', \mathcal{F}')$ eine messbare Abbildung und μ ein Maß auf $\mathcal{F}$. Dann ist eine numerische Funktion $f' : \Omega' \to \overline{\mathbb{R}}$ genau dann $T_*\mu$-integrierbar, wenn $f' \circ T$ μ-integrierbar ist. In diesem Fall gilt die Transformationsformel*

$$\int_\Omega f' \circ T \, d\mu = \int_{\Omega'} f' \, d(T_*\mu).$$

Zum Beweis von Grenzwertaussagen für Integrale sind Ungleichungen oft unentbehrlich. Eine der am häufigsten benutzten Ungleichungen lautet:

Satz 1.6 (Höldersche Ungleichung). *Seien f, g numerische Funktionen auf $(\Omega, \mathcal{F}, \mu)$. Sei weiter $p > 1$, und q die durch $\frac{1}{p} + \frac{1}{q} = 1$ definierte adjungierte Zahl. Dann gilt (mit der Konvention $\infty^\alpha = \infty$ für $\alpha > 0$):*

$$\int |fg|\, d\mu \le \left(\int |f|^p\, d\mu \right)^{1/p} \left(\int |g|^q\, d\mu \right)^{1/q}. \tag{1.7}$$

Bemerkungen. 1. Für $p = q = 2$ heißt (1.7) *Cauchy-Schwarzsche Ungleichung*. 2. Eine numerische Funktion f heißt *p-fach integrierbar* (mit $p \in [1, \infty)$), wenn $|f|^p$ integrierbar ist.

Die Menge aller integrierbaren Funktionen f auf $(\Omega, \mathcal{F}, \mu)$ bildet *keinen* Vektorraum, da beispielsweise $\infty - \infty$ kein wohldefinierter Ausdruck ist. Man muss dazu vielmehr explizit die Endlichkeit von f voraussetzen: $\mathcal{L}^p(\Omega, \mathcal{F}, \mu)$, oder kurz $\mathcal{L}^p(\mu)$ bzw. $\mathcal{L}^p$, bezeichnet die Menge aller *reellwertigen*, messbaren, *p*-fach integrierbaren Funktionen. Mit der Definition

$$\|f\|_{\mathcal{L}^p(\mu)} := \|f\|_p := \left(\int |f|^p\, d\mu \right)^{1/p}, \qquad \forall f \in \mathcal{L}^p(\mu),$$

und der (ebenfalls wichtigen) *Minkowskischen Ungleichung*

$$\|f + g\|_p \le \|f\|_p + \|g\|_p, \qquad \forall f, g \in \mathcal{L}^p(\mu),$$

folgt nun sofort, dass $\mathcal{L}^p(\mu)$ ein Vektorraum ist. Mit der Schreibweise $\|f\|_{\mathcal{L}^p(\mu)}$ wird deutlich gemacht, bezüglich welchem Maß μ integriert wird.

Notation. Eine Folge (f_n) in $\mathcal{L}^p$ konvergiert bezüglich $\|\cdot\|_p$ gegen $f \in \mathcal{L}^p$ wenn gilt:

$$\lim_{n \to \infty} \|f_n - f\|_p = 0.$$

Man sagt auch f_n *konvergiert im p-ten Mittel gegen f*. Entsprechend definiert man den Begriff einer Cauchy-Folge (abgekürzt CF).

Bemerkungen. 1. Ist f *p*-fach integrierbar, so gibt es ein $\hat{f} \in \mathcal{L}^p(\mu)$ mit $f(\omega) = \hat{f}(\omega)$ μ-fast überall. Die p-fach integrierbaren Funktionen sind also „im Wesentlichen" (d.h. abgesehen von Werten auf einer Nullmenge) in $\mathcal{L}^p(\mu)$. 2. Sind $f, g \in \mathcal{L}^p(\mu)$ und wählt man $A = \{|f - g|^p > 0\}$ so folgt mit (1.6):

$$\|f - g\|_p = 0 \quad \Longleftrightarrow \quad f(\omega) = g(\omega) \quad \mu - \text{fast überall}.$$

Dies zeigt, dass $\|\cdot\|_p$ i. A. nur eine *Halbnorm* definiert. (Dieser Begriff wird im Anschluss an Satz 2.11 definiert und diskutiert.)

Der folgende Satz ist zweifellos der wichtigste Konvergenzsatz für Maß-Integrale. Er wird hier gleich für $\mathcal{L}^p$-Funktionen formuliert. In seiner Grundform ($p = 1$) kommt er ohne Benutzung von $\mathcal{L}^p$-Räumen aus.

Satz 1.7 (Majorisierte Konvergenz). *Sei $1 \leq p < \infty$ und $(f_n)_{n \in \mathbb{N}}$ eine Folge in $\mathcal{L}^p(\mu)$ die μ-f.ü. konvergiert. Es gebe eine p-fach integrierbare Funktion $g \in E^*(\Omega, \mathcal{F})$ mit $|f_n| \leq g$ f.ü., für alle $n \in \mathbb{N}$. Dann gibt es eine reelle, messbare Funktion f auf Ω, gegen die f_n f.ü. konvergiert. Jedes solche f liegt in $\mathcal{L}^p(\mu)$, und f_n konvergiert im p-ten Mittel gegen f.*

Abschließend seien noch Integrale bezüglich Produktmaßen betrachtet. Für solche Integrale ist der Satz von Fubini unetbehrlich. Allerdings erfordert eine bequeme Formulierung dieses Satzes eine geringfügige (durchaus natürliche) *Erweiterung des Begriffs einer integrierbaren Funktion*: Eine μ-f.ü. definierte numerische Funktion f auf $(\Omega, \mathcal{F}, \mu)$ heißt *μ-integrierbar*, wenn es eine (im engeren Sinn) integrierbare Funktion $\tilde{f}$ auf Ω gibt, die μ-f.ü. mit f übereinstimmt. Man setzt

$$\int f \, d\mu := \int \tilde{f} \, d\mu.$$

Offenbar hängt diese Definition nicht von der speziellen Wahl von $\tilde{f}$ ab. Entsprechend definiert man *p-fache Integrierbarkeit* von f.

Satz 1.8 (Fubini). *Seien $(\Omega_i, \mathcal{F}_i, \mu_i)$ σ-endliche Maßräume für $i = 1, 2$, und $f : \Omega_1 \times \Omega_2 \to \overline{\mathbb{R}}$ eine $\mathcal{F}_1 \otimes \mathcal{F}_2$-messbare Funktion. Dann sind für alle $(\omega_1, \omega_2) \in \Omega_1 \times \Omega_2$ die Funktionen $f(\omega_1, \cdot)$ und $f(\cdot, \omega_2)$ $\mathcal{F}_2$- bzw. $\mathcal{F}_1$-messbar, und es gilt:*

(a) *Ist $f \geq 0$ so sind die Funktionen*

$$\omega_1 \mapsto \int f(\omega_1, \omega_2) \, d\mu_2(\omega_2), \quad \omega_2 \mapsto \int f(\omega_1, \omega_2) \, d\mu_1(\omega_1) \qquad (1.8)$$

in $E^*(\Omega_1, \mathcal{F}_1)$ bzw. in $E^*(\Omega_2, \mathcal{F}_2)$, und es gilt

$$\begin{aligned}
\int f \, d(\mu_1 \otimes \mu_2) &= \int \left(\int f(\omega_1, \omega_2) \, d\mu_1(\omega_1) \right) d\mu_2(\omega_2) \\
&= \int \left(\int f(\omega_1, \omega_2) \, d\mu_2(\omega_2) \right) d\mu_1(\omega_1).
\end{aligned} \qquad (1.9)$$

(b) *Ist f $\mu_1 \otimes \mu_2$-integrierbar, so ist $f(\omega_1, \cdot)$ für μ_1-fast alle ω_1 μ_2-integrierbar, und $f(\cdot, \omega_2)$ ist für μ_2-fast alle ω_2 μ_1-integrierbar. Die somit f.ü. definierten Funktionen in (1.8) sind μ_1- bzw. μ_2-integrierbar und wieder gelten die Gleichungen (1.9).*

Bemerkungen. 1. Wendet man (a) auf ein $\mathcal{F}_1 \otimes \mathcal{F}_2$-messbares $f : \Omega_1 \times \Omega_2 \to \overline{\mathbb{R}}$ an, so erhält man folgende wichtige Aussage: *Ist eines der Integrale*

$$\int |f|\, d(\mu_1 \otimes \mu_2)\,, \quad \int \left(\int |f|\, d\mu_1 \right) d\mu_2\,, \quad \int \left(\int |f|\, d\mu_2 \right) d\mu_1$$

endlich, so sind auch die beiden anderen endlich und es gilt (1.9). 2. Die Verallgemeinerung des Satzes von Fubini auf Produktmaße mit mehreren Faktoren folgt induktiv leicht aus der Gleichheit

$$(\mu_1 \otimes \cdots \otimes \mu_n) \otimes \mu_{n+1} = \mu_1 \otimes \cdots \otimes \mu_{n+1}\,.$$

1.2 Voraussetzungen über Wahrscheinlichkeitstheorie

In der Wahrscheinlichkeitstheorie (W-Theorie) werden Vorgänge bei Zufallsexperimenten durch *Wahrscheinlichkeitsräume* $(\Omega, \mathcal{F}, P)$ (W-Räume) modelliert. Dies sind per Definition Maßräume mit Wahrscheinlichkeitsmaßen (W-Maßen), also mit $P(\Omega) = 1$. Meistens (aber nicht immer) handelt es sich bei Ω um die möglichen Ausgänge eines zugrunde liegenden Zufallsexperiments, etwa um $\Omega = \{1, \ldots, 6\}$ beim einmaligen Würfeln.

Bemerkungen. 1. In der Maßtheorie haben σ-Algebren in erster Linie eine geometrische Bedeutung. In der W-Theorie besitzen σ-Algebren einen weiteren, nämlich „informationstheoretischen" Charakter: Sie modellieren die Ereignisstruktur des zugrunde liegenden Zufallsexperiments, d.h. die logischen Beziehungen zwischen Aussagen, welche sich über den Ausgang eines Zufallsexperiments machen lassen. (Dementsprechend nennt man $F \in \mathcal{F}$ ein *Ereignis*.) Bei einfachen Experimenten ist diese Rolle der σ-Algebra normalerweise kaum sichtbar. Bei stochastischen Prozessen hingegen treten Ereignisse zeitlich nacheinander ein, und der zugehörige Begriff einer Filtration ist in diesem Zusammenhang hauptsächlich vom informationstheoretischen Standpunkt relevant, was sich in einigen Grundbegriffen stochastischer Prozesse niederschlägt. Aus diesem Grund lassen sich stochastische Prozesse ohne den allgemeinen maßtheoretischen Rahmen (welcher durch $(\Omega, \mathcal{F}, P)$ gegeben ist) praktisch kaum sinnvoll behandeln. 2. Ist A ein Ereignis, so wird $P(A)$ als relative Häufigkeit des Eintretens von A im Grenzfall unendlich vieler (unabhängiger) Versuchswiederholungen interpretiert. (Bernoullisches Gesetz der großen Zahlen.) 3. In der W-Theorie lässt sich der allgemeine Begriff des Maßraumes nicht ganz vermeiden, weil man W-Maße sehr oft mit Hilfe allgemeiner Maße darstellen kann (z.B. Maße mit Lebesgue-Dichten; auch Maße mit Dichten bezüglich des Wiener-Maßes werden wir betrachten).

Beispiel. Eine wichtige Klasse von W-Maßen bilden die *Gauß-Maße auf* $\mathbb{R}$. Dies sind Maße ν_{μ, σ^2} ($\mu \in \mathbb{R}$, $\sigma^2 > 0$) mit Lebesgue-Dichte:

$$\nu_{\mu, \sigma^2}(B) := \frac{1}{\sqrt{2\pi\sigma^2}} \int_B e^{-\frac{(x-\mu)^2}{2\sigma^2}}\, dx\,, \quad B \in \mathcal{B}(\mathbb{R})\,.$$

Messbare Funktionen $X : \Omega \to \mathbb{R}$ werden in der W-Theorie als *Zufallsvariablen* (Z.V.) bezeichnet. Ihre definierende Eigenschaft $X^{-1}(\mathcal{B}(\mathbb{R})) \subset \mathcal{F}$ bedeutet anschaulich, dass die Wahrscheinlichkeit für alle Ereignisse der Form $\{X \in B\} := \{\omega \in \Omega | X(\omega) \in B\}$, mit $B \in \mathcal{B}(\mathbb{R})$, wohldefiniert ist. Für das Bildmaß (auf $\mathcal{B}(\mathbb{R})$) schreibt man häufig

$$X_* P = P_X \,,$$

und nennt P_X die *Verteilung* von X auf $\mathbb{R}$. Ist $X = (X_1, \ldots, X_n)$ ein Zufallsvektor (Z.Vek.), so schreibt man analog $X_* P = P_{(X_1, \ldots, X_n)}$.

Der wichtigste Begriff, welcher die W-Theorie von der Maßtheorie abgrenzt ist der Begriff der *Unabhängigkeit*.

Definition. Sei $(\Omega, \mathcal{F}, P)$ ein W-Raum und $(\mathcal{E}_i, i \in I)$ eine Familie (indiziert durch eine beliebige Menge I) von Mengensystemen $\mathcal{E}_i \subset \mathcal{F}$. Diese Familie heißt (stochastisch) *unabhängig* wenn für jede endliche Auswahl von Mengen $A_{i_1} \in \mathcal{E}_{i_1}, \ldots, A_{i_n} \in \mathcal{E}_{i_n}$ folgende Faktorisierung gilt:

$$P(A_{i_1} \cap \cdots \cap A_{i_n}) = P(A_{i_1}) \cdots P(A_{i_n}) \,.$$

Eine Familie von Zufallsvariablen $(X_i, i \in I)$ auf $(\Omega, \mathcal{F}, P)$ heißt (stochastisch) *unabhängig* (kurz: die X_i sind unabhängig), wenn das System der erzeugten σ-Algebren $(\sigma(X_i), i \in I)$ unabhängig ist. Schließlich heißt eine Z.V. X auf $(\Omega, \mathcal{F}, P)$ unabhängig von der σ-Algebra $\mathcal{H} \subset \mathcal{F}$, wenn die beiden σ-Algebren $\sigma(X)$ und $\mathcal{H}$ unabhängig sind.

Beispiel. X heißt *Gaußsche Z.V.* wenn es ein $(\mu, \sigma^2) \in \mathbb{R} \times \mathbb{R}_+$ gibt, sodass $P_X = \nu_{\mu, \sigma^2}$ gilt. Abkürzend sagt man auch X *ist $N(\mu, \sigma^2)$-verteilt*. Sind $X_1, \ldots, X_n$ unabhängige, $N(\mu_n, \sigma_n^2)$-verteilte Zufallsvariablen, so hat deren Summe $X := X_1 + \cdots + X_n$ eine $N(\sum_{k=1}^n \mu_k, \sum_{k=1}^n \sigma_k^2)$-Verteilung.

Ist $(X_i, i \in I)$ unabhängig und $A_i \in \sigma(X_i)$, so gibt es per Definition eine Menge $B \in \mathcal{B}(\mathbb{R})$ mit $A_i = X_i^{-1}(B) = \{X_i \in B\}$. Aus obiger Definition folgt unmittelbar, dass die X_i genau dann unabhängig sind, wenn für jede endliche Auswahl $B_1 \in \mathcal{B}(\mathbb{R}), \ldots, B_n \in \mathcal{B}(\mathbb{R})$ und $i_1, \ldots, i_n \in I$ folgende Faktorisierungseigenschaft gilt:

$$P(X_{i_1} \in B_1, \cdots, X_{i_n} \in B_n) = P(X_{i_1} \in B_1) \cdots P(X_{i_n} \in B_n) \,.$$

Diese Eigenschaft, kombiniert mit dem Eindeutigkeitssatz für W-Maße liefert unmittelbar: Die Z.V.n $X_1, \ldots, X_n$ auf $(\Omega, \mathcal{F}, P)$ sind genau dann unabhängig, wenn deren *gemeinsame Verteilung* faktorisiert, d.h. wenn

$$P_{(X_1, \ldots, X_n)} = P_{X_1} \otimes \cdots \otimes P_{X_n} \,. \tag{1.10}$$

Neben den maßtheoretischen Begrifflichkeiten spielen auch Integrale in der W-Theorie eine zentrale Rolle, denn sie gestatten das asymptotische Verhalten statistischer Mittelwerte von Zufallsvariablen mathematisch sauber durch den Begriff des Erwartungswerts zu modellieren. (Der Zusammenhang wird durch das starke Gesetzt der großen Zahlen hergestellt). Ist nun X eine integrierbare, reelle Zufallsvariable, so heißt

$$E[X] := \int X \, dP$$

der *Erwartungswert von* X; im Fall $E[X] = 0$ heißt X *zentriert*. (Auch für nicht integrierbare Z.V.n $X \geq 0$ benutzt man die Abkürzung $E[X]$.) Ein oft nützlicher Zusammenhang zwischen Wahrscheinlichkeit und Erwartungswert ist die folgende Tschebyschevsche Ungleichung. Sie wird in den Abschnitten 2.5 und 7.2 durch die Kolmogorovsche bzw. die Doobsche Maximalungleichung verallgemeinert (womit dann auch der folgende Satz bewiesen ist):

Satz 1.9. *Für jede Zufallsvariable* $X = X^+ - X^-$ *und jedes* $\lambda > 0$ *gilt*

$$P(X > \lambda) \leq \frac{1}{\lambda} E[X^+].$$

Ist $p \geq 1$ *und* $X \in \mathcal{L}^p(\Omega, \mathcal{F}, P)$ *so gilt die Tschebyschevsche Ungleichung*

$$P(|X| > \lambda) \leq \frac{1}{\lambda^p} E[|X|^p].$$

Die Faktorisierung von $P_{(X_1,\ldots,X_n)}$ in (1.10) führt unmittelbar zu

Satz 1.10 (Faktorisierung des Erwartungswerts). *Sind* $X_1, \ldots, X_n$ *unabhängige, integrierbare Z.V.n so ist auch das Produkt* $X_1 \cdots X_n$ *integrierbar mit*

$$E[X_1 \cdots X_n] = E[X_1] \cdots E[X_n].$$

Definition. Sei $p \in \mathbb{N}$ und X eine p-fach integrierbare reelle Z.V. auf $(\Omega, \mathcal{F}, P)$. Dann heißt $E[X^p]$ das p-te *Momente* von X. Hat X ein endliches zweites Moment, so nennt man

$$\mathrm{Var}[X] := E[(X - E[X])^2] = E[X^2] - E[X]^2$$

die *Varianz* von X. Hat auch die Z.V. Y ein endliches zweites Moment, so nennt man $\mathrm{Cov}(X, Y) := E[(X - E[X])(Y - E[Y])]$ die *Kovarianz* von X und Y. X und Y heißen *unkorreliert*, wenn $\mathrm{Cov}(X, Y) = 0$ gilt.

Satz 1.10 impliziert, dass unabhängige, integrierbare Z.V.n X und Y auch unkorreliert sind. Dies wiederum impliziert, dass für unabhängige, integrierbare $X_1, \ldots, X_n$ der *Satz von Bienaymé* gilt, d.h.

$$\mathrm{Var}[X_1 + \cdots + X_n] = \mathrm{Var}[X_1] + \cdots + \mathrm{Var}[X_n].$$

Abschließend diskutieren wir elementare Integrationseigenschaften der Gauß-Maße noch etwas ausführlicher, denn diese werden wir im Kontext der Brownschen Bewegung noch mehrfach benötigen:

Beispiel. (Gauß-Verteilung.) Ist X eine $N(\mu, \sigma^2)$-verteilte Z.V., so gilt

$$E[X] = \mu, \qquad \text{Var}[X] = \sigma^2.$$

Speziell für $\mu = 0$ lässt sich auch das p-te Moment von X sehr leicht berechnen (beispielsweise mit partieller Integration). Es lautet $E[X^p] = 0$ für ungerades p, und für gerade Potenzen $p = 2n$ gilt:

$$E[X^{2n}] = \sigma^{2n} 1 \cdot 3 \cdots (2n - 1). \tag{1.11}$$

Mit monotoner Konvergenz gilt außerdem für jedes reelle λ:

$$\sum_{n=0}^{\infty} \int_{\mathbb{R}} \frac{|\lambda x|^n}{n!} d\nu_{\mu, \sigma^2}(x) = \int_{\mathbb{R}} e^{|\lambda x|} d\nu_{\mu, \sigma^2}(x) < \infty. \tag{1.12}$$

Wegen $|e^{\lambda x}| \leq e^{|\lambda x|}$ existieren somit alle Momente von e^X, und mit (1.11) und majorisierter Konvergenz folgt nun (wieder für $\mu = 0$)

$$E[e^{\lambda X}] = \int_{\mathbb{R}} e^{\lambda x} d\nu_{0,\sigma^2}(x) = \sum_{n=0}^{\infty} \frac{\lambda^n}{n!} \int_{\mathbb{R}} x^n d\nu_{0,\sigma^2}(x)$$

$$= \sum_{n=0}^{\infty} \frac{\lambda^{2n}}{(2n)!} \sigma^{2n} 1 \cdot 3 \cdots (2n - 1) = e^{\frac{1}{2}\sigma^2 \lambda^2}. \tag{1.13}$$

Damit sind die Voraussetzungen aus Maß- und Wahrscheinlichkeitstheorie nun zusammengestellt. Die in diesem Buch gegebenen vorbereitenden Abschnitte lassen sich auf dieser Grundlage verstehen.

Weitere Voraussetzungen. Wir werden die *Existenz* einer Brownsche Bewegung voraussetzen, und ab Kapitel 7 auch die *Existenz* bedingter Erwartungswerte. Diese reinen Existenzsätze sind weder für das Verständnis, noch für den Umgang mit Itô-Integralen essenziell; Beweise findet man etwa in [Ba2]. Wir werden natürlich auch Grundlagen der Analysis verwenden, wie sie im ersten Studienjahr üblicherweise vermittelt werden (z.B. Grenzwerte, Begriff des metrischen Raumes, Existenz- und Eindeutigkeit für lineare Differentialgleichungen etc., vgl. [Fo,Wa]). Dasselbe gilt für elementare Begriffe der linearen Algebra (komplexe Zahlen, Vektorräume, etc., vgl. [Ko]). Die (wenigen) Hilfsmittel aus der Funktionalanalysis werden im Text eingeführt, und die erforderlichen Lemmas dazu bewiesen. Neben den Voraussetzungen für den Haupttext werden wir in den Anwendungskapiteln (naturgemäß) auch Aussagen aus dem Anwendungsgebiet benutzen. Ein Beispiel hierfür ist der Gleichverteilungssatz der statistischen Mechanik im Abschnitt über physikalische Brownsche Bewegungen.

2

Prozesse und Wiener-Integrale

Das Itô-Integral hatte einen Vorläufer der von Wiener 1934 eingeführt wurde. Bei diesem (Wiener-) Integral ist der Integrand kein stochastischer Prozess wie bei Itô, sondern nur eine reelle („deterministische") Funktion der Zeit. Der zentrale „Trick" der stochastischen Integrationstheorie lässt sich bereits an diesem einfachen Integral darstellen. Zuvor werden aber die erforderlichen Begriffe über stochastische Prozesse zusammen gestellt. Dazu gehört insbesondere die „quadratische Variation Brownscher Pfade", welche für die Theorie stochastischer Integrale von zentraler Bedeutung ist. Danach werden einige Sätze über $\mathcal{L}^p$-Konvergenz vorbereitet, welche fortan immer wieder benötigt werden. Insbesondere die Konstruktion des Wiener-Integral basiert auf der $\mathcal{L}^2$-Konvergenz; wir untersuchen seien Eigenschaften und zeigen, in welchem Sinn es stetig von der oberen Integrationsgrenze abhängt.

2.1 Stochastische Prozesse

Ein „stochastischer Prozess" soll einen zufälligen Vorgang modellieren welcher mit der Zeit abläuft, etwa den Zerfall einer radioaktiven Probe, einen Aktienkurs, die Schwerpunktbewegung eines Fahrzeugs auf unebenem Untergrund und so weiter. Dies motiviert folgende Begriffsbildung:

Definition. Ein *stochastischer Prozess* (mit Zeitmenge $I \subset \mathbb{R}$ und Zustandsraum $\mathbb{R}^d$) ist eine Familie $(X_t)_{t \in I}$ von $\mathbb{R}^d$-wertigen Zufallsvariablen auf einem W-Raum $(\Omega, \mathcal{F}, P)$. Abkürzend schreiben wir $X = (X_t) = (X_t)_{t \in I}$. Sind für ein $p \in [1, \infty)$ alle $X_t \in \mathcal{L}^p(P)$, so nennt man X einen $\mathcal{L}^p(P)$-*Prozess*, oder auch einen *Prozess p-ter Ordnung*.

Bemerkungen. 1. Es ist wesentlich, dass alle Z.V.n auf demselben W-Raum definiert sind. Würde man etwa nur die einzelnen Verteilungen P_{X_t} kennen, so könnte man beispielsweise nichts über „Zuwachswahrscheinlichkeiten" $P(X_{t+h} - X_t \in B)$ aussagen. Diese sind aber oft wichtig für die Beschreibung der zeitlichen Entwicklung eines Prozesses. 2. Typische Zeitmengen

I sind $\mathbb{N}$ oder $\mathbb{N}_0$ („zeitdiskreter Prozess" oder „Kette") und $I =$ Intervall („zeitkontinuierlicher Prozess"). 3. Stochastische Prozesse können etwas allgemeiner definiert werden durch allgemeinere Indexmengen und Zustandsräume. Im Folgenden werden meistens nur *reelle Prozesse* benötigt, also Prozesse mit Werten in $\mathbb{R}$. 4. In der Theorie stochastischer Prozesse werden drei Arten von *Zeitentwicklungen* betrachtet, nämlich (a) *stationäre Prozesse*, z.B. das „Rauschen" in elektrischen Schaltkreisen, (b) *Martingale*, die den Begriff eines fairen Spiels axiomatisieren, und (c) *Markov-Prozesse*, deren Zeitentwicklung nur von der Gegenwart abhängt, nicht aber von der Vergangenheit. Für Itô-Integrale spielen nur Martingale eine gewisse Rolle (siehe Kapitel 7). Die beiden anderen Prozessklassen treten jedoch in natürlicher Weise beim Studium stochastischer Differentialgleichungen auf; wir werden im nächsten Kapitel die stationären Prozesse etwas eingehender behandeln.

Eine einzelne „Realisierung" (d.h. ein einmaliger Ablauf) eines zufälligen Vorgangs wird als *Pfad des Prozesses* bezeichnet. Hierzu folgende

Definition. Sei $X = (X_t)_{t \in I}$ ein stochastischer Prozess auf $(\Omega, \mathcal{F}, P)$. Dann heißt die auf I definierte Funktion $t \mapsto X_t(\omega)$ der zu $\omega \in \Omega$ assoziierte *Pfad von X*. X heißt *(pfad-) stetiger Prozess*, wenn alle Pfade von X stetige Funktionen sind. Gibt es eine Nullmenge N sodass $X.(\omega)$ für alle $\omega \in N^c$ stetig ist, so heißt X ein *P-f.s. pfadstetiger Prozess*. Ein Prozess $X' = (X'_t)_{t \in I}$ auf $(\Omega, \mathcal{F}, P)$ heißt *eine Modifikation von X*, wenn für alle $t \in I$ gilt:

$$P(X_t \neq X'_t) = 0. \tag{2.1}$$

X' heißt *stetige Modifikation von X*, wenn X' ein pfadstetiger Prozess ist.

Beispiel (Einfach aber instruktiv). Es sei $\Omega = [0,1]$, $\mathcal{F} = \mathcal{B}([0,1])$ und $P = \lambda|_{\mathcal{B}([0,1])}$ das Lebesgue-Maß auf $[0,1]$. Definiere zwei Prozesse auf $(\Omega, \mathcal{F}, P)$ mit $t \in [0,1]$: Der Prozess X sei definiert durch $X_t(\omega) := 0$, $\forall \omega \in \Omega$. Der Prozess X' sei definiert durch $X'_t(\omega) := 0$ falls $\omega \neq t$, und $X'_t(t) := 1$. Offenbar ist jeder Pfad von X stetig, und jeder von X' unstetig. Außerdem gilt (2.1) denn $\{X_t \neq X'_t\} = \{t\}$ und $P(\{t\}) = \lambda(\{t\}) = 0$. *Folgerung*: Pfadeigenschaften modifizierter Prozesse X' können sich sehr von Pfadeigenschaften des ursprünglichen Prozesses X unterscheiden.

Zufallsvariablen X_t und X'_t welche (2.1) erfüllen werden häufig als *äquivalent* bezeichnet. Dies lässt sich für Prozesse leicht verallgemeinern:

Aufgabe. Sei $\mathcal{M}^d(I)$ die Menge aller Prozesse in $\mathbb{R}^d$ mit der Zeitmenge I. $X' \in \mathcal{M}^d(I)$ heiße zu $X \in \mathcal{M}^d(I)$ *äquivalent*, wenn X' eine Modifikation von X ist, kurz: $X \sim X'$. Man zeige, dass $\sim$ eine Äquivalenzrelation ist:

(Ä1)   Für alle $X \in \mathcal{M}^d(I)$ gilt: $X \sim X$.

(Ä2) $X \sim X' \Rightarrow X' \sim X$.

(Ä3) $X \sim X', X' \sim X'' \Rightarrow X \sim X''$.

Modifikationen von Prozessen werden uns bei Wiener- und bei Itô-Integralen begegnen, wenn wir die stetige Abhängigkeit von $t \mapsto \int_0^t f(s) \, dB_s$ untersuchen. Modifikationen sind ganz allgemein aus zwei Gründen wichtig:

1. Viele Prozesse der realen Welt sind stetige Funktionen der Zeit. Dies folgt rein mathematisch aber nicht aus der Standard-Konstruktion stochastischer Prozesse (nach Kolmogorov, vgl. etwa [Ba2]). Vielmehr müssen sie in einem zweiten Konstruktionsschritt durch Modifikation „erzeugt" werden. (Beispiel: Brownsche Bewegung).

2. Manche *Messbarkeitsprobleme* können durch Übergang zu einem modifizierten Prozess beseitigt werden. Beispielsweise ist man an der Wahrscheinlichkeit von folgendem, real beobachtbaren Ereignis interessiert:

$$A := \{\omega \in \Omega : \max_{s \in [0,1]} |X_s(\omega)| \leq 1\}. \tag{2.2}$$

Dies ist aber i.A. *keine* messbare Menge, da ein Durchschnitt von überabzählbar vielen messbaren Mengen nicht messbar sein muss. Ist jedoch X' eine stetige Modifikation von X, so ist die entsprechende Menge A' messbar (Übung!), und das Problem ist damit behoben.

Folgendes Lemma zeigt, dass man sich bei der Konstruktion stetiger Modifikationen für $t \geq 0$ o.B.d.A. auf Zeitintervalle $[0, T]$ beschränken kann.

Lemma 2.1. *Sei $(X_t)_{t \geq 0}$ ein stochastischer Prozess, sodass für alle $T \in \mathbb{R}_+$ der Prozess $(X_t)_{t \in [0,T]}$ eine P-f.s. stetige Modifikation besitzt. Dann besitzt $(X_t)_{t \geq 0}$ eine stetige Modifikation.*

Beweis. Sei $X^{(n)}$ eine P-f.s. stetige Modifikation von $(X_t)_{t \in [0,n]}$, $n \in \mathbb{N}$. Zu $t \geq 0$ gibt es genau ein $n \in \mathbb{N}$ mit $t \in [n-1, n)$. Mit diesem n setze

$$\tilde{X}_t := X_t^{(n)}.$$

Aus $P(X_t \neq X_t^{(n)}) = 0$ folgt $P(X_t \neq \tilde{X}_t) = 0$, d.h. $(\tilde{X}_t)_{t \geq 0}$ ist eine Modifikation von $(X_t)_{t \geq 0}$. Weiter ist $\tilde{X}_t$ P-f.s. stetig in allen Intervallen $(n-1, n)$, und rechtsseitig stetig in allen $n \in \mathbb{N}_0$. Sei $(t_k)_{k \in \mathbb{N}}$ eine Folge in $(n-1, n)$ die gegen n konvergiert. Dann gilt $\tilde{X}_{t_k} = X_{t_k}^{(n)} \to X_n^{(n)}$ P-f.s., und aufgrund von $P(X_n^{(n)} \neq X_n) = P(X_n^{(n+1)} \neq X_n) = 0$ folgt

$$X_n^{(n)} = X_n^{(n+1)} = \tilde{X}_n \quad P\text{-f.s.},$$

zusammen also $\tilde{X}_{t_k} \to \tilde{X}_n$ P-f.s. für $t_k \to n$. Somit ist $(\tilde{X}_t)_{t \geq 0}$ P-f.s. stetig. Ist schließlich N eine Nullmenge die alle ω mit unstetigen Pfaden $\tilde{X}_\cdot(\omega)$ enthält, so definiert

$$X'_t := \tilde{X}_t \cdot 1_{N^c}, \quad t \geq 0,$$

eine (überall) stetige Modifikation von $(X_t)_{t \geq 0}$.   □

Die *Zeitentwicklung* eines stochastischen Prozesses X wird i.A. durch seine Vorgeschichte beeinflusst. Diese „Abhängigkeit von der Vergangenheit" führt dazu, die bis zu einem Zeitpunkt t „vorhandene Information" genauer zu betrachten: Sie wird modelliert durch diejenige σ-Algebra von Ereignissen $\mathcal{F}_t$, von denen zur Zeit t feststeht ob sie eingetreten sind oder nicht. Diese σ-Algebra wächst natürlich im Laufe der Zeit und gibt Anlass zu folgender

Definition. Eine Familie $(\mathcal{F}_t)_{t\in I}$ von σ-Algebren auf Ω heißt *Filtration in* Ω, wenn $\mathcal{F}_t \subset \mathcal{F}_{t'}$ gilt für alle $t \le t'$. Ist $(\Omega, \mathcal{F}, P)$ ein W-Raum und $\mathcal{F}_t \subset \mathcal{F}$ für alle $t \in I$, so heißt $(\Omega, \mathcal{F}, P, (\mathcal{F}_t)_{t\in I})$ *filtrierter W-Raum.*

Ein Prozess $X = (X_t)_{t\in I}$ in $\mathbb{R}^d$ heißt *adaptiert an eine Filtration* $(\mathcal{F}_t)_{t\in I}$, falls X_t ein $\mathcal{F}_t$-messbarer Z.Vek. ist für alle $t \in I$. Offensichtlich ist jeder Prozess $(X_t)_{t\in I}$ adaptiert an die von ihm erzeugte (*kanonische*) *Filtration*

$$\mathcal{F}_t^X := \sigma(X_s | s \in I, s \le t)$$
$$:= \sigma\big(\cup_{s\le t} X_s^{-1}(\mathcal{B}(\mathbb{R}^d)) \big).$$

Dies ist zugleich die kleinste Filtration, an die $(X_t)_{t\in I}$ adaptiert ist.

Beispiele.

1. Sei $(X_t)_{t\in[0,1]}$ ein stetiger reeller Prozess. Dann gilt (als Grenzwert von Riemann-Summen!) für festes $t \in [0,1]$:

$$B := \{\omega : \int_0^t X_s(\omega)\, ds \ge 1\} \in \mathcal{F}_t^X.$$

   Je nach Pfad $X_\cdot(\omega)$ tritt B ein oder auch nicht (d.h. $\omega \in B$ oder $\omega \notin B$); aber stets liegt dies bereits zum Zeitpunkt t eindeutig fest. Hingegen liegt für festes $t \in [0,1)$ die Menge A in (2.2) nicht in $\mathcal{F}_t^X$: A ist ein Ereignis, dessen Eintreten zur Zeit t feststehen kann (wenn nämlich das Maximum auf $[0,t]$ größer oder gleich 1 ist), oder aber unbestimmt ist (denn das Maximum auf $[t,1]$ kann größer oder kleiner als 1 sein).

2. Ist $Z = (X_t, Y_t)_{t\in I}$ ein $\mathbb{R}^2$-wertiger Prozess so sind die *Komponentenprozesse* $(X_t)_{t\in I}$ und $(Y_t)_{t\in I}$ an $\mathcal{F}_t^Z$ adaptiert. Jedoch enthält $\mathcal{F}_t^Z$ weit mehr Information als durch X_t bzw. Y_t einzeln erzeugt wird, d.h. $\mathcal{F}_t^X$ bzw. $\mathcal{F}_t^Y$ sind (bis auf Trivialfälle) echte Teilmengen von $\mathcal{F}_t^Z$.

3. Sei Y_n diejenige Zahl welche bei einem Roulettespiel im n-ten Spiel fällt. X_n sei gleich „Null", „gerade" oder „ungerade" im n-ten Spiel. Offensichtlich ist X_n an $\mathcal{F}_n^Y$ adaptiert, d.h. es gilt $\mathcal{F}_n^X \subset \mathcal{F}_n^Y$. Generell tritt $\mathcal{F}_t^X \subset \mathcal{F}_t$ immer dann auf, wenn (X_t) nur einen Teilaspekt eines zufälligen Vorgangs (mit Filtration $\mathcal{F}_t$) beschreibt.

Ist $\tilde{X} = (\tilde{X}_t)_{t\in I}$ eine Modifikation des $\mathcal{F}_t$-adaptierten Prozesses $(X_t)_{t\in I}$, so ist $\tilde{X}$ *im Allgemeinen nicht* $\mathcal{F}_t$-*adaptiert*. Dies rührt daher, dass die Menge

$\{X_t \neq \tilde{X}_t\}$ in Bedingung (2.1) zwar eine Nullmenge ist, sie aber a priori nur in $\mathcal{F}$, nicht jedoch in $\mathcal{F}_t$ enthalten sein muss. Dieses *Adaptiertheitsproblem* lässt sich leicht beheben: Man muss nur die Nullmengen zu $\mathcal{F}_t$ hinzufügen:

Definition. Sei $(\Omega, \mathcal{F}, P)$ ein W-Raum, $\mathcal{H}$ eine Unter-σ-Algebra von $\mathcal{F}$, und $\mathcal{N}$ das System aller $\mathcal{F}$-Nullmengen. Dann heißt $\mathcal{H}^* := \sigma(\mathcal{H} \cup \mathcal{N})$ die *Augmentation von* $\mathcal{H}$. (to augment: vergrößern)

Aufgabe 2.a. Man zeige, dass sich $\mathcal{H}^*$ mit Hilfe der symmetrischen Differenz $\triangle$ (definiert durch $A\triangle B := A\backslash B \cup B\backslash A$) explizit angeben lässt durch

$$\mathcal{H}^* = \{A\triangle N \mid A \in \mathcal{H}, N \in \mathcal{N}\}. \qquad (2.3)$$

Hinweis: $(\cup_{n\in\mathbb{N}} A_n)\triangle(\cup_{n\in\mathbb{N}} B_n) \subset (\cup_{n\in\mathbb{N}} A_n\triangle B_n)$, $A\triangle(A\triangle B) = B$.
Man zeige weiter, dass für jedes $f \in \mathcal{L}^1(\Omega, \mathcal{F}, P)$, $A \in \mathcal{F}$ und $N \in \mathcal{N}$ gilt:

$$\int_{A\triangle N} f \, dP = \int_A f \, dP.$$

Bemerkung. Man verwechsle die *Augmentation* einer σ-Algebra $\mathcal{H}$ nicht mit deren *Vervollständigung* (also mit der Hinzunahme *aller Teilmengen* von Nullmengen aus $\mathcal{H}$). Die explizite Beschreibung (2.3) macht den Unterschied dieser zwei Begriffe offenkundig. Die Theorie der Itô-Integrale kommt ganz ohne den Begriff der Vervollständigung von σ-Algebren aus, sodass dieser Begriff im Folgenden auch nicht weiter thematisiert wird.

Das folgende Lemma zeigt, dass Augmentationen im Kontext von P-fast sicheren Aussagen in völlig natürlicher Weise auftreten:

Lemma 2.2. *Sei* $(\Omega, \mathcal{F}, P)$ *ein W-Raum,* $\mathcal{H} \subset \mathcal{F}$ *eine Unter-σ-Algebra und* X *eine Z.V. die $\mathcal{H}$-messbar ist. Ist Y eine $\mathcal{F}$-messbare Z.V. so gilt:*

$$P(X \neq Y) = 0 \quad \Rightarrow \quad Y \text{ ist } \mathcal{H}^* - messbar.$$

Sind weiter $(Z_n)_{n\in\mathbb{N}}$, *$\mathcal{H}$-messbare Z.V.n die P-f.s. gegen eine Z.V. Z konvergieren, so ist Z jedenfalls $\mathcal{H}^*$-messbar.*

Beweis. Es genügt zu zeigen, dass $Z := Y - X$ messbar bzgl. $\mathcal{H}^*$ ist, denn dann gilt dies auch für $Y = X + Z$. Nun ist $Z = 0$ P-f.s., also gilt $P(\{Z \neq 0\}) = 0$, und mit $\{Z \neq 0\} \in \mathcal{F}$ folgt $\{Z \neq 0\} \in \mathcal{H}^*$. Also gilt

$$Z^{-1}(\{0\}) = \{Z \neq 0\}^c \in \mathcal{H}^*.$$

Für $B \in \mathcal{B}(\mathbb{R})$ gilt entweder $0 \notin B$, dann folgt $B \subset \{0\}^c$ und damit $Z^{-1}(B) \subset Z^{-1}(\{0\}^c) = \{Z \neq 0\}$, also $Z^{-1}(B) \in \mathcal{H}^*$. Oder es gilt $0 \in B$, dann folgt

$$Z^{-1}(B) = Z^{-1}(B\backslash\{0\}) \cup Z^{-1}(\{0\}) \in \mathcal{H}^*.$$

Gelte nun P-f.s. $Z_n \to Z$. Dann gibt es eine Nullmenge $N \in \mathcal{F}$, sodass $1_{N^c} Z_n$ gegen $1_{N^c} Z$ konvergiert, und damit $1_{N^c} Z$ $\mathcal{H}$-messbar ist. Nun gilt $\{Z \neq 1_{N^c} Z\} \subset N$, also $P(Z \neq 1_{N^c} Z) = 0$, also ist Z $\mathcal{H}^*$-messbar.   □

Man beachte, dass im Fall $\mathcal{H} \neq \mathcal{H}^*$ die $\mathcal{H}$-Messbarkeit von X sich unter fast sicherer Gleichheit im Allgemeinen nicht überträgt: Ist nämlich N eine Nullmenge die nicht in $\mathcal{H}$ liegt und $Y := X + 1_N$, so gilt $P(X \neq Y) = 0$; jedoch ist Y nicht $\mathcal{H}$-messbar, denn sonst müsste auch $1_N = Y - X$ $\mathcal{H}$-messbar sei, was äquivalent ist zu $N \in \mathcal{H}$.

Aus Lemma 2.2 folgt für modifizierte Prozess nun sofort:

Korollar 2.3. *Sei $\tilde{X} = (\tilde{X}_t)_{t \in I}$ eine Modifikation des $\mathcal{F}_t$-adaptierten reellen Prozesses $(X_t)_{t \in I}$. Dann ist $\tilde{X}$ $\mathcal{F}_t^*$-adaptiert.*

Der durch Modifikationen definierte Äquivalenzbegriff stochastischer Prozesse ist oft zu schwach, weil er es nicht gestattet Pfadeigenschaften zu vergleichen. Hierfür benötigt man folgenden stärkeren Begriff:

Notation. Zwei stochastische Prozesse $(X_t)_{t \in I}$ und $(\tilde{X}_t)_{t \in I}$ auf dem W–Raum $(\Omega, \mathcal{F}, P)$ heißen *ununterscheidbar*, wenn ihre Pfade P–f.s. gleich sind.

Der Begriff „Ununterscheidbarkeit" ist der stärkste Äquivalenzbegriff, den man für stochastische Prozesse üblicherweise betrachtet. Für *stetige Prozesse* fallen die beiden Äquivalenzbegriffe aber zusammen:

Lemma 2.4. *Sind $(X_t)_{t \in I}$ und $(\tilde{X}_t)_{t \in I}$ Prozesse in $\mathbb{R}^d$ so gilt:*

(a) *Sind X und $\tilde{X}$ ununterscheidbar, so sind sie auch äquivalent.*

(b) *Sind X und $\tilde{X}$ äquivalent und P-f.s. stetig, so sind sie ununterscheidbar.*

Beweis. (a) Ununterscheidbarkeit bedeutet, dass es eine P-Nullmenge N gibt, sodass die Pfade $X.(\omega) = \tilde{X}.(\omega)$ für alle $\omega \in N^c$ erfüllen. Damit gilt insbesondere auch $X_t(\omega) = \tilde{X}_t(\omega)$ für jedes feste t und alle $\omega \in N^c$, d.h. $X \sim \tilde{X}$.

(b) Sei Q eine dichte, höchstens abzählbare Teilmenge von I. Zu jedem $t \in Q$ gibt es eine Nullmenge N_t mit $X_t(\omega) = \tilde{X}_t(\omega)$, für alle $\omega \in N_t^c$. Somit gilt

$$X.(\omega) = \tilde{X}.(\omega) \tag{2.4}$$

für alle ω außerhalb der Nullmenge $N_Q := \cup_{t \in Q} N_t$. Sei weiter N_s eine Nullmenge, sodass X und $\tilde{X}$ stetige Pfade auf N_s^c haben. Außerhalb der Nullmenge $N := N_s \cup N_Q$ haben dann beide Prozesse stetige Pfade und es gilt (2.4). Wegen Stetigkeit muss nun aber (2.4) sogar für alle $t \in I$ gelten.   □

Mit diesen allgemeinen Vorbereitungen über stochastische Prozesse können wir nun den am gründlichsten untersuchten stetigen Prozess der W-Theorie – die Brownsche Bewegung – genauer diskutieren. Wir beschränken uns aber auf die wenigen, für Itô-Integrale relevanten Aspekte.

2.2 Brownsche Bewegungen

Die *Brownsche Bewegung* (kurz BB) ist zweifellos der wichtigste stetige stochastische Prozess. Er hat einerseits interessante mathematische Eigenschaften, und andererseits lassen sich viele weitere Prozesse durch ihn mathematisch darstellen, etwa stetige Martingale und Diffusionsprozesse. Das Itô-Integral hat in Letzterem sogar seinen Ursprung. Der Begriff „Brownsche Bewegung" tritt in der Literatur in zweierlei Bedeutung auf:

(a) Als stochastischer Prozess im Sinne der Mathematik.

(b) Als physikalisches Phänomen.

Dabei ist (a) ein mathematisches Modell für (b). Es gibt aber seit langem wesentlich verfeinerte Modelle für physikalische BBen, welche in der Physik noch immer Forschungsgegenstand sind [Ne,Ma,CK]. Dabei wird die mathematische BB als *Werkzeug* zur Modellierung physikalischer (wie auch biologischer und ökonomischer) Prozesse vielfach verwendet (Abschnitt 3.4).

Bemerkungen. Zu (a): Die mathematische BB wird häufig auch *Wiener-Prozess* genannt, weil Wiener als erster (1923) dafür ein mathematisch korrektes Modell schuf. *Vorsicht*: Der Begriff BB wird teilweise stark verallgemeinert. Es „gibt" BBen in $\mathbb{R}^n$, auf differenzierbaren Mannigfaltigkeiten und in ∞-dimensionalen Räumen. Zu (b): Betrachte man ein mikroskopisches Teilchen in einer Flüssigkeit oder in einem Gas (z.B. Nebeltropfen), so sieht man eine „Zitterbewegung", welche durch die Stöße der umgebenden Moleküle verursacht wird. Diese Bewegung wurde zuerst von Brown um 1823 systematisch untersucht, und ihre atomistische Ursache hat Einstein aufgedeckt (vgl. [Ha,ES,Ma]). Die typische Größenordnung für die Anzahl der Molekülstöße auf ein Brownsches Teilchen ist etwa 10^8/sec in einer Flüssigkeit, und etwa $10^9 - 10^{10}$/sec in einem Gas (bei Normalbedingungen).

Im Folgenden werden die mathematischen Eigenschaften der BB anhand des physikalischen Phänomens *motiviert*. Hierfür sind gewisse Modellannahmen zu machen (die im Wesentlichen schon Wiener 1923 gemacht hat). Mit B_t werde die x-Komponente der Position eines Brownschen Teilchens zur Zeit $t \geq 0$ bezeichnet. Durch geeignete Wahl eines Koordinatensystems lässt sich stets $B_0 = 0$ erreichen. Die Modellannahmen sind:

1. Die Molekülstöße erfolgen nacheinander zu Zeiten $t_1 < t_2 < \cdots$. Der n-te Stoß führt zu einer Verschiebung X_n (in x-Richtung) bis zum $(n+1)$-ten Stoß. Also gilt $B_{t_n} = X_1 + \cdots + X_{n-1}$.

2. Die Stöße erfolgen zufällig und unabhängig voneinander, d.h. die X_i werden als unabhängige Zufallsvariablen modelliert. (Dies vernachlässigt Massenträgheit und langreichweitige Wechselwirkungen der Teilchen.) Weiter werden die X_i als identisch verteilt angenommen.

3. $E[X_n] = 0$, wegen Symmetrie, und $E[X_n^2] < \infty$, da große Werte von X_n extrem selten sind.

Die Position eines Brownschen Teilchens ist (mikroskopisch) nur in Zeitab-
ständen t_0 beobachtbar, die sehr viele Zusammenstöße umfassen, z.B.

$$t_0 = \frac{1}{100} \text{ Sekunde } \cong 10^6 \text{ Kollisionen (für Flüssigkeiten).}$$

Diese Anzahl ist sicherlich Poisson-verteilt („Ankunftszeiten"), sodass ihre
relative Schwankung äußerst gering ist. *Man kann daher ohne großen Fehler annehmen, dass in gleich langen Beobachtungsintervallen immer dieselbe
Anzahl N von Stößen stattfindet.* Man erhält für die Folge der Beobachtungs-
zeiten $0, t_0, 2t_0, \ldots$ die Position zur Zeit nt_0 wie folgt:

$$B_{nt_0} = B_{t_0} + (B_{2t_0} - B_{t_0}) + \cdots + (B_{nt_0} - B_{(n-1)t_0}).$$

Jeder der unabhängigen Zuwächse $(B_{kt_0} - B_{(k-1)t_0})$ ist die Summe von N
unabhängigen, identisch verteilten Zufallsvariablen, also (wegen des zentralen
Grenzwertsatzes) approximativ $N(0, \sigma^2)$-verteilt, wobei σ^2 ein Modellparameter ist, der abhängt von den physikalischen Gegebenheiten. Mit Bienaymé
folgt nun, dass der Zuwachs $B_{nt_0} - B_{mt_0}$ approximativ $N(0, (n-m)\sigma^2)$-
verteilt ist. Diese Überlegungen motivieren folgende

Definition 2.5. Eine *Brownsche Bewegung* ist ein reeller stochastischer Prozess $B = (B_t)_{t \geq 0}$ auf einem W-Raum $(\Omega, \mathcal{F}, P)$ mit den Eigenschaften:

(B1) B hat unabhängige Zuwächse, d.h. für beliebige $0 \leq t_0 < \cdots < t_n$
         sind $B_{t_1} - B_{t_0}, \ldots, B_{t_n} - B_{t_{n-1}}$ unabhängige Zufallsvariablen.

(B2)   Für alle $t > s \geq 0$ ist der Zuwachs $B_t - B_s$ $N(0, t-s)$-verteilt.

(B3) $B_0 = 0$.

(B4) B hat stetige Pfade.

Ist $I \subset \mathbb{R}_+$ ein Intervall und gelten (B1-B4) für einen Prozess $B = (B_t)_{t \in I}$,
so nennt man B eine *Brownsche Bewegung auf I*.

Bemerkungen. 1. In dieser Definition ist $\sigma^2 = 1$. Dies lässt sich durch eine
Skalierung der Zeitachse stets erreichen und stellt keine Einschränkung dar.
2. Die mathematische Idealisierung der zuvor diskutierten Modellbildung besteht im Übergang von den diskreten Zeiten $t_n = nt_0$ (für welche das Modell
gut begründet ist) zu kontinuierlicher Zeit. Dies stellt eine Art von „stetiger
Interpolation" dar in dem Sinne, dass die Einschränkung von $(B_t)_{t \geq 0}$ auf die
diskreten Zeiten nt_0 die „richtigen" stochastischen Eigenschaften hat. Da die
Modellbildung für sehr kleine t_0 jedoch versagt ist nicht zu erwarten, dass
die „Feinstruktur von $(B_t)_{t \geq 0}$" die *physikalische* BB richtig beschreibt, was
so auch zutrifft (eine bessere Modellierung diskutieren wir im Abschnitt 3.4).
Unabhängig davon lässt sich die mathematische BB detailliert untersuchen.
3. (B1) und (B2) hat im Wesentlichen bereits Einstein 1905 formuliert, s. [ES].
Die Normalverteilung fand er aber durch ein völlig anderes (Gleichgewichts-)
Argument. (B3) ist nicht essenziell (Wahl des Koordinatenursprungs) und

(B4) ist physikalisch selbstverständlich, jedenfalls von Standpunkt der klassischen Mechanik. [Hierzu sei bemerkt, dass ein typisches Brownsches Teilchens von $10^{-3}mm$ Durchmesser eine Größenordnung von 10^9 Molekülen enthält, sodass man noch ohne Quantenmechanik auskommt.] 4. Manchmal wird anstelle von (B3) eine beliebige „Startverteilung" P_{B_0} zugelassen (was wir hier nicht tun wollen, siehe etwa [RY]). Die spezielle Wahl $B_0 = 0$ wird dann als „normale" BB bezeichnet. 5. Anstelle von (B4) wird manchmal die Pfadstetigkeit nur P-f.s. vorausgesetzt. Einen derartigen Prozess werden wir als *BB mit P-f.s. stetigen Pfaden* oder kurz als eine *P-f.s. stetige BB* bezeichnen. 6. Die Frage ob eine BB im Sinne obiger Definition überhaupt (mathematisch!) existiert hat Wiener 1923 bejahend geklärt. Es gibt inzwischen verschiedene Möglichkeiten dies zu zeigen, siehe z.B. [KS1, Abschnitt 2]. Für das Weitere ist die *Existenz* einer (mathematischen) BB zwar formale Voraussetzung, aber ansonsten von keinerlei Bedeutung. Auf einen Existenzbeweis kann daher ohne großen Verlust verzichtet werden. 7. Über die Pfade einer mathematischen BB ist viel bekannt, etwa ihr asymptotisches Verhalten für $t \to 0, t \to \infty$ (Gesetz vom iterierten Logarithmus), ihre Hölderstetigkeit, und dass sie P-f.s. nirgends differenzierbar sind. Jedoch sind diese (und weitere) Eigenschaften für Itô-Integrale fast irrelevant. Wirklich zentral ist dagegen die in Satz 2.8 gemachte Aussage über die quadratische Variation Brownscher Pfade. Vorbereitend dazu betrachten wir die quadratische Variation einer C^1-Funktion, wofür wir folgende Notation benötigen:

Notation. Eine *Zerlegung* von $[\alpha, \beta]$ ist eine Menge $\mathcal{Z} = \{t_0, t_1, \ldots, t_N\}$ mit $\alpha = t_0 < t_1 < \cdots < t_N = \beta$. Die positive Zahl

$$\Delta(\mathcal{Z}) := \max_{i=1}^{N}\{t_i - t_{i-1}\}$$

heißt *die Feinheit von $\mathcal{Z}$.* Eine Folge von Zerlegungen $(\mathcal{Z}_n)_{n \in \mathbb{N}}$ heißt *Zerlegungsnullfolge*, wenn $\Delta(\mathcal{Z}_n)$ gegen Null konvergiert für $n \to \infty$.

Lemma 2.6. *Sei $f \in C^1([\alpha, \beta])$, also eine auf $[\alpha, \beta]$ stetig differenzierbare Funktion, und $(\mathcal{Z}_n)_{n \in \mathbb{N}}$ eine Zerlegungsnullfolge von $[\alpha, \beta]$. Dann gilt*

$$S_n := \sum_{k=0}^{N_n - 1} \left[f(t_{k+1}^{(n)}) - f(t_k^{(n)}) \right]^2 \longrightarrow 0, \quad \text{für } n \to \infty.$$

Beweis. Es gilt $|f'(t)| \le M$, $\forall t \in [\alpha, \beta]$. Nach dem Mittelwertsatz der Differentialrechnung gilt für geeignete $\theta_k^{(n)} \in [t_k^{(n)}, t_{k+1}^{(n)}]$:

$$|S_n| = \sum_{k=0}^{N_n - 1} |f'(\theta_k^{(n)})|^2 (t_{k+1}^{(n)} - t_k^{(n)})^2$$

$$\le M^2 \Delta(\mathcal{Z}_n) \sum_{k=0}^{N_n - 1} (t_{k+1}^{(n)} - t_k^{(n)})$$

$$= M^2 \Delta(\mathcal{Z}_n)(\beta - \alpha) \to 0, \quad \text{für } n \to \infty. \qquad \square$$

Für die Bestimmung der quadratischen Variation der BB benötigen wir noch eine elementare Folgerung aus dem Satz von der monotonen Konvergenz:

Satz 2.7. *Sei $(Y_n)_{n\in\mathbb{N}}$ eine Folge von reellen Zufallsvariablen auf $(\Omega, \mathcal{F}, P)$ mit $\sum_{n=1}^{\infty} E[|Y_n|] < \infty$. Dann gilt für $n \to \infty$:*

$$Y_n \to 0, \qquad P-\text{fast sicher}. \tag{2.5}$$

Beweis. Die Zufallsvariable $Y := \sum_{n=1}^{\infty} |Y_n| \in E^*(\Omega, \mathcal{F})$ ist monotoner Limes der Folge $\sum_{n=1}^{N} |Y_n|$. Mit monotoner Konvergenz folgt

$$\int Y \, dP = \lim_{N\to\infty} \int \sum_{n=1}^{N} |Y_n| \, dP = \sum_{n=1}^{\infty} \int |Y_n| \, dP < \infty.$$

Aus $\infty \cdot P(Y = \infty) = \int_{Y=\infty} Y \, dP \leq \int Y \, dP < \infty$ folgt $P(Y = \infty) = 0$, d.h. $\sum_{n=1}^{\infty} |Y_n|$ konvergiert P-fast sicher. Hiermit folgt (2.5). □

Damit lässt sich nun eine für Itô-Integrale zentrale Eigenschaft beweisen:

Satz 2.8 (Quadratische Variation der BB). *Sei $(B_t)_{t\geq 0}$ eine BB auf $(\Omega, \mathcal{F}, P)$, $0 \leq \alpha < \beta$, und $t_k^{(n)} := \alpha + (\beta - \alpha)\frac{k}{2^n}$, für $k = 0, 1, \dots, 2^n$. Dann gilt*

$$\sum_{k=0}^{2^n-1} \left[B_{t_{k+1}^{(n)}} - B_{t_k^{(n)}} \right]^2 \xrightarrow{n\to\infty} \beta - \alpha, \qquad P-\text{fast sicher}. \tag{2.6}$$

Beweis. Vorbereitung: Ist X eine $N(0, \sigma^2)$-verteilte Z.V. so gilt mit (1.11):

$$\text{Var}[X^2] = E[X^4] - E[X^2]^2 = 3(\sigma^2)^2 - (\sigma^2)^2 = 2(\sigma^2)^2. \tag{2.7}$$

Definiere nun unabhängige Zufallsvariablen $Y_{n,k}$, für $k = 0, 1, \dots, 2^n - 1$:

$$Y_{n,k} := [B_{t_{k+1}^{(n)}} - B_{t_k^{(n)}}]^2 - \frac{\beta - \alpha}{2^n}.$$

Da die Zuwächse $N(0, \frac{\beta-\alpha}{2^n})$-verteilt sind ist $Y_{n,k}$ zentriert, und mit (2.7) folgt $\text{Var}[Y_{n,k}] = 2(\beta - \alpha)^2/2^{2n}$. Betrachte nun die Folge (vgl. (2.6))

$$Y_n := \sum_{k=0}^{2^n-1} \left[B_{t_{k+1}^{(n)}} - B_{t_k^{(n)}} \right]^2 - (\beta - \alpha) = \sum_{k=0}^{2^n-1} Y_{n,k}.$$

Mit dem Satz von Bienaymé und der Zentriertheit der Y_n folgt:

$$E[Y_n^2] = \text{Var}[Y_n] = \sum_{k=0}^{2^n-1} \text{Var}[Y_{n,k}] \qquad \text{(da die } Y_{n,k} \text{ unabhängig sind)}$$

$$= \sum_{k=0}^{2^n-1} \frac{(\beta - \alpha)^2}{2^{2n-1}} = \frac{(\beta - \alpha)^2}{2^{n-1}}.$$

Somit gilt $\sum_{n=1}^{\infty} E[Y_n^2] < \infty$ woraus mit Lemma 2.6 die P-fast sichere Konvergenz $Y_n^2 \to 0$ folgt. Dies ergibt $Y_n \to 0$ P-fast sicher. □

Aus diesem Satz und Lemma 2.6 folgt, dass P-f.s. jeder Pfad einer BB in keinem Intervall $[\alpha, \beta] \subset \mathbb{R}_+$ stetig differenzierbar ist. Tatsächlich gilt sogar, dass P-f.s. jeder Pfad zu keinem Zeitpunkt $t \geq 0$ differenzierbar ist. Davon wird aber im Weiteren kein Gebrauch gemacht.

Bemerkung. Satz 2.8 hat zwei Auswirkungen auf Itô-Integrale bezüglich der BB: 1. Die Pfade einer BB sind von *unbeschränkter Variation* auf $[\alpha, \beta]$, d.h.

$$\sup\{\sum_{k=0}^{n} |B_{t_{k+1}} - B_{t_k}|\} = \infty, \qquad P - f.s.,$$

wobei das Supremum über alle Zerlegungen von $[\alpha, \beta]$ gebildet wird. [Dies folgt wegen der gleichmäßigen Stetigkeit der Pfade $B.(\omega)$ aus der Abschätzung

$$\sum_{k=0}^{2^n-1} \left[B_{t_{k+1}^{(n)}} - B_{t_k^{(n)}}\right]^2 \leq \max_k\{|B_{t_{k+1}^{(n)}} - B_{t_k^{(n)}}|\} \sum_{k=0}^{2^n-1} |B_{t_{k+1}^{(n)}} - B_{t_k^{(n)}}|,$$

denn das Maximum geht gegen Null, sodass die Summe auf der rechten Seite gegen ∞ geht für $n \to \infty$; andernfalls würde die linke Seite nicht gegen $\beta - \alpha$ konvergieren.] *Man kann daher, selbst für stetige Funktionen f, ein Integral $\int_\alpha^\beta f(t)\, dB_t$ nicht als Stieltjes-Integral definieren.* 2. Die Kettenregel für Integrale (Itô-Formel) unterscheidet sich wesentlich von der Kettenregel für Riemann-Integrale: Man benötigt einen „Differentialkalkül zweiter Ordnung", welcher seinen Ursprung im Nichtverschwinden der quadratischen Variation Brownscher Pfade hat. Dies wird in Kapitel 5 im Detail dargestellt, man vergleiche hierzu insbesondere Lemma 5.8.

Für den Itôschen Differentialkalkül werden wir BBen benötigen, die in spezieller Weise an eine Filtration $\mathcal{A}_t$ adaptiert sind, nämlich so, dass die Zuwächse $B_t - B_s$ von allen zurückliegenden Ereignissen $\mathcal{A}_s$ unabhängig sind. Natürlich gilt dies immer für die kanonische Filtration $\mathcal{A}_t := \mathcal{F}_t^B$. Allgemein formalisiert man diese Eigenschaft nun wie folgt:

Definition 2.9. Sei $(\Omega, \mathcal{F}, P)$ ein W-Raum und $(\mathcal{A}_t)_{t \geq 0}$ eine Filtration in $\mathcal{F}$. Ein reeller stochastischer Prozess $(B_t)_{t \geq 0}$ auf $(\Omega, \mathcal{F}, P)$ heißt *Brownsche Bewegung mit Filtration* $(\mathcal{A}_t)_{t \geq 0}$, kurz $(B_t, \mathcal{A}_t)_{t \geq 0}$, wenn B_t an $\mathcal{A}_t$ adaptiert ist, und $B_t - B_s$ unabhängig ist von $\mathcal{A}_s$, für alle $0 \leq s \leq t$.

Auch hierbei kommt es auf Nullmengen nicht wirklich an, d.h. man kann problemlos zur augmentierten Filtration übergehen:

Aufgabe 2.b. Ist $(B_t, \mathcal{A}_t)_{t \geq 0}$ eine BB mit Filtration, so auch $(B_t, \mathcal{A}_t^*)_{t \geq 0}$.

Der Konstruktion des Wiener-Integrals (wie auch der ersten Version des Itô-Integrals) liegt die $\mathcal{L}^2$-Konvergenz bezüglich eines W-Maßes zugrunde. Wir ergänzen als nächstes die in Abschnitt 1.1 diskutierten Eigenschaften dieses Konvergenzbegriffs.

2.3 Vorbereitung: Konvergenz im p-ten Mittel

Als erstes behandeln wir den einfachen Zusammenhang zwischen $\mathcal{L}^p$- und $\mathcal{L}^q$-Konvergenz, welcher aus der Hölderschen Ungleichung (Satz 1.6) folgt:

Lemma 2.10. *Sei $1 \leq p < q < \infty$ und $f \in \mathcal{L}^q(P)$. Dann ist $f \in \mathcal{L}^p(P)$ und*

$$\|f\|_p \leq \|f\|_q \,. \tag{2.8}$$

Insbesondere folgt aus $f_n \to f$ in $\mathcal{L}^q(P)$, die Konvergenz $f_n \to f$ in $\mathcal{L}^p(P)$.

Beweis. Sei r der zu $p/q > 1$ adjungierte Index. Mit Hölder folgt

$$\int |f|^p \cdot 1 \, dP \leq \left(\int (|f|^p)^{q/p} \, dP \right)^{p/q} \left(\int 1^r \, dP \right)^{1/r} = \left(\int |f|^q \, dP \right)^{p/q}.$$

Die p-te Wurzel aus dieser Ungleichung gibt (2.8). $\qquad\square$

Der nächste Satz (von Riesz-Fischer) ist zentral für die Funktionalanalysis von $\mathcal{L}^p(\mu)$-Räumen (mit beliebigem Maß μ). Sein Beweis basiert auf den Sätzen von der monotonen und der majorisierten Konvergenz.

Satz 2.11 (Vollständigkeit von $\mathcal{L}^p(\mu)$). *Sei $1 \leq p < \infty$. Jede Cauchy-Folge (f_n) in $\mathcal{L}^p(\mu)$ konvergiert im p-ten Mittel gegen eine Funktion $f \in \mathcal{L}^p(\mu)$. Eine geeignete Teilfolge von (f_n) konvergiert sogar μ-f.ü. gegen f.*

Beweis. Da (f_n) eine $\mathcal{L}^p$-CF ist gibt es zu jedem $k \in \mathbb{N}$ ein n_k mit

$$\|f_n - f_m\|_p \leq \frac{1}{2^k}, \qquad \forall n, m \geq n_k \,.$$

Sei o.B.d.A. $n_1 < n_2 < \cdots$. Insbesondere gilt

$$\|f_{n_{k+1}} - f_{n_k}\|_p \leq \frac{1}{2^k}, \qquad \forall k \in \mathbb{N} \,.$$

Sei $g_k := f_{n_{k+1}} - f_{n_k}$ und $g := \sum_{n=1}^{\infty} |g_k|$ (also $g(\omega) \in [0, \infty]$ für alle $\omega \in \Omega$). Nun gilt aufgrund der Minkowskischen Ungleichung

$$\Big\| \sum_{n=1}^{k} |g_n| \Big\|_p \leq \sum_{n=1}^{k} \|g_k\|_p \leq \sum_{n=1}^{\infty} \frac{1}{2^k} = 1 \,. \tag{2.9}$$

Die Folge $h_k := \sum_{n=1}^{k} |g_n|$ konvergiert monoton wachsend gegen g, und damit ihre p-te Potenz gegen g^p. Mit dem Satz von der monotonen Konvergenz folgt durch Grenzübergang in (2.9) die Abschätzung

$$\int |g|^p \, d\mu \leq 1 \,.$$

Es gilt also $\mu(g = \infty) = 0$, d.h. die Summe $g = \sum_{n=1}^{\infty} |g_k|$ konvergiert μ-fast überall. Nun gilt (wegen Teleskopsumme):

$$f_{n_{k+1}} = g_1 + \cdots + g_k + f_{n_1}, \qquad \text{konvergiert } \mu - \text{f.ü.} . \tag{2.10}$$

Andererseits gilt wegen $h_k \nearrow g$ auch

$$|f_{n_{k+1}}| \leq g + |f_{n_1}|, \qquad \forall k \in \mathbb{N} . \tag{2.11}$$

Die rechte Seite von (2.11) ist p-fach integrierbar, sodass (2.10) und (2.11) zeigen, dass die Folge $(f_{n_k})_{k \in \mathbb{N}}$ die Voraussetzungen des Satzes von der majorisierten Konvergenz erfüllt. Es gibt also ein $f \in \mathcal{L}^p(\mu)$ mit $f_{n_k} \to f$ μ-fast überall, und $f_{n_k} \to f$ in $\mathcal{L}^p(\mu)$.

Bleibt zu zeigen, dass die ganze Folge (f_n) in $\mathcal{L}^p(\mu)$ gegen f konvergiert: Sei hierzu $\varepsilon > 0$ gewählt. Dann gibt es ein n_0 mit

$$\|f_n - f_m\|_p \leq \varepsilon/2, \qquad \forall n, m \geq n_0 .$$

Außerdem gibt es ein k_0 mit $\|f_{n_k} - f\|_p \leq \varepsilon/2$ für alle $k \geq k_0$. Wähle ein festes $k \geq k_0$ sodass $n_k \geq n_0$ gilt. Dann folgt

$$\|f_n - f\|_p \leq \|f_n - f_{n_k}\|_p + \|f_{n_k} - f\|_p < \varepsilon, \qquad \forall n \geq n_0 . \qquad \square$$

Die Abbildung $f \mapsto \|f\|_p$ von $\mathcal{L}^p$ nach $\mathbb{R}$ definiert eine *Halbnorm* auf $\mathcal{L}^p$. Allgemein nennt man eine Abbildung $\|\cdot\| : E \to \mathbb{R}$ auf einem (reellen oder komplexen) Vektorraum E eine Halbnorm, wenn gilt:

(N1) $\|f\| \geq 0$ *für alle* $f \in E$ *(Positivität)*.

(N2) $\|\alpha f\| = |\alpha| \cdot \|f\|$ *für alle* $\alpha \in \mathbb{C}$, $f \in E$ *(Homogenität)*.

(N3) $\|f + g\| \leq \|f\| + \|g\|$ *für alle* $f, g \in E$ *(Dreiecksungleichung)*.

Die Eigenschaften (N1) und (N2) folgen für $\|\cdot\| = \|\cdot\|_p$ sofort aus der Definition von $\|\cdot\|_p$, und (N3) ist die Minkowskische Ungleichung aus Abschnitt 1.1. In funktionalanalytischer Sprechweise besagt Satz 2.11, dass der halbnormierte Raum $(\mathcal{L}^p(\mu), \|\cdot\|_p)$ vollständig ist. Man beachte, dass $\|\cdot\|_p$ i.A. keine *Norm* ist, denn dazu müsste (N1) ergänzt werden durch $\|f\|_p = 0 \Rightarrow f = 0$. (Aus $\|f\|_p = 0$ folgt aber nur $f = 0$ μ-fast überall.) In der Funktionalanalysis werden üblicherweise keine halbnormierten, sondern nur normierte Räume betrachtet. Dies ist aber keine allzugroße Einschränkung:

Aufgabe. Sei $(E, \|\cdot\|)$ ein halbnormierter Raum. Man zeige:

(a) $f \sim g : \iff \|f - g\| = 0$ definiert auf E eine Äquivalenzrelation.

(b) Sei $\hat{E}$ der Raum der Äquivalenzklassen $\hat{f}$ (der von $f \in E$ erzeugten Äquivalenzklasse), d.h. $\hat{f} := \{g \in E \,|\, g \sim f\}$. Sind $f_1, f_2 \in \hat{f}$ so gilt $\|f_1\| = \|f_2\|$, und damit ist $\|\hat{f}\| := \|f\|$ wohldefiniert auf $\hat{E}$.

(c) $(\hat{E}, \|\cdot\|)$ ist ein normierter Raum.

Notationen. Ein vollständiger normierter Raum E (d.h. ein Raum in dem jede CF konvergiert) heißt *Banachraum*. Eine Teilmenge $M \subset E$ heißt *dicht in E*, wenn es zu jedem $f \in E$ eine Folge (f_n) in M gibt die gegen f konvergiert, d.h. für die $\|f_n - f\| \to 0$ gilt. Für $p \in [1, \infty)$ bezeichnet $L^p(\mu)$ den Raum aller Äquivalenzklassen von $\mathcal{L}^p(\mu)$ bezüglich der Halbnorm $\| \cdot \|_p$. Wir werden Äquivalenzklassen $\hat{f} \in L^p(\mu)$ meistens durch einen ihrer Repräsentanten $f \in \mathcal{L}^p(\mu)$ bezeichnen. Nur bei Bedarf werden die punktweise definierten Funktionen f von den Klassen $\hat{f}$ unterschieden.

Beachtet man, dass zu jeder CF $(\hat{f}_n)$ in $L^p(\mu)$ eine CF (g_n) in $\mathcal{L}^p(\mu)$ assoziiert ist (man wähle aus jedem $\hat{f}_n$ einen beliebigen Repräsentanten $g_n \in \hat{f}_n$), so ergibt Satz 2.11 unmittelbar:

Korollar 2.12. *Für $1 \leq p < \infty$ ist $(L^p(\mu), \| \cdot \|_p)$ ein Banachraum.*

Für das Weitere von besonderem Interesse (aber nicht ausschließlich) ist der Fall $p = 2$, welcher sich wieder als Übungsaufgabe eignet:

Aufgabe (($L^2(\mu), \langle \cdot, \cdot \rangle$) ist ein reeller Hilbertraum). Seien $\hat{f}, \hat{g} \in L^2(\mu)$ und $f \in \hat{f}, g \in \hat{g}$. Man zeige, dass durch

$$\langle \hat{f}, \hat{g} \rangle := \int_\Omega fg \, d\mu$$

auf $L^2(\Omega, \mathcal{F}, \mu)$ ein reelles Skalarprodukt definiert wird, dass also folgende Eigenschaften gelten:

(S1) $\langle \hat{f} + \hat{g}, \hat{h} \rangle = \langle \hat{f}, \hat{h} \rangle + \langle \hat{g}, \hat{h} \rangle$,

(S2) $\langle \alpha \hat{f}, \hat{g} \rangle = \alpha \langle \hat{f}, \hat{g} \rangle$,

(S3) $\langle \hat{f}, \hat{g} \rangle = \langle \hat{g}, \hat{f} \rangle$,

(S4) $\langle \hat{f}, \hat{f} \rangle \geq 0$, wobei $\langle \hat{f}, \hat{f} \rangle = 0$ genau für $\hat{f} = 0$ gilt.

Bemerkung. Der Übergang von $\mathcal{L}^p(\mu)$ zu $L^p(\mu)$ ist in mehrfacher Hinsicht (wenn auch nicht immer) nützlich: Die Eindeutigkeit der Klassen gestattet häufig eine Definition von Abbildungen $L^p \to L^q$, welche für Repräsentanten (aufgrund der Mehrdeutigkeit) nicht möglich ist (z.B. die Projektoren $\mathcal{P}_\mathcal{H}$ in Abschnitt 8.1). Außerdem kann man für $L^p(\mu)$ die Standardsätze der Funktionalanalysis heranziehen. (Historisch gesehen wurde die Entwicklung der abstrakten Funktionalanalysis wesentlich durch die Theorie der L^p-Räume vorangetrieben.) Und schließlich braucht man sich bei Konvergenzfragen keine Gedanken über „μ-f.ü." zu machen.

Aufgabe. Man zeige, dass auf einem normierten Raum $(E, \| \cdot \|)$ die Norm stetig ist, d.h. aus $f_n \to f$ folgt $\|f_n\| \to \|f\|$. Man zeige weiter, dass in einem Hilbertraum $(H, \langle \cdot, \cdot \rangle)$ auch das Skalarprodukt stetig ist, d.h. aus $f_n \to f$ und $g_n \to g$ folgt $\langle f_n, g_n \rangle \to \langle f, g \rangle$.

2.4 Konstruktion des Wiener-Integrals

Integrale (auch stochastische) werden üblicherweise wie folgt konstruiert: Man definiert zunächst für „elementare" Funktionen das Integral als geeignete Summe. Danach setzt man das Integral auf eine größere Klasse von Funktionen durch einen Grenzübergang fort. Die Frage ist dabei immer, unter welcher Art von Grenzwertbildung (elementarer Funktionen) sich das Integral „stetig verhält". Beim Maß-Integral sind dies monotone Grenzwerte, beim Wiener- und Itô-Integral sind es $\mathcal{L}^2$-Grenzwerte (zunächst jedenfalls, vgl. die Diskussion am Ende von Abschnitt 4.2). Als erstes sind die „elementaren" Funktionen festzulegen:

Notationen. Der Vektorraum aller (reellen) *Treppenfunktionen auf* $\mathbb{R}$ sei die Menge aller Linearkombinationen von Indikatorfunktionen $1_{[a,b)}$, kurz

$$\mathcal{T}(\mathbb{R}) := \lin\{1_{[a,b)} \mid a, b \in \mathbb{R}, a < b\}. \tag{2.12}$$

Der Vektorraum aller *Treppenfunktionen auf* $[\alpha, \beta] \subset \mathbb{R}_+$ sei definiert durch $\mathcal{T}([\alpha, \beta]) := \{g|_{[\alpha,\beta]} : g \in \mathcal{T}(\mathbb{R})\}$. Ist $f \in \mathcal{T}([\alpha, \beta])$ so gibt es Zeitpunkte t_j mit $\alpha = t_0 < t_1 < \cdots < t_N = \beta$ sowie $e_j \in \mathbb{R}$, sodass gilt:

$$f(t) = \sum_{j=0}^{N-1} e_j 1_{[t_j, t_{j+1})}(t) + e_N 1_{\{\beta\}}(t), \qquad \forall t \in [\alpha, \beta]. \tag{2.13}$$

Definition. Ist $(B_t)_{t \geq 0}$ eine reelle BB und f durch (2.13) gegeben, so heißt

$$I(f) := \int_\alpha^\beta f(t)\, dB_t := \sum_{j=0}^{N-1} e_j(B_{t_{j+1}} - B_{t_j}), \tag{2.14}$$

das *(einfache) Wiener-Integral* (von, bzw. über f).

Aufgabe 2.c. Man zeige, dass $I(f)$ wohldefiniert ist, also nicht von der speziellen Darstellung der Treppenfunktion f abhängt. Man zeige weiter, dass $I_t(f) := \int_\alpha^t f(s)\, dB_s$, $t \in [\alpha, \beta]$, einen (pfad-) stetigen Prozess definiert.

Bemerkung. Der Wert e_N $[= f(\beta)]$ in (2.13) taucht im Integral (2.14) nicht auf. Wir können ihn deshalb o.B.d.A. *in Zukunft einfach weglassen.*

Lemma 2.13 (Elementare Itô-Isometrie). *Für* (2.14) *gilt:*

$$E\left[\left(\int_\alpha^\beta f(t)\, dB_t\right)^2\right] = \int_\alpha^\beta |f(t)|^2 dt. \tag{2.15}$$

Beweis. Der entscheidende Trick der stochastischen Integrationstheorie (das Verschwinden der „Nicht-Diagonalterme") ist bereits in folgender kleinen

Rechnung enthalten. Sie macht wesentlich von der Unabhängigkeit und Zentriertheit der Zuwächse Gebrauch:

$$E\big[(\int_\alpha^\beta f(t)\,dB_t)^2\big] = E\big[\sum_{i,j} e_i e_j (B_{t_{j+1}} - B_{t_j})(B_{t_{i+1}} - B_{t_i})\big]$$

$$= \sum_i e_i^2 E\big[(B_{t_{i+1}} - B_{t_i})^2\big]$$

$$+ \sum_{i\neq j} e_i e_j E\big[(B_{t_{j+1}} - B_{t_j})(B_{t_{i+1}} - B_{t_i})\big]$$

$$= \sum_i e_i^2 (t_{i+1} - t_i) = \int_\alpha^\beta |f(t)|^2 dt. \qquad \Box$$

Gleichung (2.15) ist der Schlüssel zur Erweiterung des Wiener-Integrals. Sie besagt, dass die lineare Abbildung $f \mapsto I(f)$ eine Isometrie vom Raum $(\mathcal{T}([\alpha,\beta]), \langle\cdot,\cdot\rangle_{\mathcal{L}^2([\alpha,\beta],\lambda)})$ nach $\mathcal{L}^2(P)$ ist. *Diese Abbildung lässt sich damit stetig fortsetzen auf den* $\mathcal{L}^2([\alpha,\beta],\lambda)$*-Abschluss von* $\mathcal{T}([\alpha,\beta])$, d.h. auf alle $f \in \mathcal{L}^2([\alpha,\beta],\lambda)$ die Grenzwert geeigneter $f_n \in \mathcal{T}([\alpha,\beta])$ sind: Aus $f_n \to f$ in $\mathcal{L}^2([\alpha,\beta],\lambda)$ folgt nämlich, dass (f_n) eine CF in $\mathcal{L}^2([\alpha,\beta],\lambda)$ ist, sodass wegen der Itô-Isometrie auch $(I(f_n))$ eine CF in $\mathcal{L}^2(P)$ ist, deren Grenzwert man mit $I(f)$ bezeichnet. Die Bestimmung des $\mathcal{L}^2$-Abschlusses von $\mathcal{T}([\alpha,\beta])$ ist damit von zentralem Interesse. Wir benötigen dazu zwei Vorbereitungen die auch in anderem Zusammenhang nochmals verwendet werden:

Satz 2.14. *Sei $\mathcal{R}$ ein Ring über Ω und μ ein σ-endliches Maß auf $\sigma(\mathcal{R})$. Dann gibt es zu jedem $A \in \sigma(\mathcal{R})$ mit $\mu(A) < \infty$ eine Folge $(A_n)_{n\in\mathbb{N}}$ in $\mathcal{R}$, mit $\mu(A_n \triangle A) \to 0$ für $n \to \infty$.*

Beweis. Nach Eindeutigkeitssatz und Carathéodory-Konstruktion gilt

$$\mu(A) = \inf\{\sum_{n=1}^\infty \mu(B_k) \mid \cup_{k\in\mathbb{N}} B_k \supset A, B_k \in \mathcal{R} \,\forall k \in \mathbb{N}\}.$$

Zu $\varepsilon > 0$ existieren also $B_k \in \mathcal{R}$ mit $\sum_{k=1}^\infty \mu(B_k) \leq \mu(A) + \varepsilon/2$, und mit $A' := \cup_{k=1}^\infty B_k \supset A$. Somit gilt

$$\mu(A'\backslash A) = \mu(A') - \mu(A) \leq \sum_{k=1}^\infty \mu(B_k) - \mu(A) \leq \varepsilon/2.$$

Für $A_n := \cup_{k=1}^n B_k \in \mathcal{R}$ gilt $A_n \uparrow A'$, und somit auch $A'\backslash A_n \downarrow \emptyset$. Weiter definiert $\mu_{A'}(F) := \mu(A' \cap F)$ ein endliches Maß auf $\mathcal{F}$, woraus sich $\mu(A'\backslash A_n) = \mu_{A'}(A'\backslash A_n) \downarrow 0$ ergibt, d.h. $\mu(A'\backslash A_n) \leq \varepsilon/2$ für $n \geq n_0$. Mit

$$A_n \triangle A = A_n\backslash A \cup A\backslash A_n \subset A'\backslash A \cup A'\backslash A_n$$

folgt $\mu(A_n \triangle A) \leq \mu(A'\backslash A) + \mu(A'\backslash A_n)$; jeder dieser Terme ist $\leq \varepsilon/2$. $\qquad \Box$

Notation. Ist E eine Teilmenge eines reellen (bzw. komplexen) Vektorraumes V, so bezeichnet lin$E$ die Menge aller reellen (bzw. komplexen) Linearkombinationen von Vektoren aus E.

Lemma 2.15. *Sei $(\Omega, \mathcal{F}, \mu)$ ein Maßraum und $p \in [1, \infty)$. Dann ist*

$$F := \mathrm{lin}\{1_A \,|\, A \in \mathcal{F}, \mu(A) < \infty\} \tag{2.16}$$

dicht in $\mathcal{L}^p(\mu)$. Ist μ ein σ-endliches Maß auf $\mathcal{F}$ und $\mathcal{H}$ ein Halbring mit $\mathcal{F} = \sigma(\mathcal{H})$, so kann $\mathcal{F}$ in (2.16) durch $\mathcal{H}$ ersetzt werden.

Beweis. Sei $f \in \mathcal{L}^p(\mu)$ mit $f \geq 0$. Dann gibt es $f_n \in E(\Omega, \mathcal{F})$ mit $f_n \nearrow f$ (punktweise). Damit ist auch $f_n^p \in E(\Omega, \mathcal{F})$ und es gilt $f_n^p \nearrow f^p$, sodass

$$\int f_n^p \, d\mu \nearrow \int f^p \, d\mu < \infty$$

folgt. Insbesondere folgt aus $\int f_n^p \, d\mu < \infty$, dass $f_n \in F$ für alle $n \in \mathbb{N}$ gilt. Die Abschätzung $|f_n - f|^p \leq (2f)^p$ und majorisierte Konvergenz zeigen, dass f_n gegen f in $\mathcal{L}^p$ konvergiert. Ist $f = f^+ - f^- \in \mathcal{L}^p$ beliebig, so approximiere man f^+ und f^- in $\mathcal{L}^p$ monoton durch nichtnegative $f_n^\pm \in F$. Die Funktionen $f_n := f_n^+ - f_n^- \in F$ konvergieren dann gegen f in $\mathcal{L}^p$.

Sei schließlich $\sigma(\mathcal{H}) = \mathcal{F}$. Da (2.16) dicht ist in $\mathcal{L}^p$ genügt es für jedes $A \in \mathcal{F}$ mit $\mu(A) < \infty$ ein $f \in \mathrm{lin}\{1_H \,|\, H \in \mathcal{H}, \mu(H) < \infty\}$ anzugeben mit

$$\|f - 1_A\|_p^p < \varepsilon.$$

Nach Satz 2.14 gibt es ein $B \in \mathcal{R}(\mathcal{H})$ mit $\mu(B \triangle A) < \varepsilon$. Dieses B besitzt eine Darstellung $B = \cup_{k=1}^n H_k$ mit disjunkten Mengen $H_k \in \mathcal{H}$ (vgl. den Abschnitt 1.1). Mit $f := 1_B = \sum_{k=1}^n 1_{H_k} \in \mathrm{lin}\{1_H, H \in \mathcal{H}\}$ folgt

$$\|f - 1_A\|_p^p = \|1_B - 1_A\|_p^p = \mu(B \triangle A) < \varepsilon. \qquad \square$$

Bemerkung. Lemma 2.15 ist von strukturellem Interesse, besagt es doch, dass man sich anstelle von (2.16) auf *spezielle* Indikatormengen $A \in \mathcal{H}$ beschränken kann. Dies ist wichtig, weil man die Form eines allgemeinen $A \in \mathcal{F}$ fast nie angeben kann. Stattdessen hat man aber oft explizit einen erzeugenden Halbring $\mathcal{H}$ von $\mathcal{F}$ zur Verfügung. Dies ist beispielsweise so im folgenden Korollar, in dem wir nun mühelos den Dichtheitssatz für die Erweiterung des einfachen Wiener-Integrals erhalten.

Korollar 2.16. *Für jedes $p \in [1, \infty)$ ist der Raum der Treppenfunktionen $\mathcal{T}(\mathbb{R})$ dicht in $\mathcal{L}^p(\mathbb{R}, \lambda)$. Entsprechend ist $\mathcal{T}([\alpha, \beta])$ dicht in $\mathcal{L}^p([\alpha, \beta], \lambda)$.*

Beweis. Es genügt die erste Aussage zu beweisen, denn man kann jedes $f \in \mathcal{L}^p([\alpha, \beta], \lambda)$ durch Null zu einer Funktion $\tilde{f} \in \mathcal{L}^p(\mathbb{R}, \lambda)$ fortsetzen; konvergiert dann $g_n \in \mathcal{T}(\mathbb{R})$ gegen $\tilde{f}$ in $\mathcal{L}^p(\mathbb{R}, \lambda)$, so konvergiert offenbar $g_n|_{[\alpha, \beta]} \in \mathcal{T}([\alpha, \beta])$ gegen f in $\mathcal{L}^p([\alpha, \beta], \lambda)$. Die erste Aussage folgt aber aus Lemma 2.15, da λ ein σ-endliches Maß auf $\sigma(\mathcal{H}) = \mathcal{B}(\mathbb{R})$ ist, mit dem Halbring $\mathcal{H} = \{[a, b) \,|\, a \leq b\}$ über $\mathbb{R}$. $\qquad \square$

Definition. Sei $f \in \mathcal{L}^2([\alpha, \beta], \lambda)$, und (f_n) eine Folge von Treppenfunktionen die gegen f im quadratischen Mittel konvergiert. Dann ist das (einfache) *Wiener-Integral* von (bzw. über) f definiert durch

$$I(f) := \int_\alpha^\beta f(t)\, dB_t := \mathcal{L}^2(P) - \lim_{n \to \infty} \int_\alpha^\beta f_n(t)\, dB_t \, .$$

Bemerkungen. 1. $I(f)$ ist eine P-f.s. eindeutig definierte Z.V.: Sind (f_n), $(\tilde{f}_n)$ zwei approximierende Folgen in $\mathcal{T}([\alpha, \beta])$, so konvergiert $f_n - \tilde{f}_n$ in $\mathcal{L}^2([\alpha, \beta], \lambda)$ gegen Null, und damit $I(f_n - \tilde{f}_n) = I(f_n) - I(\tilde{f}_n)$ in $\mathcal{L}^2(P)$ gegen Null. 2. Ist $f = \tilde{f}$ λ-f.ü. so gilt $I(f) = I(\tilde{f})$, denn f und $\tilde{f}$ werden durch dieselbe Folge von Treppenfunktionen in $\mathcal{L}^2([\alpha, \beta], \lambda)$ approximiert. *Das Wiener-Integral lässt sich also für Integranden $f \in L^2([\alpha, \beta], \lambda)$ definieren,* indem man aus einer L^2-Klasse $\hat{f}$ einen beliebigen Repräsentanten auswählt, und damit das Wiener-Integral berechnet. 3. Neben dem einfachen („1-fachen") Wiener-Integral gibt es allgemeiner *n-fache Wiener-Integrale* $\int f(t_1, \ldots, t_n)\, dB_{t_1} \cdots dB_{t_n}$, welche in der Theorie des Hilbertraumes $L^2(P)$ eine zentrale Rolle spielen (Chaos-Entwicklungen). Dies ist hier im Weiteren aber nicht von Interesse.

Wir zeigen nun, dass $I(f)$ eine Gaußsche Z.V. ist. Hierzu folgende Notation:
$$C_c(\mathbb{R}) := \{ f \in C(\mathbb{R}) \mid \exists [\alpha, \beta] \subset \mathbb{R} : f|_{[\alpha, \beta]^c} = 0 \} \, .$$

Lemma 2.17. *Seien μ_1 und μ_2 endliche Maße auf $\mathcal{B}(\mathbb{R})$. Dann gilt:*
$$\int_\mathbb{R} f\, d\mu_1 = \int_\mathbb{R} f\, d\mu_2 \quad \forall f \in C_c(\mathbb{R}) \quad \Rightarrow \quad \mu_1 = \mu_2 \, .$$

Beweis. Sei $a < b$. Wähle $n_0 \in \mathbb{N}$ derart, dass $a + 1/n_0 < b - 1/n_0$. Definiere für $n \geq n_0$ die *Trapezfunktionen*

$$f_n(x) := \begin{cases} 0 & \text{für } x \notin [a, b] \\ n(x - a) & \text{für } x \in [a, a + \dfrac{1}{n}] \\ 1 & \text{für } x \in [a + \dfrac{1}{n}, b - \dfrac{1}{n}] \\ n(b - x) & \text{für } x \in [b - \dfrac{1}{n}, b] \, . \end{cases} \tag{2.17}$$

Dann gilt offensichtlich $f_n \nearrow 1_{(a,b)}$. Mit monotoner Konvergenz folgt
$$\int f_n\, d\mu_1 \to \int 1_{(a,b)}\, d\mu_1 = \mu_1((a, b)) \, .$$

Entsprechend gilt $\int f_n\, d\mu_2 \to \mu_2((a, b))$. Da die Integrale nach Voraussetzung übereinstimmen folgt $\mu_1((a, b)) = \mu_2((a, b))$. Für die Intervall-Folge $A_n := (a - \frac{1}{n}, b)$ gilt $A_n \downarrow [a, b)$. Die Stetigkeit endlicher Maße ergibt
$$\mu_1([a, b)) = \lim_{n \to \infty} \mu_1(A_n) = \lim_{n \to \infty} \mu_2(A_n) = \mu_2([a, b)) \, .$$

Die beiden Maße stimmen also auf dem Halbring $\mathcal{H}(\mathbb{R})$ überein und damit (nach Satz 1.2) auf ganz $\mathcal{B}(\mathbb{R})$. $\qquad\qquad\square$

Korollar 2.18. *Sei (X_n) eine Folge von $N(\mu_n, \sigma_n^2)$-verteilten Zufallsvariablen, die in $\mathcal{L}^2(P)$ gegen X konvergieren mit $Var[X] > 0$. Dann ist X $N(\mu, \sigma^2)$-verteilt, wobei $\mu = \lim \mu_n$ und $\sigma^2 = \lim \sigma_n^2$ gilt.*

Beweis. Mit $X_n \to X$ in $\mathcal{L}^2(P)$ folgt $\|X_n\|_{\mathcal{L}^2} \to \|X\|_{\mathcal{L}^2}$, und weiter $E[X_n] = \langle X_n, 1 \rangle_{\mathcal{L}^2} \to \langle X, 1 \rangle_{\mathcal{L}^2}$. Hieraus erhält man $\mu_n \to \mu$ und damit auch $\sigma_n \to \sigma$.

Sei im Weiteren o.B.d.A. die Folge (X_n) P-f.s. konvergent (sonst wähle geeignete Teilfolge). Für jedes $f \in C_c(\mathbb{R})$ konvergiert dann auch $f(X_n)$ P-f.s. und da f beschränkt ist folgt mit majorisierter Konvergenz

$$\int f(X_n)\, dP \to \int f(X)\, dP, \quad \text{für } n \to \infty.$$

Ausgedrückt in Verteilungen heißt dies

$$\int_{\mathbb{R}} f(x)\, dP_{X_n}(x) \to \int_{\mathbb{R}} f(x)\, dP_X(x), \quad \text{für } n \to \infty. \tag{2.18}$$

Nun gilt, wiederum mit majorisierter Konvergenz,

$$\begin{aligned}
\int_{\mathbb{R}} f(x)\, dP_{X_n}(x) &= \frac{1}{\sqrt{2\pi\sigma_n^2}} \int f(x) \exp\{-\frac{(x-\mu_n)^2}{2\sigma_n^2}\} dx \\
&= \frac{1}{\sqrt{2\pi}} \int f(\sigma_n y + \mu_n) e^{-y^2/2} dy \\
&\to \frac{1}{\sqrt{2\pi}} \int f(\sigma y + \mu) e^{-y^2/2} dy \\
&= \frac{1}{\sqrt{2\pi\sigma^2}} \int f(x) e^{-\frac{(x-\mu)^2}{2\sigma^2}} dx.
\end{aligned}$$

Der Vergleich mit (2.18) ergibt

$$\int_{\mathbb{R}} f(x)\, dP_X(x) = \frac{1}{\sqrt{2\pi\sigma^2}} \int f(x) e^{-\frac{(x-\mu)^2}{2\sigma^2}} dx, \qquad \forall f \in C_c(\mathbb{R}),$$

sodass mit Lemma 2.17 folgt: $P_X = \nu_{\mu, \sigma^2}$. $\qquad\qquad\square$

Mit diesen Vorbereitungen erhalten wir nun leicht:

Satz 2.19 (Eigenschaften des einfachen Wiener-Integrals). *Für jede Funktion $f \in \mathcal{L}^2([\alpha, \beta], \lambda)$ ist das Wiener-Integral $I(f)$ normalverteilt mit*

$$E[\int_\alpha^\beta f(t)\, dB_t] = 0, \qquad \text{(Zentriertheit)} \tag{2.19}$$

$$E[(\int_\alpha^\beta f(t)\, dB_t)^2] = \|f\|_{\mathcal{L}^2}^2, \qquad \text{(Itô-Isometrie)}. \tag{2.20}$$

Beweis. Seien f_n Treppenfunktionen mit $f_n \to f$ in $\mathcal{L}^2([\alpha, \beta], \lambda)$.

$$X_n := I(f_n) = \sum_{j=0}^{N_n-1} e_j^{(n)} (B_{t_{j+1}^{(n)}} - B_{t_j^{(n)}}) \tag{2.21}$$

hat dann offensichtlich Erwartungswert $\mu_n = 0$, und wegen (2.15) Varianz $\sigma_n^2 = \|f_n\|_{\mathcal{L}^2}^2$. Es gilt also $\lim \mu_n = 0$ und $\lim \sigma_n^2 = \|f\|_{\mathcal{L}^2}^2$. Nun ist (2.21) normalverteilt, als Summe von unabhängigen Gaußschen Zufallsvariablen. Der Grenzwert $X = \int_\alpha^\beta f(t) \, dB_t$ ist nach Korollar 2.18 normalverteilt und es folgen die Gleichungen (2.19) und (2.20). $\qquad\square$

2.5 Wiener-Integrale als stetige Prozesse

Betrachtet man das Wiener-Integral als Funktion der oberen Integrationsgrenze, also $t \mapsto X_t := \int_0^t f(s) \, dB_s$, *so definiert dies keinen stochastischen Prozess*, weil hierzu (per Definition) für alle (t, ω) die Werte $X_t(\omega)$ definiert sein müssen. Zwar kann man für jedes feste t eine P-f.s. eindeutige Wahl für $X_t(\omega)$ treffen (und damit einen Prozess *definieren*), aber eine andere Wahl $\tilde{X}_t(\omega)$ unterscheidet sich davon für alle ω aus einer Nullmenge N_t. Die Pfade $t \mapsto X_t(\omega)$ unterscheiden sich dann auf der Menge $\cup_{t \in I} N_t$, *und dies muss keine Nullmenge sei.* Daher ist $(X_t)_{t \geq 0}$ a priori *in keiner natürlichen Weise* (auch nicht P-f.s.!) als Prozess eindeutig definierbar.

Notation. Sei $X = (X_t)_{t \in I}$ eine Familie von P-f.s. eindeutig definierten Zufallsvariablen. Jeder Prozess $(\tilde{X}_t)_{t \in I}$ der für alle $t \in I$ die Eigenschaft $P(\tilde{X}_t = X_t) = 1$ besitzt heißt eine *Version* von X.

Bemerkungen. 1. Man beachte, dass *Versionen* und *Modifikationen* fast dasselbe sind: Beim einer „Modifikation" ist aber das Ausgangsobjekt bereits ein echter stochastischer Prozess (mit wohldefinierten Pfaden). 2. *Vorsicht*: Der Begriff „Version" wird in der Literatur nicht völlig einheitlich verwendet. 3. Das oben angesprochene Problem nicht kanonischer Versionen entfällt, wenn die Familie $(X_t)_{t \geq 0}$ (von P-f.s. definierten Z.V.n) eine *stetige* Version $\tilde{X}$ besitzt: Jede andere stetige Version $\hat{X}$ ist dann nämlich eine Modifikation von $\tilde{X}$, sodass $\tilde{X}$ und $\hat{X}$ ununterscheidbar sind (Lemma 2.4). In diesem Sinne sind also stetige Versionen *eindeutig*.

Folgender Satz ist unsere Grundlage für die Konstruktion einer stetigen Version des Wiener-Integrals. Im Spezialfall $Y_i = 1$ (für $i = 1, \dots, n$) gibt dieser Satz die klassische Kolmogorovsche Maximalungleichung an.

Satz 2.20 (Verallgemeinerte Kolmogorovsche Maximalungleichung). *Es seien* $X_1, \dots, X_n, Y_1, \dots, Y_n$ *Zufallsvariablen in* $\mathcal{L}^2(\Omega, \mathcal{F}, P)$ *mit den Eigenschaften*

(a) $X_i \perp\!\!\!\perp (X_1, \dots, X_{i-1}, Y_1, \dots, Y_n)$, *für* $i = 1, \dots, n$.

(b) $E[X_i] = 0$, *für* $i = 1, \dots, n$.

Dann gilt für alle $\varepsilon > 0$:

$$P\left(\max_{1 \le k \le n} \left|\sum_{i=1}^{k} X_i Y_i\right| \ge \varepsilon\right) \le \frac{1}{\varepsilon^2} \sum_{i=1}^{n} E[X_i^2 Y_i^2]. \tag{2.22}$$

Beweis. Wegen $X_i \perp\!\!\!\perp Y_i$ ist $S_k := \sum_{i=1}^{k} X_i Y_i \in \mathcal{L}^2(P)$. Weiter gilt

$$E[S_k^2] = \sum_{i,j=1}^{k} E[X_i Y_i X_j Y_j] = \sum_{i=1}^{k} E[X_i^2 Y_i^2], \tag{2.23}$$

denn für $i < j$ ist $X_i Y_i Y_j \perp\!\!\!\perp X_j$, also $E[X_i Y_i X_j Y_j] = E[X_i Y_i Y_j]E[X_j] = 0$. Sei nun $A_1 := \{|S_1| \ge \varepsilon\}$, und für $k = 2, \ldots, n$ sei

$$A_k := \{\max\{|S_1|, |S_2|, \ldots, |S_{k-1}|\} < \varepsilon, |S_k| \ge \varepsilon\}.$$

Dann besteht die disjunkte Vereinigung

$$A_1 \cup \cdots \cup A_n = \{\max\{|S_1|, \ldots, |S_n|\} \ge \varepsilon\} =: A. \tag{2.24}$$

Um (2.22) zu beweisen genügt es nun

$$E[S_n^2 1_{A_k}] \ge \varepsilon^2 P(A_k), \quad \forall k = 1, \ldots, n \tag{2.25}$$

zu zeigen, denn hieraus folgt mit (2.23) und (2.24):

$$\sum_{i=1}^{n} E[X_i^2 Y_i^2] = E[S_n^2] \ge E[S_n^2 1_A] = \sum_{k=1}^{n} E[S_n^2 1_{A_k}]$$

$$\ge \varepsilon^2 \sum_{k=1}^{n} P(A_k) = \varepsilon^2 P(A).$$

Schreibt man $S_n^2 1_{A_k}$ in der Form $(S_k + (S_n - S_k))^2 1_{A_k}$, so folgt

$$S_n^2 1_{A_k} = S_k^2 1_{A_k} + 2 S_k 1_{A_k}(S_n - S_k) + (S_n - S_k)^2 1_{A_k}$$
$$\ge \varepsilon^2 1_{A_k} + 2 S_k 1_{A_k}(S_n - S_k). \tag{2.26}$$

Für $i \le k < j \le n$ gilt $X_i Y_i 1_{A_k} Y_j \perp\!\!\!\perp X_j$, denn wegen Voraussetzung (a) gilt $A_k \in \sigma(X_i, Y_i | 1 \le i \le k) \perp\!\!\!\perp X_j$. Also folgt für $k < n$:

$$E[S_k 1_{A_k}(S_n - S_k)] = \sum_{i=1}^{k} \sum_{j=k+1}^{n} E[X_i Y_i 1_{A_k} Y_j X_j] = 0.$$

Nimmt man nun von (2.26) den Erwartungswert, so folgt (2.25). $\qquad\square$

Man beachte, dass Wiener-Integrale für Treppenfunktionen wie in obigem Lemma von der Form $\sum X_i Y_i$ sind (mit Konstanten Y_i), sodass auch dafür eine Abschätzung der Form (2.22) zu erwarten ist. Der Beweis des nun folgenden Korollars ist gleich so formuliert, dass wir ihn ohne Änderung für Itô-Integrale übernehmen werden (dann aber mit Z.V.n Y_i).

Korollar 2.21. *Für Treppenfunktionen $f \in \mathcal{T}([\alpha, \beta])$ gilt:*

$$P\big(\max_{t \in [\alpha,\beta]} | \int_\alpha^t f(s)\,dB_s| > \varepsilon \big) \leq \frac{1}{\varepsilon^2} E\big[\int_\alpha^\beta f^2(s)\,ds \big]. \qquad (2.27)$$

Beweis. Sei f dargestellt als $f = \sum_{j=0}^{N-1} e_j 1_{[t_j, t_{j+1})}$. Dann gilt $\int_\alpha^\beta f(s)\,dB_s = \sum_{j=0}^{N-1} e_j (B_{t_{j+1}} - B_{t_j})$. Offenbar erfüllen die Z.V.n $X_j := B_{t_{j+1}} - B_{t_j}$ und $Y_j := e_j$ die Voraussetzungen von Satz 2.20, sodass folgt:

$$P\big(\max_{k=0}^{N-1} | \sum_{j=0}^{k} e_j (B_{t_{j+1}} - B_{t_j})| > \varepsilon \big) \leq \frac{1}{\varepsilon^2} E\big[\sum_{j=0}^{N-1} e_j^2 (B_{t_{j+1}} - B_{t_j})^2 \big]$$

$$= \frac{1}{\varepsilon^2} E\big[\int_\alpha^\beta f^2(s)\,ds \big]. \qquad (2.28)$$

Wähle nun eine Zerlegungsnullfolge $(\mathcal{Z}_n)$ von $[\alpha, \beta]$ mit der Zusatzeigenschaft $\{t_0, \ldots, t_N\} \subset \mathcal{Z}_n \subset \mathcal{Z}_{n+1}$, für alle $n \in \mathbb{N}$. Dann gilt $A_n \uparrow A$, soll heißen

$$\big\{ \max_{k=0}^{N_n-1} | \sum_{j=0}^{k} e_j^{(n)} (B_{t_{j+1}^{(n)}} - B_{t_j^{(n)}})| > \varepsilon \big\} \uparrow \big\{ \max_{t \in [\alpha,\beta]} | \int_\alpha^t f(s)\,dB_s| > \varepsilon \big\}.$$

Denn: $A_n \subset A_{n+1}$ folgt sofort aus $\mathcal{Z}_n \subset \mathcal{Z}_{n+1}$, und $\cup_{n \in \mathbb{N}} A_n = A$ sieht man wie folgt: Für jedes $n \in \mathbb{N}$ gilt

$$| \sum_{j=0}^{k} e_j^{(n)} (B_{t_{j+1}^{(n)}} - B_{t_j^{(n)}})| = | \int_\alpha^{t_{k+1}^{(n)}} f(s)\,dB_s|, \qquad (2.29)$$

sodass $A_n \subset A$ folgt, also $\cup_{n \in \mathbb{N}} A_n \subset A$. Ist umgekehrt $\omega \in A$ so gibt es ein $t' \in [\alpha, \beta]$ mit $|(\int_\alpha^{t'} f(s)\,dB_s)(\omega)| > \varepsilon$. Da $t \mapsto (\int_\alpha^t f(s)\,dB_s)(\omega)$ stetig ist gibt es ein $t_{k+1}^{(n)} \in \cup_{n \in \mathbb{N}} \mathcal{Z}_n$, sodass die rechte Seite von (2.29) $> \varepsilon$ ist, also $\omega \in A_n$.

Ersetzt man nun überall in (2.28) N durch N_n, so ergibt der Grenzübergang für $n \to \infty$ die Abschätzung (2.27). $\qquad \square$

Wir betrachten nun das Wiener-Integral als Funktion der oberen Grenze. Die zulässigen Integranden $f : [\alpha, \infty) \to \mathbb{R}$ sind dann offenbar genau diejenigen Funktion mit $f|_{[\alpha,\beta]} \in \mathcal{L}^2([\alpha, \beta], \lambda)$, für alle $\beta \geq \alpha$, welche wir mit

$\mathcal{L}^2_{loc}([\alpha,\infty))$ bezeichnen [bzw. allgemein mit $\mathcal{L}^p_{loc}([\alpha,\infty))$, für $p \geq 1$]. Zu jedem $f \in \mathcal{L}^2_{loc}([0,\infty))$ legt das Wiener-Integral die Familie $(\int_0^t f_s\,dB_s)_{t\in[0,\infty)}$ von P-f.s. definierten Z.V.n fest. Die Existenz einer stetigen Version solch einer Familie wird mit folgendem elementaren, aber äußerst nützlichen Lemma von Borel-Cantelli bewiesen. (Die meisten Aussagen über das pfadweise Verhalten stochastischer Prozesse werden damit bewiesen.)

Lemma 2.22 (Borel-Cantelli). *Sei $(\Omega, \mathcal{F}, P)$ ein W-Raum und $(A_n)_{n\in\mathbb{N}}$ eine Folge von Ereignissen. Dann gilt*

$$\sum_{n=1}^{\infty} P(A_n) < \infty \;\Rightarrow\; P(\{\omega \in \Omega\,|\,\omega \in A_n \text{ unendlich oft}\}) = 0\,.$$

Beweis. Sei $A := \{\omega \in \Omega\,|\,\omega \in A_n$ unendlich oft$\}$. Dann gilt für jedes $i \in \mathbb{N}$ $A \subset \bigcup_{n=i}^{\infty} A_n$, und hiermit, wegen der Subadditivität von P,

$$P(A) \leq \sum_{n=i}^{\infty} P(A_n)\,, \qquad \forall i \in \mathbb{N}\,.$$

Für $i \to \infty$ geht die rechte Seite gegen Null, sodass $P(A) = 0$ folgt. $\qquad\square$

Satz 2.23 (Stetige Version für Wiener-Integrale). *Sei $f \in \mathcal{L}^2_{loc}([0,\infty))$. Dann besitzt $(\int_0^t f(s)\,dB_s)_{t\in[0,\infty)}$ eine stetige Version.*

Beweis. Nach Lemma 2.1 genügt es zu zeigen, dass $(\int_0^t f(s)\,dB_s)_{t\in[0,T]}$ für jedes (feste) $T > 0$ eine stetige Version besitzt. Seien hierzu $f_n \in \mathcal{T}([0,T])$, mit $f_n \to f$ in $\mathcal{L}^2([0,T],\lambda)$ gewählt. Dann sind die ω-weise definierten Prozesse $I_n(t) := \int_0^t f_n(s)\,dB_s$ pfadstetig (siehe Aufgabe am Anfang von Abschnitt 2.4), und mit Korollar 2.21 folgt weiter

$$P(\max_{t\in[0,T]} |I_n(t) - I_m(t)| > \lambda) \leq \frac{1}{\lambda^2}\|f_n - f_m\|^2_{\mathcal{L}^2} \to 0\,,$$

für $n, m \to \infty$. Insbesondere gibt es zu $\lambda = 1/2^k$ ein $n_k \in \mathbb{N}$, sodass gilt

$$P(\|I_{n_k} - I_m\|_\infty > \frac{1}{2^k}) \leq \frac{1}{k^2}\,, \qquad \forall\,m \geq n_k\,.$$

Wählt man dabei o.B.d.A. $n_1 < n_2 < \cdots$, so folgt (setze $m = n_{k+1}$)

$$P(\|I_{n_k} - I_{n_{k+1}}\|_\infty > \frac{1}{2^k}) \leq \frac{1}{k^2}\,, \qquad \forall\,k \in \mathbb{N}\,.$$

Wegen $\sum_{k=1}^{\infty} 1/k^2 < \infty$ folgt mit Borel-Cantelli, dass

$$N := \big\{\|I_{n_k} - I_{n_{k+1}}\|_\infty > \frac{1}{2^k} \text{ für unendlich viele } k\big\}$$

eine P-Nullmenge ist. Somit gilt für alle $\omega \in N^c$:

$$\|I_{n_k}(\cdot,\omega) - I_{n_{k+1}}(\cdot,\omega)\|_\infty \leq \frac{1}{2^k}\,, \qquad \forall k \geq k_0(\omega)\,.$$

Stellt man für $l \in \mathbb{N}$ den Zuwachs $I_{n_k}(\cdot, \omega) - I_{n_{k+l}}(\cdot, \omega)$ als Summe von Einzelzuwächsen dar, so folgt mit der Dreiecksungleichung

$$\|I_{n_k}(\cdot, \omega) - I_{n_{k+l}}(\cdot, \omega)\|_\infty \leq \frac{1}{2^k}(1 + \frac{1}{2} + \frac{1}{2^2} + \cdots + \frac{1}{2^{l-1}}) \leq \frac{2}{2^k}, \quad \forall l \in \mathbb{N}.$$

Somit ist die Funktionenfolge $I_{n_k}(\cdot, \omega) = (\int_0^\cdot f_{n_k}(s)\, dB_s)(\omega)$ für jedes $\omega \in N^c$ eine gleichmäßige Cauchy-Folge auf $[0, T]$, konvergiert also gegen eine stetige Grenzfunktion *die mit* $I_f(\cdot, \omega)$ *bezeichnet sei.* Insbesondere folgt für jedes $t \in [0, T]$ die punktweise Konvergenz

$$\int_0^t f_{n_k}(s)\, dB_s(\omega) \to I_f(t, \omega), \qquad \forall \omega \in N^c. \tag{2.30}$$

Für $\omega \in N$ werde $I_f(t, \omega) := 0$ gesetzt. Nach Wahl der f_n gilt weiter

$$\int_0^t f_{n_k}(s)\, dB_s \to \int_0^t f(s)\, dB_s \quad \text{in } \mathcal{L}^2(P).$$

Mit (2.30) folgt $I_f(t, \omega) = (\int_0^t f(s)\, dB_s)(\omega)$, für P-f.a. ω. Der Prozess I_f erweist sich damit als eine stetige Version von $(\int_0^t f(s)\, dB_s)_{t \in [0,T]}$. $\square$

Sind $(X_t)_{t \geq 0}$ und $(\tilde{X}_t)_{t \geq 0}$ zwei stetige Versionen von $(\int_0^t f_s\, dB_s)_{t \geq 0}$, so gilt für jedes t die P-fast sichere Gleichheit $X_t = \tilde{X}_t$. Nach Lemma 2.4 sind X und $\tilde{X}$ somit sogar ununterscheidbar, sodass man ohne essenzielle Mehrdeutigkeit auch von *der* stetigen Version des Wiener-Integrals sprechen kann.

Notation. Von nun an werde mit $(\int_0^t f(s)\, dB_s)_{t \geq 0}$ stets eine stetige Version des Wiener-Integrals bezeichnet.

Aufgabe. Man zeige: Ist $(f_n)_{n \in \mathbb{N}}$ eine Folge in einem metrischen Raum (M, d) mit $d(f_n, f_{n+1}) \leq c_n$ und $\sum_{n=1}^\infty c_n < \infty$, so ist $(f_n)_{n \in \mathbb{N}}$ eine Cauchy-Folge in (M, d). (Vgl. Beweis von Satz 2.23.)

Abschließend diskutieren wir eine „Produktregel" für C^1-Funktionen und Wiener-Integrale. Diese ist ein einfacher Spezialfall der Produktregel für Itô-Integrale. Wir werden sie in Kapitel 3 benötigen.

*Lemma 2.24. (Partielle Integration). *Sei* $g \in C^1(\mathbb{R}_+)$, $f \in \mathcal{L}^2_{loc}(\mathbb{R}_+, \lambda)$ *und* $Y_t := \int_0^t f(s)\, dB_s$. *Dann gilt die P-fast sichere Gleichheit*

$$g(t) \cdot Y_t = \int_0^t Y_s g'(s)\, ds + \int_0^t g(s) f(s)\, dB_s. \tag{2.31}$$

Beweis. Sei $\{s_0^{(n)}, s_1^{(n)}, \cdots, s_{N_n}^{(n)}\}_{n \in \mathbb{N}}$ eine Zerlegungsnullfolge von $[0, t]$ und

$$g_n(s) := \sum_{j=0}^{N_n - 1} g(s_j^{(n)}) 1_{[s_j^{(n)}, s_{j+1}^{(n)})}(s).$$

Zunächst zeigen wir, dass im Sinne von $\mathcal{L}^2(P)$-Konvergenz für $n \to \infty$ gilt:

$$\sum_{j=0}^{N_n-1} g(s_j^{(n)})\big(Y_{s_{j+1}^{(n)}} - Y_{s_j^{(n)}}\big) \to \int_0^t g(s)f(s)\,dB_s \,. \qquad (2.32)$$

Die linke Seite hiervon lässt sich schreiben als

$$\sum_{j=0}^{N_n-1} \int_{s_j}^{s_{j+1}} g_n(s)f(s)\,dB_s = \int_0^t g_n(s)f(s)\,dB_s \,.$$

Mit der Itô-Isometrie folgt hieraus

$$E\big[\big(\int_0^t g_n(s)f(s)\,dB_s - \int_0^t g(s)f(s)\,dB_s\big)^2\big] = \int_0^t (g_n(s)-g(s))^2 f^2(s)\,ds \to 0 \,,$$

also (2.32). Durch Umordnung von Termen der Summe in (2.32) erhält man andererseits (lasse Index n weg)

$$\begin{aligned}
g(s_0)Y_{s_1} + g(s_1)(Y_{s_2} - Y_{s_1}) &+ \cdots + g(s_{N-1})(Y_{s_N} - Y_{s_{N-1}}) \\
&= (g(s_0) - g(s_1))Y_{s_1} + (g(s_1) - g(s_2))Y_{s_2} + \cdots \\
&\qquad \cdots + (g(s_{N-1}) - g(s_N))Y_{s_N} + g(s_N)Y_{s_N} \\
&= g'(\theta_1)(s_0 - s_1)Y_{s_1} + \cdots \\
&\qquad \cdots + g'(\theta_N)(s_{N-1} - s_N)Y_{s_N} + g(t)Y_t \,. \qquad (2.33)
\end{aligned}$$

Die letzte Gleichung folgt aus dem Mittelwertsatz der Differentialrechnung mit geeigneten $\theta_j \in [s_{j-1}, s_j]$. Ersetzte nun in (2.33) Y_{s_j} durch Y_{θ_j}, auf Kosten des Fehlers $g'(\theta_j)(s_j - s_{j+1})(Y_{s_j} - Y_{\theta_j})$. Da $Y(\omega)$ auf $[0,t]$ gleichmäßig stetig und g' beschränkt ist konvergiert die Summe dieser Fehler gegen Null für $n \to \infty$. Die durch Y_{θ_j} modifizierten Terme in (2.33) bilden (bis auf das Vorzeichen) eine Riemann-Approximation für $\int_0^t Y_s g'(s)\,ds$. Grenzübergang in (2.33) ergibt schließlich (2.31). $\qquad\qquad\square$

Bemerkungen. 1. Gleichung (2.31) lässt sich in differentieller Form (informell) schreiben als

$$d(g(t)Y_t) = Y_t dg(t) + g(t)dY_t \,,$$

mit $dY_t = f(t)dB_t$ und $dg(s) = g'(s)\,ds$. 2. Speziell für $f \equiv 1$ erhält man

$$g(t)B_t = \int_0^t g(s)\,dB_s + \int_0^t B_s\,dg(s) \,. \qquad (2.34)$$

Indem man (2.34) nach dem Wiener-Integral auflöst erhält man offensichtlich (für $g \in C^1(\mathbb{R}_+)$) eine *stetige Version von* $(\int_0^t g(s)\,dB_s)_{t\geq 0}$. 3. Die Produktregel (2.31) wird in Gleichung (5.35) für allgemeinere stochastische Integrale verallgemeinert werden. 4. $\int_0^t B_s(\omega)g'(s)\,ds$ in (2.34) lässt sich nicht weiter explizit „ausrechnen", da $B(\omega)$ *irgendeine* stetige Funktion sein kann. Im Gegensatz zu Riemann-Integralen gibt es daher für Wiener-Integrale keine „konkrete Integralrechnung".

3

Anwendung:
Lineare stochastische Differentialgleichungen

Noch mehr als in der Theorie gewöhnlicher (*nicht-stochastischer*) Differentialgleichungen spielt der „lineare Fall" für *stochastische Differentialgleichungen* (SDGen) eine Sonderrolle: Die linearen Gleichungen besitzen analytisch darstellbare Lösungen, es lassen sich leicht stärkere Existenz- und Eindeutigkeitsaussagen beweisen als für nichtlineare SDGen, und die Lösungen bilden Gauß-Prozesse (bei unabhängigen Gaußschen Startwerten). Dies bedeutet einerseits eine vollständige stochastische Charakterisierung, und macht andererseits eine relativ einfache Analyse stationärer Lösungen möglich. Die linearen SDGen nehmen aber auch vom Standpunkt der Anwendungen eine Sonderstellung ein: Nicht nur lassen sich manche realen Modelle damit konkret analysieren, wie wir am Beispiel physikalischer BBen sehen werden, sondern es werden (etwa bei Ingenieursanwendungen) oftmals nichtlineare Modelle stückweise linearisiert und damit approximativ berechenbar. Ein wichtiges Beispiel hierfür sind erweiterte Kalman-Bucy-Filter, vgl. etwa [Le].

3.1 Motivation: Die Langevin-Gleichung

Betrachten wir nochmals ein mikroskopisches Teilchen, welches sich in einem (ruhenden) Medium (Gas oder Flüssigkeit) bewegt. Im Gegensatz zu Abschnitt 2.2 modellieren wir nun aber nicht die *Position* des Teilchens, sondern seine *Geschwindigkeit* (die Position folgt durch Integration des Geschwindigkeitsprozesses). Dadurch wird der Trägheit des Teilchens Rechnung getragen; insbesondere werden wir in Abschnitt 3.3 sehen, dass das unphysikalische Kurzzeitverhalten der mathematischen BB dadurch beseitigt wird. [Man rufe sich nochmals die Modellierung der BB aus Abschnitt 2.2 in Erinnerung.] Der Einfachheit halber betrachten wir wieder nur eine Komponente des Geschwindigkeitsvektors unseres Probeteilchens, die mit v_t bezeichnet sei (Zeitpunkt t). Wir nehmen an, dass sich v durch sukzessive harte Stöße des Teilchens mit den umgebenden Molekülen ändert. Bewegt sich das Teilchen im Medium, so treffen pro Zeiteinheit bevorzugt Moleküle entgegen der Bewegungsrichtung auf das Teilchen. Es wird dadurch abgebremst, wobei die Bremskraft umgekehrt proportional zu v_t ist (Stokessches Gesetz). Die Proportionalitätskonstante heiße ζ. Diesem summarischen Effekt überlagert sind Fluktuationen durch die Molekülstöße, sodass sich der Impuls mv (mit Teilchenmasse m) im kleinen Zeitintervall $I = [t, t + \Delta t]$ wie folgt ändert:

$$m\Delta v_t = -\zeta v_t \Delta t + \sum p_i \,. \tag{3.1}$$

Die p_i sind dabei die Impulsänderungen des Teilchens, welche durch die einzelnen Moleküle verursacht werden, *abzüglich* ihres anteiligen Beitrags zur summarischen Drift. Aufgrund der Massenträgheit ändert sich v nur äußerst wenig für Zeiten Δt, in denen immer noch sehr viele Molekülstöße erfolgen. Betrachtet man die p_i in (3.1) als u.i.v., so ist die Summe approximativ normalverteilt. Beachtet man noch, dass in gleich langen Intervallen etwa dieselbe Anzahl von Stößen auftritt, so folgt

$$m\Delta v_t = -\zeta v_t \Delta t + \gamma \Delta B_t \,, \tag{3.2}$$

wobei sich (wegen Unabhängigkeit) die ΔB_t als Zuwächse einer (mathematischen) BB im Intervall I auffassen lassen. In der Physik ist es nun üblich eine solche Gleichung durch Δt zu dividieren und anschließend zur Differentialgleichung (via $\Delta t \to 0$) überzugehen. Dies ist aber keineswegs zwingend, und in Anbetracht der nicht existenten Ableitung Brownscher Pfade auch gar nicht angezeigt. Stattdessen summiere man alle Zuwächse (3.2) über kleine Zeitintervalle von 0 bis t, und gehe *danach* zum Grenzwert über. Nach Division durch m erhält man so formal für v die Integralgleichung

$$v_t - v_0 = -\int_0^t \beta v_s \, ds + \int_0^t \sigma \, dB_s \,, \tag{3.3}$$

mit $\beta := \zeta/m$ und $\sigma := \gamma/m$. Dies wird *abgekürzt* durch die Schreibweise

$$dv_t = -\beta v_t \, dt + \sigma \, dB_t \,. \tag{3.4}$$

Bemerkungen. 1. Gegen den Übergang von einer Summe $\sum \sigma(t_i) \Delta B_{t_i}$ zu einem Integral $\int \sigma(t) \, dB_t$ lässt sich einwenden, dass für zu kleine Δt_i die Modellierung der ΔB_{t_i} als Brownsche Zuwächse versagt. Dies macht aber nur dann Probleme, wenn sich die Funktion (oder der Prozess) σ innerhalb so kurzer Zeiten „merklich" ändert: Ist σ etwa auf $[t, t + \Delta t]$ konstant (wie bei (3.3)), so gilt $\sigma \Delta B_t = \int_t^{t+\Delta t} \sigma \, dB_s$, d.h. der Übergang von Δt zu noch kleineren Zeiten hat *keinen* Einfluss auf den Wert des Integrals. Bei *hinreichend langsam veränderlichem* σ stellt daher das Integral eine gute Approximation der Summe dar, *auch wenn* die Modellierung der ΔB_t für kleine Δt versagt.

2. Bei der Integralgleichung (3.3) handelt es sich um ein *Anfangswertproblem* (AWP) *für einen stochastischen Prozess* v, zum Anfangswert v_0. Da die rechte Seite eine stetige Version besitzt, so sollte die gesuchte Lösung v (die linke Seite) ein stetiger Prozess sein; hiermit kann man dann insbesondere das erste Integral in (3.3) ω-weise als Riemann-Integral interpretieren. 3. Bei (3.4) handelt es sich um das historisch erste Beispiel einer (linearen) stochastischen Differentialgleichung, welche als *Langevin-Gleichung* bezeichnet wird (Langevin 1908). Anstelle von (3.2) hat Langevin tatsächlich die Gleichung $m\ddot{x}(t) = -\zeta\dot{x}(t) + F(t)$ mit einer „schnell fluktuierenden statistischen Kraft F" untersucht. Auf dieser Gleichung aufbauend wurde die Theorie der physikalischen BB weiterentwickelt durch Ornstein, Fürth, Uhlenbeck und anderen (Details hierzu findet man in [Wax,Ne,CK]). Die Interpretation als *Integralgleichung* (3.3) wurde erstmals von Doob [Do3] gegeben.

Im folgenden Abschnitt werden wir AWPe vom Typ (3.3) mit zeitabhängigen Koeffizienten untersuchen, und zwar für Prozesse v mit Werten in $\mathbb{R}^d$. Da der „Rauschterm" in (3.3), d.h. $\int_0^t \sigma\, dB_s$, nicht von v abhängt spricht man von *additivem Rauschen*. Lineare Gleichungen mit *multiplikativem Rauschen* können wir bislang noch nicht behandeln, denn diese erfordern den Itô-Kalkül; wir werden in Kapitel 6 darauf zurückkommen.

3.2 Lineare Systeme mit additivem Rauschen

Die Behandlung von *Systemen* von SDGen ist unter anderem interessant, weil sie es gestattet auch Gleichungen *zweiter* (und höherer) Ordnung zu behandeln; derartige Gleichungen treten wegen der Newtonschen Bewegungsgleichungen in vielen Anwendungen der Mechanik auf (siehe etwa die Ornstein-Uhlenbeck Theorie der physikalischen BB in Abschnitt 3.4). Die Behandlung höherdimensionaler Gleichungen erfordert den Begriff einer *k-dimensionalen BB*, was konzeptionell aber sehr einfach ist:

Definition. Ein Prozess $(B_t)_{t\geq 0}$ in $\mathbb{R}^k$ habe unabhängige Komponenten (d.h. die σ-Algebren $\sigma(B_t^{(1)}, t \geq 0), \ldots, \sigma(B_t^{(k)}, t \geq 0)$ sind unabhängig). Er heißt *k-dimensionale BB*, wenn jede Komponente eine reelle BB ist.

Betrachten wir nochmals die Langevin-Gleichung (3.4). Diese modelliert nur *eine* Komponente des dreidimensionalen Geschwindigkeitsvektors v einer physikalischen BB. Die beiden anderen Komponenten genügen (für kugelförmige Teilchen) aus Symmetriegründen derselben Gleichung, wobei allerdings nicht dieselbe treibende (mathematische) BB auftritt, sondern voneinander unabhängige BBen. (Die Unabhängigkeitsannahme der Geschwindigkeitskomponenten in Gasen geht auf Maxwell zurück und hat sich in der kinetischen Gastheorie sehr bewährt (auch experimentell). Dies gibt Anlass zu folgender Verallgemeinerung der Langevin-Gleichung (3.4):

Definition. Sei $(B_t)_{t\geq 0}$ eine k-dimensionale BB und X_0 ein d-dimensionaler Z.Vek. auf $(\Omega, \mathcal{F}, P)$. Für jedes $t \geq 0$ sei $A(t)$ eine $d \times d$-Matrix und $C(t)$ eine $d \times k$-Matrix, deren Komponenten stetig von t abhängen. Einen stetigen, d-dimensionalen stochastischen Prozess $(X_t)_{t\geq 0}$ auf $(\Omega, \mathcal{F}, P)$, welcher

$$X_t = X_0 + \int_0^t A(s)X_s \, ds + \int_0^t C(s) \, dB_s \qquad (3.5)$$

P-f.s. für alle $t \geq 0$ erfüllt, nennt man eine *Lösung der SDG*

$$dX_t = A(t)X_t \, dt + C(t) \, dB_t \qquad (3.6)$$

zum Anfangswert X_0.

Bemerkungen. 1. Gleichung (3.5) ist komponentenweise zu interpretieren, wobei X_t und „dB_t" als Spaltenvektoren aufzufassen sind. Beispielsweise lautet die erste Komponente des Wiener-Integrals wie folgt:

$$\sum_{j=1}^k \int_0^t C_{1j}(s) \, dB_s^{(j)} . \qquad (3.7)$$

2. In (3.5) ist es nicht nötig (wie bei nichtlinearen SDGen in Kapitel 6) die Lösung X_t als $\mathcal{A}_t$-adaptiert vorauszusetzen. Insbesondere kann X_0 ein *beliebiger* Zufallsvektor sein. 3. Im Folgenden unterdrücken wir meistens den Zusatz „P-f.s." in Gleichungen mit Wiener-Integralen.

Die Itô-Isometrie für Zufallsvariablen vom Typ (3.7) werden wir gelegentlich benötigen. Ihr Beweis ist eine sehr einfache Verallgemeinerung des Beweises von Lemma 2.13 und Gleichung (2.20):

Aufgabe 3.a. Man zeige, dass für $\mathcal{L}^2([\alpha, \beta], \lambda)$-Integranden C_j, C_j' gilt:

$$E[(\sum_{j=1}^k \int_\alpha^\beta C_j(t) \, dB_t^{(j)})(\sum_{j'=1}^k \int_\alpha^\beta C_{j'}'(t) \, dB_t^{(j')})] = \sum_{j=1}^k \int_\alpha^\beta C_j(t)C_j'(t) \, dt . \qquad (3.8)$$

Wie bei jedem AWP stellt sich auch für (3.5) zuerst die Frage nach der Existenz und Eindeutigkeit von Lösungen. Da (3.5) nur P-f.s. gelten muss, so kann man bestenfalls auf eine P-fast sichere Eindeutigkeit hoffen: Ist X eine Lösung von (3.5) und $\tilde{X}$ eine Modifikation von X (ebenfalls stetig), so ist auch $\tilde{X}$ eine Lösung. Man kann nämlich auf beiden Seiten von (3.5) X durch $\tilde{X}$ ersetzen, ohne dabei die P-fast sichere Gleichheit zu verletzen. (Man beachte hierzu, dass nach Lemma 2.4 die Prozesse X und $\tilde{X}$ ununterscheidbar sind.) Im Folgenden zeigen wir, dass die Integralgleichung (3.5) stets Lösungen besitzt, und dass je zwei Lösungen bis auf Ununterscheidbarkeit gleich sein müssen. Wir werden dazu benutzen, dass es im Fall ohne Rausch-term (d.h. $C = 0$) stets eine eindeutige Lösung $X \in C^1(\mathbb{R})$ von (3.5) gibt, mit $X(0) = x \in \mathbb{R}^d$ (siehe beispielsweise [Fo]). Wir beginnen mit

Satz 3.1. (Eindeutigkeit von Lösungen). *Seien $(X_t)_{t\geq 0}$ und $(\tilde{X}_t)_{t\geq 0}$ zwei Lösungen von (3.5). Dann sind X und $\tilde{X}$ ununterscheidbare Prozesse.*

Beweis. Mit Linearität folgt für den stetigen Prozess $\bar{X}_t := X_t - \tilde{X}_t$:

$$\bar{X}_t(\omega) = \int_0^t A(s)\bar{X}_s(\omega)\, ds\,, \qquad \forall t \geq 0\,, \tag{3.9}$$

wobei die Gleichheit für alle $\omega \in N^c$ (mit $P(N) = 0$) und alle $t \geq 0$ gilt. Wegen $\bar{X}_0(\omega) = 0$ liefert der (deterministische) Eindeutigkeitssatz für (3.9) die Aussage $\bar{X}_.(\omega) = 0$, $\forall \omega \in N^c$. □

Die Existenz von Lösungen werden wir nicht abstrakt beweisen (wie bei nichtlinearen Gleichungen in Kapitel 6), sondern wir werden vielmehr eine analytische Form der Lösung heuristisch herleiten und nachrechnen, dass tatsächlich eine Lösung vorliegt. Dazu benötigen wir den wichtigen Begriff einer *Fundamentallösung* für lineare Systeme gewöhnlicher DGen, den wir nun vorbereiten. Im Gegensatz zur eingeschränkten Zeitmenge $t \geq 0$ (für SDGen) können wir dabei ohne Einschränkung alle $t \in \mathbb{R}$ zulassen:

Satz 3.2. *Für $j = 1, \ldots, d$ sei $e_j \in \mathbb{R}^d$ der j-te kanonische Basisvektor (mit Komponenten δ_{ji}). Sei weiter A eine stetige $d \times d$-Matrix auf $\mathbb{R}$ und $\phi_j \in C^1(\mathbb{R}, \mathbb{R}^d)$ die eindeutige Lösung von*

$$\frac{d\phi_j}{dt}(t) = A(t)\phi_j(t)\,, \qquad \phi_j(0) = e_j\,. \tag{3.10}$$

Dann ist $\phi(t) := (\phi_1(t), \ldots, \phi_d(t))$ die eindeutige Lösung der Matrix-DGL

$$\frac{d\phi}{dt}(t) = A(t)\phi(t)\,, \qquad \phi(0) = I\,, \tag{3.11}$$

wobei I die $d \times d$-Einheitsmatrix ist. Weiter gilt $\det[\phi(t)] > 0$ für alle $t \in \mathbb{R}$.

Beweis. Zunächst einmal ist die j-te Spalte von (3.11) identisch mit (3.10), d.h. die beiden Gleichungssysteme sind identisch. Die erste Behauptung folgt damit unmittelbar. Zum Nachweis der zweiten Behauptung sei angenommen, dass es ein $t_0 \in \mathbb{R}$ gibt mit $\det[\phi(t_0)] \leq 0$. Da die Determinantenfunktion stetig ist und $\det[\phi(0)] = 1 > 0$ gilt gibt es dann ein $t' \in \mathbb{R}$ mit $\det[\phi(t')] = 0$. Ist nun $0 \neq v \in \mathbb{R}^d$ aus dem Nullraum von $\phi(t')$, so löst $v(t) := \phi(t)v$ für alle $t \in \mathbb{R}$ offensichtlich das AWP

$$\frac{dv}{dt}(t) = A(t)v(t)\,, \qquad v(t') = 0\,.$$

Aufgrund der eindeutigen Lösbarkeit dieses Problems folgt $v(t) = 0$ für alle $t \in \mathbb{R}$, im Widerspruch zu $v(0) = Iv = v \neq 0$. □

Korollar 3.3. *Sei ϕ wie in Satz 3.2. Dann hat für alle $t, r, s \in \mathbb{R}$ die Matrix-Funktion $\Phi(t, s) := \phi(t)\phi(s)^{-1}$ folgende Eigenschaften:*

(a) $\partial_t \Phi(t, s) = A(t)\Phi(t, s)$,

(b) $\Phi(t, s) = \Phi(t, r)\Phi(r, s)$,

(c) $\det[\Phi(t, s)] > 0$,

(d) $\partial_s \Phi(t, s) = -\Phi(t, s)A(s)$.

Beweis. Nur Eigenschaft (d) ist nicht ganz offensichtlich. Mit (a), (b) folgt:

$$0 = \frac{d}{ds}\Phi(t, t) = \partial_s\big(\Phi(t, s)\Phi(s, t)\big)$$

$$= (\partial_s \Phi(t, s))\Phi(s, t) + \Phi(t, s)\partial_s \Phi(s, t)$$

$$= (\partial_s \Phi(t, s))\Phi(s, t) + \Phi(t, s)A(s)\Phi(s, t).$$

Multiplikation dieser Gleichung mit $\Phi(s, t)^{-1}$ von rechts ergibt (d).   □

Aufgabe. Sei $h \in C(\mathbb{R}, \mathbb{R}^d)$, $v \in \mathbb{R}^d$ und $s \in \mathbb{R}$ fest. Man rechne nach, dass das inhomogene AWP (mit Startzeitpunkt s)

$$\frac{dv}{dt}(t) = A(t)v(t) + h(t), \quad v(s) = v, \tag{3.12}$$

die folgende (und damit eindeutige) Lösung besitzt:

$$v(t) = \Phi(t, s) \cdot v + \int_s^t \Phi(t, u)h(u)\, du. \tag{3.13}$$

[Da man jedes Anfangswertproblem (3.12) in dieser analytischen Form lösen kann nennt man Φ die *Fundamentallösung von $\dot{v} = Av$.*]

Bemerkung. Im eindimensionalen Fall $d = 1$ folgt (mittels logarithmischer Ableitung) für Φ sofort die explizite Darstellung

$$\Phi(t, s) = e^{\int_s^t A(u)du}.$$

Im Fall $d > 1$ und $A(t) = A$ (eine konstante $d \times d$-Matrix) gilt insbesondere

$$\Phi(t, s) = e^{(t-s)A},$$

wobei die Matrix-Exponentialfunktion für beliebige $d \times d$-Matrizen M durch $e^M := \sum_{n=0}^\infty M^n/n!$ definiert ist.

Mit diesen Vorbereitungen können wir nun das stochastische AWP (3.5) lösen. Die Lösung wird durch Formel (3.13) nahegelegt: Dividiert man nämlich (rein informell) Gleichung (3.6) durch dt, so erhält man ein AWP der Form (3.12). Ersetzt man dann h in (3.13) durch $C \cdot dB_u/du$, so fällt (immer noch informell) du aus dem Integral heraus. Diese Überlegung motiviert

Satz 3.4. *Die Lösung von (3.5) lautet (bis auf Ununterscheidbarkeit)*

$$X_t = \Phi(t,0)X_0 + \int_0^t \Phi(t,u)C(u)\,dB_u\,. \tag{3.14}$$

Beweis. Mit $\Phi(t,u) = \Phi(t,0)\Phi(0,u)$ lässt sich (3.14) wie folgt schreiben:

$$X_t = \Phi(t,0)X_0 + \Phi(t,0)\int_0^t \Phi(0,u)C(u)\,dB_u\,. \tag{3.15}$$

Jede Komponente von $X_t - \Phi(t,0)X_0$ ist eine Summe von Termen der Form

$$g(t)\cdot \int_0^t f(u)\,dB_u^{(j)}\,,$$

mit einer C^1-Funktion g. Auf jeden dieser Terme ist die Produktregel aus Lemma 2.24 anwendbar. Mit $Z_t := \int_0^t \Phi(0,u)C(u)\,dB_u$ folgt

$$
\begin{aligned}
X_t &= \Phi(t,0)X_0 + \int_0^t \frac{\partial \Phi(u,0)}{\partial u} Z_u\,du + \int_0^t \Phi(u,0)\Phi(0,u)C(u)\,dB_u \\
&= \Phi(t,0)X_0 + \int_0^t A(u)\big(\Phi(u,0)Z_u\big)\,du + \int_0^t C(u)\,dB_u \\
&= \Phi(t,0)X_0 + \int_0^t A(u)\big(X_u - \Phi(u,0)X_0\big)\,du + \int_0^t C(u)\,dB_u \\
&= \Phi(t,0)X_0 + \int_0^t A(u)X_u\,du - \int_0^t \frac{\partial \Phi(u,0)}{\partial u}X_0\,du + \int_0^t C(u)\,dB_u \\
&= X_0 + \int_0^t A(u)X_u\,du + \int_0^t C(u)\,dB_u\,. \qquad\qquad \square
\end{aligned}
$$

Bemerkungen. 1. Ist X_0 unabhängig von $\sigma(B_t, t \geq 0)$ so sprechen wir einfach von einer *unabhängigen Anfangsbedingung* X_0. In diesem Fall sind dann auch die beiden Lösungsanteile in (3.15) unabhängig voneinander. 2. Die Lösungsformel (3.14) lässt sich ein wenig verallgemeinern: Beachtet man $\Phi(t,u) = \Phi(t,s)\Phi(s,u)$, so folgt mit $0 \leq s \leq t$ und $\int_0^t = \int_0^s + \int_s^t$:

$$
\begin{aligned}
X_t &= \Phi(t,s)\Big[\Phi(s,0)X_0 + \int_0^s \Phi(s,u)C(u)\,dB_u\Big] + \int_s^t \Phi(t,s)C(u)\,dB_u\,. \\
&= \Phi(t,s)X_s + \int_s^t \Phi(t,s)C(u)\,dB_u\,. \tag{3.16}
\end{aligned}
$$

Diese Gleichung zeigt, dass sich X_t berechnen lässt alleine aus X_s und Informationen aus dem Zeitintervall $[s,t]$. Dies ist der intuitive Inhalt des Begriffs „Markov-Prozess", der aber hier nicht weiter formalisiert werden soll. 3. Die Lösungsformel (3.14) ist für die Untersuchung von *Pfadeigenschaften* der Lösungen $(X_t)_{t\geq 0}$ linearer SDGen (gegenüber nichtlinearen) sehr vorteilhaft.

Gauß-Prozesse. Mit Hilfe der Lösungsformel (3.14) lassen sich insbesondere die *stochastischen Eigenschaften* von $(X_t)_{t\geq 0}$ bestimmen. Zentral hierfür ist der Begriff der Gauß-Prozesse in $\mathbb{R}^d$. Wir begnügen uns aber mit einigen grundsätzlichen Anmerkungen, da wir diese inhaltlich nur für die Diskussion der Beispiele im nächsten Abschnitt benötigen.

Notation. Ein *Gauß-Prozess in $\mathbb{R}^d$* ist ein stochastischer Prozess $(X_t)_{t\in I}$ in $\mathbb{R}^d$ mit folgender Eigenschaft: Für jede Wahl von Zeitpunkten $t_1, \ldots, t_n$ aus I und $c_1, \ldots, c_n$ aus $\mathbb{R}^d$ ist $\langle c_1, X_{t_1}\rangle + \cdots + \langle c_n, X_{t_n}\rangle$ eine Gaußsche Z.V.; dabei ist $\langle y, x\rangle := y_1 x_1 + \cdots + y_d x_d$ das Standard-Skalarprodukt in $\mathbb{R}^d$, und konstante Z.V.n werden ebenfalls als Gaußsche Z.V.n bezeichnet.

Lemma 3.5. *Ist X_0 normalverteilt (oder konstant) und unabhängig von $\sigma(B_t, t \geq 0)$, so ist die Lösung (3.14) ein Gauß-Prozess in $\mathbb{R}^d$.*

Beweis. In jeder Linearkombination $Y := \langle c_1, X_{t_1}\rangle + \cdots + \langle c_n, X_{t_n}\rangle$ kann man $\langle c_k, X_{t_k}\rangle$ als $\mathcal{L}^2(P)$-Limes einer Summe von Wiener-Integralen über Treppenfunktionen schreiben, also als Limes von Linearkombinationen der Zuwächse $\Delta B_{s_i}^{(l_i)}$. Diese Linearkombinationen von unabhängigen, Gaußschen $\Delta B_{s_i}^{(l_i)}$ sind (zusammen mit Vielfachen von $X_0^{(k)}$) ebenfalls Gaußsche Z.V.n, und somit – nach Korollar 2.18 – auch ihr Grenzwert Y.   □

Eine zentrale (und praktisch wichtige) Eigenschaft von Gauß-Prozessen ist, dass ihre stochastischen Eigenschaften völlig durch zwei deterministische Funktionen bestimmt sind, nämlich der *Erwartungsfunktion m* und der *Kovarianzfunktion K* des Prozesses X. Diese sind definiert durch

$$m(t) := E[X_t], \qquad K(s,t) := E[(X_s - m(s))(X_t - m(t))^\dagger].$$

[Dabei bezeichnet $M^\dagger$ die Transponierte einer Matrix M, und die Erwartungswerte sind komponentenweise zu bilden.] Völlig bestimmt durch diese Funktionen sind die sogenannten *endlichdimensionalen Verteilungen* des Prozesses X, d.h. alle W-Maße $P_{(X_{t_1}, \ldots, X_{t_n})}$, welche durch die Forderung

$$P_{(X_{t_1}, \ldots, X_{t_n})}(B_1, \ldots B_n) = P(X_{t_1} \in B_1, \ldots, X_{t_n} \in B_n)$$

für alle $B_1, \ldots, B_n \in \mathcal{B}(\mathbb{R}^d)$ eindeutig festgelegt sind. [Damit ist auch die *Verteilung P_X des Prozesses* (sein Pfadmaß), eindeutig festgelegt, welches wir in Abschnitt 8.4 etwas eingehender diskutieren werden.]

Bemerkungen. 1. Ist $(X_t)_{t\geq 0}$ ein d-dimensionaler Gauß-Prozess, so sind insbesondere die Prozessvariablen X_t Gaußsche Zufallsvektoren in $\mathbb{R}^d$. Diese sind bekanntlich eindeutig charakterisiert durch ihren Erwartungsvektor $m(t)$ und ihre Kovarianzmatrix $K(t,t)$. 2. Für einen Z.Vek. X schreiben wir im Folgenden $X \in \mathcal{L}^p(P)$, wenn jede Komponente von X in $\mathcal{L}^p(P)$ liegt.

Im Fall der Lösung (3.14) lassen sich deren charakterisierende Daten m und K in analytischer Form nun wie folgt berechnen:

Satz 3.6 (Gleichungen für Mittelwert und Kovarianz). *Sei X_t die Lösung von (3.5) mit $X_0 \in \mathcal{L}^1(P)$. Dann löst $m(t) := E[X_t]$ das Anfangswertproblem*

$$\dot{m}(t) = A(t)m(t), \quad m(0) = E[X_0]. \tag{3.17}$$

Mit Hilfe der Fundamentallösung Φ besitzt $m(t)$ also die Darstellung

$$m(t) = \Phi(t, 0)E[X_0]. \tag{3.18}$$

Ist $X_0 \in \mathcal{L}^2(P)$ und $X_0 \perp\!\!\!\perp \sigma(B_s, s \geq 0)$, so gilt für $K(s, t) := \mathrm{Cov}[X_s, X_t]$:

$$K(s, t) = \Phi(s, 0)\Big(\mathrm{Cov}[X_0] + \int_0^{t \wedge s} \Phi(0, u)C(u)C(u)^\dagger \Phi^\dagger(0, u)\, du\Big)\Phi^\dagger(t, 0). \tag{3.19}$$

Außerdem ist $K(t) := K(t, t)$ die eindeutige Lösung der Matrix-DGL

$$\dot{K}(t) = A(t)K(t) + K(t)A(t)^\dagger + C(t)C(t)^\dagger, \tag{3.20}$$

zum Anfangswert $K(0) = \mathrm{Cov}[X_0]$.

Beweis. Bildet man von (3.14) den Erwartungswert, so folgt mit der Zentriertheit des Wiener-Integrals (3.18). Ableitung nach t gibt (3.17). Schreibt man (3.15) als $X_t = \Phi(t, 0)X_0 + Y_t$ und beachtet $E[Y_t] = 0$, so folgt zunächst

$$\begin{aligned}
\mathrm{Cov}[X_s, X_t] &= E[(\Phi(s, 0)X_0 + Y_s)(\Phi(t, 0)X_0 + Y_t)^\dagger] - E[X_t]E[X_t^\dagger] \\
&= \Phi(s, 0)\big(E[X_0 X_0^\dagger] - E[X_0]E[X_0^\dagger]\big)\Phi^\dagger(t, 0) + E[Y_s Y_t^\dagger] \\
&= \Phi(s, 0)\mathrm{Cov}[X_0]\Phi^\dagger(t, 0) + E[Y_s Y_t^\dagger].
\end{aligned}$$

Mit Hilfe von (3.8) folgt Gleichung (3.19) hiermit aus

$$\begin{aligned}
E[Y_s Y_t] &= E\big[\big(\int_0^s \Phi(s, u)C(u)dB_u\big)\big(\int_0^t \Phi(t, u)C(u)\, dB_u\big)^\dagger\big] \\
&= \int_0^{t \wedge s} \Phi(s, u)C(u)C^\dagger(u)\Phi^\dagger(t, u)\, du \\
&= \Phi(s, 0)\big(\int_0^{t \wedge s} \Phi(0, u)C(u)C^\dagger(u)\Phi^\dagger(0, u)\, du\big)\Phi^\dagger(t, 0).
\end{aligned}$$

Setzt man in (3.19) $s = t$ und differenziert die resultierende Gleichung nach t, so folgt mit Korollar 3.6 Gleichung (3.20). Diese Lösung ist eindeutig, da (3.20) ein lineares System mit stetigen Koeffizienten ist. □

Mit Satz 3.6 ist die allgemeine Lösungstheorie der linearen SDG (3.5) im Wesentlichen abgeschlossen. Durch diesen Satz lassen sich insbesondere die Verteilungen P_{X_t} (zumindest theoretisch) explizit durch Lösung der *gewöhnlichen* Differentialgleichungen (3.17) und (3.20) bestimmen. Das gleiche Problem bei nichtlinearen SDGen ist wesentlich schwieriger: Hier kann man die Verteilung von X_t nur durch Lösung einer parabolischen (*partiellen*) Differentialgleichung bestimmen, was konzeptionell wie praktisch aufwändiger ist.

Wie bereits erwähnt wurde ist die Modellierung von Prozessen mit gewünschten Eigenschaften eine der Anwendungen stochastischer DGLen. Wir betrachten im Rahmen linearer SDGen hierzu das folgende

Beispiel (*Brownsche Brücke*). *Modellierungsaufgabe*: Man konstruiere mit Hilfe linearer SDGen einen (nichttrivialen) P-f.s. stetigen, $\mathcal{A}_t$-adaptierten Prozess $(X_t)_{t \in [0,1]}$ mit den Randbedingungen $X_0 = X_1 = 0$. Die Hauptschwierigkeit besteht hier offenbar darin, die Bedingung $X_1 = 0$ zu erfüllen. *Idee*: Die Lösung des AWPs (für $t \in [0,1)$)

$$dX_t = -\frac{X_t}{1-t} \, dt + 1 \, dB_t, \qquad X_0 = 0, \qquad (3.21)$$

ist hierfür ein Kandidat: Der Prozess startet in 0 und die Drift $-X_t/(1-t)$ treibt ihn für $t \uparrow 1$ Richtung 0, wobei die Singularität $(1-t)^{-1}$ den Rauschterm dB_t völlig dominiert. (Diese Dominanz ist a priori nicht offensichtlich, wird sich aber anhand der Lösung als richtig erweisen.) Wir lösen das stochastische AWP (3.21): Zunächst hat die zugehörige homogene Gleichung $dX_t = -(1-t)^{-1} X_t \, dt$ die Fundamentallösung

$$\Phi(t,s) = e^{-\int_s^t (1-u)^{-1} du} = e^{\ln(1-t) - \ln(1-s)} = (1-t)/(1-s).$$

Nach (3.15) folgt mit dem Anfangswert $X_0 = 0$ die stetige Lösung

$$X_t = (1-t) \int_0^t \frac{dB_s}{1-s}, \qquad \forall t \in [0,1). \qquad (3.22)$$

Um zu sehen, dass X durch $X_1 := 0$ P-f.s. stetig auf ganz $[0,1]$ fortgesetzt wird genügt es zu zeigen, dass eine stetige Modifikation $\tilde{X}$ von X diese Eigenschaft hat (denn X und $\tilde{X}$ sind ununterscheidbar). Wir benutzen hierzu die aus (2.34) folgende stetige Modifikation

$$\tilde{X}_t = (1-t) \Big[\frac{1}{1-t} B_t - \int_0^t \frac{B_s}{(1-s)^2} ds \Big]$$

$$= B_t - (1-t) \int_0^t \frac{B_s}{(1-s)^2} ds. \qquad (3.23)$$

Da P-f.s. $B_1 \neq 0$ gilt divergiert das letzte Integral P-f.s. gegen $+\infty$ oder $-\infty$, für $t \uparrow 1$. Somit führt der letzte Term in (3.23) auf einen Limes der Form „$0 \cdot \infty$". Mit l'Hospital folgt nun leicht, dass dieser Term P-f.s. gegen B_1 konvergiert, die rechte Seite in (3.23) also P-f.s. gegen Null geht.

Der soeben konstruierte Prozess X ist eine sogenannte *Brownsche Brücke*. Die Kovarianz dieses zentrierten Gauß-Prozesses folgt leicht: Mit

$$E\Big[\int_0^t \frac{dB_u}{1-u} \int_0^s \frac{dB_u}{1-u} \Big] = \int_0^{t \wedge s} \frac{du}{(1-u)^2} = \frac{1}{1-t \wedge s} - 1 = \frac{t \wedge s}{1-t \wedge s}.$$

erhält man sofort

$$E[X_t X_s] = (1-t)(1-s)\frac{t \wedge s}{1 - t \wedge s} = (1 - t \vee s)(t \wedge s)$$
$$= t \wedge s - ts\,.$$

Allgemein wird jeder zentrierte, (P-f.s.) stetige Gauß-Prozess mit dieser Kovarianzfunktion als Brownsche Brücke bezeichnet. Der Grund hierfür ist, dass man diesen Prozess auch erhält durch (eine geeignet zu definierende) Konditionierung der BB auf das Ereignis $\{B_1 = 0\}$. Eine genaue Diskussion hierzu erfordert allerdings etwas mehr Hintergrund über Pfadräume bzw. über Markov-Prozesse, sodass für Details auf [KT] oder [Kry] verwiesen sei.

Die folgende Aufgabe ist zwar elementar, aber dennoch bemerkenswert. Sie zeigt, dass man aus einer gegebenen BB pfadweise völlig unterschiedliche Brownsche Brücken konstruieren kann. Gleichung (3.22) ist hierfür also nur ein spezielles (nämlich $\mathcal{A}_t$-adaptiertes) Beispiel.

Aufgabe. Sei $(B_t)_{t \geq 0}$ eine BB. Man zeige, dass folgende Prozesse $(X_t)_{t \in [0,1]}$ Brownsche Brücken sind:

(a) $X_t := B_t - tB_1$,

(b) $X_t := (1-t)B_{t/(1-t)}$, $t \in [0,1)$ bzw. $X_1 = 0$.

Die nächste Aufgabe zeigt, dass man umgekehrt aus einer Brownschen Brücke auch leicht eine BB konstruieren kann. Dies ist mit obiger Aufgabe (b) aber nicht erstaunlich: Ersetzt man dort $t/(1-t)$ durch t' (oder äquivalent t durch $t'/(1+t')$), so ist die resultierende Gleichung nach $B_{t'}$ auflösbar, und man erhält die Aussage folgender

Aufgabe. Sei $(X_t)_{t \in [0,1]}$ eine Brownsche Brücke. Dann definiert

$$B_t := (1+t)X_{t/(1+t)}$$

eine Brownsche Bewegung auf $\mathbb{R}_+$.

Schließlich zeigt die letzte Aufgabe, dass eine Brownsche Brücke keine Zeitrichtung präferiert (trotzdem wir sie zuerst als Lösung einer SDG definiert haben). Man kann insbesondere ihren Pfaden „nicht ansehen", in welcher Zeitrichtung sie durchlaufen werden.

Aufgabe (Invarianz der Brownschen Brücke unter Zeitumkehr). Man zeige, dass mit $(X_t)_{t \in [0,1]}$ auch folgender Prozess eine Brownsche Brücke ist:

$$\tilde{X}_t := X_{1-t}\,, \qquad t \in [0,1]\,.$$

Bemerkung. Anstelle einer Brownschen Brücke mit Start in $a = 0$ und Ziel in $b = 1$ kann man auch leicht allgemeine $a, b \in \mathbb{R}$ zulassen. Dies ist mathematisch aber nicht essenziell, siehe etwa [Ø].

3.3 Stationäre Lösungen

Wir untersuchen nun die Frage, wann eine Lösung von (3.5) einen *stationären Prozess* definiert. Vorbereitend dazu zuerst ein paar Grundbegriffe über

Stationäre Prozesse. Unter einem stationären Prozess versteht man (anschaulich) einen Prozess, dessen stochastische Eigenschaften sich im Lauf der Zeit nicht ändern. Genauer: Ein $\mathbb{R}^d$-wertiger stochastischer Prozess $(X_t)_{t \in I}$, mit $I = \mathbb{R}_+$ oder $I = \mathbb{N}_0$, heißt (stark) *stationär*, wenn für jede endliche Auswahl von Zeitpunkten $0 \le t_1 < t_2 < \cdots < t_n$ die endlichdimensionalen Verteilungen $P_{(X_{t_1+\tau}, \ldots, X_{t_n+\tau})}$ nicht von $\tau \ge 0$ abhängen.

Solche Prozesse treten in der Realität häufig als Störeinflüsse physikalischer oder technischer Systeme auf. Beispielsweise ist das elektrische Rauschen in Schaltkreisen von diesem Typ, ebenso die Schwerpunktbewegung eines Fahrzeugs, das mit konstanter Geschwindigkeit auf unebenem Grund („konstanter Beschaffenheit") fährt. Ein einfaches Beispiel für einen stationären Prozess ist eine Folge $(X_n)_{n \in \mathbb{N}_0}$ von u.i.v. Zufallsvariablen: Für $\tau \in \mathbb{N}_0$ gilt:

$$
\begin{aligned}
P_{(X_{t_1+\tau}, \ldots, X_{t_k+\tau})} &= P_{X_{t_1+\tau}} \otimes \ldots \otimes P_{X_{t_k+\tau}} \\
&= P_{X_{t_1}} \otimes \ldots \otimes P_{X_{t_k}} \\
&= P_{(X_{t_1}, \ldots, X_{t_k})} \,.
\end{aligned}
$$

Man kann stationäre Prozesse daher als eine Verallgemeinerung solcher Folgen $(X_n)_{n \in \mathbb{N}_0}$ auffassen, wobei der konzeptionelle Fortschritt in der *nichttrivialen Abhängigkeit zwischen den Prozessvariablen* besteht.

Aufgabe. Sei $(X_t)_{t \ge 0}$ ein stationärer Prozess in $\mathbb{R}^d$ mit $X_0 \in \mathcal{L}^2(P)$. Man zeige, dass für alle $t, \tau \ge 0$ gilt:

$$
E[X_t] = E[X_0] \,, \qquad E[X_{t+\tau} X_t^\dagger] = E[X_\tau X_0^\dagger] \,.
$$

Diese Aufgabe zeigt, dass die *Autokovarianzfunktion* $R(\tau) := \mathrm{Cov}[X_{t+\tau}, X_t]$ eines stationären Prozesses $(X_t)_{t \ge 0}$ tatsächlich nur von $\tau \ge 0$ abhängt. Diese Beobachtung motiviert einen schwächeren Begriff von Stationarität, welcher sich durch Beschränkung auf die ersten beiden Momente ergibt:

Definition. Ein $\mathbb{R}^d$-wertiger Prozess $(X_t)_{t \ge 0}$ mit $X_t \in \mathcal{L}^2(P)$ heißt *schwach stationär*, wenn $E[X_t]$ nicht von t und $\mathrm{Cov}[X_{t+\tau}, X_t]$ nur von $\tau \ge 0$ abhängt.

Bemerkungen. 1. Ist K die Kovarianzfunktion eines schwach stationären Prozesses, so gilt für $t \ge s$ offenbar

$$
K(t, s) = R(t - s) \,.
$$

2. Bei einem schwach stationären Prozess $(X_t)_{t \ge 0}$ in $\mathbb{R}$ ist $\mathrm{Var}[X_t] = \mathrm{Var}[X_0]$, d.h. die quadrierten Schwankungen $(X_t - E[X_t])^2$ hängen im (Ensemble-)

Mittel nicht von t ab. Damit ist $\mathrm{Cov}[X_t, X_s] = E[(X_t - E[X_t])(X_s - E[X_s])]$ ein ungefähres Maß für die Korrelation der Vorzeichen dieser Schwankungen. Ist speziell (X, Y) ein Gaußscher Z.Vek., so impliziert $\mathrm{Cov}[X, Y] = 0$ sogar $X - E[X] \perp\!\!\!\perp Y - E[Y]$. Insbesondere für zentrierte stationäre Gauß-Prozesse bedeutet eine verschwindend kleine Kovarianz ($\mathrm{Cov}[X_t, X_s] \ll \|X_t\|_2 \|X_s\|_2$) „praktisch" $X_t \perp\!\!\!\perp X_s$.

Schwach stationäre Prozesse sind i.A. nicht stark stationär. Ist jedoch $(X_t)_{t \geq 0}$ ein schwach stationärer *Gauß*-Prozess, so ist er automatisch stark stationär. Diese Tatsache ist einer der Gründe für die weit verbreitete Modellierung mit solchen Prozessen. Ein weiterer Grund ist, dass für sie der *Ergodensatz* unter relativ schwachen Voraussetzungen gilt. Dabei handelt es sich um eine Verallgemeinerung des *starken Gesetzes der großen Zahlen*: Für eine u.i.v. Folge $(X_n)_{n \in \mathbb{N}_0}$ mit $f(X_0) \in \mathcal{L}^1(P)$ gilt die P-fast sichere Konvergenz

$$\lim_{N \to \infty} \frac{1}{N} \sum_{n=0}^{N-1} f(X_n) = E[f(X_0)].$$

Diese Beziehung lässt sich für den uns interessierenden Fall stetiger stationärer Gauß-Prozesse $(X_t)_{t \geq 0}$ in $\mathbb{R}^d$ wie folgt verallgemeinern: *Ist die Autokovarianzfunktion R von X integrierbar, $\int_0^\infty |R(\tau)|\, d\tau < \infty$, so gilt für stetige $f \in \mathcal{L}^1(\mathbb{R}^d, P_{X_0})$ die P-fast sichere Gleichheit*

$$\lim_{T \to \infty} \frac{1}{T} \int_0^T f(X_t)\, dt = E[f(X_0)]. \tag{3.24}$$

Die linke Seite dieser Gleichung wird auch mit $\langle f(X) \rangle$ abgekürzt und als *Zeitmittel von $f(X_.)$* bezeichnet. Den Erwartungswert nennt man in diesem Kontext auch das *Ensemblemittel von $f(X_.)$*, und die Gleichheit (3.24) wird als (*Birkhoffscher*) *Ergodensatz* bezeichnet. Man beachte, dass (3.24) die Ermittlung statistische Kenngrößen von X sehr leicht macht: Statt Ensemblemittelwerten kann man Zeitmittelwerte bilden, was praktisch oft das einzig Mögliche ist. Man kann solche Prozesse also *anhand eines einzigen Pfades statistisch analysieren*. Hiermit kann man beispielsweise die höheren Momente von X_0 aus einem einzigen Pfad (durch statistische Mittelung) gewinnen.

Bemerkungen. 1. Die Ergodentheorie hat ihre Wurzeln in der statistischen Physik und in der Theorie stationärer Prozesse. Gut lesbare Einführungen hierzu findet man z.B. in [RS,Pe]. 2. Die Eigenschaft (3.24) gilt auch für andere stark stationäre Prozesse, jedoch nicht für alle. Ein einfaches Gegenbeispiel bilden konstante Prozesse, $X_t = X_0$. Für sie lautet die linke Seite von (3.24) einfach $f(X_0)$, nicht $E[f(X_0)]$.

Nach diesen begrifflichen Vorbereitungen kehren wir nun zu den linearen SDGen zurück. Eine allgemein nützliche Beobachtung ist folgende:

Lemma 3.7. *Es sei* $(X_t)_{t\geq 0}$ *die Lösung der SDG (3.5) mit unabhängigem Startwert* $X_0 \in \mathcal{L}^2(P)$. *Es existiere* $A := \lim_{t\to\infty} A(t)$, $C := \lim_{t\to\infty} C(t)$ *und* $K_\infty := \lim_{t\to\infty} K(t,t)$. *Dann erfüllt* K_∞ *die Gleichung*

$$AK_\infty + K_\infty A^\dagger + CC^\dagger = 0. \tag{3.25}$$

Insbesondere gilt für die Autokovarianzfunktion R *einer schwach stationären Lösung Gleichung (3.25), wobei in diesem Fall* $K_\infty = R(0)$ *ist.*

Beweis. Nach (3.20) erfüllt die Kovarianzmatrix die Gleichung

$$\dot{K}(t) = A(t)K(t) + K(t)A(t)^\dagger + C(t)C(t)^\dagger.$$

Nach den Voraussetzungen des Lemmas existiert der Grenzwert der rechten Seite, d.h. $M := \lim_{t\to\infty} \dot{K}(t)$ existiert. Angenommen $M \neq 0$. Dann ist mindestens ein Matrixelement $m := M_{ij} \neq 0$. Ist $m > 0$, so gilt für alle $t \geq t_0$ wegen $\dot{K}_{ij}(t) \to m$ die Beziehung $\dot{K}_{ij}(t) \geq m/2$, woraus $K_{ij}(t) \to \infty$ folgt für $t \to \infty$. Ist $m < 0$, so folgt entsprechend $K_{ij}(t) \to -\infty$. Dieser Widerspruch zeigt, dass $M = 0$ sein muss. Die letzte Behauptung folgt nun daraus, dass $K(t,t) = R(0)$ gegen $R(0)$ konvergiert, d.h. per Definition gegen K_∞. □

Bemerkungen. 1. Falls einer der Grenzwerte A oder C in Lemma 3.7 nicht existiert, so ist nicht zu erwarten, dass das System (3.5) einem stationären Zustand entgegen strebt. Insofern sind die Annahmen nicht sonderlich restriktiv. 2. Ein Kriterium *gegen* einen stationären Zustand ist, dass Gleichung (3.25) (zu vorgegebenen A, C) keine Lösung K_∞ besitzt. Umgekehrt bedeutet die eindeutige Lösbarkeit dieser Gleichung, dass für *alle* schwach stationären Lösungen von (3.5) die Gleichheit $K_\infty = R(0)$ gilt.

Der eindimensionale Fall. Wir untersuchen abschließend diesen Fall noch etwas genauer. Zunächst spezialisieren wir die Aussagen aus Satz 3.6 für diesen Fall, d.h. wir betrachten mit unabhängigem Startwert $X_0 \in \mathcal{L}^2(P)$

$$dX_t = a(t)X_t\, dt + c(t)\, dB_t. \tag{3.26}$$

Mit $\phi(t) := \exp\{\int_0^t a(u)du\}$ lautet dann die Lösung

$$X_t = \phi(t)\Big[X_0 + \int_0^t \phi^{-1}(s)c(s)\, dB_s\Big].$$

Sie hat Erwartungswert $m(t) = E[X_t] = \phi(t)E[X_0]$ und Kovarianzfunktion

$$\text{Cov}[X_s, X_t] = \phi(t)\phi(s)\big(E[X_0^2] + \int_0^{t\wedge s} \phi^{-2}(r)c^2(r)\, dr\big). \tag{3.27}$$

Der folgende Satz zeigt, welche schwach stationären Prozesse man mit Hilfe von Lösungen linearer SDGen darstellen kann. Den uninteressanten Fall konstanter Prozesse, also $X_t = X_0$ für alle t, schließen wir dabei aus.

Satz 3.8. *Sei $(X_t)_{t\geq 0}$ eine nicht-konstante, schwach stationäre Lösung von (3.26), mit unabhängigem $X_0 \in \mathcal{L}^2(P)$. Dann sind die Koeffizienten a, c in (3.26) notwendigerweise konstant und es gelten die Beziehungen*

$$E[X_0] = 0, \qquad a < 0, \qquad c^2 = -2aE[X_0^2]. \qquad (3.28)$$

Außerdem ist die Kovarianzfunktion von $(X_t)_{t\geq 0}$ eindeutig gegeben durch

$$\text{Cov}[X_t, X_s] = \frac{c^2}{2|a|} e^{a|t-s|}. \qquad (3.29)$$

Beweis. Aus $E[X_0] = E[X_t] = \phi(t)E[X_0]$ folgt $E[X_0] = 0$, oder ϕ ist konstant. Im zweiten Fall gilt $0 = \phi'(t) = a(t)\phi(t)$, also $a \equiv 0$. Aus (3.26) folgt dann $X_t = X_0 + \int_0^t c(s)\, dB_s$, sodass die Konstanz von $\text{Cov}[X_t] = \int_0^t c^2(s)\, ds$ sofort $c \equiv 0$ ergibt. Also ist $X_t = X_0$ für alle t.

Im Fall $E[X_0] = 0$ folgt mit (3.27) und schwacher Stationarität für alle t:

$$R(\tau) = \phi(t+\tau)\phi(t)\left(E[X_0^2] + \int_0^t c^2(r)\phi^{-2}(r)dr\right). \qquad (3.30)$$

Insbesondere $t = 0$ gibt $R(\tau) = \phi(\tau)E[X_0^2]$, wobei $E[X_0^2] > 0$ sein muss, da sonst wegen $E[X_0^2] = E[X_t^2]$ (Stationarität) $X_t = X_0 = 0$ gelten würde. Ableitung von (3.30) nach τ gibt $a(\tau)R(\tau) = a(t+\tau)R(\tau)$, woraus $a(t) = a(0)$ für alle $t \geq 0$ folgt. Aus (3.20) folgt mit $K(t) = R(0) = E[X_0^2]$ nun

$$0 = aE[X_0^2] + E[X_0^2]a + c^2(t),$$

woraus die Konstanz von c und die letzte Beziehung in (3.28) folgt. Diese wiederum impliziert $a < 0$, da sonst $(a, c) = (0, 0)$ wäre, und damit $X_t = X_0$ für alle t. Ersetzt man die nun bekannten Größen in (3.27), so folgt schließlich

$$\begin{aligned}
\text{Cov}[X_t, X_s] &= e^{a(t+s)}\left(E[X_0^2] + c^2 \int_0^{t\wedge s} e^{-2ar}\, dr\right) \\
&= e^{a(t+s)}\left(-\frac{c^2}{2a} - \frac{c^2}{2a}(e^{-2a(t\wedge s)} - 1)\right) \\
&= -\frac{c^2}{2a} e^{a|t-s|}. \qquad \square
\end{aligned}$$

Bemerkungen. 1. Nach (3.29) klingt die Kovarianz zwischen X_t und X_s exponentiell ab, sodass für große $|t - s|$ (und Gaußsches X_0) X_t und X_s praktisch unabhängig sind. 2. Satz 3.8 ist ein Spezialfall eines Satzes von Doob aus einer Arbeit über die Langevin-Gleichung [Do3]. Wie bereits erwähnt wurde sind die Lösungen $(X_t)_{t\geq 0}$ von (3.26) Markov-Prozesse, und sie sind bei normalverteiltem X_0 auch Gauß-Prozesse. In Satz 3.8 wird dann also ein stetiger, zentrierter, stationärer *Gauß-Markov-Prozess* vorgelegt. Nach Doob hat aber *jeder solche Prozess eine Kovarianzfunktion der Form* (3.29) (mit $E[X_0^2]$ statt $c^2/2|a|$, siehe auch [Ba2, Satz 43.5]), d.h. die spezielle Konstruktion von X als Lösung einer linearen SDG ist tatsächlich gar nicht erforderlich.

3.4 Physikalische Brownsche Bewegungen

Allgemein versteht man unter einer *physikalischen BB* die „Zitterbewegung" von Teilchen, welche durch Molekülstöße verursacht wird. Darin eingeschlossen sind Drehbewegungen, Bewegungen unter äußeren Kräften, und selbst Bewegungen makroskopisch sichtbarer Objekte (wir diskutieren hierzu das Drehspiegelexperiment von Kappler am Ende dieses Abschnitts). Aus diesem Grund gibt es eine Vielzahl von Aspekten der physikalischen Brownschen Bewegung (vgl. [CK,Ma]). In diesem Abschnitt betrachten wir zwei konkrete Beispiele. Beide sind analytisch lösbar und von historischem Interesse. Wir beginnen mit der „Grundversion" der physikalischen BB.

Beispiel 1: Freie Brownsche Teilchen. Wir betrachten nochmals das Modell (3.4) für die Geschwindigkeit (einer Komponente) eines frei beweglichen Brownschen Teilchens, auf das keine äußeren Zusatzkräfte einwirken:

$$dv_t = -\beta v_t \, dt + \sigma \, dB_t \, . \tag{3.31}$$

Nach (3.14) ist die Lösung zu unabhängigem Anfangswert v_0 gegeben durch

$$v_t = v_0 e^{-\beta t} + \int_0^t e^{-\beta(t-s)} \sigma \, dB_s \, . \tag{3.32}$$

Die Geschwindigkeit des Teilchen wird also exponentiell gedämpft, wobei dieser Dämpfung noch ein additives Rauschen überlagert ist. Hat v_0 endliche Varianz so gilt $E[v_t] = E[v_0]e^{-\beta t} \to 0$ für $t \to \infty$, und (3.32) impliziert

$$\mathrm{Cov}[v_{t+\tau}, v_t] = e^{-\beta(2t+\tau)} \left[\mathrm{Var}[v_0] + \frac{\sigma^2}{2\beta}(e^{2\beta t} - 1) \right]$$

$$\to \quad \frac{\sigma^2}{2\beta} e^{-\beta\tau} \, , \quad \text{für } t \to \infty \, . \tag{3.33}$$

Für hinreichend großes t stimmen also Erwartungsfunktion und Kovarianzfunktion von (v_t) mit den entsprechenden Größen (3.28) und (3.29) einer stationären Lösung überein. Man sagt (v_t) *geht für große t in den stationären Zustand über.* [Mit dieser Formulierung ist etwas Vorsicht geboten: In der Physik wie in der Stochastik bezeichnet man als *Zustand eines Prozesses X zur Zeit t* den *Wert $X_t(\omega)$* des konkret vorliegenden Pfades. Diese Werte ändern sich sehr wohl als Funktion der Zeit; wirklich zeitunabhängig (d.h. „stationär") sind nur die statistischen Kenngrößen von X.] Für $\tau = 0$ folgt aus (3.33), dass im stationären Zustand die Geschwindigkeit $N(0, \frac{\sigma^2}{2\beta})$-verteilt ist. Nun ist aus der kinetischen Gastheorie bekannt [Bec], dass die Geschwindigkeitskomponenten von Teilchen der Masse m bei Temperatur T nach $N(0, kT/m)$-verteilt sind, wobei k eine Konstante (die Boltzmann-Konstante) ist. Dieses Verteilungsgesetz gilt auch für Mischungen von Gasen mit Teilchen sehr unterschiedlicher Größe. Angewendet auf die Brownschen Teilchen folgt

$$\frac{\sigma^2}{2\beta} = \frac{kT}{m} \, . \tag{3.34}$$

Die Parameter σ und β müssen also diese Beziehung erfüllen, wenn durch (3.31) ein Brownsches Teilchen der Masse m in einem idealen Gas der Temperatur T modelliert werden soll.

Betrachten wir nun die Position x_t eines Brownschen Teilchens. Diese Größe ist physikalisch besonders interessant, da man sie experimentell relativ leicht bestimmen kann (im Gegensatz zur nicht messbaren Geschwindigkeit). Durch Mehrfachmessungen lassen sich dann auch statistische Mittelwerte von x_t^2 bestimmen, und mit den theoretischen Vorhersagen vergleichen. Startet nun ein Brownsches Teilchen zur Zeit $t = 0$ bei $x_0 = 0$ (Wahl des Koordinatensystems), so lautet seine Position zur Zeit $t \geq 0$

$$x_t = \int_0^t v_s \, ds \, . \tag{3.35}$$

Das Teilchen sei bei Beobachtungsbeginn schon so lange suspendiert, dass sich v im stationären Zustand befindet, d.h. v_0 ist als $N(0, kT/m)$-verteilt zu betrachten. Aus (3.35) und (3.32) folgt dann, dass der Ortsprozess (x_t) ein Gauß-Prozess ist. Seine Erwartungs- und Kovarianzfunktion lauten:

Lemma 3.9. *Sei v eine stationäre Lösung von* (3.31) *mit unabhängigem Startwert v_0. Weiter sei x_t durch* (3.35) *definiert. Dann gilt $E[x_t] = 0$ und*

$$\mathrm{Cov}[x_t, x_s] = \frac{\sigma^2}{\beta^2} t \wedge s - \frac{\sigma^2}{2\beta^3}\left(1 + e^{-\beta|t-s|} - e^{-\beta t} - e^{-\beta s}\right). \tag{3.36}$$

Beweis. $E[x_t] = 0$ folgt mit (3.32) sofort aus der Zentriertheit des Wiener-Integrals. Die Itô-Isometrie impliziert weiter, dass Fubini anwendbar ist:

$$\mathrm{Cov}[x_t, x_s] = E[x_t x_s] \qquad \text{(Zentriertheit)}$$

$$= \int_0^t \int_0^s E[v_r v_l] \, dr dl$$

$$= \frac{\sigma^2}{2\beta} \int_0^t \int_0^s e^{-\beta|r-l|} \, dr dl \, .$$

Dabei wurde in der letzten Gleichung (3.29) benutzt. Mit einer Routine-Rechnung folgt nun (3.36). $\qquad\qquad\qquad\qquad\qquad\qquad\qquad\qquad\qquad\qquad$ $\square$

Physikalische Interpretation.

1. Benutzt man wieder den Zusammenhang $E[v_0^2] = kT/m$, so lässt sich (3.36) für $t = s$ wie folgt ausdrücken:

$$E[x_t^2] = \frac{2kT}{m\beta}\left(t + \frac{1}{\beta}(e^{-\beta t} - 1)\right)$$

$$= E[v_0^2]\, t^2 + O(t^3) \, . \tag{3.37}$$

Dies wurde erstmals von Ornstein und Fürth (1919/1920) hergeleitet. Nach (3.35) gilt *für kleine t* die Beziehung $x_t(\omega) = v_0(\omega)t + O_\omega(t^2)$, welche ebenfalls durch (3.37) zum Ausdruck kommt. (Der physikalische Grund ist die Massenträgheit, welche in (3.31) berücksichtigt ist.)

2. Betrachten wir nochmals die Langevin-Gleichung (3.2),

$$mdv_t = -\zeta v_t dt + \gamma dB_t,\qquad(3.38)$$

und erinnern uns an $\beta := \zeta/m$ und $\sigma := \gamma/m$. Ersetzung in (3.36) gibt

$$\mathrm{Cov}[x_t, x_s] = \frac{\gamma^2}{\zeta^2} t \wedge s - \frac{m\gamma^2}{2\zeta^3}\left(1 + e^{-\beta|t-s|} - e^{-\beta t} - e^{-\beta s}\right).$$

Für $m \to 0$ (also „Aufhebung der Massenträgheit") verschwindet der zweite Term, und *man erhält die Kovarianzfunktion einer mathematischen BB mit Varianzparameter* γ^2/ζ^2. In diesem Sinne ist der Ortsprozess (3.35) eine Approximation der mathematischen BB. Eine genauere Diskussion hierüber findet man bei Nelson [Ne].

Perrins Experiment. *Für große* t *folgt aus Gleichung (3.37) und* $m\beta = \zeta$:

$$E[x_t^2] \simeq \frac{2kT}{\zeta}\, t.\qquad(3.39)$$

Diese Beziehung wurde erstmals von Einstein 1905 hergeleitete (allerdings ohne Benutzung von SDGen). Der Reibungskoeffizient ζ ist dabei gegeben durch $\zeta = 6\pi\eta r$, wobei η der sogenannte Viskositätskoeffizient des Mediums, und r der Radius des Brownschen Teilchens ist. Beide Größen sind physikalisch messbar, sodass man ζ als bekannt betrachten kann. Außerdem lässt sich durch Häufigkeitsmessungen die linke Seite von (3.39) hinreichend genau bestimmen, sodass man diese Gleichung im Prinzip experimentell verifizieren kann (was aber keineswegs einfach ist). Dies ist durch Perrin und andere geschehen, für Details siehe [Ha]. Gleichzeitig war damit eine Bestimmung von k möglich und zwar mit einem Fehler von etwa 25% gegenüber dem heutigen (sehr genau bekannten) Wert. Die Experimente von Perrin haben wesentlich zur Akzeptanz der (damals noch so genannten) Atomhypothese beigetragen (wofür er den Nobelpreis für Physik erhielt), und genau das hatte Einstein mit seiner Arbeit über die BB ursprünglich bezweckt. Das folgende Beispiel gab Anlass für eine wesentlich genauere experimentelle Bestimmung von k.

Beispiel 2: Der stochastische harmonische Oszillator. Wir untersuchen nun die Auswirkung von Kräften, die zusätzlich (neben den Molekülstößen) auf ein Teilchen einwirken. Eine solche Situation tritt immer dann auf, wenn sich ein Brownsches Teilchen in einem elektromagnetischen Feld bewegt und das Teilchen ein elektrisches oder magnetisches Moment besitzt. [Physikalische Anwendungen dazu werden z.B. in [CK] und [Bec] diskutiert.] Der Fall einer linearen „Rückstellkraft" auf das Teilchen ist dabei aus mehreren Gründen besonders interessant: Er lässt sich analytisch lösen, er besitzt unmittelbare experimentelle Anwendungen, und er eignet sich zur approximativen Beschreibung auch bei nichtlinearem Kraftgesetz (für kleine Amplituden). Die Bewegungsgleichung für den stochastischen harmonischen Oszillator ist eine unmittelbare Verallgemeinerung von (3.38):

$$mdv_t = -\zeta v_t dt - \rho x_t dt + \gamma dB_t.\qquad(3.40)$$

Dabei sind wieder $\zeta, \gamma > 0$ und der mittlere Term gibt die lineare Rückstellkraft mit „Federkonstante" $\rho \geq 0$ an. Im Gegensatz zu (3.38) ist (3.40) keine „geschlossene" DGL, da neben v_t auch noch x_t auftritt. Mit dem üblichen Trick $dx_t := v_t dt$ erweitert man (3.40) zu einem linearen System erster Ordnung. Dividiert man außerdem (3.40) durch m und setzt wieder $\beta := \zeta/m$, $\sigma := \gamma/m$, sowie $\omega_0 := \sqrt{\rho/m}$ (≥ 0), so folgt die äquivalente Gleichung

$$\begin{pmatrix} dx_t \\ dv_t \end{pmatrix} = \begin{pmatrix} 0 & 1 \\ -\omega_0^2 & -\beta \end{pmatrix} \begin{pmatrix} x_t \\ v_t \end{pmatrix} dt + \begin{pmatrix} 0 \\ \sigma \end{pmatrix} dB_t . \qquad (3.41)$$

Ist $\beta = 0$ (keine Dämpfung) und $\sigma = 0$ (kein Rauschterm), so ist (3.41) äquivalent zur Schwingungsgleichung $\ddot{x}(t) = -\omega_0^2 x(t)$, welche die allgemeine Lösung $x(t) = a\sin(\omega_0 t + \varphi)$ besitzt. *Somit ist ω_0 die Frequenz des ungedämpften, ungestörten harmonischen Oszillators.* Zur Lösung von (3.41) müssen wir nach Satz 3.4 zuerst die zugehörige Fundamentallösung

$$\Phi(t, s) = e^{A(t-s)}, \qquad \text{mit } A := \begin{pmatrix} 0 & 1 \\ -\omega_0^2 & -\beta \end{pmatrix},$$

bestimmen. Im Prinzip kann man dabei wie folgt vorgehen: Man bestimmt zuerst die Eigenvektoren $e_1, e_2 \in \mathbb{C}^2$ von A, also $Ae_k = \lambda_k e_k$. Die Eigenwerte λ_k erhält man aus $0 = \det(A - \lambda I) = \lambda^2 + \beta\lambda + \omega_0^2$, woraus sofort folgt:

$$\lambda_1 = -\beta/2 - \sqrt{\beta^2/4 - \omega_0^2}, \qquad \lambda_2 = -\beta/2 + \sqrt{\beta^2/4 - \omega_0^2}.$$

Den Fall $\lambda_1 = \lambda_2$ (sogenannter *aperiodischer Grenzfall,* d.h. $\beta = 2\omega_0$) schließen wir der Einfachheit halber aus. [Er lässt sich durch Grenzübergang aus dem Fall $\beta \neq 2\omega_0$ gewinnen.] Die Bestimmung der zugehörigen Eigenvektoren e_1 und e_2 können wir tatsächlich wie folgt umgehen: Mit Hilfe der regulären 2×2-Matrix $U := (e_1, e_2)$ und ihrer Inversen U^{-1} gilt zunächst

$$U^{-1}AU = \begin{pmatrix} \lambda_1 & 0 \\ 0 & \lambda_2 \end{pmatrix} \quad \Rightarrow \quad U^{-1}e^{At}U = \begin{pmatrix} e^{\lambda_1 t} & 0 \\ 0 & e^{\lambda_2 t} \end{pmatrix} =: e^{\lambda t} . \qquad (3.42)$$

Löst man die letzte Gleichung nach e^{At} auf so folgt, dass die i-te Komponente der Matrix $e^{At} = \Phi(t, 0)$ die Form $a_i e^{\lambda_1 t} + b_i e^{\lambda_2 t}$ besitzt, mit geeigneten $a_i, b_i \in \mathbb{C}$. Diese Matrix erfüllt außerdem $\Phi(0, 0) = I$ und $\dot{\Phi}(0, 0) = A$, was für jede Komponente zwei lineare Gleichungen für zwei Unbekannte bedeutet. Eine elementare Rechnung zeigt nun, dass hierdurch die a_i und b_i bereits eindeutig bestimmt sind. Das Ergebnis lautet

$$\Phi(t, 0) = e^{At} = \frac{1}{\lambda_2 - \lambda_1} \begin{pmatrix} \lambda_2 e^{\lambda_1 t} - \lambda_1 e^{\lambda_2 t} & e^{\lambda_2 t} - e^{\lambda_1 t} \\ \lambda_1\lambda_2(e^{\lambda_1 t} - e^{\lambda_2 t}) & \lambda_2 e^{\lambda_2 t} - \lambda_1 e^{\lambda_1 t} \end{pmatrix} .$$

[Zur Übung rechne man nach, dass dies tatsächlich die Fundamentallösung zu $\dot{v} = Av$ ist.] Sind λ_1, λ_2 reell, so ist auch $\Phi(t, 0)$ reell und es gilt $\lambda_1, \lambda_2 < 0$.

Jede Komponente von $\Phi(t,0)$ beschreibt also einen exponentiellen Abfall. Sind $\lambda_1, \lambda_2 \in \mathbb{C}$, so ist $\lambda_2 = \bar{\lambda}_1$ und wieder ist $\Phi(t,0)$ rein reell (wie es sein muss). Im Fall komplexer λ_k folgt mit $\omega_1 := \sqrt{\omega_0^2 - \beta^2/4}$ nun leicht

$$\Phi(t,0) = \frac{e^{-\beta t/2}}{\omega_1} \begin{pmatrix} \frac{\beta}{2}\sin(\omega_1 t) + \omega_1 \cos(\omega_1 t) & \sin(\omega_1 t) \\ -\omega_0^2 \sin(\omega_1 t) & \omega_1 \cos(\omega_1 t) - \frac{\beta}{2}\sin(\omega_1 t) \end{pmatrix}.$$

Es handelt sich also um eine exponentiell gedämpfte Schwingung der reduzierten Schwingungsfrequenz ω_1.

Wir können nun die Lösung des stochastischen Oszillators (3.41) mittels (3.14) genauer analysieren. Für die Erwartungsfunktion $m(t) = E[(x_t, v_t)^\dagger]$ (mit $x_0, v_0 \in \mathcal{L}^1(P)$ vorausgesetzt) folgt beispielsweise sofort die Eigenschaft

$$m(t) = e^{At}m(0) \to 0 \qquad \text{für } t \to \infty, \tag{3.43}$$

welche physikalisch unmittelbar einleuchtet. Wegen $\Phi(\tau + t, 0) = e^{A(\tau+t)} = e^{A\tau}\Phi(t,0)$ zeigt (3.19) weiter, dass für beliebige Startwerte $X_0 \in \mathcal{L}^2$ gilt:

$$K(\tau + t, t) = e^{A\tau}K(t,t). \tag{3.44}$$

Lemma 3.10. *Es sei* $X = (X_t)_{t\geq 0} = (x_t, v_t)^\dagger_{t\geq 0}$ *die Lösung von (3.41) mit* $\beta \neq 2\omega_0$, *mit unabhängigem Startwert* $X_0 \in \mathcal{L}^2(P)$, *mit* $E[X_0] = 0$ *und*

$$\mathrm{Cov}[X_0] = \frac{\sigma^2}{2\beta} \begin{pmatrix} 1/\omega_0^2 & 0 \\ 0 & 1 \end{pmatrix}. \tag{3.45}$$

Dann ist X *schwach stationär,* $E[X_t] = 0$ *und* $R(\tau) = e^{A\tau}\mathrm{Cov}[X_0]$. *Jede schwach stationäre Lösung hat diese Erwartungs- und Kovarianzfunktion.*

Beweis. Man sieht leicht, dass (3.45) einzige Lösung K_∞ von (3.25) ist, mit

$$D := CC^\dagger = \begin{pmatrix} 0 \\ \sigma \end{pmatrix}\begin{pmatrix} 0 & \sigma \end{pmatrix} = \begin{pmatrix} 0 & 0 \\ 0 & \sigma^2 \end{pmatrix}. \tag{3.46}$$

Somit ist (3.20) für $t = 0$, also für alle $t \geq 0$ erfüllt, d.h. es gilt $K(t) = K_\infty$. Mit (3.44) folgt $K(\tau + t, t) = e^{A\tau}K_\infty$ für alle t. Wegen $E[X_t] = e^{At}E[X_0] = 0$ ist X also schwach stationär und $R(\tau) = e^{A\tau}K_\infty$. Nach (3.43) und (3.44) erfüllt jede schwach stationäre Lösung $E[X_t] = 0$ und $R(\tau) = e^{A\tau}K(0)$. Lemma 3.7 besagt $R(0) = K_\infty$, sodass $R(\tau) = e^{A\tau}K_\infty$ folgt. $\square$

Der nächste Satz zeigt, dass der Oszillator *unabhängig vom Startwert* $X_0 = (x_0, v_0)^\dagger$ in einen stationären Zustand übergeht *in dem Sinne*, dass die Erwartungs- und Kovarianzfunktion für $t \to \infty$ gegen die gleichen Größen einer schwach stationären Lösung konvergieren. [Im Fall einer Gaußschen Anfangsbedingung bedeutet dies, dass alle endlichdimensionalen Verteilungen schwach konvergieren; für schwache Konvergenz vgl. [Ba2].]

Lemma 3.11. *Es sei* $(X_t)_{t \geq 0} = (x_t, v_t)_{t \geq 0}^{\dagger}$ *die Lösung von* (3.41) *zum unabhängigen Anfangswert* $X_0 \in \mathcal{L}^2(P)$, *mit* $\beta \neq 2\omega_0$. *Dann gilt für jedes* $\tau \geq 0$:
$R(\tau) := \lim_{t \to \infty} \operatorname{Cov}[X_{t+\tau}, X_t] = e^{A\tau} K_\infty$. *Speziell für* $\omega_0^2 > \beta^2$ *gilt*

$$
R(\tau) = \frac{\sigma^2 e^{-\beta\tau}}{2\beta\omega_1} \left(\begin{matrix} \frac{\beta}{\omega_0^2} \sin(\omega_1\tau) + \frac{\omega_1}{\omega_0^2} \cos(\omega_1\tau) & \sin(\omega_1\tau) \\ -\sin(\omega_1\tau) & \omega_1 \cos(\omega_1\tau) - \beta\sin(\omega_1\tau) \end{matrix} \right).
$$

Beweis. Setzen wir in (3.19) $K := \operatorname{Cov}[X_0]$ und $s := t + \tau$ mit $\tau \geq 0$, so folgt

$$
K(t+\tau, t) = \Phi(t+\tau, 0)\left(K + \int_0^t \Phi(0, u) C(u) C(u)^\dagger \Phi^\dagger(0, u)\, du \right) \Phi^\dagger(t, 0)
$$

$$
= e^{A\tau} \left[e^{At} K (e^{At})^\dagger + e^{At} \int_0^t e^{-Au} D (e^{-Au})^\dagger\, du\, (e^{At})^\dagger \right], \quad (3.47)
$$

wobei D die Matrix in (3.46) ist. Wegen $\beta > 0$ konvergiert jede Komponente von e^{At} gegen 0 für $t \to \infty$, sodass der Term mit K in (3.47) im Limes verschwindet. Es genügt also den Term mit D zu betrachten. Wir ersetzen in diesem Term – nach (3.42) – jede Matrix e^{At} durch $U e^{\lambda t} U^{-1}$ und erhalten

$$
e^{At} \Big\{ \int_0^t e^{-Au} D (e^{-Au})^\dagger\, du \Big\} (e^{At})^\dagger = U e^{\lambda t} \Big\{ \int_0^t e^{-\lambda u} \tilde{D} e^{-\lambda u} du \Big\} e^{\lambda t} U^\dagger,
$$

mit der Bezeichnung $\tilde{D} := U^{-1} D (U^{-1})^\dagger$. Nun gilt weiter

$$
\int_0^t e^{-\lambda u} \tilde{D} e^{-\lambda u} du = \int_0^t \left(\begin{matrix} \tilde{D}_{11} e^{-2\lambda_1 u} & \tilde{D}_{12} e^{-(\lambda_1 + \lambda_2) u} \\ \tilde{D}_{21} e^{-(\lambda_1 + \lambda_2) u} & \tilde{D}_{22} e^{-2\lambda_2 u} \end{matrix} \right) du = \hat{D}(t) - \hat{D}(0),
$$

wobei $\hat{D}(t)$ die Matrix der Stammfunktionen bezeichnet. Der Term mit D in (3.47) ergibt sich damit nach einer kurzen Rechnung zu

$$
U e^{\lambda t} \big\{ \hat{D}(t) - \hat{D}(0) \big\} e^{\lambda t} U^\dagger = U \hat{D}(0) U^\dagger - U e^{\lambda t} \hat{D}(0) e^{\lambda t} U^\dagger.
$$

Die letzte Matrix verschwindet für $t \to \infty$, sodass mit (3.47) schließlich folgt:

$$
\lim_{t \to \infty} K(t+\tau, t) = e^{A\tau} U \hat{D}(0) U^\dagger.
$$

Den Grenzwert berechnen wir mit Lemma 3.7: $\tau = 0$ gibt $K_\infty = U \hat{D}(0) U^\dagger$, mit K_∞ aus (3.45). Berechnung von $e^{A\tau} K_\infty$ liefert $R(\tau)$. $\qquad \square$

Physikalische Interpretation.

1. Rein intuitiv ist bei kleiner Dämpfung und kleinem Rauschen zu erwarten, dass man Schwingungen mit kleiner Amplitude und mit einer Frequenz nahe bei ω_1 beobachtet. Aus der Form der Lösung (3.14) ist dies nun nicht direkt ersichtlich, aber aus (3.45) folgt sofort, dass die mittlere Amplitude

und Geschwindigkeit mit zunehmendem σ anwachsen, und sich mit zunehmendem β verkleinern. Darüberhinaus besitzt die Autokovarianzfunktion R einen periodischen Faktor der Frequenz ω_1. Dies lässt sich so interpretieren, dass für jedes feste t das Vorzeichen des Prozesses $\tau \to x_{t+\tau} x_t$ nach der Zeit π/ω_1 wechselt (jedenfalls im statistischen Mittel). Dies entspricht *qualitativ* einer Schwingung der Frequenz ω_1. Mit wachsendem τ nimmt die Korrelation zwischen $x_{t+\tau}$ und x_t allerdings exponentiell ab, sodass die Pfade von x_t nicht streng periodisch sein können.

2. Ist (v_t) die schwach stationäre Lösung von (3.41) mit unabhängiger, Gaußscher Anfangsbedingung, so ist (v_t) ein stationärer Prozess dessen Autokovarianzfunktion nach Lemma 3.11 offensichtlich in $\mathcal{L}^1(\mathbb{R}_+, \lambda)$ liegt. Demnach ist (3.24) erfüllt, sodass wir mit dem Gleichverteilungsgesetz der statistischen Mechanik [Bec] und (3.45) folgende Beziehung erhalten:

$$kT = m\langle v^2 \rangle = mE[v_t^2] = m\frac{\sigma^2}{2\beta}\,.$$

Dividiert man hier durch m so folgt wieder die Beziehung (3.34). Es folgt aber noch mehr, denn nach Lemma 3.11 ist auch (x_t) ein stationärer Gauß-Prozess, sodass mit dem Ergodensatz und (3.45) für die mittlere potentielle Energie weiter gilt (man beachte $\omega_0^2 = \rho/m$):

$$\frac{1}{2}\rho\langle x^2 \rangle = \frac{1}{2}\rho E[x_t^2] = \frac{1}{2}\rho\frac{\sigma^2}{2\beta\omega_0^2} = \frac{1}{2}m\langle v^2 \rangle \tag{3.48}$$

$$= \frac{1}{2}kT \qquad \text{(nach Gleichverteilungssatz)}\,. \tag{3.49}$$

Gleichung (3.48) besagt, dass die Zeitmittel von potentieller und kinetischer Energie des *gestörten* Oszillators übereinstimmen. Dies ist bemerkenswert, denn die gleiche Aussage gilt für den *ungestörten* harmonischen Oszillator! [Folgerung aus dem *Virialsatz* der Newtonschen Mechanik, siehe etwa [LL]; aus ihm alleine lässt sich (3.48) natürlich *nicht* folgern, da Zusatzkräfte (durch Molekülstöße) im Virialsatz gar nicht vorkommen.]

Kapplers Drehspiegelexperiment. Gleichung (3.49) ist die Basis einer wesentlich genaueren Bestimmung von k, als durch die Experimente von Perrin: Kappler hat dazu 1931 einen leichten, etwa $0,8 \times 1,6mm^2$ großen Spiegel benutzt, welcher an einem Quarzfaden einiger μm Dicke drehbar aufgehängt war. Bei Drehung des Spiegels erzeugte der Faden ein lineares Drehmoment, dessen Torsionskonstante mit $\pm 0,2\%$ Genauigkeit vorweg bestimmt wurde. Der Auslenkungswinkel x des so gebauten Oszillators wurde durch einen Lichtstrahl auf einer Drehwalze fotografisch über etwa vier Tage hinweg aufgezeichnet. (In [Ma] findet man einige Fotografien solcher Messpfade.) Dadurch war es möglich die Zeitmittelwerte $\langle x^2 \rangle$ zu bestimmen, und zwar zu unterschiedlichsten Variationen von Druck und Temperatur des umhüllenden Gases. Die Beziehung (3.49) wurde damit experimentell verifiziert, und die Boltzmann-Konstante k mit einer Genauigkeit von $\pm 1\%$ ermittelt.

4

Itô-Integrale

Das Wiener-Integral ist zum Itô-Integral verallgemeinerbar, indem man zuerst Treppenfunktionen durch Treppenprozesse ersetzt, und dann per Dichtheitssatz das Integral stetig fortsetzt. Im ersten Schritt der Fortsetzung wird für quadratintegrierbare Integranden die Itô-Isometrie verallgemeinert und das fortgesetzte Integral als Limes im quadratischen Mittel definiert. Im zweiten Schritt wird via stochastischer Konvergenz die Klasse der zulässigen Integranden nochmals vergrößert. Erst diese zweite Klasse ist hinreichend groß für die Entwicklung des Itôschen Differentialkalküls (im nächsten Kapitel). Für die Konstruktion und den Beweis von grundlegenden Eigenschaften des Itô-Integrals

$$I(f) = \int_\alpha^\beta f_t \, dB_t$$

machen wir von nun an die folgende

Generalvoraussetzung. Auf $(\Omega, \mathcal{F}, P)$ sei $(B_t)_{t \geq 0}$ eine BB und $(\mathcal{A}_t)_{t \geq 0}$ sei eine Filtration in $\mathcal{F}$ mit $B_t - B_s \perp\!\!\!\perp \mathcal{A}_s$, für alle $s, t \in \mathbb{R}_+$ mit $s < t$.

Bemerkung. Es wird keine $\mathcal{A}_t$-Adaptiertheit von B_t vorausgesetzt. Erst ab Kapitel 5 bzw. Abschnitt 9.3 werden weitere Zusatzvoraussetzungen benötigt.

4.1 Das Itô-Integral für Treppenprozesse

Als erstes legen wir eine Klasse von Integranden für das Itô-Integral fest.

Definition 4.1. Sei $p \in [1, \infty)$ und $[\alpha, \beta] \in \mathbb{R}_+$. Die Menge $\mathcal{L}_a^p([\alpha, \beta])$ der $\mathcal{A}_t$-*adaptierten* $\mathcal{L}^p(\lambda \otimes P)$-*Prozesse*, sei gegeben durch alle Funktionen f mit

(1) $f \in \mathcal{L}^p([\alpha, \beta] \times \Omega, \mathcal{B}([\alpha, \beta]) \otimes \mathcal{F}, \lambda \otimes P)$,

(2) $f_t := f(t) := f(t, \cdot)$ is $\mathcal{A}_t$-messbar für alle $t \in [\alpha, \beta]$.

Mit $\mathcal{L}_a^p([\alpha, \infty))$ werde die Menge aller $f : [\alpha, \infty) \times \Omega \to \mathbb{R}$ bezeichnet, für die $f|_{[\alpha,\beta] \times \Omega} \in \mathcal{L}_a^p([\alpha, \beta])$ gilt, für alle $\beta > \alpha$.

Man beachte, dass (1) zweierlei besagt: Erstens ist $(f_t)_{t\in[\alpha,\beta]}$ ein *messbarer Prozess*, d.h. f ist $\mathcal{B}([\alpha,\beta]) \otimes \mathcal{F}$-messbar. Zweitens gilt für alle $f \in \mathcal{L}_a^p([\alpha,\beta])$

$$\int_{[\alpha,\beta]\times\Omega} |f|^p \, d(\lambda \otimes P) = \int_\Omega \left[\int_\alpha^\beta |f(t,\omega)|^p dt \right] dP(\omega)$$

$$= E\left[\int_\alpha^\beta |f_t|^p dt \right] < \infty.$$

Insbesondere folgt mit Fubini: $\int_\alpha^\beta |f(t,\omega)|^p \, dt < \infty$, für P-f.a. ω. Im Folgenden werden wir bei Gefahr von Verwechslungen durch die Schreibweise $\mathcal{L}^p(P)$ bzw. $\mathcal{L}^p(\lambda \otimes P)$ spezifizieren in welchem Sinn „$\mathcal{L}^p$-Prozess" zu verstehen ist.

Aufgabe 4.a. Man zeige: Gilt für die zugrunde liegende Filtration $\mathcal{A}_0 = \mathcal{A}_0^*$, so ist der halbnormierte Raum $\mathcal{L}_a^p([\alpha,\beta])$ vollständig.

Das Itô-Integral wird nun fast wörtlich wie das Wiener-Integral definiert, und zwar zunächst für Treppenprozesse in folgendem Sinn:

Notationen. Sei $(f_t)_{t\in[\alpha,\beta]}$ ein $\mathcal{A}_t$-adaptierter, reeller Prozess. Gibt es eine Zerlegung $\{t_0,\dots,t_N\}$ von $[\alpha,\beta]$ und Z.V.n $e_0,e_1,\dots,e_N$ auf $(\Omega,\mathcal{F},P)$, sodass für alle $(t,\omega) \in [\alpha,\beta] \times \Omega$ die Darstellung

$$f_t(\omega) = \sum_{j=0}^{N-1} e_j(\omega) 1_{[t_j,t_{j+1})}(t) + e_N(\omega) 1_{\{\beta\}}(t) \tag{4.1}$$

besteht, so heißt f ($\mathcal{A}_t$-adaptierter) *Treppenprozess*, kurz $f \in \mathcal{T}_a([\alpha,\beta])$. Für $p \in [1,\infty)$ setze $\mathcal{T}_a^p([\alpha,\beta]) := \mathcal{T}_a([\alpha,\beta]) \cap \mathcal{L}_a^p([\alpha,\beta])$. Die Menge aller beschränkten $f \in \mathcal{T}_a([\alpha,\beta])$ werde mit $\mathcal{T}_a^\infty([\alpha,\beta])$ bezeichnet. Entsprechend ist $\mathcal{T}_a^p([\alpha,\infty))$ die Menge aller $f : [\alpha,\infty) \times \Omega \to \mathbb{R}$, für die $f|_{[\alpha,\beta]\times\Omega} \in \mathcal{T}_a^p([\alpha,\beta])$ gilt, für alle $\beta > \alpha$ (mit $p \in [1,\infty]$).

Bemerkungen. 1. $f \in \mathcal{T}_a([\alpha,\beta])$ liegt in $\mathcal{T}_a^p([\alpha,\beta]) \iff e_j \in \mathcal{L}^p(P)$ für alle j. 2. $f \in \mathcal{T}_a([\alpha,\beta])$ liegt in $\mathcal{T}_a^\infty([\alpha,\beta]) \iff \exists M \in \mathbb{R}_+ : |e_j| \leq M$ für alle j. 3. Für jedes $p \in [1,\infty)$ gilt $\mathcal{T}_a^\infty([\alpha,\beta]) \subset \mathcal{T}_a^p([\alpha,\beta]) \subset \mathcal{L}_a^p([\alpha,\beta])$. 4. $f \in \mathcal{T}_a([\alpha,\beta]) \Rightarrow f(\cdot,\omega) \in \mathcal{T}([\alpha,\beta]), \forall \omega \in \Omega$. Die Pfade eines Treppenprozesses sind Treppenfunktionen mit festen Sprungzeiten t_i; lediglich die „Sprunghöhen" variieren mit ω. 5. Man beachte, dass $f \in \mathcal{L}_a^p([\alpha,\infty))$ [bzw. $f \in \mathcal{T}_a^\infty([\alpha,\infty))$] *nicht* bedeutet, dass f über $[\alpha,\infty) \times \Omega$ p-fach integrierbar [bzw. beschränkt] ist, sondern dass dies nur für jede Menge $[\alpha,\beta] \times \Omega$ gilt. Der Grund hierfür ist, dass wir keine „uneigentlichen Itô-Integrale" $\int_\alpha^\infty f(s) \, dB_s$ betrachten (was man zwar tun kann, aber hier nicht von Interesse ist), sondern nur solche mit endlicher (aber beliebiger) oberer Grenze. 6. Für einen Treppenprozess ist die Zufallsvariable $e_j = f_{t_j}$ per Definition $\mathcal{A}_{t_j}$-messbar. Würde man Treppen der Form $1_{(t_j,t_{j+1}]}$ benutzen, so könnte man nur schließen, dass e_j $(\cap_{t>t_j}\mathcal{A}_t)$-messbar ist. Dies wird teilweise in der

Literatur, z.B. in [LS], tatsächlich auch gemacht. Um dennoch die e_j messbar bezüglich $\mathcal{A}_{t_j}$ zu erhalten setzt man dann die Filtration als *rechtsstetig* voraus (d.h. man verlangt $\cap_{t>t_0} \mathcal{A}_t = \mathcal{A}_{t_0}$ für alle $t_0 \in I$), was mit (4.1) entfällt.

Definition. Ist $f \in \mathcal{T}_a([\alpha, \beta])$ wie in (4.1), so ist das *Itô-Integral von (bzw. über)* f *definiert durch*

$$I(f) := \int_\alpha^\beta f_t \, dB_t := \sum_{j=0}^{N-1} e_j (B_{t_{j+1}} - B_{t_j}) \, . \tag{4.2}$$

Beachte. Der Unterschied von (4.2) zum Wiener-Integral (2.14) ist, dass die e_j in (4.2) Zufallsvariablen sind, in (2.14) hingegen Konstanten. Dies wird auch durch die Prozessschreibweise f_t, anstelle von $f(t)$, angedeutet.

In Zukunft schreiben wir für (4.2) alternativ auch $\int_\alpha^\beta f(t) \, dB_t$, je nach Situation. Die Itô-Isometrie für Wiener-Integrale besitzt folgende Verallgemeinerung, welche wieder den Fall $p = 2$ hervorhebt:

Lemma 4.2 (Elementare Itô-Isometrie). *Für* $f \in \mathcal{T}_a^2([\alpha, \beta])$ *gilt:*

$$E[|\int_\alpha^\beta f_t \, dB_t|^2] = E\Big[\int_\alpha^\beta f_t^2 \, dt\Big] = \|f\|_{\mathcal{L}^2(\lambda \otimes P)}^2 \, . \tag{4.3}$$

Beweis. Sei f wie in (4.1), $\Delta t_j := t_{j+1} - t_j$ und $\Delta B_j := B_{t_{j+1}} - B_{t_j}$. Da e_j unabhängig ist von ΔB_j (abgekürzt $e_j \perp\!\!\!\perp \Delta B_j$), folgt $e_j \Delta B_j \in \mathcal{L}^2(P)$, und damit $\int_\alpha^\beta f_t \, dB_t \in \mathcal{L}^2(P)$. Weiter gilt

$$E\Big[\Big(\int_\alpha^\beta f_t \, dB_t\Big)^2\Big] = E\Big[\sum_{i,j} e_j e_i \Delta B_i \Delta B_j\Big] . \tag{4.4}$$

Im *Fall* $i < j$ gilt $e_j e_i \Delta B_i \in \mathcal{L}^1(P)$ und $\Delta B_j \perp\!\!\!\perp e_j e_i \Delta B_i$, woraus folgt:

$$E[e_i e_j \Delta B_i \Delta B_j] = E[e_i e_j \Delta B_i] E[\Delta B_j] = 0 \, .$$

Im *Fall* $j < i$ ist der Schluss derselbe (Symmetrie). Im *Fall* $i = j$ gilt

$$E[e_i^2 \Delta B_i^2] = E[e_i^2] E[\Delta B_i^2] = E[e_i^2] \Delta t_i \, .$$

Mit (4.4) folgt zusammenfassend

$$E\Big[\Big(\int_\alpha^\beta f_t \, dB_t\Big)^2\Big] = E[\sum_i e_i^2 \Delta t_i] \, . \qquad \square$$

Gleichung (4.3) zeigt, dass die Abbildung $f \mapsto I(f)$ eine Isometrie von $\mathcal{T}_a^2([\alpha, \beta])$ nach $\mathcal{L}^2(P)$ ist, sodass eine stetige Fortsetzung auf $\mathcal{L}^2$-Grenzwerte von Treppenprozessen auch hier möglich ist. Es wird sich im nächsten Abschnitt zeigen, dass $\mathcal{T}_a^2([\alpha, \beta])$ tatsächlich dicht in $\mathcal{L}_a^2([\alpha, \beta])$ ist, was aber einen raffinierteren Beweis erfordert als im Fall des Wiener-Integrals.

4.2 Das Itô-Integral für L^2-Prozesse

Um zu zeigen, dass die Treppenprozesse $\mathcal{T}_a^2([\alpha, \beta])$ dicht sind in $\mathcal{L}_a^2([\alpha, \beta])$ benötigen wir zwei Vorbereitungen.

Lemma 4.3. *Für jedes $p \in [1, \infty)$ ist $C_c(\mathbb{R})$ dicht in $\mathcal{L}^p(\mathbb{R}, \lambda)$.*

Beweis. Wegen Korollar 2.16 genügt es zu zeigen, dass sich jedes $f \in \mathcal{T}(\mathbb{R})$ durch ein $g \in C_c(\mathbb{R})$ beliebig gut $\mathcal{L}^p$-approximieren lässt. Hierzu genügt es zu zeigen, dass jedes $f = 1_{[a,b)}$ $\mathcal{L}^p$-Grenzwert geeigneter $f_n \in C_c(\mathbb{R})$ ist. Wähle für f_n die Trapezfunktionen (2.17). Dann folgt

$$\int_{\mathbb{R}} |f_n(x) - f(x)|^p dx \leq \frac{2}{n} \to 0, \quad \text{für } n \to \infty. \qquad \square$$

Korollar 4.4. (a) *Für jedes $p \in [1, \infty)$ und jedes $f \in \mathcal{L}^p(\mathbb{R}, \lambda)$ gilt*

$$\lim_{h \to 0} \int_{\mathbb{R}} |f(t + h) - f(t)|^p \, dt = 0. \tag{4.5}$$

(b) *Für jedes $p \in [1, \infty)$ und jedes $f \in \mathcal{L}^p(\mathbb{R} \times \Omega, \mathcal{B}(\mathbb{R}) \otimes \mathcal{F}, \lambda \otimes P)$ gilt*

$$\lim_{h \to 0} E[\int_{\mathbb{R}} |f(t + h) - f(t)|^p \, dt] = 0. \tag{4.6}$$

Beweis. (a) Sei zuerst $f \in C_c(\mathbb{R})$. Für jede Folge $h_n \to 0$ und $t \in \mathbb{R}$ gilt

$$f_n(t) := f(t + h_n) \to f(t), \quad \text{für } n \to \infty.$$

Sei $[a, b]$ derart, dass $f(t) = 0$ für $t \notin [a, b]$. Sei o.B.d.A. $|h_n| \leq 1$ für alle $n \in \mathbb{N}$. Dann gilt $f_n(t) = 0$ für alle $t \notin [a - 1, b + 1]$, und wegen

$$\max\{|f_n(t)|, t \in \mathbb{R}\} = \max\{|f(t)|, t \in \mathbb{R}\} =: M < \infty$$

folgt $|f_n| \leq M \cdot 1_{[a-1,b+1]}$, für alle $n \in \mathbb{N}$. Mit majorisierter Konvergenz folgt nun $f_n \to f$ in $\mathcal{L}^p(\mathbb{R}, \lambda)$, also (4.5).

Sei nun $f \in \mathcal{L}^p(\mathbb{R}, \lambda)$ beliebig und $\varepsilon > 0$. Wähle $f_c \in C_c(\mathbb{R})$, sodass $\|f_c - f\|_p \leq \varepsilon/4$ gilt. Mit Dreiecksungleichung und Translationsinvarianz (hiermit wird der problematische Term $f(\cdot + h)$ kontrolliert) folgt

$$\|f(\cdot + h) - f\|_p \leq \|f(\cdot + h) - f_c(\cdot + h)\|_p + \|f_c(\cdot + h) - f_c\|_p + \|f_c - f\|_p$$
$$= 2\|f - f_c\|_p + \|f_c(\cdot + h) - f_c\|_p$$
$$\leq \varepsilon/2 + \|f_c(\cdot + h) - f_c\|_p, \quad \forall h \in \mathbb{R}.$$

Für $h \to 0$ geht der letzte Term gegen Null, sodass für ein geeignetes $\delta > 0$ die gesuchte Abschätzung folgt:

$$\|f(\cdot + h) - f\|_p < \varepsilon, \quad \forall \, |h| < \delta.$$

(b) Nach Voraussetzung gilt $E[\int_{\mathbb{R}} |f(t)|^p\, dt] < \infty$, woraus mit Fubini folgt

$$\int_{\mathbb{R}} |f(t,\omega)|^p\, dt < \infty\,, \quad \text{für } P\text{-fast alle } \omega\,.$$

Für diese ω folgt mit Teil (a) einerseits

$$F_n(\omega) := \int |f(t+h_n,\omega) - f(t,\omega)|^p\, dt \to 0\,, \quad \text{für } h_n \to 0\,. \qquad (4.7)$$

Andererseits gilt $|a+b|^p \le (2|a| \vee |b|)^p \le 2^p(|a|^p + |b|^p)$, für alle $a,b \in \mathbb{R}$, und damit folgt für alle $n \in \mathbb{N}$:

$$|F_n(\omega)| \le 2^p \int |f(t+h_n,\omega)|^p\, dt + 2^p \int |f(t,\omega)|^p\, dt$$

$$= 2^{p+1} \int |f(t,\omega)|^p\, dt\,.$$

Die rechte Seite ist P-integrierbar, sodass mit (4.7) und majorisierter Konvergenz für jede Nullfolge (h_n) die Behauptung $\lim E[F_n] = 0$ folgt. $\qquad \square$

Der für die Erweiterung des Itô-Integrals zentrale Dichtheitssatz lautet:

Satz 4.5. *Für jedes $p \in [1,\infty)$ ist $\mathcal{T}_a^\infty([\alpha,\beta])$ dicht in $\mathcal{L}_a^p([\alpha,\beta])$. Des Weiteren gibt es zu jedem $\varepsilon > 0$ Zeitpunkte $\alpha \le t_0 < \cdots < t_N \le \beta$, sodass folgende Riemann-Approximation gilt:*

$$\|f - \sum_{j=0}^{N-1} f(t_j) 1_{[t_j,t_{j+1})} \|_{\mathcal{L}^p(\lambda \otimes P)} < \varepsilon\,. \qquad (4.8)$$

Beweis. Wir zerlegen den Beweis in zwei Schritte.

1 Schritt. Zeige, dass $\mathcal{T}_a^p([\alpha,\beta])$ dicht ist in $\mathcal{L}_a^p([\alpha,\beta])$. Sei $f \in \mathcal{L}_a^p([\alpha,\beta])$. Erweitere f durch die Festlegung $f(t,\omega) := 0$ für $t \notin [\alpha,\beta]$. Also gilt $f \in \mathcal{L}^p(\mathbb{R} \times \Omega, \mathcal{B}(\mathbb{R}) \otimes \mathcal{F}, \lambda \otimes P)$. Mit $[x] := \max\{m \in \mathbb{Z}, m \le x\}$ definiere nun die Funktionen

$$\varphi_n(s) := \frac{[ns]}{n}\,, \quad n \in \mathbb{N},\ s \in \mathbb{R}\,.$$

Dann gilt $\varphi_n(s) \to s$ für $n \to \infty$, also $h_n := \varphi_n(s) - s \to 0$. Eingesetzt in (4.6) und anschließende Translation $t \to t+s$ gibt für jedes $s \in \mathbb{R}$:

$$G_n(s) := E[\int_{\mathbb{R}} |f(t+\varphi_n(s)) - f(t+s)|^p\, dt] \to 0\,, \quad \text{für } n \to \infty\,.$$

Analog zu obiger Abschätzung von $|F_n(\omega)|$ ist $|G_n(s)| \le 2^{p+1} E[\int |f(t)|^p\, dt]$. Mit majorisierter Konvergenz und Fubini folgt nun für $n \to \infty$:

$$\int_{\mathbb{R}} \Big[\int_{\alpha-1}^{\beta} E[|f(t+\varphi_n(s)) - f(t+s)|^p]\, ds \Big]\, dt = \int_{\alpha-1}^{\beta} G_n(s)\, ds \to 0\,.$$

Es gilt also in $\mathcal{L}^1(\mathbb{R}, \lambda)$ die Konvergenz

$$H_n(t) := \int_{\alpha-1}^{\beta} E[|f(t + \varphi_n(s)) - f(t+s)|^p]\, ds \to 0. \qquad (4.9)$$

Wähle eine Teilfolge H_{n_k}, sodass (4.9) für λ-fast alle $t \in \mathbb{R}$ gilt. Fixiere nun *ein* solches $t^* \in [0,1]$, und ersetze s durch $s - t^*$ in (4.9). Dies gibt

$$E\left[\int_{\alpha+t^*-1}^{\beta+t^*} |f(t^* + \varphi_{n_k}(s - t^*)) - f(s)|^p\, ds\right] \to 0, \quad \text{für } k \to \infty.$$

Insbesondere folgt für die Treppenprozesse

$$f_k(s) := f(t^* + \varphi_{n_k}(s - t^*)), \qquad s \in [\alpha, \beta], \qquad (4.10)$$

die gesuchte Approximationseigenschaft

$$E\left[\int_{\alpha}^{\beta} |f_k(s) - f(s)|^p\, ds\right] \to 0, \quad \text{für } k \to \infty. \qquad (4.11)$$

Aus (4.9) folgt $f_k \in \mathcal{L}^p([\alpha, \beta] \times \Omega)$. Aus $\varphi_n(x) \le x$ folgt $t^* + \varphi_{n_k}(s - t^*) \le s$, sodass mit (4.10) die $f_k(s, \cdot)$ insbesondere $\mathcal{A}_s$-adaptiert sind. Somit gilt $f_k \in \mathcal{T}_a^p([\alpha, \beta])$. Mit den $N(k) + 1$ Zeitpunkten

$$\{t_0^{(k)}, \ldots, t_{N(k)}^{(k)}\} := [\alpha, \beta] \cap \{t^* + \frac{m}{n_k}, m \in \mathbb{Z}\}$$

gilt $f_k(t_j) = f(t_j)$ und damit

$$f_k(s) = \sum_{j=0}^{N(k)-1} f(t_j) 1_{[t_j, t_{j+1})}(s), \qquad \forall s \in [t_0^{(k)}, t_{N(k)}^{(k)}).$$

Mit (4.11) folgt (4.8), denn für $k \to \infty$ gehen mit majorisierter Konvergenz die Randterme $E[\int_{\alpha}^{t_0^{(k)}} |f(s)|^p\, ds]$ und $E[\int_{t_{N(k)}^{(k)}}^{\beta} |f(s)|^p\, ds]$ gegen 0.

2. Schritt. Zeige: $\mathcal{T}_a^{\infty}([\alpha, \beta])$ ist dicht in $\mathcal{L}_a^p([\alpha, \beta])$.

Ist $f \in \mathcal{L}_a^p([\alpha, \beta])$ beschränkt, so sind die approximierenden Treppenprozesse (4.10) automatisch ebenfalls beschränkt. $\mathcal{T}_a^{\infty}([\alpha, \beta])$ ist also dicht im Raum der beschränkten Funktionen $f \in \mathcal{L}_a^p([\alpha, \beta])$. Ist dieser Raum also dicht in ganz $\mathcal{L}_a^p([\alpha, \beta])$, so auch der Raum $\mathcal{T}_a^{\infty}([\alpha, \beta])$.

Sei also $f \in \mathcal{L}_a^p([\alpha, \beta])$ gegeben. Zerlege zunächst $f = f^+ - f^-$. Wegen $f_t^+(\omega) = f_t(\omega) \vee 0$ ist f_t^+ $\mathcal{A}_t$-messbar, somit auch f_t^-, zusammen also $f_t^{\pm} \in \mathcal{L}_a^p([\alpha, \beta])$. Für $f_n^{\pm} := f^{\pm} \wedge n$, $n \in \mathbb{N}$, gilt $f_n^{\pm} \nearrow f^{\pm}$, und da $|f|$ eine $\mathcal{L}^p$-Majorante ist folgt $f_n^{\pm} \to f^{\pm}$ in $\mathcal{L}_a^p([\alpha, \beta])$. Hiermit erhält man

$$f_n := f_n^+ - f_n^- \to f^+ - f^- = f, \quad \text{in } \mathcal{L}_a^p([\alpha, \beta]). \qquad \square$$

Bemerkung. Satz 4.5 wurde für $p = 2$ von Itô in [I1, Lemma 8.1] bewiesen. Die Beweisidee geht zurück auf Doob [Do1, Lemma 2.1].

Definition. Sei $0 \leq \alpha < \beta$. Für $f \in \mathcal{L}_a^2([\alpha, \beta])$ wähle $f_n \in \mathcal{T}_a^2([\alpha, \beta])$ mit $f_n \to f$ in $\mathcal{L}_a^2([\alpha, \beta])$. Dann ist das *Itô-Integral* über f definiert durch

$$I(f) := \int_\alpha^\beta f_t \, dB_t := \mathcal{L}^2(\Omega, \mathcal{F}, P) - \lim_{n \to \infty} \int_\alpha^\beta f_n(t) \, dB_t \, .$$

Bemerkungen. 1. Wörtlich wie beim Wiener-Integral zeigt man die Wohldefiniertheit des Itô-Integrals (vgl. Bemerkung 1 nach Korollar 2.16). Die *Itô-Isometrie* (4.3) *setzt sich* ebenfalls wieder unmittelbar per Stetigkeit *auf alle Prozesse* $f \in \mathcal{L}_a^2([\alpha, \beta])$ *fort*, und ebenso gilt $E[I(f)] = 0$. 2. Im Gegensatz zum Wiener-Integral (vgl. Satz 2.19) lässt sich die Verteilung der Zufallsvariablen $I(f)$ i.A. nicht explizit bestimmen.

Konvention. Da Itô-Integrale nur P-f.s. eindeutig sind, so sind (Un-) Gleichungen in denen Itô-Integrale auftreten von nun an immer mit dem Zusatz P-f.s. zu versehen (wie beispielsweise in der nächsten Aufgabe).

Aufgabe 4.b. Man zeige, dass das Itô-Integral linear ist, d.h. für $c \in \mathbb{R}$ und Prozesse $f, g \in \mathcal{L}_a^2([\alpha, \beta])$ gilt

$$I(cf + g) = cI(f) + I(g) \, .$$

Man zeige weiter: Ist $\delta \in (\alpha, \beta)$ und $f \in \mathcal{L}_a^2([\alpha, \beta])$ so gilt

$$\int_\alpha^\beta f_t \, dB_t = \int_\alpha^\delta f_t \, dB_t + \int_\delta^\beta f_t \, dB_t \, .$$

Hiermit ist die *erste Erweiterung* des Itô-Integrals abgeschlossen. Speziell für die soeben diskutierten quadratintegrierbaren Integranden besitzt das Itô-Integral noch weitere Eigenschaften, welche aus dem Begriff des Martingals folgen. Diese sind aber für den Itôschen Differentialkalkül nicht erforderlich, sodass wir sie erst ab Kapitel 7 behandeln. *Zentral hingegen ist die Vergrößerung der Klasse integrierbarer Prozesse*, welche auf einem allgemeinen (funktionalanalytischen) Prinzip beruht: Man will die Abbildung

$$f \mapsto I(f) \, , \tag{4.12}$$

(welche $\mathcal{L}_a^2([\alpha, \beta])$ in $\mathcal{L}^2(P)$ abbildet) „geeignet stetig fortsetzen". Hierzu bettet man den Raum der Integranden $f \in \mathcal{L}_a^2([\alpha, \beta])$ in einen (echt) größeren Raum $\mathcal{L}_\omega^2([\alpha, \beta])$ ein, welcher mit einer Halbmetrik d_2 ausgestattet ist *bezüglich der $\mathcal{L}_a^2([\alpha, \beta])$ dicht ist in $\mathcal{L}_\omega^2([\alpha, \beta])$*. Dies gestattet jedes $f \in \mathcal{L}_\omega^2([\alpha, \beta])$ durch eine Folge $f_n \in \mathcal{L}_a^2([\alpha, \beta])$ zu approximieren. Ist $f \notin \mathcal{L}_a^2([\alpha, \beta])$ so können die f_n nicht in $\mathcal{L}_a^2([\alpha, \beta])$ konvergieren, und damit die Integrale $I(f_n)$

auch nicht in $\mathcal{L}^2(P)$. Bettet man aber auch den Bildraum $\mathcal{L}^2(P)$ in einen größeren Raum mit einer *geeigneten schwächeren Metrik* ein, so können die $I(f_n)$ durchaus bezüglich der schwächeren Metrik ebenfalls konvergieren! Den so erhaltenen Grenzwert definiert man dann als $I(f)$. Im Fall des Itô-Integrals funktioniert dieses Verfahren, wenn man für beide $\mathcal{L}^2$-Räume eine Metrik wählt die im Wesentlichen auf *stochastische Konvergenz* (anstelle von $\mathcal{L}^2$-Konvergenz) führt. Zu diesem Konvergenzbegriff entwickeln wir die benötigten Grundlagen im folgenden Abschnitt.

4.3 Vorbereitung: Stochastische Konvergenz

Stochastische Konvergenz ist der schwächste Konvergenzbegriff der W-Theorie, welcher immer noch einen P-f.s. eindeutigen Grenzwert liefert.

Definition. Eine Folge von Zufallsvariablen $(X_n)_{n \in \mathbb{N}}$ auf dem W-Raum $(\Omega, \mathcal{F}, P)$ *konvergiert stochastisch* gegen die Z.V. X, wenn für jedes $\varepsilon > 0$

$$P(|X_n - X| > \varepsilon) \to 0, \quad \text{für } n \to \infty$$

gilt. (X_n) heißt *stochastische Cauchy-Folge*, wenn für jedes $\varepsilon > 0$

$$P(|X_n - X_m| > \varepsilon) \to 0, \quad \text{für } n, m \to \infty$$

gilt. Stochastische Konvergenz wird bezeichnet mit

$$X = P - \lim_{n \to \infty} X_n, \quad \text{oder} \quad X_n \to X \quad \text{stochastisch}.$$

Bemerkungen. 1. Eine nützliche Abschätzung für stochastische Konvergenz erhält man wie folgt: Ist $\varepsilon = \rho + \eta$ mit $\rho, \eta \geq 0$, so gilt für beliebige Zufallsvariablen X, Y, Z

$$\{|X - Y| > \varepsilon\} \subset \{|X - Z| > \rho\} \cup \{|Z - Y| > \eta\},$$

sodass mit der Subadditivität von P folgt

$$P(|X - Y| > \varepsilon) \leq P(|X - Z| > \rho) + P(|Z - Y| > \eta). \tag{4.13}$$

Beispielsweise erhält man hiermit die P-fast sichere Eindeutigkeit des stochastischen Grenzwertes einer Folge (X_n) durch Grenzübergang in

$$P(|X - \tilde{X}| > \frac{1}{k}) \leq P(|X - X_n| > \frac{1}{2k}) + P(|\tilde{X} - X_n| > \frac{1}{2k}), \quad \forall k, n \in \mathbb{N}.$$

2. Konvergiert X_n in $\mathcal{L}^p(P)$ gegen X, so auch stochastisch. Dies folgt unmittelbar aus der Tschebyschevschen Ungleichung:

$$P(|X_n - X| > \varepsilon) \leq \frac{1}{\varepsilon^p} E[|X_n - X|^p].$$

3. Ist $X_n = X_n^+ - X_n^-$ eine stochastische CF, so auch die Positiv- und Negativteile X_n^+ und X_n^-. Dies folgt mit $|X_n - X_m| \geq |X_n^+ - X_m^+|$ aus

$$P(|X_n^+ - X_m^+| > \varepsilon) \leq P(|X_n - X_m| > \varepsilon) \to 0\,.$$

Im Folgenden wird gezeigt, dass sich die stochastische Konvergenz als Konvergenz bezüglich einer Halbmetrik auffassen lässt.

Lemma 4.6. *Sei $\mathcal{M}(\Omega, \mathcal{F}, P)$ der Vektorraum aller reellen Zufallsvariablen auf dem W-Raum $(\Omega, \mathcal{F}, P)$. Dann wird durch*

$$d(X,Y) := E\Big[\frac{|X-Y|}{1+|X-Y|}\Big]\,, \qquad \forall X,Y \in \mathcal{M}(\Omega, \mathcal{F}, P)$$

eine Halbmetrik auf $\mathcal{M}(\Omega, \mathcal{F}, P)$ definiert. Zwei Z.V. X, Y sind genau dann äquivalent bezüglich d (d.h. $d(X,Y) = 0$), wenn $X = Y$ P-f.s. gilt.

Beweis. Zunächst ist $d(X,Y)$ wegen $0 \leq \frac{|X-Y|}{1+|X-Y|} \leq 1$ wohldefiniert. Rechne *die drei definierenden Eigenschaften einer Halbmetrik nach:*

(M1) $d(X,Y) \geq 0$ ist offensichtlich.

(M2) $d(X,Y) = d(Y,X)$ ist offensichtlich.

(M3) Die reelle Funktion $f(x) = \frac{x}{1+x}$ ist für $x \geq 0$ monoton wachsend, denn für ihre Ableitung gilt $f'(x) = \frac{1}{(1+x)^2} > 0$. Da

$$|X - Y| \leq |X - Z| + |Z - Y|$$

für reelle Zufallsvariablen X, Y, Z gilt folgt aus der Monotonie von f

$$\begin{aligned}
\frac{|X-Y|}{1+|X-Y|} &\leq \frac{|X-Z|+|Z-Y|}{1+|X-Z|+|Z-Y|} \\
&\leq \frac{|X-Z|}{1+|X-Z|} + \frac{|Z-Y|}{1+|Z-Y|}\,.
\end{aligned}$$

Integration dieser Ungleichung ergibt die Dreiecksungleichung

$$d(X,Y) \leq d(X,Z) + d(Z,Y)\,. \qquad \square$$

Bemerkung. Obige Eigenschaften (M1)-(M3) zeigen, dass eine Halbmetrik alle Eigenschaften einer Metrik besitzt, bis auf Definitheit: Aus $d(X,Y) = 0$ folgt i.A. nicht $X = Y$. In Lemma 4.6 zieht $d(X,Y) = 0$ lediglich die P-f.s. Gleichheit von X und Y nach sich, also nur eine „fast-Gleichheit". Folgende Aufgabe zeigt, wie zu jedem halbmetrischen Raum (M, d) in natürlicher Weise ein metrischer Raum (von Äquivalenzklassen) assoziiert ist. Diese Aufgabe stellt die beiden entsprechenden Aufgaben aus Abschnitt 2.3 in einen allgemeineren Kontext.

Aufgabe. Sei (M, d) ein halbmetrischer Raum. Man zeige:

(a) Durch $f \sim g : \iff d(f, g) = 0$ wird auf M eine Äquivalenzrelation definiert. (Man identifiziert also Elemente deren Abstand Null ist.)

(b) Sei $\hat{M}$ der Raum der Äquivalenzklassen $\hat{f}$. Sind $f_1, f_2 \in \hat{f}$ und $g_1, g_2 \in \hat{g}$, so gilt $d(f_1, g_1) = d(f_2, g_2)$. Damit ist eine Abbildung $\hat{d} : \hat{M} \times \hat{M} \to \mathbb{R}$, gegeben durch $\hat{d}(\hat{f}, \hat{g}) := d(f, g)$, wohldefiniert.

(c) $(\hat{M}, \hat{d})$ ist ein metrischer Raum.

Im Folgenden werden wir gelegentlich von folgender elementaren Aussage über halbmetrische Räume Gebrauch machen:

Aufgabe 4.c. Sei (M, d) ein halbmetrischer Raum. Dann gilt die „umgekehrte Dreiecksungleichung"

$$d(x, y) \geq |d(x, z) - d(z, y)|, \quad \forall x, y, z \in M.$$

Satz 4.7. *Ist (X_n) eine Folge von Z.V.n auf $(\Omega, \mathcal{F}, P)$ so gilt:*

(a) $P - \lim_{n \to \infty} X_n = X \iff \lim_{n \to \infty} d(X_n, X) = 0.$

(b) *(X_n) ist stochastische CF $\iff$ (X_n) ist metrische CF.*

Beweis. (a) „$\Leftarrow$": Mit Tschebyschev folgt für jedes $\varepsilon > 0$:

$$P(|X_n - X| > \varepsilon) = P\Big(\frac{|X_n - X|}{1 + |X_n - X|} > \frac{\varepsilon}{1 + \varepsilon}\Big)$$
$$\leq \frac{1 + \varepsilon}{\varepsilon} E\Big[\frac{|X_n - X|}{1 + |X_n - X|}\Big] \to 0. \tag{4.14}$$

„$\Rightarrow$": Zu gegebenem $\varepsilon > 0$ wähle ein $n_0 \in \mathbb{N}$ derart, dass die Abschätzung $P(|X_n - X| > \varepsilon/2) < \varepsilon/2$ für alle $n \geq n_0$ gilt. Für diese n folgt

$$E\Big[\frac{|X_n - X|}{1 + |X_n - X|}\Big] = \int_{|X_n - X| > \varepsilon/2} \frac{|X_n - X|}{1 + |X_n - X|} \, dP$$
$$+ \int_{|X_n - X| \leq \frac{\varepsilon}{2}} \frac{|X_n - X|}{1 + |X_n - X|} \, dP$$
$$\leq P(|X_n - X| > \frac{\varepsilon}{2}) + \int_{|X_n - X| \leq \frac{\varepsilon}{2}} \frac{\varepsilon}{2} \, dP \leq \varepsilon. \tag{4.15}$$

(b) Ersetzt man in (4.14) bzw. (4.15) X durch X_m, so folgt unmittelbar die Behauptung. □

Aus der stochastischen Konvergenz folgt i.A. nicht die P-fast sichere Konvergenz. Sei beispielsweise $(\Omega, \mathcal{F}, P) = ([0, 1], \mathcal{B}([0, 1]), \lambda)$ und für jedes $k \in \mathbb{N}$ sei $A_k = \{[\frac{i}{k}, \frac{i+1}{k}], i = 0, \ldots, k - 1\}$. Nummeriert man die Intervalle in den

Mengen $A_1, A_2, \ldots$ fortlaufend durch, also $I_1 = [0,1]$, $I_2 = [0, \frac{1}{2}]$, $I_3 = [\frac{1}{2}, 1]$ etc., so konvergiert die Folge $X_n(\omega) := n1_{I_n}(\omega)$ stochastisch gegen 0, sie divergiert aber punktweise für alle $\omega \in [0,1]$.

Satz 4.8 (Stochastische versus P-f.s. Konvergenz). *Jede P-f.s. konvergente Folge konvergiert auch stochastisch, und jede stochastisch konvergente Folge besitzt zumindest eine P-f.s. konvergente Teilfolge.*

Beweis. Aus $X_n \to X$ P-f.s. folgt $|X_n - X|/(1 + |X_n - X|) \to 0$ P-f.s., sodass mit majorisierter Konvergenz $d(X_n, X) \to 0$ folgt. Gilt umgekehrt $X_n \to X$ stochastisch, so konvergiert $Y_n := |X_n - X|/(1 + |X_n - X|)$ in $\mathcal{L}^1(P)$ gegen Null, besitzt also eine P-f.s. konvergente Teilfolge Y_{n_k}. Aus $b_k := |a_k|/(1 + |a_k|) \to 0$ folgt aber sofort $|a_k| = b_k/(1 - b_k) \to 0$, sodass $|X_{n_k} - X| \to 0$ P-f.s. folgt. $\qquad\square$

In dem Beispiel vor Satz 4.8 kann man etwa diejenigen Funktionen X_n auswählen, welche zu Intervallen gehören mit linker Intervallgrenze Null.

Indem man zur P-f.s. Konvergenz von Teilfolgen übergeht erhält man eine *sehr nützliche Charakterisierung der stochastischen Konvergenz*:

Satz 4.9. *Es sei (X_n) eine Folge von reellen Zufallsvariablen. Dann gilt:*
$$X_n \to X \text{ stochastisch} \iff \text{Jede Teilfolge } (X_{n'}) \text{ besitzt eine weitere Teilfolge}$$
$(X_{n''})$ *mit* $X_{n''} \to X$ P-*fast sicher.*

Beweis. „$\Rightarrow$": Konvergiert X_n stochastisch gegen X, so auch $X_{n'}$. Nach Satz 4.8 besitzt $X_{n'}$ eine P-f.s. gegen X konvergente Teilfolge $(X_{n''})$.

„$\Leftarrow$": Angenommen X_n konvergiert nicht stochastisch gegen X. Dann gibt es $\varepsilon, \varepsilon' > 0$ und eine Teilfolge $X_{n'}$ mit

$$P(|X_{n'} - X| > \varepsilon) \geq \varepsilon', \quad \forall n'. \qquad (4.16)$$

Damit kann $(X_{n'})$ aber keine P-f.s. gegen X konvergente Teilfolge besitzen, denn diese würde nach Satz 4.8 auch stochastisch konvergieren, sodass für große Teilfolgenindizes n'' (4.16) nicht erfüllt wäre. Widerspruch! $\qquad\square$

Korollar 4.10. *Sei $A \subset \mathbb{R}$, (X_n) eine Folge von Z.V.n mit $X_n \in A$ für alle $n \in \mathbb{N}$, und $\varphi : A \to \mathbb{R}$ stetig. Gilt dann P-$\lim X_n = X \in A$ P-f.s., so konvergiert $\varphi(X_n)$ stochastisch gegen die P-f.s. definierte Z.V. $\varphi(X)$.*

Beweis. Sei $\varphi(X_{n'})$ eine Teilfolge von $\varphi(X_n)$. Dann gibt es eine Teilfolge $X_{n''}$ die P-f.s. gegen X konvergiert. Mit Stetigkeit konvergiert $\varphi(X_{n''})$ P-f.s. gegen $\varphi(X)$. Nach Satz 4.9 gilt P-$\lim \varphi(X_n) = \varphi(X)$. $\qquad\square$

Aus Satz 4.9 folgt weiter: *Konvergiert (Y_n) stochastisch gegen Y und ist $\alpha \in \mathbb{R}$, so konvergiert $Z_n := \alpha X_n + Y_n$ stochastisch gegen $\alpha X + Y$.* [Hierzu wähle man eine Teilfolge $Z_{n'}$ und gehe über zu $X_{n''}$ und dann zu $Y_{n'''}$.] Abschließend beweisen wir folgenden Struktursatz zur stochastischen Konvergenz:

Satz 4.11. $(\mathcal{M}(\Omega, \mathcal{F}, P), d)$ *ist ein vollständiger, halbmetrischer Raum.*

Beweis. Sei $(X_n)_{n \in \mathbb{N}}$ eine stochastische CF. Nach Bemerkung 3 (vor Lemma 4.6) können wir o.B.d.A. $X_n \geq 0$ für alle n voraussetzen. Für eine beliebige Metrik ρ gilt die sogenannte „umgekehrte Dreiecksungleichung", also $\rho(x, y) \geq |\rho(x, z) - \rho(z, y)|$ (einfache Übung). Speziell für die Metrik $\rho(x, y) := \frac{|x-y|}{1+|x-y|}$ auf $\mathbb{R}$ folgt mit $x = X_n$, $y = X_m$ und $z = 0$:

$$\left| \frac{X_n}{1 + X_n} - \frac{X_m}{1 + X_m} \right| \leq \frac{|X_n - X_m|}{1 + |X_n - X_m|}.$$

Nimmt man nun den Erwartungswert so folgt $E[|f_n - f_m|] \leq d(X_n, X_m)$, mit $f_n = X_n/(1 + X_n)$. Somit ist (f_n) eine CF in $\mathcal{L}^1(P)$ und konvergiert damit in $\mathcal{L}^1(P)$ (also auch stochastisch) gegen eine Zufallsvariable f. Sei $(f_{n'})$ eine Teilfolge die außerhalb einer Nullmenge N gegen f konvergiert, also $f_{n'} 1_{N^c} \to f 1_{N^c}$. Dann gilt $P(f = 1) = P(f 1_{N^c} = 1) = P(M)$, mit $M := \{f_{n'} 1_{N^c} \to 1\} \subset \{X_{n'} \to \infty\}$. Zu $\varepsilon > 0$ wähle n_0 derart, dass

$$\varepsilon > E[\frac{|X_{n'} - X_{m'}|}{1 + |X_{n'} - X_{m'}|}] \geq \int_M \frac{|X_{n'} - X_{m'}|}{1 + |X_{n'} - X_{m'}|} dP, \qquad \forall n', m' \geq n_0.$$

Für $n' = n_0$ konvergiert die rechte Seite (mit majorisierter Konvergenz) für $m' \to \infty$ gegen $\int_M 1 dP = P(M)$, d.h. es gilt $\varepsilon \geq P(M)$, also $P(M) = 0$. Es folgt $f \in [0, 1)$ P-f.s. und mit Korollar 4.10 gilt schließlich

$$X_n = \frac{f_n}{1 - f_n} \to \frac{f}{1 - f} \quad \text{stochastisch}. \qquad \square$$

4.4 Approximationen pfadweiser L^p-Prozesse

Zunächst benötigen wir eine geeignete Erweiterung des Raumes $\mathcal{L}_a^p([\alpha, \beta])$. Wie schon zuvor erfordert der Fall $p \in [1, \infty)$ keinerlei Zusatzaufwand:

Definition 4.12. Sei $(\Omega, \mathcal{F}, P)$ ein W-Raum, $p \in [1, \infty)$, und $[\alpha, \beta] \subset \mathbb{R}_+$. Der *Raum der pfadweisen (adaptierten) $\mathcal{L}^p$-Prozesse*, $\mathcal{L}_\omega^p([\alpha, \beta])$, sei die Menge aller $\mathcal{B}([\alpha, \beta]) \otimes \mathcal{F}$-messbaren Funktionen $f : [\alpha, \beta] \times \Omega \to \mathbb{R}$ mit

(1̃) $\int_\alpha^\beta |f|^p(t, \omega) \, dt < \infty$ P-f.s., und

(2) $f_t := f(t, \cdot)$ ist $\mathcal{A}_t$-messbar, für alle $t \in [\alpha, \beta]$.

Weiter werde mit $\mathcal{L}_\omega^p([\alpha, \infty))$ die Menge aller $f : [\alpha, \infty) \times \Omega \to \mathbb{R}$ bezeichnet, für die $f|_{[\alpha, \beta]} \in \mathcal{L}_\omega^p([\alpha, \beta])$ gilt, für alle $\beta > \alpha$. Für $f, g \in \mathcal{L}_\omega^p([\alpha, \beta])$ definiere

$$d_p(f, g) := E\left[\frac{(\int_\alpha^\beta |f_t - g_t|^p \, dt)^{1/p}}{1 + (\int_\alpha^\beta |f_t - g_t|^p \, dt)^{1/p}} \right].$$

Aufgabe. Man zeige, dass d_p auf $\mathcal{L}_\omega^p([\alpha, \beta])$ eine Halbmetrik definiert, und dass $d_p(f, g) = 0$ genau dann gilt, wenn $f = g$ gilt, $\lambda \otimes P$-fast überall.

Man beachte, dass in Definition 4.12 lediglich die in Definition 4.1 gegebene Eigenschaft (1) durch (1̃) ersetzt wird. Wegen Fubini folgt aus (1) sofort (1̃), sodass offensichtlich $\mathcal{L}_a^p([\alpha, \beta]) \subset \mathcal{L}_\omega^p([\alpha, \beta])$ gilt. Es gilt aber nicht die umgekehrte Inklusion. Sind f, g in $\mathcal{L}_a^p([\alpha, \beta])$ so folgt sofort

$$d_p(f, g) \leq \|f - g\|_{\mathcal{L}^p(\lambda \otimes P)}, \qquad (4.17)$$

sodass die d_p-Halbmetrik auf $\mathcal{L}_a^p([\alpha, \beta])$ schwächer ist als die $\mathcal{L}^p(\lambda \otimes P)$-Halbmetrik. Der durch d_p induzierte Konvergenzbegriff lässt sich auf folgende nützliche Weise charakterisieren:

Lemma 4.13. *Für $f_n, f \in \mathcal{L}_\omega^p([\alpha, \beta])$ gilt mit $n \to \infty$:*

$$f_n \to f \text{ in } \mathcal{L}_\omega^p([\alpha, \beta]) \iff \int_\alpha^\beta |f_n(t) - f(t)|^p \, dt \to 0 \quad \text{stochastisch.} \quad (4.18)$$

Aus $f_n \to f$ in $\mathcal{L}_\omega^p([\alpha, \beta])$ folgt weiter

$$\int_\alpha^\beta |f_n|^p \, dt \to \int_\alpha^\beta |f|^p \, dt \quad \text{stochastisch.}$$

Beweis. Sind $X, X_n \geq 0$ Z.V.n, so folgt mit Korollar 4.10 zunächst

$$P - \lim X_n = X \iff P - \lim X_n^{1/p} = X^{1/p}.$$

Setzt man in Satz 4.7 $X := 0$ und $X_n := (\int_\alpha^\beta |f_n(t) - f(t)|^p dt)^{1/p}$, so folgt hiermit (4.18). Für die zweite Behauptung genügt es nun weiter zu zeigen, dass folgende stochastische Konvergenz gilt:

$$\|f_n\|_p = (\int_\alpha^\beta |f_n(t)|^p dt)^{1/p} \to (\int_\alpha^\beta |f(t)|^p dt)^{1/p} = \|f\|_p.$$

Dies aber folgt mit der umgekehrten Dreiecksungleichung aus

$$\big|\|f_n\|_p - \|f\|_p\big| \leq \|f_n - f\|_p \to 0 \quad \text{stochastisch.} \qquad \square$$

Bemerkung. (4.18) ist eine Abschwächung der Konvergenz in $\mathcal{L}_a^p([\alpha, \beta])$, denn per Definition lässt sich diese Konvergenz wie folgt charakterisieren:

$$f_n \to f \text{ in } \mathcal{L}_a^p([\alpha, \beta]) \iff \int_\alpha^\beta |f_n(t) - f(t)|^p \, dt \to 0 \quad \text{in } \mathcal{L}^1(P).$$

Satz 4.14 (Dichtheitssatz für pfadweise $\mathcal{L}^p$-Prozesse). *Sei $p \in [1, \infty)$. Dann ist $\mathcal{T}_a^\infty([\alpha, \beta])$ bezüglich der Halbmetrik d_p dicht in $\mathcal{L}_\omega^p([\alpha, \beta])$.*

Beweis. 1. Schritt: Zeige, dass $\mathcal{L}_a^p([\alpha, \beta])$ dicht ist in $\mathcal{L}_\omega^p([\alpha, \beta])$. Sei hierzu

$$\varphi_n(x) := x 1_{(-n, n)}(x), \quad x \in \mathbb{R}, \ n \in \mathbb{N}.$$

Da für jedes $n \in \mathbb{N}$ die Funktion φ_n beschränkt und messbar ist folgt

$$f_n := \varphi_n(f) \in \mathcal{L}_a^p([\alpha, \beta]), \quad \forall f \in \mathcal{L}_\omega^p([\alpha, \beta]).$$

Offensichtlich gilt $\varphi_n(x) \to x$ für $n \to \infty$, und damit

$$f_n(t, \omega) \to f(t, \omega), \quad \forall (t, \omega).$$

Weiter gilt für alle $n \in \mathbb{N}$ die Abschätzung $|\varphi_n(x)| \leq |x|$, sodass folgt:

$$|f_n|^p \leq |f|^p, \quad \forall n \in \mathbb{N}.$$

Für jedes feste $\omega \in \Omega$ mit $\int_\alpha^\beta |f|^p(t, \omega)\, dt < \infty$ konvergiert also $f_n(\cdot, \omega)$ auf $[\alpha, \beta]$ punktweise und hat die $\mathcal{L}^p([\alpha, \beta], \lambda)$-Majorante $|f|(\cdot, \omega)$. Mit majorisierter Konvergenz folgt daher die P-fast sichere Konvergenz der rechten Seite in (4.18), und damit deren stochastische Konvergenz.

2. Schritt:: Es genügt zu zeigen, dass $\mathcal{T}_a^\infty([\alpha, \beta])$ bezüglich d_p dicht ist in $\mathcal{L}_a^p([\alpha, \beta])$. Da $\mathcal{T}_a^\infty([\alpha, \beta])$ aber bezüglich der $\mathcal{L}^p(\lambda \otimes P)$-Halbmetrik dicht ist in $\mathcal{L}_a^p([\alpha, \beta])$, so folgt dies sofort aus (4.17). □

Der erste Schritt in obigem Beweis zeigt, dass man durch Abschneidung der Pfade eines pfadweisen $\mathcal{L}^p$-Prozesses einen beschränkten $\mathcal{L}^p$-Prozess erhält, und dass dieser gegen den pfadweisen $\mathcal{L}^p$-Prozess im $\mathcal{L}_\omega^p$-Sinn konvergiert. Das folgende Korollar zum Dichtheitssatz ist die Grundlage für „ω-weise Eigenschaften" des Itô-Integrals (siehe beispielsweise Satz 4.20).

Korollar 4.15. *Seien $f, g \in \mathcal{L}_\omega^p([\alpha, \beta])$ und Ω_0 sei eine Teilmenge von Ω. Weiter gelte $f(\omega) = g(\omega)$ für alle $\omega \in \Omega_0$. Dann gibt es $f_n, g_n \in \mathcal{T}_a^\infty([\alpha, \beta])$ mit $f_n \to f$, $g_n \to g$ (in $\mathcal{L}_\omega^p([\alpha, \beta])$), und mit $f_n(\omega) = g_n(\omega)$ für alle $\omega \in \Omega_0$.*

Beweis. Sei wieder $\varphi_n(x) = x 1_{(-n, n)}(x)$. Setze zunächst $\tilde{f}_n := \varphi_n(f)$ und $\tilde{g}_n := \varphi_n(g)$. Dann gilt $\tilde{f}_n, \tilde{g}_n \in \mathcal{L}_a^p([\alpha, \beta])$ und $\tilde{f}_n(\omega) = \tilde{g}_n(\omega)$ für alle $\omega \in \Omega_0$. Nach obigem Beweis gilt

$$d_p(\tilde{f}_n, f) \to 0, \quad d_p(\tilde{g}_n, g) \to 0. \tag{4.19}$$

Nach Satz 4.5 gibt es zu $n \in \mathbb{N}$ Prozesse $f_n, g_n \in \mathcal{T}_a^\infty([\alpha, \beta])$ der Form

$$f_n(t, \omega) = \sum_{j=1}^{N-1} \tilde{f}_n(t_j, \omega) 1_{[t_j, t_{j+1})}(t),$$

$$g_n(t, \omega) = \sum_{j=1}^{N-1} \tilde{g}_n(t_j, \omega) 1_{[t_j, t_{j+1})}(t), \tag{4.20}$$

mit *derselben* Partition $\{t_1, \ldots, t_N\}$ (denn im Beweis von Satz 4.5 kann t^* für $\tilde{f}_n$ und $\tilde{g}_n$ gleich gewählt werden), sodass $\|f_n - \tilde{f}_n\|_{\mathcal{L}^p(\lambda \otimes P)} < \frac{1}{n}$ und $\|g_n - \tilde{g}_n\|_{\mathcal{L}^p(\lambda \otimes P)} < \frac{1}{n}$. Mit (4.17), also $d_p(f,g) \leq \|f - g\|_{\mathcal{L}^p(\lambda \otimes P)}$, folgt

$$d_p(\tilde{f}_n, f_n) \to 0, \quad d_p(\tilde{g}_n, g_n) \to 0. \tag{4.21}$$

Mit (4.19) und (4.21) folgt $f_n \to f$ und $g_n \to g$ bezüglich der Metrik d_p. Schließlich zeigt (4.20), dass $f_n(\omega) = g_n(\omega)$ für alle $\omega \in \Omega_0$ gilt. □

Von besonderer Wichtigkeit für den Itôschen Differentialkalkül werden sich *pfadstetige*, $\mathcal{A}_t$-adaptierte Integranden f erweisen. Diese sind natürlich für jedes $p \in [1, \infty)$ pfadweise p-fach integrierbar und damit automatisch in $\mathcal{L}^p_\omega([\alpha, \beta])$. Darüberhinaus gelten für sie die Riemann-Approximationen (4.20) sogar mit *beliebigen* Zerlegungsnullfolgen:

Lemma 4.16 (Riemann-Approximationen). *Es sei* $(f_t)_{t \in [\alpha, \beta]}$ *ein stetiger,* $\mathcal{A}_t$-*adaptierter Prozess und* $h \in \mathcal{L}^p_\omega([\alpha, \beta])$, *mit* $p \in [1, \infty)$. *Dann gilt* $f \cdot h \in \mathcal{L}^p_\omega([\alpha, \beta])$. *Ist weiter* $\{t_0^{(n)}, \ldots, t_{N_n}^{(n)}\}$ *eine Zerlegungsnullfolge von* $[\alpha, \beta]$ *und*

$$f_n := \sum_{k=0}^{N_n - 1} f(t_k^{(n)}) 1_{[t_k^{(n)}, t_{k+1}^{(n)})} + f(\beta) 1_{\{\beta\}},$$

so konvergiert $f_n \cdot h$ *in* $\mathcal{L}^p_\omega([\alpha, \beta])$ *gegen* $f \cdot h$.

Beweis. Da f stetige Pfade hat konvergiert für festes ω die Folge $f_n(t, \omega)$ gleichmäßig für alle $t \in [\alpha, \beta]$ gegen $f(t, \omega)$, insbesondere also punktweise für alle (t, ω). Nun sind die f_n aber $\mathcal{B}([\alpha, \beta]) \otimes \mathcal{F}$-messbar (denn jeder Summand ist das Produkt zweier so messbarer Terme), also auch der punktweise Grenzwert f. Da f stetige Pfade hat ist $f(\cdot, \omega)$ für jedes ω p-fach integrierbar, sodass $f \in \mathcal{L}^p_\omega([\alpha, \beta])$ folgt.

Aus der pfadweisen Stetigkeit von f folgt weiter für P-fast alle $\omega \in \Omega$:

$$\int_\alpha^\beta |f(t, \omega) h(t, \omega)|^p \, dt \leq \|f(\cdot, \omega)\|_\infty^p \int_\alpha^\beta |h(t, \omega)|^p \, dt < \infty. \tag{4.22}$$

Hiermit ist $fh \in \mathcal{L}^p_\omega([\alpha, \beta])$ ersichtlich. Ersetzt man in (4.22) f durch $f - f_n$, so erhält man aufgrund gleichmäßiger Konvergenz

$$\int_\alpha^\beta |(f_n(t, \omega) - f(t, \omega)) h(t, \omega)|^p \, dt \to 0, \qquad \text{für } P\text{-fast alle } \omega \in \Omega.$$

Insbesondere impliziert dies die stochastische Konvergenz dieser Integrale, d.h. Konvergenz in $\mathcal{L}^p_\omega([\alpha, \beta])$. □

Bemerkungen. 1. Für $h = 1$ besagt Lemma 4.16, dass jeder stetige Prozess $f \in \mathcal{L}_\omega^p([\alpha, \beta])$ als Grenzwert von Riemann-Treppen dargestellt werden kann. In der etwas allgemeineren Form (mit h) wird dieses Lemma später nochmals benötigt. 2. Für beliebige (unstetige) Prozesse $f \in \mathcal{L}_\omega^p([\alpha, \beta])$ definiert der in Lemma 4.16 angegebene Treppenprozess *i.A. keine Approximation des stochastischen Integrals*. Um dies zu sehen wähle man $g \in C([\alpha, \beta])$, $g \neq 0$. Diese Funktion definiert einen (in ω konstanten) Prozess $g \in \mathcal{L}_a^p([\alpha, \beta])$. Für

$$f(t, \omega) := g(t) 1_{[\alpha, \beta] \cap \mathbb{Q}^c}(t)$$

gilt $\|f\|_{\mathcal{L}^p(\lambda \otimes P)} = \|g\|_{\mathcal{L}^p(\lambda \otimes P)} > 0$. Jeder daraus abgeleitete Treppenprozess $\sum_{k=0}^{N_n - 1} f(t_k^{(n)}) 1_{[t_k^{(n)}, t_{k+1}^{(n)})}$ mit $t_k^{(n)} \in \mathbb{Q}$ ist identisch Null, kann also nicht gegen f konvergieren. (Die Wahl $t^* = 0$ im Beweis von Satz 4.5 ist also für dieses f nicht möglich – ein anderes t^* schon.)

4.5 Das Itô-Integral für pfadweise L^2-Prozesse

Das Itô-Integral für *beliebige Treppenprozesse* hatten wir in (2.14) zunächst *rein algebraisch* definiert. Mit Hilfe der Itô-Isometrie für $\mathcal{L}^2$-Treppenprozesse war dann ein Grenzübergang für Integranden in $\mathcal{L}_a^2([\alpha, \beta])$ möglich. Für pfadweise $\mathcal{L}^2$-Prozesse *außerhalb* von $\mathcal{L}_a^2([\alpha, \beta])$ ist dies natürlich nicht möglich. Folgender Satz ist der Ersatz für die fehlende Itô-Isometrie bei pfadweisen $\mathcal{L}^2$-Integranden (wie das nachfolgende Korollar zeigt):

Satz 4.17 (Itô-Tschebyschev). *Ist* $f \in \mathcal{T}_a^2([\alpha, \beta])$ *so gilt für alle* $\gamma, \varepsilon > 0$:

$$P(|\int_\alpha^\beta f(s)\, dB_s| > \varepsilon) \leq \frac{\gamma}{\varepsilon^2} + P(\int_\alpha^\beta f^2(s)\, ds > \gamma). \qquad (4.23)$$

Beweis. Sei $f = \sum_{j=0}^{N-1} e_j 1_{[t_j, t_{j+1})}$, mit $\alpha = t_0 < t_1 < \cdots < t_N = \beta$. Für jedes $k \in \{0, \ldots, N-1\}$ definiere die $\mathcal{A}_{t_k}$-messbaren Zufallsvariablen $\tilde{e}_k^2(\omega) := \sum_{j=0}^k e_j^2(\omega)\, (t_{j+1} - t_j) = \int_\alpha^{t_{k+1}} f^2(s, \omega)\, ds$. Dann ist

$$g(t, \omega) := \sum_{k=0}^{N-1} \tilde{e}_k^2(\omega) 1_{[t_k, t_{k+1})}(t)$$

ein $\mathcal{B}([\alpha, \beta]) \otimes \mathcal{F}$-messbarer Treppenprozess, und $g(t, \cdot)$ ist $\mathcal{A}_t$-messbar. Somit gelten diese Messbarkeiten auch für den Treppenprozess

$$f_\gamma(t, \omega) := f(t, \omega) 1_{[0, \gamma]}(g(t, \omega)).$$

(Pfade abschneiden falls deren L^2-Norm bei diskreten Zeiten $> \gamma$ wird.)

Ist nun ω so, dass es einen größten Index $m = m(\omega) \in \{0, \ldots, N-1\}$ gibt, derart dass $g(t_m, \omega) = \sum_{j=0}^{m} e_j^2(\omega)(t_{j+1} - t_j) \leq \gamma$, so gilt

$$\int_\alpha^\beta f_\gamma^2(s, \omega)\, ds = \sum_{j=0}^{m(\omega)} e_j^2(\omega)(t_{j+1} - t_j) \leq \gamma. \tag{4.24}$$

Gibt es keinen solchen Index m, so ist $e_0^2(\omega)(t_1 - t_0) > \gamma$, und damit ist $\int_\alpha^\beta f_\gamma^2(s, \omega)\, ds = 0 \leq \gamma$. Also gilt (4.24) für alle $\omega \in \Omega$, sodass insbesondere $f_\gamma \in \mathcal{T}_a^2([\alpha, \beta])$ folgt, für alle $\gamma > 0$.

Das interessierende Ereignis in (4.23) lässt sich nun wie folgt zerlegen:

$$\left\{ |\int_\alpha^\beta f(s)\, dB_s| > \varepsilon \right\} = \left\{ |\int_\alpha^\beta f(s)\, dB_s| > \varepsilon \wedge g(\beta) \leq \gamma \right\}$$

$$\cup \left\{ |\int_\alpha^\beta f(s)\, dB_s| > \varepsilon \wedge g(\beta) > \gamma \right\}$$

$$\subset \left\{ |\int_\alpha^\beta f_\gamma(s)\, dB_s| > \varepsilon \right\} \cup \left\{ g(\beta) > \gamma \right\} \tag{4.25}$$

wobei in der ersten Menge f durch f_γ ersetzt wurde, denn für alle Zeiten $t \in [\alpha, \beta]$ gilt $g(t, \omega) \leq g(\beta, \omega) \leq \gamma$, sodass $f(s, \omega) = f_\gamma(s, \omega)$ folgt. Aus der Subadditivität von P folgt hiermit

$$P(|\int_\alpha^\beta f(s)\, dB_s| > \varepsilon) \leq P(|\int_\alpha^\beta f_\gamma(s)\, dB_s| > \varepsilon)$$

$$+ P(\int_\alpha^\beta f^2(s)\, ds > \gamma). \tag{4.26}$$

Mit Tschebyschev und der Itô-Isometrie folgt für den mittleren Term

$$P(|\int_\alpha^\beta f_\gamma(s)\, dB_s| > \varepsilon) \leq \frac{1}{\varepsilon^2} E[|\int_\alpha^\beta f_\gamma(s)\, dB_s|^2]$$

$$= \frac{1}{\varepsilon^2} E[\int_\alpha^\beta f_\gamma^2(s)\, ds] \leq \frac{\gamma}{\varepsilon^2}, \qquad \text{nach (4.24)}.$$

In (4.26) eingesetzt folgt hiermit die Abschätzung (4.23). □

Die Abschätzung (4.23) lässt sich heuristisch wie folgt verstehen: Man zerlege $\{ |\int_\alpha^\beta f(s)\, dB_s| > \varepsilon \}$ in diejenigen ω welche $\int_\alpha^\beta f^2(s, \omega)\, ds \leq \gamma$ erfüllen und diejenigen ω mit $\int_\alpha^\beta f^2(s, \omega)\, ds > \gamma$. Die zweite Menge lässt sich durch den zweiten Term in (4.23) abschätzen. Auf der ersten Menge gibt die Itô-Isometrie und Tschebyschev den ersten Term in (4.23). Diese Heuristik lässt sich aber nicht exakt umsetzen, weil $A := \{\int_\alpha^\beta f^2(s)\, ds \leq \gamma\}$ nur $\mathcal{A}_\beta$-messbar ist, sodass der Prozess $f(t, \omega)1_A(\omega)$ nicht $\mathcal{A}_t$-adaptiert ist, und damit die Itô-Isometrie nicht angewendet werden kann. Deshalb war es notwendig in obigem Beweis den adaptierten Prozess f_γ einzuführen, und mittels (4.25) die Heuristik geeignet zu modifizieren.

Korollar 4.18. *Sei* $(f_n)_{n\in\mathbb{N}}$ *eine Cauchy-Folge in* $(\mathcal{T}_a^2([\alpha,\beta]), d_p)$. *Dann ist* $(\int_\alpha^\beta f_n\, dB_s)_{n\in\mathbb{N}}$ *eine stochastische CF, d.h. für jedes* $\varepsilon > 0$ *gilt*

$$P(|\int_\alpha^\beta f_n(s)\, dB_s - \int_\alpha^\beta f_m(s)\, dB_s| > \varepsilon) \to 0, \quad \text{für } n,m \to \infty.$$

Beweis. Nach Satz 4.17 gilt für jedes $\gamma > 0$

$$P(|\int_\alpha^\beta (f_n - f_m)\, dB_s| > \varepsilon) \le \frac{\gamma}{\varepsilon^2} + P(|\int_\alpha^\beta (f_n - f_m)^2 ds| > \gamma). \quad (4.27)$$

Zu vorgegebenem $\varepsilon' > 0$ wähle zunächst $\gamma > 0$ hinreichend klein, sodass $\gamma/\varepsilon^2 \le \varepsilon'/2$ gilt. Da $\int_\alpha^\beta (f_n - f_m)^2 ds$ stochastisch gegen Null konvergiert, so geht der zweite Term in (4.27) gegen 0 für $n,m \to \infty$. Er ist also ebenfalls $\le \varepsilon'/2$ für alle $n,m \ge n_0$. $\square$

Da jede stochastische Cauchy-Folge konvergiert (nach Satz 4.11) lässt sich das Itô-Integral wie folgt erweitern:

Definition. Sei $f \in \mathcal{L}_\omega^2([\alpha,\beta])$ und (f_n) eine Folge in $\mathcal{T}_a^2([\alpha,\beta])$ mit $f_n \to f$ in $\mathcal{L}_\omega^2([\alpha,\beta])$. Dann ist *das Itô-Integral von* f definiert durch

$$\int_\alpha^\beta f(s)\, dB_s := P - \lim_{n\to\infty} \int_\alpha^\beta f_n(s)\, dB_s.$$

Bemerkung. Diese Definition ist unabhängig von der approximierenden Folge: Ist (g_n) eine weitere Folge in $\mathcal{T}_a^2([\alpha,\beta])$ mit $g_n \to f$ in $\mathcal{L}_\omega^2([\alpha,\beta])$, so konvergiert auch die zusammengesetzte Folge (h_n), welche definiert sei durch $h_{2n} := f_n$, und $h_{2n+1} := g_n$ in $\mathcal{L}_\omega^2([\alpha,\beta])$ gegen f. Nach Korollar 4.18 konvergiert also $\int_\alpha^\beta h_n(s)\, dB_s$ stochastisch gegen eine Zufallsvariable X, und damit auch jede Teilfolge *gegen* X. Insbesondere die Teilfolgen mit geraden bzw. ungeraden Indizes haben denselben Grenzwert.

So wie sich die Itô-Isometrie von Treppenfunktionen auf alle $\mathcal{L}_a^2$-Integranden fortsetzen lässt, so lässt sich auch die Abschätzung (4.23) durch einen Grenzübergang auf alle $\mathcal{L}_\omega^2$-Integranden fortsetzen:

Satz 4.19. *Die Itô-Tschebyschevsche Ungleichung* (4.23) *gilt für alle Integranden* $f \in \mathcal{L}_\omega^2([\alpha,\beta])$, *und alle* $\gamma, \varepsilon > 0$. *Insbesondere gilt für jede Folge* $(f_n)_{n\in\mathbb{N}}$ *in* $\mathcal{L}_\omega^2([\alpha,\beta])$ *mit* $f_n \to f$ *die Stetigkeitseigenschaft*

$$P - \lim_{n\to\infty} \int_\alpha^\beta f_n(s)\, dB_s = \int_\alpha^\beta f(s)\, dB_s.$$

Beweis. Seien $f_n \in \mathcal{T}_a^2([\alpha,\beta])$ mit $f_n \to f$ in $\mathcal{L}_\omega^2([\alpha,\beta])$. Dann gilt

$$
\begin{aligned}
X_n &:= \int_\alpha^\beta f_n\, dB_t \to \int_\alpha^\beta f\, dB_t =: X, \\
Y_n &:= \int_\alpha^\beta f_n^2\, dt \to \int_\alpha^\beta f^2\, dt =: Y,
\end{aligned}
\quad (4.28)
$$

im Sinne stochastischer Konvergenz. Ist $\varepsilon' := \varepsilon - \delta$, mit $0 < \delta < \varepsilon$, so gilt

$$P(|X| > \varepsilon) \leq P(|X - X_n| > \delta) + P(|X_n| > \varepsilon'), \quad [\text{nach (4.13)}]. \quad (4.29)$$

Ist $\gamma' := \gamma + \rho$ mit $\rho > 0$, so gilt entsprechend

$$P(|Y_n| > \gamma') \leq P(|Y_n - Y| > \rho) + P(|Y| > \gamma). \quad (4.30)$$

Nun gilt (4.23) für die f_n und für ε', γ': $P(|X_n| > \varepsilon') \leq \frac{\gamma'}{\varepsilon'^2} + P(|Y_n| > \gamma')$.
Mit (4.29) und (4.30) folgt nun (für alle $n \in \mathbb{N}$)

$$P(|X| > \varepsilon) \leq P(|X - X_n| > \delta) + P(|X_n| > \varepsilon')$$

$$\leq P(|X - X_n| > \delta) + \frac{\gamma'}{\varepsilon'^2} + P(|Y_n - Y| > \rho) + P(|Y| > \gamma).$$

Im Grenzübergang $n \to \infty$ folgt hieraus mit (4.28):

$$P(|X| > \varepsilon) \leq \frac{\gamma'}{\varepsilon'^2} + P(|Y| > \gamma).$$

Mit $\rho \to 0$ und $\delta \to 0$ (d.h. $\varepsilon' \to \varepsilon, \gamma' \to \gamma$) folgt hieraus die erste Behauptung. Die zweite Behauptung folgt wie im Beweis von Korollar 4.18; man muss dort lediglich f_m durch f ersetzen. □

Satz 4.20. *Für $f, g \in \mathcal{L}_\omega^2([\alpha, \beta])$ und alle $\omega \in \Omega_0 \subset \Omega$ gelte $f(\omega) = g(\omega)$. Dann stimmen für P-f.a. $\omega \in \Omega_0$ auch die Itô-Integrale überein:*

$$\Big(\int_\alpha^\beta f(s)\, dB_s \Big)(\omega) = \Big(\int_\alpha^\beta g(s)\, dB_s \Big)(\omega).$$

Beweis. Nach Korollar 4.15 gibt es Treppenprozesse $f_n, g_n \in \mathcal{T}_a^2([\alpha, \beta])$ mit $f_n \to f$ und $g_n \to g$ in $\mathcal{L}_\omega^2([\alpha, \beta])$, welche auf Ω_0 übereinstimmen. Folglich gilt für die ω-weise definierten Integrale

$$1_{\Omega_0} \cdot \int_\alpha^\beta f_n(s)\, dB_s = 1_{\Omega_0} \cdot \int_\alpha^\beta g_n(s)\, dB_s.$$

Durch Grenzübergang folgt $1_{\Omega_0} \int_\alpha^\beta f(s)\, dB_s = 1_{\Omega_0} \int_\alpha^\beta g(s)\, dB_s$ P-f.s., und damit die Behauptung. □

Bemerkung. Für den Beweis von Satz 4.20 ist alleine die Dichtheit der Treppenprozesse nicht ausreichend. Man benötigt zusätzlich, dass sich die f_n und g_n ω-weise aus f bzw. g berechnen lassen. Ohne diese Information ist ein Beweis wesentlich umständlicher, vgl. [Fri].

5

Der Itôsche Differentialkalkül

In diesem Kapitel beweisen wir die Kettenregel (Itô-Formel) und die Produkt-regel für Itô-Integrale. Die Itô-Formel bildet das Kernstück der stochastischen Analysis und gibt ihr ein Profil, das sich deutlich von der reellen Analysis unterscheidet. Sie wird in den folgenden Kapiteln immer wieder benötigt werden. Essenzielle Voraussetzung für ihren Beweis ist, dass das Itô-Integral (als Funktion der oberen Grenze) eine stetige Version besitzt. Diese Aussage wird meistens mit der Doobschen Maximalungleichung (vgl. Abschnitt 7.2) bewiesen. Der Kürze halber benutzen wir stattdessen (wie schon bei Wiener-Integralen) die von Itô stammende Verallgemeinerung der Kolmogorovschen Maximalungleichung.

Wir werden im Folgenden Prozesse der Form $X_t := F(\int_0^t f(s)\,dB_s)$ sto-chastisch integrieren. Diese müssen also insbesondere $\mathcal{A}_t$-adaptiert sein. Zu diesem Zweck machen wir (neben der Generalvoraussetzung aus Kapitel 4) von nun an die folgende

Erste Zusatzvoraussetzung. Auf $(\Omega, \mathcal{F}, P)$ sei $(B_t, \mathcal{A}_t)_{t \geq 0}$ eine BB mit Filtration (vgl. Definition 2.9). Diese Filtration sei außerdem *vollständig*, d.h. es gelte $\mathcal{A}_0 = \mathcal{A}_0^*$ (und damit $\mathcal{A}_t = \mathcal{A}_t^*$, für alle $t \geq 0$).

5.1 Itô-Integrale als stetige Prozesse

Die in Korollar 2.21 angegebene Maximalungleichung für Wiener-Integrale überträgt sich wörtlich auf Itô-Integrale über Treppen*prozesse*:

Lemma 5.1. *Für Treppenprozesse* $f \in \mathcal{T}_a^2([\alpha, \beta])$ *gilt:*

$$P\big(\max_{t \in [\alpha, \beta]} | \int_\alpha^t f(s)\,dB_s| > \varepsilon \big) \leq \frac{1}{\varepsilon^2} E\big[\int_\alpha^\beta f^2(s)\,ds \big]. \tag{5.1}$$

Beweis. Interpretiert man die Y_i im Beweis von Korollar 2.21 als Zufallsva-riablen, so folgt die Behauptung aus demselben Beweis. □

Wie beim Wiener-Integral ist obige Maximalungleichung der Schlüssel für die Existenz einer stetigen Version des Itô-Integrals:

Satz 5.2 (Stetige Version für $\mathcal{L}_a^2$-Integranden). *Sei* $f \in \mathcal{L}_a^2([0,\infty))$. *Dann besitzt* $(\int_0^t f(s)\, dB_s)_{t \in [0,\infty)}$ *eine stetige Version.*

Beweis. Man braucht im Beweis von Satz 2.23 lediglich anstelle approximierender Treppenfunktionen die $f_n \in \mathcal{T}_a^2([0,T])$ mit $f_n \to f$ in $\mathcal{L}_a^2([0,T])$ zu wählen. Der Rest des Beweises geht unverändert durch. $\qquad\square$

Wir erhalten damit eine Verallgemeinerung der Maximalungleichung (5.1):

Satz 5.3 (Itôsche Maximalungleichung). *Es gilt* (5.1) *für alle* $f \in \mathcal{L}_a^2([\alpha, \beta])$, *wenn dabei* $\int_\alpha^t f(s)\, dB_s$ *eine stetige Version des Itô-Integrals bezeichnet.*

Beweis. Seien $f_n \in \mathcal{T}_a^2([\alpha, \beta])$ gewählt mit $f_n \to f$ in $\mathcal{L}_a^2([\alpha, \beta])$, und sei $\eta > 0$. Nach Konstruktion der stetigen Version gilt dann für $n \to \infty$:

$$P(\|I(f_n - f)\|_\infty > \eta) \to 0 \,. \qquad (5.2)$$

Für jedes $\varepsilon > 0$ erhält man mit (5.1)

$$
\begin{aligned}
P(\|I(f)\|_\infty > \varepsilon + \eta) &\leq P\big(\|I(f_n)\|_\infty + \|I(f - f_n)\|_\infty > \varepsilon + \eta\big) \\
&\leq P\big(\|I(f_n)\|_\infty > \varepsilon\big) + P\big(\|I(f - f_n)\|_\infty > \eta\big) \\
&\leq \frac{1}{\varepsilon^2}\|f_n\|_{\mathcal{L}^2(\lambda \otimes P)}^2 + P\big(\|I(f - f_n)\|_\infty > \eta\big)\,.
\end{aligned}
$$

Die rechte Seite konvergiert für $n \to \infty$, die linke hängt nicht von n ab. Durch Grenzübergang erhält man also für alle $\eta > 0$:

$$P\big(\|I(f)\|_\infty > \varepsilon + \eta\big) \leq \frac{1}{\varepsilon^2}\|f\|_{\mathcal{L}^2(\lambda \otimes P)}^2 \,.$$

Für $\eta \searrow 0$ folgt hieraus schließlich (5.1). $\qquad\square$

Bemerkung. Die bisher betrachteten Maximalungleichungen von Itô und Kolmogorov sind allesamt Spezialfälle von Maximalungleichungen die auf Doob zurückgehen. Neben den Maximalungleichungen für Wahrscheinlichkeiten hat Doob auch solche für Erwartungswerte gefunden. In Kapitel 7 (über Martingale) werden wir darüber mehr erfahren. Für die Entwicklung des Itô-Kalküls sind diese allgemeineren Maximalungleichungen allerdings entbehrlich.

Bisher haben wir nur Itô-Integrale für $\mathcal{L}_a^2$-Integranden betrachtet. Wir kommen nun zur Konstruktion einer stetigen Version für das *erweiterte* Itô-Integral, d.h. für pfadweise $\mathcal{L}^2$-Integranden. Vorbereitend dazu benötigen wir das folgende Lemma, welches uns auch später noch nützlich sein wird.

Lemma 5.4. *Zu* $f \in \mathcal{L}^1_\omega([0,\infty))$ *gibt es eine P-Nullmenge N, sodass für alle* $\omega \in N^c$ *die Funktion* $t \mapsto \int_0^t f(s,\omega)\, d\lambda(s)$ *auf* $\mathbb{R}_+$ *wohldefiniert ist. Weiter ist* $(\int_0^t 1_{N^c} f(s)\, d\lambda(s))_{t \in [0,\infty)}$ *ein stetiger,* $\mathcal{A}_t$-*adaptierter Prozess.*

Beweis. Zu jedem $n \in \mathbb{N}$ und allen ω aus einer P-Nullmenge N_n gilt

$$\int_0^n |f(s,\omega)|\, d\lambda(s) < \infty.$$

Für alle ω außerhalb $N := \cup_{n \in \mathbb{N}} N_n$ ist damit $t \mapsto \int_0^t f(s,\omega)\, d\lambda(s)$ wohldefiniert und somit $(\int_0^t \tilde{f}(s)\, d\lambda(s))_{t \in [0,\infty)}$, mit $\tilde{f} := 1_{N^c} f$, offenkundig ein stetiger Prozess. Für festes $t > 0$ seien nun $f_n \in \mathcal{T}_a^\infty([0,t])$ gewählt mit $f_n \to \tilde{f}|_{[0,t]}$ in $\mathcal{L}^1_\omega([0,t])$, für $n \to \infty$. Dann gilt im Sinne stochastischer Konvergenz, also o.B.d.A. auch P-f.s.

$$\left| \int_0^t f_n(s)\, ds - \int_0^t \tilde{f}(s)\, ds \right| \to 0. \tag{5.3}$$

Da $\int_0^t f_n(s)\, ds$ $\mathcal{A}_t$-adaptiert ist, so ist der Grenzwert $\int_0^t \tilde{f}(s)\, ds$ (nach Lemma 2.2) $\mathcal{A}_t^*$-adaptiert, wegen $\mathcal{A}_0^* = \mathcal{A}_0$ also auch $\mathcal{A}_t$-adaptiert. $\square$

Notation. Von nun an bezeichnet $\int_0^t f(s)\, ds$ stets den in Lemma 5.4 definierten stetigen, $\mathcal{A}_t$-adaptierten Prozess.

Bemerkungen. 1. Lemma 5.4 wird in der Literatur meistens unterschlagen, da dieses Lemma offensichtlich zu sein scheint. Ohne Treppenapproximationen ist dem aber nicht so. (Man versuche einmal ohne Treppenprozesse die $\mathcal{A}_t$-Messbarkeit von $\int_0^t f(s)\, ds$ zu beweisen!) 2. Der Beweis zeigt: Gilt $\int_0^T |f(t,\omega)|\, dt < \infty$ für alle $\omega \in \Omega$ und alle $T > 0$, so ist $(\int_0^t f(s)\, ds)_{t \in [0,T]}$ stetig und $\mathcal{A}_t$-adaptiert. Ist $f(\cdot,\omega)$ für jedes $\omega \in \Omega$ sogar stetig, so ist $(\int_0^t f(s)\, ds)_{t \in [0,\infty)}$ bereits ohne die Voraussetzung $\mathcal{A}_0^* = \mathcal{A}_0$ adaptiert an $(\mathcal{A}_t)$; in diesem Fall gilt (5.3) nämlich für alle $\omega \in \Omega$, sodass der Grenzwert sogar $\mathcal{A}_t$-messbar ist.

Satz 5.5 (Stetige Version für $\mathcal{L}^2_\omega$-Integranden). *Sei* $f \in \mathcal{L}^2_\omega([0,\infty))$. *Dann besitzt* $(\int_0^t f_s\, dB_s)_{t \in [0,\infty)}$ *eine stetige Version.*

Beweis. Nach Lemma 2.1 genügt es zu zeigen, dass für jedes $T > 0$ der Prozess $(\int_0^t f_s\, dB_s)_{t \in [0,T]}$ eine P-f.s. stetige Version besitzt. Sei hierzu o.B.d.A. $\int_0^T f^2(s,\omega)\, ds < \infty$ für alle $\omega \in \Omega$. Für festes $n \in \mathbb{N}$ betrachte den abgeschnittenen, $\mathcal{A}_t$-adaptierten Prozess (vgl. Beweis von Satz 4.17)

$$f_n(t) := f(t) \cdot 1_{[0,n]}\left(\int_0^t f^2(s)\, ds \right). \tag{5.4}$$

Zeige zunächst, dass $f_n \in \mathcal{L}_a^2([0,T])$ gilt: Ist $\int_0^T f^2(s,\omega)\,ds \leq n$, so gilt $f_n(s,\omega) = f(s,\omega)$, und damit

$$\int_0^T f_n^2(s,\omega)\,ds \leq n\,. \tag{5.5}$$

Ist $\int_0^T f^2(s,\omega)\,ds > n$, so gibt es ein größtes $t \in (0,T)$ mit $\int_0^t f^2(s,\omega)\,ds = n$. Es folgt $f_n(s,\omega) = f(s,\omega) \cdot 1_{[0,t]}(s)$, und damit

$$\int_0^T f_n^2(s,\omega)\,ds = \int_0^t f^2(s,\omega)\,ds = n\,.$$

Die Abschätzung (5.5) gilt also für alle $\omega \in \Omega$. Insbesondere folgt daraus $f_n \in \mathcal{L}_a^2([0,T])$. Nach Satz 2.23 besitzt $(\int_0^t f_n(s)\,dB_s)_{t \in [0,T]}$ eine stetige Version, die mit $I_n(t)$ bezeichnet sei. Auf der Menge

$$\Omega_n := \{ \int_0^T f^2(s,\omega)\,ds \leq n \}$$

gilt $f_n = f$, und damit (nach Satz 4.20) für jedes feste t:

$$\int_0^t f(s)\,dB_s = \int_0^t f_n(s)\,dB_s = I_n(t)\,, \quad \text{auf } \Omega_{n,t} := \Omega_n \cap N_{n,t}^c\,, \tag{5.6}$$

mit $P(N_{t,n}) = 0$. Definiere nun (mit $\Omega_0 := \emptyset$)

$$I(t,\omega) := \sum_{n=1}^{\infty} I_n(t,\omega) 1_{\Omega_n \setminus \Omega_{n-1}}(\omega)\,.$$

Dieser Prozess ist wohldefiniert und stetig, denn aufgrund von $\Omega_n \uparrow \Omega$ ist $\cup_{n \in \mathbb{N}} \Omega_n \setminus \Omega_{n-1}$ eine disjunkte Zerlegung von Ω, und auf jedem $\Omega_n \setminus \Omega_{n-1}$ ist I_n stetig und gleich I. Insbesondere folgt mit (5.6) für alle $n \in \mathbb{N}$:

$$\int_0^t f(s)\,dB_s = I(t)\,, \quad \text{auf } \Omega_{n,t} \setminus \Omega_{n-1}\,.$$

Dies gilt also für alle $\omega \in \Omega_t := \cup_{n \in \mathbb{N}} \Omega_{n,t} \setminus \Omega_{n-1}$, mit $P(\Omega_t) = 1$. Somit ist $(I_t)_{t \in [0,T]}$ eine stetige Version von $(\int_0^t f_s\,dB_s)_{t \in [0,T]}$. $\qquad \square$

Wie schon beim Wiener-Integral ist auch beim Itô-Integral die stetige Version bis auf Ununterscheidbarkeit eindeutig (s. Lemma 2.4), sodass man auch hier von *dem* stetigen Itô-Integral sprechen kann.

Notation. Von nun an werde mit $\int_0^t f(s)\,dB_s$ stets *eine stetige Version* des erweiterten Itô-Integrals bezeichnet.

Für den Beweis der Itô-Formel (Satz 5.9) wird folgende Verschärfung der Itô-Tschebyschevschen Ungleichung (4.23) benötigt:

Satz 5.6 (Itô-Tschebyschev). *Sei* $f \in \mathcal{L}^2_\omega([0,T])$ *und* $\varepsilon, \gamma > 0$. *Dann gilt*

$$P\big(\sup_{0 \le t \le T} |\int_0^t f(s)\, dB_s| > \varepsilon\big) \le \frac{\gamma}{\varepsilon^2} + P\big(\int_0^T f^2(s)\, ds > \gamma\big). \qquad (5.7)$$

Insbesondere gilt für $f_n \in \mathcal{L}^2_\omega([0,T])$ *mit* $f_n \to f$ *in* $\mathcal{L}^2_\omega([0,T])$:

$$\sup_{0 \le t \le T} |\int_0^t f(s)\, dB_s - \int_0^t f_n(s)\, dB_s| \to 0, \qquad \text{stochastisch}.$$

Beweis. Wiederum ist die zweite Aussage eine unmittelbare Folgerung der ersten. Es genügt also (5.7) zu zeigen: Sei f_γ der abgeschnittene Prozess (5.4), mit n ersetzt durch γ, also $f_\gamma \in \mathcal{L}^2_a([0,T])$. Aus der allgemeinen Beziehung $\|X\| > \varepsilon \Rightarrow (\|Y\| > \varepsilon \text{ oder } \|X - Y\| > 0)$ folgt zunächst

$$P\big(\sup_{0 \le t \le T} |\int_0^t f(s)\, dB_s| > \varepsilon\big) \le P\big(\sup_{0 \le t \le T} |\int_0^t f_\gamma(s)\, dB_s| > \varepsilon\big)$$

$$+ P\big(\sup_{0 \le t \le T} |\int_0^t [f(s) - f_\gamma(s)]\, dB_s| > 0\big). \qquad (5.8)$$

Mit Itô's Maximalungleichung (Satz 5.3) folgt:

$$P\big(\sup_{0 \le t \le T} |\int_0^t f_\gamma(s)\, dB_s| > \varepsilon\big) \le \frac{1}{\varepsilon^2} E[\int_0^T f_\gamma^2(s)\, ds] \le \frac{\gamma}{\varepsilon^2}.$$

Damit erhält man den ersten Term auf der rechten Seite von (5.7). Für den zweiten Term betrachte die Menge

$$\Omega_\gamma := \{\int_0^T f^2(s)\, ds \le \gamma\}.$$

Für $\omega \in \Omega_\gamma$ gilt $f_\gamma(t, \omega) = f(t, \omega)$, für alle $t \in [0,T]$. Nach Satz 4.20 folgt hieraus für jedes $t \in [0,T]$:

$$\int_0^t f_\gamma(s)\, dB_s = \int_0^t f(s)\, dB_s, \qquad \text{für } P\text{-fast alle } \omega \in \Omega_\gamma.$$

Da beide Seiten stetige Prozesse sind gilt diese Gleichheit sogar für alle $t \in [0,T]$ und alle $\omega \in \Omega'_\gamma \subset \Omega_\gamma$, wobei $P(\Omega_\gamma \backslash \Omega'_\gamma) = 0$ gilt. Somit folgt:

$$\sup_{0 \le t \le T} |\int_0^t f(s,\omega)\, dB_s - \int_0^t f_\gamma(s,\omega)\, dB_s| > 0 \;\Rightarrow\; \omega \notin \Omega'_\gamma.$$

Damit erhält man für den zweiten Term in (5.8) die Abschätzung

$$P\big(\sup_{0 \le t \le T} |\int_0^t [f(s) - f_\gamma(s)]\, dB_s| > 0\big) \le P((\Omega'_\gamma)^c)$$

$$= P(\Omega_\gamma^c) = P(\int_0^T f^2(s)\, ds > \gamma). \qquad \square$$

5.2 Die Kettenregel für Itô-Prozesse (Itô-Formel)

Motivation: Für $f \in \mathcal{L}^1([0,T], \lambda)$ betrachte man das Lebesgue-Integral

$$X_t = \int_0^t f(r) \, dr \, , \qquad t \in [0,T] \, ,$$

welches hier geschrieben wird wie ein Prozess, zwecks späterem Vergleich. Die „Kompositionsregel" für Funktionen $F \in C^1(\mathbb{R}^2)$ mit X_t folgt aus der Kettenregel und dem Hauptsatz der Differential- und Integralrechnung (für die allgemeine Version mit Lebesgue-Integralen siehe z.B. [Wa]):

$$F(t, X_t) = F(s, X_s) + \int_s^t \frac{\partial F}{\partial t}(r, X_r) \, dr + \int_s^t \frac{\partial F}{\partial x}(r, X_r) \, dX_r \, . \qquad (5.9)$$

Dabei steht das zweite Integral abkürzend für $\int_s^t \frac{\partial F}{\partial x}(r, X_r) f(r) \, dr$ (informell: „$dX_r = f(r) \, dr$") [es stimmt tatsächlich mit dem Lebesgue-Stieltjes Integral überein, was hier aber nebensächlich ist]. *Kurz: Die Komposition eines Lebesgue-Integrals mit einer glatten Funktion ist wieder als Lebesgue-Integral darstellbar.* Im Folgenden wird eine dem entsprechende Verallgemeinerung für Itô-Integrale bewiesen. Um (5.9) zu verallgemeinern muss aber zunächst der Begriff des Itô-Integrals so erweitert werden, dass man „bezüglich dX_t statt dB_t" integrieren kann. Zunächst definieren wir diejenige Klasse von Prozessen X, für die wir die Kettenregel (5.9) verallgemeinern werden:

Definition. Ein *Itô-Prozess* $(X_t)_{t \in [\alpha, \beta]}$ ist ein stetiger, $\mathcal{A}_t$-adaptierter Prozess, der für alle $t \in [\alpha, \beta]$ eine Darstellung besitzt von der Form

$$X_t = X_\alpha + \int_\alpha^t f(r) \, dr + \int_\alpha^t g(r) \, dB_r \quad (P\text{-f.s.}) \, , \qquad (5.10)$$

mit geeignetem $f \in \mathcal{L}^1_\omega([\alpha, \beta])$ und $g \in \mathcal{L}^2_\omega([\alpha, \beta])$. Ist weiter $(h_t)_{t \in [\alpha, \beta]}$ ein $\mathcal{A}_t$-adaptierter Prozess mit $hf \in \mathcal{L}^1_\omega([\alpha, \beta])$ und $hg \in \mathcal{L}^2_\omega([\alpha, \beta])$, so setzt man

$$\int_s^t h(r) \, dX_r := \int_s^t h(r) f(r) \, dr + \int_s^t h(r) g(r) \, dB_r \, . \qquad (5.11)$$

Bemerkungen. 1. Aus (5.10) folgt für alle $\alpha \leq s < t \leq \beta$ die Gleichheit

$$X_t - X_s = \int_s^t f(r) \, dr + \int_s^t g(r) \, dB_r \quad (P\text{-f.s.}) \, . \qquad (5.12)$$

Für (5.12) bzw. (5.11) schreibt man abkürzend

$$dX_t = f_t \, dt + g_t \, dB_t \, , \quad \text{bzw.} \quad h_t \, dX_t = h_t f_t \, dt + h_t g_t \, dB_t \, . \qquad (5.13)$$

2. Durch $Y_t := \int_\alpha^t h(r) \, dX_r$ wird nach (5.11) ein Itô-Prozess definiert, und mit obiger Notation gilt $dY_t = h_t \, dX_t$. 3. Eine Interpretation von $\int f(t) \, dX_t$ als Limes geeigneter Summen wird in [LS] diskutiert.

Für den Beweis der Itô-Formel benötigen wir zwei Konvergenzlemmas, wobei das erste ein rein analytisches Lemma (ohne Stochastik) ist:

Lemma 5.7. *Sei* $G \in C([\alpha, \beta] \times \mathbb{R})$, $X \in C([\alpha, \beta])$ *und* $\{t_0^{(n)}, \dots, t_{N_n}^{(n)}\}$ *eine Zerlegungsnullfolge von* $[\alpha, \beta]$. *Dann gilt mit* $\Delta t_j := t_{j+1}^{(n)} - t_j^{(n)}$, *und jeder Wahl von* $\tilde{t}_j \in [t_j^{(n)}, t_{j+1}^{(n)}]$ *bzw.* $\tilde{X}_j \in [X_{t_j^{(n)}} \wedge X_{t_{j+1}^{(n)}}, X_{t_j^{(n)}} \vee X_{t_{j+1}^{(n)}}]$:

$$\sum_{j=0}^{N_n-1} G(\tilde{t}_j, \tilde{X}_j) \, \Delta t_j \to \int_\alpha^\beta G(t, X_t) \, dt, \qquad \text{für } n \to \infty. \tag{5.14}$$

Beweis. Ersetzt man $\tilde{t}_j$ und $\tilde{X}_j$ in (5.14) durch $t_j := t_j^{(n)}$ bzw. $X_j := X_{t_j^{(n)}}$, so liegt die bekannte Konvergenz von Riemann-Summen vor. Es genügt daher zu zeigen, dass gilt:

$$D_n := \sum_{j=0}^{N_n-1} |G(\tilde{t}_j, \tilde{X}_j) - G(t_j, X_j)| \, \Delta t_j \to 0, \qquad \text{für } n \to \infty. \tag{5.15}$$

Nach Voraussetzung geht $\max_j |\tilde{t}_j - t_j|$ gegen Null, für $n \to \infty$. Da X stetig ist geht damit auch $\max_j |\tilde{X}_j - X_j|$ gegen Null. Zu $\delta > 0$ gibt es also ein $n_0 \in \mathbb{N}$, sodass für den euklidischen Abstand $|\cdot|_2$ in $\mathbb{R}^2$ gilt:

$$\max_j |(\tilde{t}_j, \tilde{X}_j) - (t_j, X_j)|_2 < \delta, \qquad \forall n \geq n_0. \tag{5.16}$$

Da G auf dem Kompaktum $[\alpha, \beta] \times X([\alpha, \beta])$ gleichmäßig stetig ist, so gibt es zu jedem $\varepsilon > 0$ ein $\delta > 0$ mit

$$|(\tilde{t}, \tilde{x}) - (t, x)|_2 < \delta \; \Rightarrow \; |G(\tilde{t}, \tilde{x}) - G(t, x)| < \varepsilon.$$

Aus (5.16) folgt hiermit, dass für D_n in (5.15) die Abschätzung

$$|D_n| \leq \varepsilon(b - a) \qquad \forall n \geq n_0$$

gilt. Es folgt also die Konvergenz (5.15), und damit (5.14). □

Das zweite Konvergenzlemma zum Beweis der Itô-Formel ist im Wesentlichen eine Verallgemeinerung von Satz 2.8 (man gehe zu einer geeigneten Teilfolge über, um zu P-fast sicherer Konvergenz zu gelangen):

Lemma 5.8. *Es seien* $\{t_0^{(n)}, \dots, t_{N_n}^{(n)}\}$ *eine Zerlegungsnullfolge von* $[\alpha, \beta]$, $(f_t)_{t \in [\alpha, \beta]}$ *ein stetiger,* $\mathcal{A}_t$-*adaptierter Prozess, und* $\Delta B_j^{(n)} := B_{t_{j+1}^{(n)}} - B_{t_j^{(n)}}$. *Dann gilt*

$$P - \lim_{n \to \infty} \sum_{j=0}^{N_n-1} f(t_j^{(n)})(\Delta B_j^{(n)})^2 = \int_\alpha^\beta f(t) \, dt.$$

Beweis. Sei $\Delta_j := (\Delta B_j)^2 - \Delta t_j$. Wegen $\sum_{j=0}^{N_n-1} f(t_j, \omega)\Delta t_j \to \int_\alpha^\beta f(t, \omega)\, dt$, $\forall \omega \in \Omega$, genügt es zu zeigen:

$$X_n := \sum_{j=0}^{N_n-1} f(t_j)\Delta_j \to 0 \quad \text{stochastisch}. \tag{5.17}$$

Schneide zunächst ($\mathcal{A}_t$-adaptiert!) die Werte $f \geq k$ ab:

$$f_k(t, \omega) := f(t, \omega) 1_{\{\max\{|f(s)|, s \in [\alpha, t]\} \leq k\}}(\omega)\,. \tag{5.18}$$

Dann gilt $|f_k| \leq k$, also auch $f_k \in \mathcal{L}_a^2([\alpha, \beta])$. Approximiere nun (5.17) durch

$$X_n^{(k)} := \sum_{j=0}^{N_n-1} f_k(t_j)\Delta_j\,.$$

Offensichtlich gilt $E[\Delta_j] = 0$, und $\mathcal{A}_{t_j} \perp\!\!\!\perp \Delta_j$. Mit (1.11) folgt leicht:

$$E[|\Delta_j|^2] = 2(\Delta t_j)^2\,.$$

Analog zum Beweis der Itô-Isometrie erhält man hieraus für $n \to \infty$

$$E[|\sum_j f_k(t_j)\Delta_j|^2] = 2\sum_j E[f_k^2(t_j)](\Delta t_j)^2 \leq 2\max_j(\Delta t_j)k^2(\beta - \alpha) \to 0\,.$$

Für jedes feste $k \in \mathbb{N}$ gilt also mit $n \to \infty$: $X_n^{(k)} \to 0$ in $\mathcal{L}^2(P)$. Hieraus erhält man (5.17) wie folgt:

$$
\begin{aligned}
P(|X_n| > \varepsilon) &= P\big(\{|X_n| > \varepsilon \wedge X_n = X_n^{(k)}\} \cup \{|X_n| > \varepsilon \wedge X_n \neq X_n^{(k)}\}\big) \\
&\leq P\big(|X_n^{(k)}| > \varepsilon\big) + P\big(X_n \neq X_n^{(k)}\big), \quad \forall n, k \in \mathbb{N}. \tag{5.19}
\end{aligned}
$$

Mit (5.18) gilt: $X_n \neq X_n^{(k)} \Rightarrow \max_{t \in [\alpha, \beta]} |f(t)| > k$. Aus (5.19) folgt also

$$P(|X_n| > \varepsilon) \leq P\big(|X_n^{(k)}| > \varepsilon\big) + P\big(\max_{t \in [\alpha, \beta]} |f(t)| > k\big), \quad \forall n, k \in \mathbb{N}\,.$$

Da f stetig ist kann der letzte Term kleiner als $\rho/2$ gemacht werden, für ein hinreichend grosses k_0. Zu diesem k_0 ist der mittlere Term kleiner als $\rho/2$, für alle $n \geq n_0$. $\qquad\square$

Mit diesen Vorbereitungen lässt sich nun der *Hauptsatz der Itôschen Integrationstheorie* beweisen. Hierzu bezeichne $C^{1,2}([\alpha, \beta] \times \mathbb{R})$ den Vektorraum aller reellen Funktionen F auf $[\alpha, \beta] \times \mathbb{R}$ mit stetige Ableitungen

$$\dot{F} = \frac{\partial F}{\partial t}, \quad F_x = \frac{\partial F}{\partial x}, \quad \text{und } F_{xx} = \frac{\partial^2 F}{\partial x^2}\,.$$

Satz 5.9 (Die Itô-Formel). *Sei* $f \in \mathcal{L}^1_\omega([\alpha, \beta])$, $g \in \mathcal{L}^2_\omega([\alpha, \beta])$, *und* X_α *eine* $\mathcal{A}_\alpha$-*messbare Zufallsvariable. Sei weiter* X *der Itô-Prozess*

$$X_t = X_\alpha + \int_\alpha^t f(u)\, du + \int_\alpha^t g(u)\, dB_u, \quad \forall t \in [\alpha, \beta].$$

Ist $F \in C^{1,2}([\alpha, \beta] \times \mathbb{R})$ *und* $F_t := F(t, X_t)$, *so gilt für feste* $\alpha \le s \le t \le \beta$:

$$\begin{aligned}
F_t - F_s &= \int_s^t \frac{\partial F}{\partial t}(u, X_u)\, du + \int_s^t \frac{\partial F}{\partial x}(u, X_u)\, dX_u \\
&\quad + \frac{1}{2} \int_s^t \frac{\partial^2 F}{\partial x^2}(u, X_u)\, (dX_u)^2 \quad \textit{(P-f.s.)}\,.
\end{aligned} \tag{5.20}$$

Hierbei ist $(dX_u)^2$ *gegeben durch formales Ausmultiplizieren nach den Regeln* $(du)^2 = 0$, $du\, dB_u = 0$ *und* $(dB_u)^2 = du$, *d.h.* $(dX_u)^2 := g^2(u, X_u)\, du$.

Beweis. Die Idee ist, $F_t - F_s$ in kleine Zuwächse zu zerlegen, und für diese eine *Taylor-Entwicklung zweiter Ordnung* zu machen. Ein Grenzübergang liefert dann die Behauptung. Ein Problem besteht a priori darin, dass man durch Taylor-Approximation Zuwächse der Form ΔX_t erhält, *keine der Form* ΔB_t (zwecks Anwendung von Lemma 5.8). Aus diesem Grund erfolgt der Beweis in zwei Schritten, zuerst für Treppenprozesse (auf die Lemma 5.8 anwendbar sein wird), und dann durch Grenzübergang für allgemeine f und g.

1. Schritt: Um (5.20) für $f \in \mathcal{T}_a^1([\alpha, \beta])$ und $g \in \mathcal{T}_a^2([\alpha, \beta])$ zu beweisen stelle man zunächst die relevanten Prozesse $(f_u)_{u \in [s,t)}$ und $(g_u)_{u \in [s,t)}$ mittels einer gemeinsamen Zerlegung $s = t_0 < t_1 < \cdots < t_N = t$ dar. Wegen

$$F_t - F_s = \sum_{j=0}^{N-1} (F_{t_{j+1}} - F_{t_j}) \tag{5.21}$$

genügt es (5.20) für $F_{t_{j+1}} - F_{t_j}$ zu beweisen (und dann die Integrale zu addieren, denn $\int_s^t = \int_s^{t_1} + \cdots + \int_{t_{N-1}}^t$). O.B.d.A. kann daher (mit $\mathcal{A}_s$-messbaren Koeffizienten $f_0 \in \mathcal{L}^1(P)$ und $g_0 \in \mathcal{L}^2(P)$) angenommen werden:

$$f(u, \omega) = f_0(\omega) \mathbf{1}_{[s,t)}(u), \qquad g(u, \omega) = g_0(\omega) \mathbf{1}_{[s,t)}(u). \tag{5.22}$$

Der zugrunde liegende Prozess X_t erfüllt also

$$X_u(\omega) = X_s(\omega) + f_0(\omega)(u - s) + g_0(\omega)(B_u(\omega) - B_s(\omega)),$$

für alle $u \in [s, t]$. Betrachte nun eine Zerlegungsnullfolge von $[s, t]$ (unterdrücke den Laufindex n), und damit nochmals (5.21). Es gilt nun folgende Aufspaltung in Zeit- bzw. Rauminkremente (mit $X_j := X_{t_j}$):

$$\begin{aligned}
F_{t_{j+1}} - F_{t_j} &= F(t_{j+1}, X_{j+1}) - F(t_j, X_j) \\
&= \big(F(t_{j+1}, X_{j+1}) - F(t_j, X_{j+1})\big) + \big(F(t_j, X_{j+1}) - F(t_j, X_j)\big).
\end{aligned}$$

Aus dem Mittelwertsatz der Differentialrechnung (für die Zeitinkremente $\Delta t_j := t_{j+1} - t_j$) bzw. aus dem Satz von Taylor (für Rauminkremente $\Delta X_j := X_{j+1} - X_j$) folgt mit Summation von $j = 0, \dots, N_n - 1$:

$$F_t - F_s = \sum \dot{F}(\tilde{t}_j, X_{j+1}) \, \Delta t_j \tag{5.23}$$

$$+ \sum F_x(t_j, X_j) \, \Delta X_j \tag{5.24}$$

$$+ \frac{1}{2} \sum F_{xx}(t_j, \tilde{X}_j)(\Delta X_j)^2 \,, \tag{5.25}$$

mit $\tilde{t}_j \in [t_j, t_{j+1}]$ und $\tilde{X}_j \in [X_j \wedge X_{j+1}, X_j \vee X_{j+1}]$. Zeige nun, dass für $n \to \infty$ die Terme (5.23-5.31) gegen die jeweiligen Terme in (5.20) konvergieren.

- *Erster Term.* Mit Lemma 5.7 und der Stetigkeit von $X.(\omega)$ folgt sofort die ω-weise Konvergenz von (5.23) gegen $\int_s^t \dot{F}(u, X_u(\omega)) \, du$. Dies ist (für alle $\omega \in \Omega$) das erste Integral in (5.20).

- *Zweiter Term.* Mit (5.22) gilt $\Delta X_j = f_0 \Delta t_j + g_0 \Delta B_j$. Für (5.24) folgt

$$\sum F_x(t_j, X_j) \, \Delta X_j = f_0 \sum F_x(t_j, X_j) \, \Delta t_j + g_0 \sum F_x(t_j, X_j) \, \Delta B_j \,.$$

  Mit Lemma 5.7 und Lemma 4.16 folgt die (stochastische) Konvergenz von (5.24) gegen das zweite Integral in (5.20).

- *Dritter Term.* Wegen $(\Delta X_j)^2 = f_0^2(\Delta t_j)^2 + 2 f_0 g_0 \Delta t_j \Delta B_j + g_0^2 (\Delta B_j)^2$ zerfällt die Summe (5.25) in drei Teilsummen. Es gilt

$$\left| \sum F_{xx}(t_j, \tilde{X}_j)(\Delta t_j)^2 \right| \le \max_j \{\Delta t_j\} \sum \left| F_{xx}(t_j, \tilde{X}_j) \Delta t_j \right|. \tag{5.26}$$

Da die rechte Summe nach Lemma 5.7 konvergiert, so geht die rechte Seite gegen Null. Ersetzt man in der linken Seite von (5.26) den Term $(\Delta t_j)^2$ durch $\Delta t_j \Delta B_j$, so bleibt (5.26) bestehen, wenn man auf der rechten Seite $\max_j \{\Delta t_j\}$ durch $\max_j \{|\Delta B_j|\}$ ersetzt. Wegen der gleichmäßigen Stetigkeit von $B.(\omega)$ konvergiert damit auch die Summe mit den Termen $\Delta t_j \Delta B_j$ ω-weise gegen Null. Mit Lemma 5.8 folgt weiter

$$\sum_{j=0}^{N_n-1} F_{xx}(t_j, X_j)(\Delta B_j)^2 \to \int_s^t F_{xx}(u, X_u) \, du \qquad \text{stochastisch}.$$

Es genügt daher zu zeigen, dass für $n \to \infty$ P-f.s. gilt:

$$\sum_{j=0}^{N-1} |F_{xx}(t_j, \tilde{X}_j) - F_{xx}(t_j, X_j)|(\Delta B_j)^2 \to 0. \tag{5.27}$$

Hierzu seien o.B.d.A. die $t_j^{(n)}$ so, dass $\sum (\Delta B_j(\omega))^2 \to t - s$ gilt für $n \to \infty$ und alle $\omega \in N^c$, mit $P(N) = 0$. Da in (5.27) die Koeffizienten vor $(\Delta B_j)^2$ gleichmäßig gegen Null gehen (gleichmäßige Stetigkeit, wie in Lemma 5.7 folgt, dass (5.27) für alle $\omega \in N^c$ erfüllt ist.

2. *Schritt:* Zu $f \in \mathcal{L}_\omega^1([s,t])$ und $g \in \mathcal{L}_\omega^2([s,t])$ wähle $f_n \in \mathcal{T}_a^1([s,t])$ und $g_n \in \mathcal{T}_a^2([s,t])$ mit $f_n \to f$ in $\mathcal{L}_\omega^1([s,t])$ und $g_n \to g$ in $\mathcal{L}_\omega^2([s,t])$.

$$X_n(u,\omega) := X_s(\omega) + \int_s^u f_n(r,\omega)\,dr + \int_s^u g_n(r,\omega)\,dB_r(\omega)$$

konvergiert dann für $n \to \infty$ stochastisch gegen $X_u(\omega)$. Nach Satz 5.6 konvergiert $\int_s^u g_n(r,\omega)\,dB_r(\omega)$ sogar stochastisch gleichmäßig auf $[s,t]$, o.B.d.A. also sogar P-f.s. gleichmäßig. Weiter gilt

$$\int_s^u |f_n(r,\omega) - f(r,\omega)|\,dr \leq \int_s^t |f_n(r,\omega) - f(r,\omega)|\,dr \to 0 \quad \text{stochastisch},$$

sodass auch $\int_s^u f_n(r,\omega)\,dr$ o.B.d.A. P-f.s. gleichmäßig auf $[s,t]$ konvergiert. Zusammen folgt also die P-f.s. gleichmäßige Konvergenz von $X_n(u,\omega)$ gegen $X(u,\omega)$ auf $[s,t]$. Mit $F_t^{(n)} := F(t,X_n(t))$ und Schritt 1 folgt

$$F_t^{(n)} - F_s^{(n)} = \int_s^t \left[\dot{F} + F_x f_n + \frac{1}{2} F_{xx} g_n^2\right](u, X_n(u))\,du \qquad (5.28)$$

$$+ \int_s^t F_x(u, X_n(u)) g_n(u)\,dB_u. \qquad (5.29)$$

Jeder Summand des *ersten Integrals* ist für alle $\omega \in N^c$ (mit $P(N) = 0$) von der Form $\int_s^t G_n(u) h_n(u)\,du$, mit

(a) $G_n(u) \to G(u)$, für alle $u \in [s,t]$.

(b) $\exists C \in \mathbb{R} : \|G\|_\infty, \|G_n\|_\infty \leq C, \forall n \in \mathbb{N}$, denn zu $\varepsilon = 1$ gibt es ein n_0, sodass gilt: $X_n([s,t]) \subset [-\|X\|_\infty - 1, \|X\|_\infty + 1], \forall n \geq n_0$. Etwa für $G_n(u) = F_x(u, X_n(u))$ treten im Argument der stetigen Funktion F_x nur Werte aus einer kompakten Menge (unabhängig von n) auf. Auf diesem Kompaktum ist F_x beschränkt.

(c) $h_n \to h$ in $\mathcal{L}^1([s,t], \lambda)$. Es folgt

$$\int_s^t |G_n h_n - G h|\,du \leq \int_s^t |G_n h_n - G_n h|\,du + \int_s^t |G_n h - G h|\,du$$

$$\leq C \int_s^t |h_n - h|\,du + \int_s^t |G_n - G| \cdot |h|\,du. \qquad (5.30)$$

Beide Integrale (letzteres mit majorisierter Konvergenz) konvergieren gegen 0, sodass das Integral in (5.28) P-f.s. konvergiert gegen

$$\int_s^t \left[\dot{F}(u, X_u) + F_x(u, X_u) f(u) + \frac{1}{2} F_{xx}(u, X_u) g^2(u)\right] du.$$

Auch der Integrand $F_x(u, X_n(u)) g_n(u)$ in (5.29) hat die Form $G_n(u) h_n(u)$ und es gelten (a) und (b); (c) ist durch $h_n \to h$ in $\mathcal{L}^2([s,t], \lambda)$ zu ersetzen. Damit ist dieselbe Abschätzung (5.30) anwendbar, man hat nur ω-weise die $\mathcal{L}^1$-Norm durch die $\mathcal{L}^2$-Norm zu ersetzen. Dies zeigt, dass $F_x(u, X_n(u)) g_n(u)$ in $\mathcal{L}_\omega^2([s,t])$ gegen $F_x(u, X_u) g_u$ konvergiert. Mit Satz 4.19 folgt schließlich die stochastische Konvergenz von (5.29) gegen $\int_s^t F_x(u, X_u) g_u\,dB_u$. $\qquad \square$

Bemerkungen. 1. Bei der Anwendung des Mittelwertsatzes bzw. des Satzes von Taylor wird im ersten Beweisschritt zu jedem $\omega \in \Omega$ ein $\tilde{t}_j(\omega)$ (bzw. $\tilde{X}_j(\omega)$) *gewählt.* Daher muss $\omega \mapsto \tilde{t}_j(\omega)$ nicht messbar sein. Dies spielt aber keine Rolle, da die Summen (5.23), (5.26) bzw. (5.27) für eine geeignete Teilfolge P-f.s. konvergieren. 2. In differentieller Schreibweise (5.13) lautet die Itô-Formel (5.20) wie folgt:

$$dF(t, X_t) = \frac{\partial F}{\partial t}(t, X_t)\, dt + \frac{\partial F}{\partial x}(t, X_t)\, dX_t + \frac{1}{2}\frac{\partial^2 F}{\partial x^2}(t, X_t)\,(dX_t)^2\,.$$

3. Die hier bewiesene „Grundversion" der Itô-Formel lässt sich auch unter abgeschwächten Voraussetzungen beweisen. In der Literatur gibt es verschiedene Verallgemeinerungen, siehe z.B. [KS1, Seite 212], für den Fall konvexer Funktionen F, oder [RY, Seite 145], für den Fall ω-abhängiger Funktionen F (also $F(t, x, \omega)$ anstelle von $F(t, x)$). 4. Für alle $G \in C([\alpha, \beta] \times \mathbb{R})$ und $h \in \mathcal{L}^1_\omega([\alpha, \beta])$ ist $G(t, X_t)h(t)$ in $\mathcal{L}^1_\omega([\alpha, \beta])$, denn es gilt die Abschätzung $\int_\alpha^\beta |G(t, X_t)h(t)|\, dt \le \|G\|_\infty \int_\alpha^\beta |h(t)|\, dt < \infty$. Die rechte Seite von (5.20) ist also stets wohldefiniert. 5. Die zweiten Ableitungen in der Itô-Formel sind charakteristisch für den Itôschen Differentialkalkül, der durch sie begründet wird. Sie schaffen außerdem eine sehr enge Beziehung zwischen Brownscher Bewegung und partiellen Differentialgleichungen zweiter Ordnung: Die Beziehungen zu parabolischen Gleichungen werden ausführlich dargestellt in [Fre], die zu elliptische Gleichungen in [Do2]. Einführende Darstellungen sind [Fri] für parabolische, und [Ø] für parabolische und elliptische Gleichungen.

Beispiel. Pfadweise Berechnung von Itô-Integralen der Form $\int_\alpha^\beta f(B_s)\, dB_s$, mit $f \in C^1(\mathbb{R})$: Interpretiere hierzu dieses Integral als *Term erster Ordnung in der Itô-Formel,* d.h. schreibe $f(B_s) = F'(B_s)$, wobei $F(x) := \int_0^x f(y)\, dy$ sei. Aufgrund der Identität $B_t = \int_0^t 1\, dB_s$ ist $(B_t)_{t \in [0, T]}$ selbst ein Itô-Prozess im Sinne von (5.10). Mit der Itô-Formel gilt daher:

$$\begin{aligned} dF(B_t) &= F'(B_t)\, dB_t + \frac{1}{2}F''(B_t)(dB_t)^2 \\ &= f(B_t)\, dB_t + \frac{1}{2}f'(B_t)\, dt\,. \end{aligned}$$

Dies heißt nichts anderes als

$$\int_\alpha^\beta f(B_s)\, dB_s = F(B_\beta) - F(B_\alpha) - \frac{1}{2}\int_\alpha^\beta f'(B_s)\, ds\,. \tag{5.31}$$

Bemerkungen. 1. Für $[\alpha, \beta] = [0, t]$ definiert die rechte Seite in (5.31) ω-weise eine stetige, $\mathcal{A}_t$-adaptierte Version der linken Seite. 2. Das letzte Integral in (5.31) lässt sich i.A. nicht weiter auswerten, denn $f'(B_t)$ ist i.A. irgendeine stetige Funktion von t. 3. Eine unmittelbare Anwendung von (5.31) ist

$$\int_0^t B_s^n\, dB_s = \frac{B_t^{n+1}}{n+1} - \frac{n}{2}\int_0^t B_s^{n-1}\, ds\,, \qquad \forall n \in \mathbb{N}\,. \tag{5.32}$$

Aufgabe. Man berechne die Differentiale dX_t, dY_t und dZ_t zu folgenden Itô-Prozessen: $X_t = \sin(tB_t)$, $Y_t = \tan(t) + \sqrt{1 + B_t^4}$, $Z_t = \exp\{\int_0^t s^{-1/4} B_s \, dB_s\}$.

Oft wird die Itô-Formel auf Funktionen F angewendet, die nur auf einer offenen Menge $U \subset \mathbb{R}$ zweimal nach x differenzierbar sind. Die Verallgemeinerung von Satz 5.9 auf diese Situation ist nicht schwer. Sie basiert auf folgender Approximation von F durch Funktionen $F_n \in C^{1,2}([\alpha, \beta] \times \mathbb{R})$:

****Lemma 5.10.** *Sei $U \subset \mathbb{R}$ offen und $F \in C^{1,2}([\alpha, \beta] \times U)$. Dann gibt es eine Folge abgeschlossener Mengen $A_n \subset U$ mit $A_n \uparrow U$, sowie eine Folge $F_n \in C^{1,2}([\alpha, \beta] \times \mathbb{R})$ mit $F_n|_{[\alpha,\beta] \times A_n} = F|_{[\alpha,\beta] \times A_n}$, für alle $n \in \mathbb{N}$.*

Beweis. U ist darstellbar als disjunkte Vereinigung offener Intervalle U_k,

$$U = \bigcup_{k \in K} U_k \,,$$

mit endlicher oder abzählbarer Indexmenge K. Jedes U_k ist von der Form $U_k = (a_k, b_k)$, mit $-\infty \le a < b \le \infty$, und es gibt ein $n \in \mathbb{N}$ mit

$$\emptyset \ne C_{n,k} := (a_k + \frac{1}{n}, b_k - \frac{1}{n}) \subset (a_k, b_k) \,. \tag{5.33}$$

Sei weiter $\varphi_{n,k} \in C^2(\mathbb{R})$ derart, dass $\varphi_{n,k} = 1$ auf $C_{n,k}$ und $\varphi_{n,k} = 0$ außerhalb $(a_k + \frac{1}{2n}, b_k - \frac{1}{2n})$. Zu jedem $n \in \mathbb{N}$ sei $K_n := \{k \in K \,|\,(5.33)$ ist erfüllt$\}$. Dann besitzen $A_n := \cup_{k \in K_n} \overline{C_{n,k}}$ und $F_n(t,x) := F(t,x) \sum_{k \in K_n} \varphi_{n,k}(x)$ offenbar die behaupteten Eigenschaften. $\qquad\square$

****Korollar 5.11.** *Sei $U \subset \mathbb{R}$ offen, $F \in C^{1,2}([\alpha, \beta] \times U)$, und $(X_t)_{t \in [\alpha, \beta]}$ ein Itô-Prozess mit Werten in U. Dann gilt die Itô-Formel (5.20).*

Beweis. Seien $F_n \in C^{1,2}([\alpha, \beta] \times \mathbb{R})$ wie in Lemma 5.10. Dann gilt

$$F_n(t, X_t) = F_n(s, X_s) + \int_s^t \dot{F}_n(u, X_u) \, du + \int_s^t F_n'(u, X_u) \, dX_u$$
$$+ \frac{1}{2} \int_s^t F_n''(u, X_u) \, (dX_u)^2 \quad \text{(P-f.s.)} \,. \tag{5.34}$$

Für festes ω ist die Menge $K := \{X_u(\omega) \,|\, u \in [\alpha, \beta]\}$ kompakt und in U enthalten. Sie wird also durch endlich viele U_k (aus Lemma 5.10) überdeckt, und damit auch durch die zugehörigen $C_{n,k}$ für alle $n \ge n_0(\omega)$. Es folgt $F_n|_{[\alpha,\beta] \times V} = F|_{[\alpha,\beta] \times V}$ für eine offene Menge V mit $K \subset V \subset U$. Dies impliziert $G_n(u, X_u(\omega)) = G(u, X_u(\omega))$ für alle $n \ge n_0(\omega)$ und alle $u \in [\alpha, \beta]$, wobei G abkürzend für $\dot{F}, F'$ und F'' steht. Ist nun $h \in \mathcal{L}_\omega^p([s,t])$, so folgt für alle $p \in [1, \infty)$ und $\omega \in \Omega$:

$$\int_s^t |G_n - G|^p(u, X_u(\omega)) |h_u(\omega)|^p \, du \to 0, \qquad \text{für } n \to \infty.$$

Die Konvergenzsätze für Itô-Integrale gestatten hiermit den stochastischen Grenzübergang in (5.34), d.h. es gilt (5.20). $\qquad\square$

5.3 Produktregel und quadratische Variation

Neben der Kettenregel hat man in der reellen Analysis die Produktregel als zweites Standbein für den gewöhnlichen Differentialkalkül. Diese verallgemeinert sich im stochastischen Kontext wie folgt: Sind X_t und Y_t Itô-Prozesse, so erhält man durch *formales Ausmultiplizieren* mit stochastischen Differentialen den Zuwachs des Produkts X_tY_t in der Form

$$(X_t + dX_t)(Y_t + dY_t) - X_tY_t = X_t dY_t + Y_t dX_t + dX_t dY_t .$$

Diese formale Rechnung liefert tatsächlich ein richtiges Ergebnis, wenn man die Multiplikationsregeln für Differentiale aus Satz 5.9 beachtet. Hierdurch ist der nachfolgende Satz motiviert welcher zeigt, dass Itô-Prozesse nicht nur einen Vektorraum, sondern sogar eine Algebra bilden. Sein Beweis besteht darin, die Itô-Formel geschickt zu benutzen; man kann daher die Itô-Formel als die eigentliche Essenz des Itôschen Differentialkalküls betrachten.

Satz 5.12 (Produktregel für Itô-Prozesse). *Seien* $(X_t)_{t\in[\alpha,\beta]}$ *und* $(Y_t)_{t\in[\alpha,\beta]}$ *Itô-Prozesse. Dann ist auch* $(X_tY_t)_{t\in[\alpha,\beta]}$ *ein Itô-Prozess, und es gilt*

$$d(X_tY_t) = X_t\, dY_t + Y_t\, dX_t + dX_t\, dY_t .$$

In integraler Form gilt also folgende partielle Integrationsregel:

$$\int_\alpha^\beta X_t\, dY_t = X_\beta Y_\beta - X_\alpha Y_\alpha - \int_\alpha^\beta Y_t\, dX_t - \int_\alpha^\beta dX_t dY_t . \tag{5.35}$$

Beweis. Die Differentiale von X_t und Y_t seien gegeben durch

$$dX_t = f_t^x\, dt + g_t^x\, dB_t , \qquad dY_t = f_t^y\, dt + g_t^y\, dB_t . \tag{5.36}$$

Polarisation: Definiere die Itô-Prozesse $Z_t = X_t + Y_t$ und $\tilde{Z}_t := X_t - Y_t$. Die Itô-Formel, angewendet auf $F(t,x) = x^2$, und (5.36) ergeben

$$\begin{aligned}
d(Z_t^2) &= 2Z_t\, dZ_t + 1 \cdot (dZ_t)^2 \\
&= 2(X_t + Y_t)(f_t^x + f_t^y)\, dt \\
&\quad + 2(X_t + Y_t)(g_t^x + g_t^y)\, dB_t + (g_t^x + g_t^y)^2\, dt .
\end{aligned} \tag{5.37}$$

Durch Änderung von Vorzeichen erhält man hieraus unmittelbar

$$\begin{aligned}
d(\tilde{Z}_t^2) &= 2(X_t - Y_t)(f_t^x - f_t^y)\, dt \\
&\quad + 2(X_t - Y_t)(g_t^x - g_t^y)\, dB_t + (g_t^x - g_t^y)^2\, dt .
\end{aligned} \tag{5.38}$$

Durch Zusammenfassung der Terme in der Differenz (5.37) - (5.38) folgt

$$\begin{aligned}
d(X_tY_t) &= \frac{1}{4} d(Z_t^2 - \tilde{Z}_t^2) \\
&= (X_t f_t^y + Y_t f_t^x)\, dt + (X_t g_t^y + Y_t g_t^x)\, dB_t + g_t^x g_t^y\, dt \\
&= X_t\, dY_t + Y_t\, dX_t + dX_t\, dY_t . \qquad \square
\end{aligned}$$

Bemerkungen. 1. In der reellen Analysis verschwindet der letzte Term in (5.35). Für stochastische Differentiale der Form (5.36) lautet dieser Term:

$$\int_\alpha^\beta dX_t dY_t = \int_\alpha^\beta g_t^x g_t^y \, dt \,.$$

2. Kettenregel und Produktregel rechtfertigen die Sprechweise vom *Itôschen Differentialkalkül*, als einem *Differentialkalkül zweiter Ordnung.* 3. Setzt man in (5.35) $X_t := g(t)$ mit $g \in C^1$ und $Y_t := \int_0^t f(s) \, B_s$ mit $f \in \mathcal{L}^2$, so folgt die in Lemma 2.24 bewiesene Produktregel für Wiener-Integrale.

Aufgabe 5.a. Sei X_α $\mathcal{A}_\alpha$-messbar und Y ein Itô-Prozess. Man folgere aus der Produktregel die „offensichtliche" Gleichung $d(X_\alpha Y_t) = X_\alpha \, dY_t$, d.h.

$$X_\alpha(Y_t - Y_s) = \int_s^t X_\alpha \, dY_u \,, \quad \forall \alpha \le s \le t \,. \tag{5.39}$$

(Man „darf" also $\mathcal{A}_\alpha$-messbare Z.V.n aus Itô-Integralen „herausziehen".)

Aufgabe. Man folgere aus der Produktregel (5.35) die Eigenschaft (2.34) für Wiener-Integrale: Für jedes $g \in C^1(\mathbb{R}_+)$ gilt:

$$g(t)B_t = \int_0^t g(s) \, dB_s + \int_0^t B_s g'(s) \, ds \,.$$

Aufgabe. Für $n = 2$ folgt aus (5.32) eines der wenigen explizit integrierbaren Itô-Integrale:

$$\int_0^t B_s \, dB_s = \frac{1}{2}(B_t^2 - t) \,. \tag{5.40}$$

Man verifiziere diese Gleichung mit Hilfe der Produktregel.

Als einfache Folgerung aus Satz 5.12 spezialisieren wir die Produktregel auf Lebesgue-Integrale. (Wir werden dies beim Beweis des Gronwallschen Lemmas im Kapitel über stochastische Differentialgleichungen benutzen.)

Korollar 5.13 (Partielle Integration für Lebesgue-Integrale). *Für Funktionen* $f, g \in \mathcal{L}_{loc}^1(\mathbb{R}_+, \lambda)$ *seien* $F(t) := \int_0^t f(s) \, ds$ *und* $G(t) := \int_0^t g(s) \, ds$. *Dann gilt*

$$\int_0^t f(s)G(s) \, ds = F(t)G(t) - \int_0^t F(s)g(s) \, ds \,. \tag{5.41}$$

Beweis. Beachtet man, dass F und G (bezüglich ω konstante) Itô-Prozesse sind, so folgt (5.41) sofort aus der P-fast sicheren Gleichheit (5.35), da dort der letzte Term verschwindet. $\square$

Bemerkung. Ist g stetig, so gilt $G'(t) = g(t)$ für alle $t \ge 0$, und damit ist (5.41) als übliche Form der partiellen Integration erkennbar. Für unstetige g ist die

„Stammfunktion" G allerdings i.A. nicht überall differenzierbar, sodass das letzte Integral in (5.41) – mit G' anstelle von g – nicht definiert ist. Allerdings kann man zeigen, *dass G zumindest λ-fast überall differenzierbar ist, und dass $G' = g$ λ-fast überall gilt.* [Hauptsatz der Differential- und Integralrechnung *für Lebesgue-Integrale*, siehe z.B. [Wa].] Daher ist (5.41) auch für $g \in \mathcal{L}^1_{loc}$ nicht verwunderlich.

Der folgende Satz stellt die quadratische Variation Brownscher Pfade (vgl. Satz 2.8) in einen allgemeineren Kontext. Wir nehmen ihn zum Anlass den Begriff der quadratischen Variation allgemeiner zu definieren:

Satz 5.14 (Quadratische Variation von Itô-Prozessen). *Sei $f \in \mathcal{L}^1_\omega([\alpha, \beta])$, $g \in \mathcal{L}^2_\omega([\alpha, \beta])$, und $X_t := \int_\alpha^t f(s)\,ds + \int_\alpha^t g(s)\,dB_s$ für $t \in [\alpha, \beta]$. Dann gilt für jede Zerlegungsnullfolge $\{t_0^{(n)}, \ldots, t_{N_n}^{(n)}\}$ von $[\alpha, \beta]$:*

$$P - \lim_{n \to \infty} \sum_{k=0}^{N_n - 1} [X_{t_{k+1}^{(n)}} - X_{t_k^{(n)}}]^2 = \int_\alpha^\beta g^2(s)\,ds\,.$$

Beweis. Nach Itô-Formel gilt $d(X_t^2) = 2X_t\,dX_t + (dX_t)^2$, also

$$X_{t_{k+1}}^2 = X_{t_k}^2 + 2\int_{t_k}^{t_{k+1}} X_t\,dX_t + \int_{t_k}^{t_{k+1}} g_s^2\,ds\,.$$

Hieraus folgt für die quadrierten Zuwächse

$$
\begin{aligned}
(X_{t_{k+1}} - X_{t_k})^2 &= X_{t_{k+1}}^2 - 2X_{t_{k+1}}X_{t_k} + X_{t_k}^2 \\
&= 2X_{t_k}(X_{t_k} - X_{t_{k+1}}) + 2\int_{t_k}^{t_{k+1}} X_s\,dX_s + \int_{t_k}^{t_{k+1}} g_s^2\,ds \\
&= -2X_{t_k}\int_{t_k}^{t_{k+1}} (f_s\,ds + g_s\,dB_s) \\
&\quad + 2\int_{t_k}^{t_{k+1}} X_s(f_s\,ds + g_s\,dB_s) + \int_{t_k}^{t_{k+1}} g_s^2\,ds\,.
\end{aligned}
$$

Da X_{t_k} bezüglich s sowohl konstant alsauch $\mathcal{A}_{t_k}$-messbar ist gilt mit (5.39): $X_{t_k}\int_{t_k}^{t_{k+1}}(f_s\,ds + g_s\,dB_s) = \int_{t_k}^{t_{k+1}} X_{t_k}(f_s\,ds + g_s\,dB_s)$. Hiermit folgt durch Summation über alle k die Darstellung

$$\sum_{k=0}^{N_n-1} [X_{t_{k+1}} - X_{t_k}]^2 = 2\int_\alpha^\beta (X_s - X_s^{(n)})(f_s\,ds + g_s\,dB_s) + \int_\alpha^\beta g_s^2\,ds\,,$$

wobei $X_s^{(n)} := \sum_{k=0}^{N_n-1} X_{t_k} 1_{[t_k, t_{k+1})}(s)$. Nach Lemma 4.16 und Satz 4.19 konvergiert $\int_\alpha^\beta (X_s - X_s^{(n)})(f_s\,ds + g_s\,dB_s)$ stochastisch gegen Null. $\square$

Definition. Sei $X = (X_t)_{t\geq 0}$ ein reeller stochastischer Prozess. Wenn für jedes $t > 0$ und jede Zerlegungsnullfolge $(\mathscr{Z}_n)_{n\in\mathbb{N}}$ von $[0,t]$ der Grenzwert

$$\langle X\rangle_t := P - \lim_{n\to\infty} \sum_{k=0}^{N_n-1} \left[X_{t_{k+1}^{(n)}} - X_{t_k^{(n)}}\right]^2 \qquad (5.42)$$

existiert, so nennt man die P-f.s. definierte Z.V. $\langle X\rangle_t$ die *quadratische Variation von* X (zur Zeit t).

Bemerkung. Aus Satz 5.14 folgt, dass für jedes $f \in \mathcal{L}_\omega^2([0,\infty))$ gilt:

$$X_t := \int_0^t f(s)\,dB_s \quad\Rightarrow\quad \langle X\rangle_t = \int_0^t f^2(s)\,ds\,.$$

Insbesondere hat die BB (setze $f = 1$) quadratische Variation $\langle B\rangle_t = t$. Der Unterschied dieser Aussage zu Satz 2.8 besteht darin, dass in Satz 2.8 die Konvergenz sogar P-f.s. gilt, dass dafür aber eine spezielle Zerlegungsnullfolge gewählt wurde. Die stochastische Konvergenz (5.42) muss definitionsgemäß für *jede* Zerlegungsnullfolge gelten (wobei durch Übergang zu einer Teilfolge natürlich auch hierfür P-fast sichere Konvergenz erreicht werden kann).

Eine wichtige Folgerung aus Satz 5.14 ist, dass die „Daten" f, g durch einen Itô-Prozess im Wesentlichen eindeutig festgelegt sind [die *quadratische Variation* wird sich auch in anderem Zusammenhang als wichtig erweisen]:

Korollar 5.15. *Seien* $f, \tilde{f} \in \mathcal{L}_\omega^1([0,T])$ *und* $g, \tilde{g} \in \mathcal{L}_\omega^2([0,T])$ *derart, dass*

$$\int_0^t f(s)\,ds + \int_0^t g(s)\,dB_s = \int_0^t \tilde{f}(s)\,ds + \int_0^t \tilde{g}(s)\,dB_s \qquad P - f.s. \quad (5.43)$$

für alle $t \in [0,T]$ *gilt. Dann folgt* $f = \tilde{f}$ *und* $g = \tilde{g}$, $\lambda \otimes P$*-fast überall.*

Beweis. Zieht man von der linken Seite in (5.43) die rechte Seite ab, so verschwindet vom resultierenden Itô-Prozess (da dieser P-f.s. Null ist) die quadratische Variation, sodass insbesondere folgt:

$$\int_0^T (g - \tilde{g})^2(s)\,ds = 0\,, \quad \text{also} \quad g = \tilde{g}, \quad \lambda \otimes P - \text{fast überall}\,.$$

Mit $h := f - \tilde{f}$ folgt nun weiter aus (5.43) für jedes $t \in [0,T]$ die P-fast sichere Gleichheit $\int_0^t h(s)\,ds = 0$. Es gibt (mit der Stetigkeit von $\int_0^\cdot h(s)\,ds$ und Lemma 5.4) sogar eine P-Nullmenge N, sodass für alle $\omega \in N^c$ gilt: $\int_0^T 1_{[0,t)}(s)h(s,\omega)\,ds = 0$, $\forall t \in [0,T]$. Hier kann man nun $[0,t)$ durch ein beliebiges Intervall aus dem Halbring $\mathcal{H} := \{[a,b)\,|\,0 \leq a < b \leq T\}$ ersetzen, und damit sogar durch ein beliebiges Element $A \in \mathcal{R}(\mathcal{H})$ (denn der erzeugte

Ring besteht aus allen endlichen, disjunkten Vereinigungen der Halbringele-
mente). Es gilt also

$$\int_A h(s)\,ds = 0\,, \qquad \forall A \in \mathcal{R}(\mathcal{H})\,, \tag{5.44}$$

wobei hierin von nun an $\omega \in N^c$ fixiert sei. Es bleibt also zu zeigen, dass für
eine $\mathcal{L}^1([0,T],\lambda)$-Funktion h aus (5.44) $h = 0$ λ-f.ü. folgt.

Sei hierzu $c > 0$ und $M_c := \{h \geq 0\} \in \mathcal{B}([0,T)) = \sigma(\mathcal{R}(\mathcal{H}))$ betrachtet.
Wähle (nach Satz 2.14) eine Folge $A_n \in \mathcal{R}(\mathcal{H})$, sodass für $N_n := M_c \triangle A_n$ die
Konvergenz $\lambda(N_n) \to 0$ gilt. Mit der Definition von M_c folgt dann

$$\int_{A_n} h(s)\,ds + \int_{M_c \setminus A_n} h(s)\,ds - \int_{A_n \cap M_c} h(s)\,ds = \int_{M_c} h(s)\,ds \geq \lambda(M_c)\,c\,.$$

Das erste Integral auf der linken Seite von (5.41c) ist Null, nach (5.44). Die
zwei folgenden Integrale gehen wegen $\lambda(N_n) = \lambda(M_c \setminus A_n) + \lambda(A_n \setminus M_c)$ für
$n \to \infty$ gegen Null. Für jedes $c > 0$ folgt daher $\lambda(M_c) = 0$, und somit

$$\lambda(h > 0) = \lambda(\cup_{n \in \mathbb{N}} M_{1/n}) \leq \sum_{n=1}^{\infty} \lambda(M_{1/n}) = 0\,.$$

Entsprechend zeigt man $\lambda(h < 0) = 0$, zusammen also $\lambda(h \neq 0) = 0$. $\square$

5.4 Höhere Momente von Itô-Integralen

Als nichttriviale Anwendung der Itô-Formel diskutieren wir zum Abschluss
dieses Kapitels folgende Frage: Wenn f nicht nur ein $\mathcal{L}_a^2$-Prozess, sondern
sogar ein $\mathcal{L}_a^p$-Prozess mit $p > 2$ ist, was lässt sich dann über die Momente
des Itô-Integrals $\int_0^T f(s)\,dB_s$ aussagen? Der Beantwortung dieser Frage für
gerade Potenzen (d.h. $p = 2m$) schicken wir folgendes äußerst nützliche und
oft verwendete Lemma aus der Theorie des Maß-Integrals voraus:

Lemma 5.16 (von Fatou). *Ist (f_n) eine Folge in $E^*(\Omega, \mathcal{F})$ und μ ein Maß
auf $\mathcal{F}$ so gilt*

$$\int \liminf_{n \to \infty} f_n\,d\mu \leq \liminf_{n \to \infty} \int f_n\,d\mu\,. \tag{5.45}$$

Beweis. Sei $f := \liminf f_n = \lim_{n \to \infty} g_n$, mit $g_n := \inf_{k \geq n} \{f_k\} \nearrow f \in E^*$.
Per Definition gilt für jedes $n \in \mathbb{N}$:

$$g_n \leq f_k\,, \qquad \forall k \geq n\,.$$

Integration ergibt $\int g_n\,d\mu \leq \int f_k\,d\mu$ für alle $k \geq n$, woraus weiter folgt:

$$\int g_n\,d\mu \leq \inf_{k \geq n} \int f_k\,d\mu\,.$$

Mit monotoner Konvergenz folgt nun aus (5.45):

$$\int f\,d\mu = \lim_{n \to \infty} \int g_n\,d\mu \leq \lim_{n \to \infty} \left(\inf_{k \geq n} \int f_k\,d\mu \right)\,. \qquad \square$$

Bemerkungen. 1. Das Fatousche Lemma findet insbesondere dann Anwendung, wenn die $f_n \geq 0$ zwar konvergieren, aber nicht monoton. In diesem Fall „darf" man den Limes unter dem Integral nur herausziehen, wenn man "=" durch "$\leq$", und lim durch lim inf ersetzt. Selbst wenn auch die $\int f_n \, d\mu$ konvergieren steht in (5.45) i.A. keine Gleichheit: Ist beispielsweise $f_n(x) := n \cdot 1_{(0,\frac{1}{n}]}(x)$, so gilt $f_n(x) \to 0$ für alle $x \in \Omega := [0,1]$, und $\int f_n \, d\lambda = 1 \to 1$ für $n \to \infty$. Für (5.45) erhält man aber $0 \leq 1$. 2. Dass beim Fatouschen Lemma lim inf auftritt (und nicht etwa lim sup) liegt daran, dass $\inf\{f_k | k \geq n\}$ monoton wachsend ist, sodass man hierfür den Satz von der monotonen Konvergenz benutzen kann.

Der nun folgende Satz wird im weiteren Haupttext nicht benötigt, jedoch in den Anwendungskapiteln 6 und 11.

*Satz 5.17. *Ist $m \in \mathbb{N}$ und $f \in \mathcal{L}_a^{2m}([0,T])$, so ist $\int_0^T f(s) \, dB_s \in \mathcal{L}^{2m}(P)$, und es gilt die Abschätzung*

$$E\left[\left(\int_0^T f(s) \, dB_s\right)^{2m}\right] \leq [m(2m-1)]^m T^{m-1} E\left[\int_0^T f^{2m}(s) \, ds\right]. \quad (5.46)$$

Beweis. Sei $F(t,x) = x^{2m}$, und $X_t = \int_0^t f(s) \, dB_s$. Die Itô-Formel gibt

$$d(X_t^{2m}) = 2m(X_t^{2m-1}) \, dX_t + m(2m-1)(X_t^{2m-2})(dX_t)^2.$$

Ausgeschrieben heißt dies

$$\left(\int_0^t f(s) \, dB_s\right)^{2m} = 2m \int_0^t \left(\int_0^s f(u) \, dB_u\right)^{2m-1} f(s) \, dB_s$$

$$+ m(2m-1) \int_0^t \left(\int_0^s f(u) \, dB_u\right)^{2m-2} f^2(s) \, ds. \quad (5.47)$$

Da man hier nicht einfach den Erwartungswert nehmen kann wird der Beweis in zwei Schritte zerlegt.

1. Schritt: Wähle zunächst f aus $\mathcal{T}_a^\infty([0,T])$. Dann gilt offensichtlich $\int_0^t f(s) \, dB_s \in \mathcal{L}_a^p(0,T)$, für alle $p \in [1,\infty)$, sodass man den Erwartungswert von (5.47) problemlos bilden kann:

$$E\left[\left(\int_0^t f(s) \, dB_s\right)^{2m}\right] = m(2m-1) \int_0^t E\left[\left(\int_0^s f(u) \, dB_u\right)^{2m-2} f^2(s)\right] ds. \quad (5.48)$$

Beachtet man $\int_0^t E[\cdots] \, ds = \int_{[0,t] \times \Omega} [\cdots] \, d(\lambda \otimes P)$, so lässt sich das Integral auf der rechten Seite von (5.48) mit Hölder nach oben abschätzen durch

$$\left(\int_0^t E\left[\left(\int_0^s f(u) \, dB_u\right)^{2m}\right] ds\right)^{\frac{2m-2}{2m}} \left(\int_0^t E[f^{2m}(s)] \, ds\right)^{\frac{2}{2m}}. \quad (5.49)$$

Der hier im ersten Faktor auftretende Erwartungswert ist nach (5.48) monoton wachsend in s, sodass man (5.49) weiter nach oben abschätzen kann indem man $\int_0^s$ durch $\int_0^t$ ersetzt. Damit wird im ersten Faktor von (5.49) $\int_0^t E[\cdots]ds = t \cdot E[\cdots]$. Indem man $t = T$ setzt folgt

$$E\Big[\Big(\int_0^T f(u)\,dB_u\Big)^{2m}\Big] \leq m(2m-1)T^{1-\frac{1}{m}}\Big(E\Big[\Big(\int_0^T f(u)\,dB_u\Big)^{2m}\Big]\Big)^{1-\frac{1}{m}}$$
$$\times \Big(\int_0^T E\big[f^{2m}(s)\big]\,ds\Big)^{\frac{1}{m}}.$$

Multipliziert man diese Abschätzung mit $E\big[\big(\int_0^T f(s)\,dB_s\big)^{2m}\big]^{(1/m)-1}$ und nimmt danach die m-te Potenz, so folgt (5.46).

2. *Schritt*: Zu gegebenem $f \in \mathcal{L}_a^{2m}([0,T])$ wähle eine Folge $f_n \in \mathcal{T}_a^\infty([0,T])$ mit $f_n \to f$ in $\mathcal{L}_a^{2m}([0,T])$. Dann gilt insbesondere

$$E\Big[\int_0^T f_n^{2m}(s)\,ds\Big] \to E\Big[\int_0^T f^{2m}(s)\,ds\Big], \tag{5.50}$$

und die daraus resultierende stochastische Konvergenz

$$\int_0^T f_n(s)\,dB_s \to \int_0^T f(s)\,dB_s$$

kann o.B.d.A. sogar P-f.s. vorausgesetzt werden. Man kann nun das Fatousche Lemma anwenden: Wählt man nämlich $F_n := \big(\int_0^T f_n(s)\,dB_s\big)^{2m}$ (also $\liminf F_n = \big(\int_0^T f(s)\,dB_s\big)^{2m}$ P-f.s.) und beachtet, dass für die f_n nach Schritt 1 die Abschätzung (5.46) gilt, so folgt mit (5.50) und (5.46):

$$E\Big[\Big(\int_0^T f(s)\,dB_s\Big)^{2m}\Big] \leq \liminf_{n\to\infty} E\big[\big(\int_0^T f_n(s)\,dB_s\big)^{2m}\big]$$
$$\leq [m(2m-1)]^m T^{m-1} E\Big[\int_0^T f^{2m}(s)\,ds\Big]. \qquad \square$$

Bemerkungen. 1. Im vorangehenden Beweis ist die Annahme *gerader Potenzen* in zweierlei Weise wichtig: Erstens folgt, dass (5.48) monoton wachsend ist, und zweitens kann das Fatousche Lemma angewendet werden. Beides geht nicht für ungerade Potenzen. 2. Im Fall $m = 1$ kann in (5.46) das "$\leq$" durch "$=$" ersetzt werden (Itô-Isometrie). Man kann (5.46) also als eine Verallgemeinerung der Itô-Isometrie auffassen. Auf diese Weise lässt sich die Form dieser Ungleichung leicht merken.

6

Anwendung:
Stochastische Differentialgleichungen

Mit Hilfe des Itô-Integrals lassen sich die *linearen* SDGen aus Kapitel 3 zu *nichtlinearen* SDGen verallgemeinern. Diese gestatten eine Darstellung und Analyse von Diffusionsprozessen, sowie Modellierungen vieler realer stochastischer Prozesse. In diesem Kapitel wird zu nichtlinearen SDGen eine Einführung gegeben. Wir müssen uns dabei naturgemäß auf solche Aspekte beschränken, für die der bisher entwickelte Itô-Kalkül ausreicht. Durch Hinzunahme von Resultaten über Martingale und Markov-Prozesse lässt sich die Theorie nichtlinearer SDGen noch erheblich ausweiten. Eine Behandlung von Markov-Prozessen würde aber unseren bisherigen Rahmen sprengen (vgl. etwa [We] oder [GS]; in [Sch] werden auch einige Anwendungen auf naturwissenschaftlich-technische Probleme diskutiert).

6.1 Motivation, Definition und Beispiele

Zur Motivation nichtlinearer SDGen betrachten wir *nochmals* die Position (nicht die Geschwindigkeit) eines Brownsches Teilchen, diesmal aber eines, das sich in einem *strömenden Medium* (Wind oder Wasser) befindet. Die Geschwindigkeit des Mediums zur Zeit t im Punkt $x \in \mathbb{R}^3$ sei $b(t, x) \in \mathbb{R}^3$. Ein kleines Volumen zur Zeit $t = 0$ um den Punkt x_0 bewegt sich dann entlang einer Stromlinie, d.h. entlang der Lösungskurve $x(t)$ zur gewöhnlichen DGL

$$dx(t) = b(t, x(t)) \, dt, \qquad x(0) = x_0 \,. \qquad (6.1)$$

In diesem kleinen Volumen befinde sich ein Brownsches Teilchen, welches sich sich *relativ zum Volumen* wie in einem ruhenden Medium bewegt. Anstelle von (6.1) lautet der (stochastische) Zuwachs der Teilchenposition X_t dann

$$dX_t = b(t, X_t) \, dt + \sigma(t, X_t) \, dB_t \,. \qquad (6.2)$$

Dabei kann σ sogar orts- und zeitabhängig sein (etwa wenn das Medium eine zeitabhängige, räumlich inhomogene Temperaturverteilung besitzt).

Diese Modellbildung verdeutlicht bereits die Relevanz höherdimensionaler SDGen vom Typ (6.2) (welche konkret beispielsweise für Transportmodelle in Ozeanen benutzt wird, vgl. [CC, Chapter 4]). Da für die Behandlung solcher Gleichungen aber der höherdimensionale Itô-Kalkül benötigt wird beschränken wir uns im Folgenden auf den eindimensionalen Fall. Es sei dazu angemerkt, dass der höherdimensionale Fall nichts konzeptionell Neues erfordert, und dass alle im Folgenden behandelten Resultate sich auf diesen Fall verallgemeinern lassen, wobei die Beweise nur marginal zu ändern sind.

Definition 6.1. Sei $(B_t, \mathcal{A}_t)$ eine BB mit Filtration, und $b, \sigma : [0, T] \times \mathbb{R} \to \mathbb{R}$ messbar. Ein stetiger, $\mathcal{A}_t$-adaptierter Prozess $(X_t)_{t \in [0,T]}$ *erfüllt die SDG* (6.2) *mit Anfangswert* X_0, wenn für alle $t \in [0, T]$ folgende Gleichung P-f.s. gilt:

$$X_t = X_0 + \int_0^t b(s, X_s) \, ds + \int_0^t \sigma(s, X_s) \, dB_s \,. \tag{6.3}$$

Bemerkungen. 1. Die Voraussetzung der $\mathcal{A}_t$-Adaptiertheit an X ist völlig natürlich, denn diese garantiert die nötige $\mathcal{A}_t$-Adaptiertheit der Integranden in (6.3). Auch die Stetigkeitsforderung an X ist völlig natürlich, da die rechte Seite von (6.3) (nach unserer allgemeinen Konvention) als stetige Version der Integrale aufzufassen ist. 2. Damit (6.3) für alle $t \in [0, T]$ wohldefiniert ist muss $b(\cdot, X.) \in \mathcal{L}_\omega^1([0, T])$ und $\sigma(\cdot, X.) \in \mathcal{L}_\omega^2([0, T])$ gelten. Für stetige oder beschränkte b, σ ist dies automatisch erfüllt. 3. Ersetzt man $[0, T]$ in obiger Definition durch $\mathbb{R}_+$, so erhält man analog die Definition einer Lösung von (6.3) auf $\mathbb{R}_+$. 4. Das Itô-Integral in (6.3) ist ein stetiger Prozess, ebenso das Lebesgue-Integral. Aus der P-fast sicheren Gleichheit (6.3) für jedes feste t folgt somit sogar die Ununterscheidbarkeit der Prozesse auf beiden Seiten von (6.3). 5. Der Spezialfall $\sigma \equiv 0$ führt (6.2) über in (6.1). Man kann daher (6.2) als eine *Verallgemeinerung von AWPen gewöhnlicher Differentialgleichungen* auffassen, nämlich solchen mit „stochastischem Störterm" obiger Form. Im Gegensatz zu (6.2) lässt sich Gleichung (6.1) [bei stochastischem $x(0)$] aber *für jedes ω separat* lösen; auch solche Gleichungen werden als „stochastische Differentialgleichung" bezeichnet. Diese Gleichungen fallen unter den Oberbegriff von „zufälligen dynamischen Systemen". Die Monographie [A2] ist hierzu ein Standardwerk.

Wie schon für lineare SDGen stellt sich auch für (6.3) die Frage nach der Existenz und Eindeutigkeit von Lösungen. Wir werden sie in Abschnitt 6.3 allgemein diskutieren. Den Fall linearer SDGen mit *multiplikativem* Rauschen behandeln wir unabhängig davon in Abschnitt 6.2, als Anwendung der Itô-Formel. Dabei werden wir sogar *stochastische* Koeffizienten b, σ zulassen, wovon wir in Kapitel 11 Gebrauch machen werden. Zuvor diskutieren wir aber noch einige *explizite Beispiele* für Lösungen von SDGen. Die meisten sind von der Form $X_t = F(B_t)$ und beruhen auf folgender elementaren Beobachtung: *Wenn sich die Ableitungen F' und F'' als Funktionen von F schreiben lassen, so folgt mit der Itô-Formel, dass X_t einer SDG genügt.*

Beispiele.

1. („Trivialfall"). Seien $f \in \mathcal{L}^1([0,T],\lambda)$, $g \in \mathcal{L}^2([0,T],\lambda)$ und

$$X_t := X_0 + \int_0^t f(s)\,ds + \int_0^t g(s)\,dB_s\,.$$

Mit $b(t,x) := f(t)$ und $\sigma(t,x) := g(t)$ erfüllt X_t dann per Definition (6.3).

2. (Einfaches Beispiel einer linearen SDG mit multiplikativem Rauschen.) Sei $X_t = e^{B_t}$. Dann folgt mit der Itô-Formel, auf $F(x) = e^x$ angewendet:

$$dX_t = e^{B_t}\,dB_t + \frac{1}{2}e^{B_t}\,dt$$
$$= X_t\,dt + X_t\,dB_t\,.$$

3. Sei $n \in \{3,5,7,\dots\}$ und $X_t := B_t^n$. Dann folgt mit der Itô-Formel:

$$dX_t = nB_t^{n-1}dB_t + \frac{1}{2}n(n-1)B_t^{n-2}dt$$
$$= \frac{1}{2}n(n-1)X_t^{\frac{n-2}{n}}\,dt + nX_t^{\frac{n-1}{n}}\,dB_t\,.$$

Im Fall gerader n gilt $B_t^{n-1} = \mathrm{sign}(B_t)|X_t|^{\frac{n-1}{n}}$, was aber keine reine Funktion von X_t ist. Im Fall rationaler $n = \frac{p}{q}$ mit $p < q$ (z.B. $n = \frac{1}{3}$) ist die Benutzung der Itô-Formel a priori nicht gerechtfertigt, da $F(x) = x^{p/q}$ bei $x = 0$ nicht differenzierbar ist und $B_0 = 0$ gilt.

4. Sei $X_t := \sinh(B_t)$. Dann folgt

$$dX_t = \cosh(B_t)\,dB_t + \frac{1}{2}\sinh(B_t)\,dt$$
$$= \frac{1}{2}X_t\,dt + \sqrt{1 + X_t^2}\,dB_t\,.$$

Ersetzt man in diesem Beispiel sinh durch cosh, so muss man $\sinh(B_t)$ durch $\cosh(B_t)$ ausdrücken, was für $B_t \neq 0$ aber nicht eindeutig geht. Ähnlich ist die Situation mit $\sin(B_t)$ und $\cos(B_t)$.
Vorsicht: In der Literatur findet man hierzu gelegentlich *falsche SDGen*, weil bei der Vorzeichenwahl nicht immer sorgfältig aufgepasst wird.

Aufgabe. Man verifiziere mit Hilfe der Itô-Formel:

(a) $X_t := B_t/(1+t)$ genügt für alle $t \geq 0$ der SDG

$$dX_t = -\frac{X_t}{1+t}\,dt + \frac{1}{1+t}\,dB_t\,.$$

(b) $X_t := \arctan(B_t)$ genügt für alle $t \geq 0$ der SDG

$$dX_t = -\sin(X_t)\cos^3(X_t)\,dt + \cos^2(X_t)\,dB_t\,.$$

Bemerkung. Man beachte folgenden essenziellen Unterschied zu gewöhnlichen DGen: Hat man eine explizite Lösung einer gewöhnlichen DG, so kennt man die Lösung im Wesentlichen vollständig (man kann sie etwa numerisch berechnen und ausdrucken). Kennt man von einer SDG eine „explizite" Lösung (wie in den vorausgehenden Beispielen), so hat man den Prozess X aber *lediglich ausgedrückt durch andere (bekannte) Prozesse.* Pfadeigenschaften (etwa Beschränktheit, Verhalten für $t \to \infty$) oder stochastische Eigenschaften der Lösung (etwa die Verteilung von X_t) kennt man damit im Allgemeinen aber noch lange nicht. (Nur im Fall der linearen SDGen aus Kapitel 3 kann man die stochastischen Eigenschaften relativ einfach ermitteln.) Aus diesen Gründen kommt den expliziten Lösungen nichtlinearer SDGen eine etwas geringere Bedeutung zu, als dies bei gewöhnlichen DGen der Fall ist.

6.2 Lineare Gleichungen mit multiplikativem Rauschen

In diesem Abschnitt untersuchen wir die *allgemeine lineare SDG*

$$dX_t = (\alpha_t + \mu_t X_t)\, dt + (\beta_t + \sigma_t X_t)\, dB_t\,. \tag{6.4}$$

Wir gehen dabei über den durch (6.3) gegebenen Rahmen insofern hinaus, als dass wir sogar *stochastische Koeffizienten* α_t, β_t, μ_t und σ_t zulassen (was beweistechnisch keinen Zusatzaufwand erfordert.) Man beachte, dass (6.4) im Fall $\alpha_t = \sigma_t = 0$ bereits in Kapitel 3 behandelt wurde, jedenfalls für deterministische μ und σ. Ein Term der Form $\sigma_t X_t\, dB_t$ wird oft als „multiplikatives Rauschen" bezeichnet. Gleichung (6.4) umfasst also sowohl additives alsauch multiplikatives Rauschen. Wir untersuchen zuerst sogenannte

Homogene lineare SDGen. Dies sind Gleichungen vom Typ (6.4) mit $\alpha_t = \beta_t = 0$. (Die resultierende Gleichung ist dann „homogen vom Grad 1 in der Variablen X_t".) Gesucht sind also stetige, $\mathcal{A}_t$-adaptierte Lösungen X mit Anfangswert X_0 zu Gleichungen vom Typ

$$dX_t = \mu_t X_t\, dt + \sigma_t X_t\, dB_t\,. \tag{6.5}$$

Damit hier die rechte Seite (in integraler Form) wohldefiniert ist setzen wir $\mu \in \mathcal{L}^1_\omega([0,\infty))$ und $\sigma \in \mathcal{L}^2_\omega([0,\infty))$ voraus. Wir versuchen (6.5) direkt zu lösen, indem wir (zunächst rein informell) diese Gleichung durch X_t dividieren und sie danach integrieren. Der Term dX_t/X_t erinnert an eine logarithmische Ableitung, aber wegen des Itô-Kalküls ist diese Sicht nicht ganz korrekt. Betrachten wir deshalb

$$
\begin{aligned}
d(\ln X_t) &= \frac{1}{X_t} dX_t - \frac{1}{2} \frac{1}{X_t^2} (dX_t)^2 \\
&= \frac{1}{X_t} dX_t - \frac{1}{2} \sigma_t^2\, dt\,,
\end{aligned}
$$

wobei wir im letzten Term (6.5) benutzt haben. Ersetzt man hier dX_t/X_t durch den Ausdruck welcher aus (6.5) folgt, so erhält man

$$d(\ln X_t) = (\mu_t - \frac{1}{2}\sigma_t^2)\, dt + \sigma_t \, dB_t \, .$$

Exponenziert man die integrierte Form dieser Gleichung, so ergibt sich unser Kandidat für die Lösung von (6.5):

$$X_t = X_0 e^{\int_0^t (\mu_s - \frac{1}{2}\sigma_s^2)ds + \int_0^t \sigma_s dB_s} \, . \tag{6.6}$$

Satz 6.2. *Es sei* $(B_t, \mathcal{A}_t)_{t\geq 0}$ *eine BB mit vollständiger Filtration,* X_0 *sei* $\mathcal{A}_0$*-messbar,* $\mu \in \mathcal{L}_\omega^1([0,\infty))$ *und* $\sigma \in \mathcal{L}_\omega^2([0,\infty))$. *Dann definiert* (6.6) *einen stetigen Prozess, welcher* (6.5) *mit Anfangsbedingung* X_0 *erfüllt. Ist* $\tilde{X}$ *eine weitere Lösung von* (6.5) *mit* $\tilde{X}_0 = X_0$, *so sind* X *und* $\tilde{X}$ *ununterscheidbar.*

Beweis. Sei Y_t der Exponent in (6.6), also $X_t = X_0 e^{Y_t}$. Dann folgt

$$dX_t = X_0\big(e^{Y_t}dY_t + \frac{1}{2}e^{Y_t}(dY_t)^2\big)$$
$$= X_0 e^{Y_t}\big((\mu_t - \frac{1}{2}\sigma_t^2)dt + \sigma_t dB_t + \frac{1}{2}\sigma_t^2 dt\big)$$
$$= \mu_t X_t dt + \sigma_t X_t dB_t \, ,$$

also (6.5). Zur Eindeutigkeit: Der Prozess $Z_t := e^{-Y_t}$ erfüllt

$$dZ_t = e^{-Y_t}[(-\mu_t + \frac{\sigma^2}{2})\, dt - \sigma_t \, dB_t] + \frac{1}{2}e^{-Y_t}\sigma_t^2 \, dt$$
$$= -Z_t(\mu_t dt + \sigma_t dB_t) + Z_t \sigma_t^2 dt \, . \tag{6.7}$$

Zusammen mit der Produktregel und einer weiteren Lösung $\tilde{X}$ folgt hieraus

$$d(\tilde{X}_t Z_t) = \tilde{X}_t(\mu_t dt + \sigma_t dB_t)Z_t$$
$$+ \tilde{X}_t Z_t\big((\sigma_t^2 - \mu_t)dt - \sigma_t dB_t\big) - \tilde{X}_t Z_t \sigma_t^2 dt = 0 \, .$$

Also gilt für alle t die Gleichheit $\tilde{X}_t Z_t = \tilde{X}_0 Z_0 = X_0$, d.h. $\tilde{X}_t = X_0 e^{Y_t} = X_t$. Mit Pfadstetigkeit folgt die Ununterscheidbarkeit von X und $\tilde{X}$.   □

Den Spezialfall ohne Rauschterm in (6.5), $\sigma \equiv 0$, halten wir separat fest:

$$dX_t = \mu_t X_t \, dt \quad \Rightarrow \quad X_t = X_0 e^{\int_0^t \mu_s ds} \, .$$

Die Lösung der *stochastischen* DG stimmt also überein mit der Lösung der *gewöhnlichen* DG $\dot{X}(t,\omega) = \mu(\omega,t)X(t,\omega)$, welche sich für jedes *fixierte* ω gewöhnlich integrieren lässt.

Basierend auf den homogenen Gleichungen (6.5) lösen wir schließlich

Inhomogene lineare SDGen. Wie bei gewöhnlichen linearen Differential-gleichungen lässt sich auch die inhomogene Gleichung (6.4) durch „Variation der Konstanten" lösen, d.h. man macht den folgenden *Lösungsansatz*:

$$X_t = C_t X_t^0 .$$

Dabei sei X_t^0 die Lösung der homogenen Gleichung (6.5) mit Startwert 1, und der Prozess $C_t = X_t/X_t^0$ ist so zu bestimmen, dass X_t Gleichung (6.4) löst. Definiert man wie oben $Z_t := 1/X_t^0$ und beachtet (6.7), so folgt

$$
\begin{aligned}
dC_t = d(X_t Z_t) &= dX_t Z_t + X_t\, dZ_t + dX_t\, dZ_t \\
&= \big[(\alpha_t + \mu_t X_t)\, dt + (\beta_t + \sigma_t X_t)\, dB_t\big] Z_t \\
&\quad + X_t Z_t \big[(-\mu_t + \sigma_t^2)\, dt - \sigma_t\, dB_t\big] - (\beta_t + \sigma_t X_t)\sigma_t Z_t\, dt \\
&= Z_t\big((\alpha_t - \beta_t \sigma_t)\, dt + \beta_t\, dB_t\big) .
\end{aligned}
$$

Falls also eine Lösung von (6.4) der Form $X_t = C_t X_t^0$ existiert, so ist der Prozess C_t notwendigerweise gegeben durch

$$C_t = X_0 + \int_0^t Z_s(\alpha_s - \beta_s \sigma_s)\, ds + \int_0^t Z_s \beta_s\, dB_s .$$

Satz 6.3. *Unter den Voraussetzungen von Satz 6.2 und mit $\alpha \in \mathcal{L}_\omega^1([0,\infty))$ und $\beta \in \mathcal{L}_\omega^2([0,\infty))$ ist eine Lösung von (6.4) gegeben durch*

$$X_t = \Big[X_0 + \int_0^t (X_s^0)^{-1}(\alpha_s - \beta_s \sigma_s)\, ds + \int_0^t (X_s^0)^{-1}\beta_s\, dB_s\Big] \cdot X_t^0 , \qquad (6.8)$$

wobei X_t^0 die Lösung der homogenen Gleichung zum Startwert 1 ist, d.h.

$$X_t^0 := e^{\int_0^t (\mu_s - \frac{1}{2}\sigma_s^2)ds + \int_0^t \sigma_s dB_s} .$$

Die Lösung (6.8) ist eindeutig bis auf Ununterscheidbarkeit.

Beweis. Mit Hilfe von Produktregel und Itô-Formel verifiziert man direkt (etwas länglich), dass (6.8) Gleichung (6.4) mit Anfangswert X_0 löst. Zum Nachweis der Eindeutigkeit betrachte man eine weitere Lösung $\tilde{X}_t$ von (6.4), zum selben Anfangswert X_0. Dann erfüllt der in 0 startende Prozess

$$\bar{X}_t := \tilde{X}_t - X_t$$

die SDG $d\bar{X}_t = \mu_t \bar{X}_t\, dt + \sigma_t \bar{X}_t\, dB_t$. Nun erfüllt $\bar{X}_t = 0$ dieses AWP und Satz 6.2 besagt, dass diese Lösung (bis auf Ununterscheidbarkeit) eindeutig ist. $\square$

Bemerkung. Man beachte, dass an $\alpha, \beta, \mu, \sigma$ und X_0 nur *notwendige* Voraus-setzungen gestellt wurden, damit (6.4) überhaupt wohldefiniert ist. Bereits damit gilt Existenz und Eindeutigkeit in der Klasse *aller* Itô-Prozesse. Ein solch optimales Lösungsverhalten besteht für nichtlineare SDGen keineswegs.

6.3 Existenz und Eindeutigkeit

Nicht immer existieren Lösungen zu nichtlinearen SDGen. Falls doch, so sind sie i.A. nicht eindeutig. Wir lernen nun einfache Kriterien kennen, unter denen Existenz und Eindeutigkeit vorliegt. Hierzu ließe sich noch wesentlich mehr sagen, vgl. [CE]. Wir beginnen mit der etwas einfacheren Eindeutigkeit. Dass man dafür gewisse Zusatzbedingungen braucht folgt schon aus Beispiel 3 in Abschnitt 6.1: Demnach lösen $X_t = B_t^3$ und $X_t = 0$ das AWP

$$dX_t = 3X_t^{2/3}\, dt + 3X_t^{1/3}\, dB_t\,, \qquad X_0 = 0\,.$$

Insbesondere ist also die *Stetigkeit* der Koeffizienten b, σ (hier $b(x) = 3x^{1/3}$ und $\sigma(x) = 3x^{2/3}$) für die Eindeutigkeit *nicht ausreichend*.

Notation. Eine Funktion $f : [0,T] \times \mathbb{R} \to \mathbb{R}$ heißt *Lipschitz-stetig*, wenn es eine (Lipschitz-) Konstante $L \in \mathbb{R}_+$ gibt, sodass gilt:

$$|f(t,x) - f(t,y)| \leq L|x - y|\,, \qquad \forall (t,x,y) \in [0,T] \times \mathbb{R}^2\,. \tag{6.9}$$

Offensichtlich sind $3x^{2/3}$ und $3x^{1/3}$ keine Lipschitz-stetigen Funktionen. Dem Eindeutigkeitssatz schicken wir zwei Vorbereitungen voraus:

Lemma 6.4. *Seien* $\gamma_n : [0,T] \to \overline{\mathbb{R}}$ *Lebesgue-integrierbare Funktionen und* $c \in \mathbb{R}_+$ *derart, dass für alle* $n \in \mathbb{N}$ *und* $t \in [0,T]$ *die Abschätzungen*

$$\gamma_{n+1}(t) \leq c \int_0^t \gamma_n(s)\, ds \tag{6.10}$$

gelten. Dann folgt für alle $n \in \mathbb{N}$ *und* $t \in [0,T]$:

$$\gamma_{n+1}(t) \leq c^n \frac{t^{n-1}}{(n-1)!} \int_0^t |\gamma_1(s)|\, ds\,. \tag{6.11}$$

Beweis. Mit partieller Integration (Korollar 5.13) folgt für jedes $n \in \mathbb{N}_0$ und jede integrierbare Funktion γ:

$$\int_0^t \left[(t-s)^n \int_0^s \gamma(u)\, du \right] ds = \int_0^t \frac{(t-s)^{n+1}}{n+1} \gamma(s)\, ds\,.$$

Schätzt man in (6.10) $\gamma_n(s)$ durch $c \int_0^s \gamma_{n-1}(u)du$ ab, so folgt sukzessiv:

$$\gamma_{n+1}(t) \leq c^2 \int_0^t \left[(t-s)^0 \int_0^s \gamma_{n-1}(u)\, du \right] ds$$

$$\leq c^2 \int_0^t \frac{(t-s)^1}{1} \gamma_{n-1}(s)\, ds$$

$$\vdots$$

$$\leq c^n \int_0^t \frac{(t-s)^{n-1}}{1 \cdot 2 \cdots (n-1)} \gamma_1(s)\, ds$$

$$\leq c^n \frac{t^{n-1}}{(n-1)!} \int_0^t |\gamma_1(s)|\, ds\,. \qquad \square$$

Lemma 6.5. *Seien $b, \sigma : [0, T] \times \mathbb{R} \to \mathbb{R}$ messbare, Lipschitz-stetige Funktionen für die (6.9) gilt, und $Y, Z \in \mathcal{L}_a^2([0, T])$. Dann wird durch*

$$W_t := \int_0^t [b(s, Y_s) - b(s, Z_s)] \, ds + \int_0^t [\sigma(s, Y_s) - \sigma(s, Z_s)] \, dB_s \quad (6.12)$$

ein $W \in \mathcal{L}_a^2([0, T])$ definiert und mit $c := 2L^2(T + 1)$ gilt die Abschätzung

$$E[W_t^2] \leq c \int_0^t E[|Y_s - Z_s|^2] \, ds, \quad \forall t \in [0, T]. \quad (6.13)$$

Beweis. Zunächst gilt für jedes $h \in \{b, \sigma\}$:

$$E\Big[\int_0^T |h(s, Y_s) - h(s, Z_s)|^2 ds \Big] \leq E\Big[L^2 \int_0^T |Y_s - Z_s|^2 ds \Big] < \infty,$$

d.h. W_t in (6.12) ist wohldefiniert. Setzt man weiter $\Delta h_s := h(s, Y_s) - h(s, Z_s)$, so folgt mit $(\alpha + \beta)^2 \leq 2\alpha^2 + 2\beta^2$, mit CSU und mit der Itô-Isometrie weiter:

$$E[W_t^2] \leq 2E\Big[\big(\int_0^t \Delta b_s \, ds\big)^2 + \big(\int_0^t \Delta \sigma_s \, dB_s\big)^2 \Big]$$

$$\leq 2E\Big[t \int_0^t |\Delta b_s|^2 \, ds + \int_0^t |\Delta \sigma_s|^2 \, ds \Big]$$

$$\leq 2L^2(T + 1)E\Big[\int_0^t |Y_s - Z_s|^2 \, ds \Big].$$

Dies ist (6.13), womit weiter $W \in \mathcal{L}_a^2([0, T])$ folgt. $\qquad \square$

Nach diesen Vorbereitungen sehen wir nun, dass die Lipschitz-Stetigkeit von b, σ (im Gegensatz zur reinen Stetigkeit) für Eindeutigkeit ausreicht:

Satz 6.6 (Eindeutigkeit von Lösungen). *Seien $b, \sigma : [0, T] \times \mathbb{R} \to \mathbb{R}$ messbare, Lipschitz-stetige Funktionen. Seien weiter $X, \tilde{X} \in \mathcal{L}_a^2([0, T])$ Lösungen von (6.3). Dann sind X und $\tilde{X}$ ununterscheidbar.*

Beweis. Für $X_t - \tilde{X}_t$ gilt nach (6.3) die Darstellung

$$X_t - \tilde{X}_t = \int_0^t [b(s, X_s) - b(s, \tilde{X}_s)] \, ds + \int_0^t [\sigma(s, X_s) - \sigma(s, \tilde{X}_s)] \, dB_s.$$

Mit Lemma 6.5 folgt hieraus

$$E[|X_t - \tilde{X}_t|^2] \leq c \int_0^t E[|X_s - \tilde{X}_s|^2] \, ds.$$

Setzt man $\gamma_n(t) := E[|X_t - \tilde{X}_t|^2]$, so lässt sich Lemma 6.4 anwenden, d.h. es folgt (6.11). Lässt man hierin n gegen ∞ gehen, so folgt für alle $t \in [0, T]$ die Abschätzung $0 \leq E[|X_t - \tilde{X}_t|^2] \leq 0$, also $X_t = \tilde{X}_t$ P-f.s., und damit (wegen Stetigkeit) die Ununterscheidbarkeit von X und $\tilde{X}$. $\qquad \square$

Bemerkung. An den Startwert X_0 wurde keinerlei Integrierbarkeitsbedingung gestellt, und an die Koeffizienten b, σ wurden keine Wachstumsbedingungen gestellt (außer implizit denen, die aus der Lipschitz-Stetigkeit folgen, vgl. hierzu die Aufgabe am Ende dieses Abschnitts).

Wir kommen nun zur Frage der Existenz von Lösungen auf $[0, T]$. Hier zeigt der Spezialfall ohne Rauschterm, dass Zusatzbedingungen an die Koeffizienten b und σ benötigt werden: So hat für jedes $\beta > 0$ das AWP

$$dX_t = \frac{X_t^{1+\beta}}{\beta}\, dt\,, \quad X_0 = 1\,,$$

die Lösung $X_t = (1-t)^{-1/\beta}$, auf jedem Intervall $[0, T]$ mit $0 < T < 1$. Diese Lösung ist auch eindeutig, wie man mittels Trennung der Veränderlichen leicht verifizieren kann. Wegen $X_t \to \infty$ für $t \to 1$ kann daher auf $[0, 1]$ keine Lösung existieren. Das Problem bei diesem Beispiel ist, dass die Lösung in endlicher Zeit nach ∞ läuft (sie „explodiert"). Dies wiederum ist so, weil die Zuwächse dX_t *aufgrund des nichtlinearen Terms $X_t^{1+\beta}$ zu groß werden.* Wenn die Koeffizienten b, σ höchstens linear anwachsen ($\simeq \beta = 0$), dann ist die Existenz von Lösungen auf $[0, T]$ tatsächlich gesichert. Hierzu folgende

Notation. Eine Funktion $f : [0, T] \times \mathbb{R} \to \mathbb{R}$ heißt *linear beschränkt*, wenn es ein $C \in \mathbb{R}_+$ gibt mit $|f(t,x)| \leq C(1 + |x|)$ für alle $(t, x) \in [0, T] \times \mathbb{R}$.

Quadriert man diese Abschätzung, so folgt mit $(\alpha + \beta)^2 \leq 2\alpha^2 + 2\beta^2$ sofort $|f(t,x)|^2 \leq 2C^2(1 + x^2)$ für alle $(t, x) \in [0, T] \times \mathbb{R}$. Mit $K := \max\{C, 2C^2\}$ gilt daher zusammenfassend

$$|f(t,x)| \leq K(1 + |x|)\,, \qquad |f(t,x)|^2 \leq K(1 + x^2)\,. \tag{6.14}$$

Satz 6.7 (Existenz von Lösungen). *Seien $b, \sigma : [0, T] \times \mathbb{R} \to \mathbb{R}$ messbare, Lipschitz-stetige, linear beschränkte Funktionen, und $X_0 \in \mathcal{L}^2(\Omega, \mathcal{A}_0, P)$. Dann besitzt die SDG (6.3) eine Lösung $X \in \mathcal{L}_a^2([0, T])$.*

Beweis. Der Beweis verallgemeinert den Existenzbeweis für gewöhnliche DGen und benutzt wie dieser Picard-Iteration. Man definiert also $X_t^{(0)} := X_0$ und

$$X_t^{(n+1)} := X_0 + \int_0^t b(s, X_s^{(n)})\, ds + \int_0^t \sigma(s, X_s^{(n)})\, dB_s\,, \tag{6.15}$$

für $n \in \mathbb{N}_0$. Wegen (6.14) folgt sukzessiv $X^{(n)} \in \mathcal{L}_a^2([0, T])$, für alle $n \in \mathbb{N}_0$.

1. Schritt (f.s. gleichmäßige Konvergenz der $X^{(n)}$). Nach Lemma 6.5 gilt

$$E[|X_t^{(n+1)} - X_t^{(n)}|^2] \leq c \int_0^t E[|X_s^{(n)} - X_s^{(n-1)}|^2]\, ds\,,$$

für alle $n \in \mathbb{N}$. Bezeichnet man die Funktion auf der linken Seite mit $\gamma_{n+1}(t)$, so sind damit die Voraussetzungen von Lemma 6.4 erfüllt, d.h. es folgt

$$E[|X_t^{(n+1)} - X_t^{(n)}|^2] \leq c^n \frac{t^{n-1}}{(n-1)!} M \,, \tag{6.16}$$

mit $M := \int_0^T E[|X_s^{(2)} - X_s^{(1)}|^2] \, ds < \infty$. Setzt man nun

$$D_t := \int_0^t |b(s, X_s^{(n)}) - b(s, X_s^{(n-1)})| \, ds \,,$$

$$M_t := \left| \int_0^t [\sigma(s, X_s^{(n)}) - \sigma(s, X_s^{(n-1)})] \, dB_s \right| \,,$$

so folgt mit (6.16) und der Itôschen Maximalungleichung (Satz 5.3) weiter

$$P(\sup_{t \in [0,T]} |X_t^{(n+1)} - X_t^{(n)}| \geq \frac{2}{2^n}) \leq P(\sup_{t \in [0,T]} D_t \geq \frac{1}{2^n}) + P(\sup_{t \in [0,T]} M_t \geq \frac{1}{2^n})$$

$$\leq 2^{2n} E[\sup_{t \in [0,T]} D_t^2] + 2^{2n} E[M_T^2] \,.$$

Der erste Erwartungswert lässt sich mit CSU und Lipschitz-Stetigkeit durch

$$E[\sup_{t \in [0,T]} D_t^2] = E[D_T^2] \leq E\left[T \int_0^T [b(s, X_s^{(n)}) - b(s, X_s^{(n-1)})]^2 \, ds\right]$$

$$\leq TL^2 \int_0^T E[|X_s^{(n)} - X_s^{(n-1)}|^2] \, ds$$

abschätzen, entsprechendes gilt für $E[M_T^2]$. Für ein $C \in \mathbb{R}_+$ folgt mit (6.16):

$$P(\sup_{t \in [0,T]} |X_t^{(n+1)} - X_t^{(n)}| \geq \frac{2}{2^n}) \leq \frac{C^{n-1}}{(n-1)!} \,.$$

Das übliche Borel-Cantelli Argument (vgl. Beweis von Satz 2.23) gibt nun

$$\sup_{t \in [0,T]} |X_t^{(m)}(\omega) - X_t^{(n)}(\omega)| \to 0 \,, \qquad \text{für } m, n \to \infty \,,$$

für alle ω außerhalb einer Nullmenge N. Also konvergiert $(X^{(n)} 1_{[0,T] \times N^c})$ gleichmäßig gegen einen stetigen Prozess $(X_t)_{t \in [0,T]}$; insbesondere ist die Abbildung $X : [0,T] \times \Omega \to \mathbb{R}$ messbar bezüglich $\mathcal{B}([0,T]) \otimes \mathcal{F}$.

2. Schritt (X_t ist Lösung mit den geforderten Eigenschaften). Integriert man (6.16) über $[0,T]$, so folgt mit einer geeigneten Konstanten Q:

$$\|X^{(n+1)} - X^{(n)}\|_{\mathcal{L}^2(\lambda \otimes P)}^2 \leq \frac{Q^n}{n!} \,.$$

Da $\sqrt{Q^n/n!}$ summierbar ist, so ist die Folge $(X^{(n)}1_{[0,T]\times N^c})$ Cauchy in $\mathcal{L}_a^2([0,T]) \subset \mathcal{L}^2(\lambda \otimes P)$. Aus der Vollständigkeit von $\mathcal{L}^2(\lambda \otimes P)$ folgt nun $X \in \mathcal{L}^2(\lambda \otimes P)$. Schließlich ist $X_t(\omega) = \lim X_t^{(n)}(\omega)1_{N^c}(\omega)$ messbar bezüglich $\mathcal{A}_t$ (da $\mathcal{A}_t = \mathcal{A}_t^*$). Nach Definition 4.1 gilt also $X \in \mathcal{L}_a^2([0,T])$.

Es bleibt zu zeigen, dass X die SDG (6.3) löst. Hierzu genügt es zu zeigen, dass im Sinne von $\mathcal{L}_a^2([0,T])$-Konvergenz

$$b(s, X_s^{(n)}) \to b(s, X_s)\,, \quad \text{und} \quad \sigma(s, X_s^{(n)}) \to \sigma(s, X_s)$$

gilt, denn dann kann man (mit der Stetigkeit der Integrale) auf beiden Seiten von (6.15) zum Grenzwert übergehen. Für $h \in \{b, \sigma\}$ gilt nun

$$E\Big[\int_0^T |h(t, X_t^{(n)}) - h(t, X_t)|^2\, dt\Big] \le L^2 E\Big[\int_0^T |X_t^{(n)} - X_t|^2\, dt\Big] \to 0\,. \qquad \square$$

Bemerkungen. 1. Nach (6.16) ist für jedes feste t die Folge $X_t^{(n)}$ Cauchy in $\mathcal{L}^2(P)$, d.h. für die Lösung X_t gilt auch

$$X_t \in \mathcal{L}^2(P)\,, \quad \forall t \in [0, T]\,.$$

(Aus $X \in \mathcal{L}_a^2([0,T])$ folgt diese Eigenschaft nur für λ-fast alle t.) 2. Die lineare Beschränktheit von b, σ wird im Beweis nur benötigt um zu zeigen, dass die Folge $X^{(n)}$ in $\mathcal{L}_a^2([0,T])$ wohldefiniert ist. *Falls* man diese Wohldefiniertheit (in einem Fall konkret gegebener b, σ) durch ein anderes Argument zeigen kann, so geht der Existenzbeweis auch dafür unverändert durch. 3. Die Lösung X ist nicht nur pfadstetig, sondern auch $L^2(P)$-stetig: Bildet man die Differenz zweier Integralgleichungen (6.3), für Zeiten $t \ge s \ge 0$, so folgt

$$X_t - X_s = \int_s^t b(u, X_u)\, du + \int_s^t \sigma(u, X_u)\, dB_u\,. \tag{6.17}$$

Hieraus folgt nun unmittelbar die Abschätzung

$$E[|X_t - X_s|^2] \le 2(t-s)\int_s^t E[b^2(u, X_u)]\, du + 2\int_s^t E[\sigma^2(u, X_u)]\, du\,.$$

Aus dieser wiederum folgt sofort die L^2-Stetigkeit. Man beachte, dass (6.17) wieder (rein intuitiv) die Markov-Eigenschaft zum Ausdruck bringt: X_t ist für $t \ge s$ bestimmt durch X_s und Einflüsse auf dem Intervall $[s, t]$.

Aufgabe. Sei $f : [0,T] \times \mathbb{R} \to \mathbb{R}$ Lipschitz-stetig. Es gebe ein $y_0 \in \mathbb{R}$, sodass die Funktion $t \mapsto f(t, y_0)$ auf $[0, T]$ beschränkt ist. Man zeige, dass dann f auch linear beschränkt ist. [Insbesondere folgt für zeitunabhängige Koeffizienten b, σ aus der Lipschitz-Stetigkeit automatisch die lineare Beschränktheit.]

6.4 Qualitative Eigenschaften der Lösungen

Neben der Existenz und Eindeutigkeit von Lösungen ist auch die „stetige Abhängigkeit von Modelldaten" eine praktisch relevante Forderung. Man kann nämlich für reale Modelle weder den Startwert X_0 noch die Koeffizienten b, σ *präzise* bestimmen; eine kleine Abweichung in diesen Daten sollte daher auch nur zu einer kleinen Abweichung in der Lösung führen, denn andernfalls wäre die Lösung *praktisch* wertlos. Satz 6.9 wird zeigen, dass (und in welchem Sinn) dem so ist. Als Vorbereitung benötigen wir:

Lemma 6.8 (Lemma von Gronwall). *Seien* $\alpha, \beta : [0, T] \rightarrow \overline{\mathbb{R}}$ *Lebesgue-integrierbare Funktionen mit der Eigenschaft*

$$\beta(t) \leq \alpha(t) + c \int_0^t \beta(s)\, ds, \quad \forall t \in [0, T], \tag{6.18}$$

für eine geeignete Konstante $c \geq 0$. *Dann gilt*

$$\beta(t) \leq \alpha(t) + c \int_0^t e^{c(t-s)} \alpha(s)\, ds, \quad \forall t \in [0, T]. \tag{6.19}$$

Beweis. Im Folgenden sei $c \neq 0$, da andernfalls die Behauptung trivial ist. *Sei weiter* $\psi(t)$ *die rechte Seite von* (6.19). Zeige zuerst die Integralgleichung

$$\psi(t) = \alpha(t) + c \int_0^t \psi(s)\, ds, \quad \forall t \in [0, T]. \tag{6.20}$$

Setzt man die Definition von ψ in (6.20) ein, so erhält man [nach Streichung von $\alpha(t)$ und Kürzung von c] die äquivalente (zu beweisende) Gleichung

$$\int_0^t e^{c(t-s)} \alpha(s)\, ds = \int_0^t \left\{ \alpha(s) + c \int_0^s e^{c(s-u)} \alpha(u)\, du \right\} ds. \tag{6.21}$$

Mit Hilfe der Produktregel (Korollar 5.13) formen wir die linke Seite um und benutzen dazu dieselben Bezeichnungen wie in Korollar 5.13, mit $g(s) := ce^{cs}$, $f(s) := e^{-cs} \alpha(s)$, $G(t) := \int_0^t g(s)\, ds = e^{ct} - 1$ und $F(t) := \int_0^t f(s)\, ds$. Damit lautet die linke Seite von (6.21) wie folgt:

$$
\begin{aligned}
\bigl(1 + G(t)\bigr) F(t) &= F(t) + \int_0^t g(s) F(s)\, ds + \int_0^t G(s) f(s)\, ds \\
&= \int_0^t e^{-cs} \alpha(s)\, ds + \int_0^t ce^{cs} F(s)\, ds + \int_0^t (e^{cs} - 1) e^{-cs} \alpha(s)\, ds \\
&= \int_0^t \alpha(s)\, ds + \int_0^t ce^{cs} F(s)\, ds.
\end{aligned}
$$

Dies aber ist die rechte Seite von (6.21), d.h. (6.20) ist erfüllt. Somit folgt

$$\beta(t) - \psi(t) = \beta(t) - \alpha(t) - c \int_0^t \psi(s)\,ds$$

$$\leq c \int_0^t \{\beta(s) - \psi(s)\}\,ds \qquad [\text{nach (6.18)}].$$

Die konstante Folge $\gamma_n(t) := \beta(t) - \psi(t)$ erfüllt somit die Abschätzung (6.10), womit die Folgerung (6.11) folgende Form annimmt:

$$\beta(t) - \psi(t) \leq c^n \frac{t^{n-1}}{(n-1)!} \int_0^t |\beta(t) - \psi(t)|\,ds.$$

Für $n \to \infty$ folgt $\beta(t) - \psi(t) \leq 0$, also die Behauptung $\beta(t) \leq \psi(t)$.   □

Bemerkung. Indem man den Hauptsatz der Differential- und Integralrechnung (für Lebesgue-Integrale!) benutzt kann man (6.20) auch einfacher durch Ableiten von (6.21) folgern. Da dieser Satz hier nicht vorausgesetzt werden soll wurde stattdessen die Produktregel herangezogen.

Satz 6.9 (Stetige Abhängigkeit von Modelldaten). *Für alle $n \in \mathbb{N}_0$ seien $b_n, \sigma_n : [0, T] \times \mathbb{R} \to \mathbb{R}$ messbare, linear beschränkte, Lipschitz-stetige Funktionen mit denselben L und K aus (6.9) und (6.14). Seien $X_0^{(n)} \in \mathcal{L}^2(\Omega, \mathcal{A}_0, P)$ derart, dass $X_0^{(n)} \to X_0^{(0)}$ in $\mathcal{L}^2(P)$ gilt. Weiter gelte für alle $(t, x) \in [0, T] \times \mathbb{R}$*

$$\lim_{n \to \infty} b_n(t, x) = b_0(t, x), \qquad \lim_{n \to \infty} \sigma_n(t, x) = \sigma_0(t, x).$$

Bezeichnet dann $X_t^{(n)}$, für $n \in \mathbb{N}_0$, die Lösung der SDG

$$X_t^{(n)} = X_0^{(n)} + \int_0^t b_n(s, X_s^{(n)})\,ds + \int_0^t \sigma_n(s, X_s^{(n)})\,dB_s,$$

so gilt

$$\lim_{n \to \infty} \left(\sup_{t \in [0,T]} E[(X_t^{(n)} - X_t^{(0)})^2] \right) = 0. \tag{6.22}$$

Beweis. Betrachte die Aufspaltung

$$X_t^{(n)} - X_t^{(0)} = Y_t^{(n)} + \int_0^t [b_n(s, X_s^{(n)}) - b_n(s, X_s^{(0)})]\,ds$$

$$+ \int_0^t [\sigma_n(s, X_s^{(n)}) - \sigma_n(s, X_s^{(0)})]\,dB_s$$

(denn sie gestattet, die beiden Stetigkeitsvoraussetzungen zu benutzen), mit

$$Y_t^{(n)} = X_0^{(n)} - X_0^{(0)} + \int_0^t [b_n(s, X_s^{(0)}) - b_0(s, X_s^{(0)})]\,ds$$

$$+ \int_0^t [\sigma_n(s, X_s^{(0)}) - \sigma_0(s, X_s^{(0)})]\,dB_s.$$

Mit $(\alpha + \beta + \gamma)^2 \le 3(\alpha^2 + \beta^2 + \gamma^2)$ folgt (wie in Lemma 6.5)

$$E[(X_t^{(n)} - X_t^{(0)})^2] \le 3E[(Y_t^{(n)})^2] + c \int_0^t E[(X_s^{(n)} - X_s^{(0)})^2]\, ds \,,$$

mit $c = 3(T + 1)L^2$. Das Gronwallsche Lemma ergibt nun

$$E[(X_t^{(n)} - X_t^{(0)})^2] \le 3E[(Y_t^{(n)})^2] + 3ce^{ct} \int_0^t E[(Y_s^{(n)})^2]\, ds \,.$$

Behauptung (6.22) folgt somit wenn $\sup_{t \in [0,T]} E[(Y_t^{(n)})^2] \to 0$ gilt. Nun ist

$$\frac{1}{3}E[(Y_t^{(n)})^2] \le E\Big[(X_0^{(n)} - X_0^{(0)})^2 + T \int_0^T |b_n(s, X_s^{(0)}) - b_0(s, X_s^{(0)})|^2\, ds$$

$$+ \int_0^T |\sigma_n(s, X_s^{(0)}) - \sigma_0(s, X_s^{(0)})|^2\, ds\Big] \,,$$

für alle $t \in [0, T]$. Da auf der rechten Seite t nicht mehr vorkommt genügt es zu zeigen, dass diese gegen Null konvergiert. Der erste Erwartungswert konvergiert nach Voraussetzung gegen Null. Die beiden verbleibenden Integranden konvergieren nach Voraussetzung für alle (s, ω) gegen Null. Mit der linearen Beschränktheit erhält man für sie außerdem eine $\lambda \otimes P$-integrierbare Majorante der Form $M(1 + |X_s^{(0)}|^2)$, mit einer geeigneten Konstanten M. Mit majorisierter Konvergenz geht die rechte Seite der letzten Abschätzung also gegen Null. □

Wir hatten in Abschnitt 5.4 gesehen, dass $\int_0^t f(s)\, dB_s$ ein endliches Moment der Ordnung $2m$ besitzt, falls $f \in \mathcal{L}_a^{2m}([0, t])$ ist. Man kann dies als Aussage über die Lösung X_t der SDG $dX_t = f(s)\, dB_s$ mit Anfangswert $X_0 = 0$ interpretieren. Für SDGen der Form (6.3) gilt entsprechend:

Satz 6.10 (Momente von Lösungen). *Seien $b, \sigma : [0, T] \times \mathbb{R} \to \mathbb{R}$ messbare, Lipschitz-stetige, linear beschränkte Funktionen. Für ein $m \in \mathbb{N}$ sei weiter $X_0 \in \mathcal{L}^{2m}(\Omega, \mathcal{A}_0, P)$. Dann gilt für die Lösung X von (6.3):*

$$E[X_t^{2m}] \le \big(E[X_0^{2m}] + ct\big)e^{2ct} \,, \qquad \forall t \in [0, T] \,, \tag{6.23}$$

mit $c = m(2m + 1)K$, wobei K die Konstante zu b und σ aus (6.14) ist.

Beweis. Für jedes $h \in \{b, \sigma\}$ und $n \in \mathbb{N}$ definiere die beschränkten Funktionen

$$h_n(t, x) := \begin{cases} h(t, x) & \text{für } |x| \le n \\ h(t, n\dfrac{x}{|x|}) & \text{für } |x| > n \,. \end{cases}$$

Dann erfüllen b_n und σ_n die Voraussetzungen von Satz 6.9. Für jedes $n \in \mathbb{N}$ sei nun $X_t^{(n)}$ die Lösung von

$$X_t^{(n)} = X_0 + \int_0^t b_n(s, X_s^{(n)})\, ds + \int_0^t \sigma_n(s, X_s^{(n)})\, dB_s \, . \tag{6.24}$$

Da b_n, σ_n beschränkt sind folgt mit Satz 5.17: $X^{(n)} \in \mathcal{L}_a^p([0,T])$, $\forall p \in [1, \infty)$. Mit (6.24) und der Itô-Formel (angewendet auf $F(x) = x^{2m}$) erhält man

$$(X_t^{(n)})^{2m} = X_0^{2m} + \int_0^t 2m(X_s^{(n)})^{2m-1}\big[b_n(s, X_s^{(n)})\, ds + \sigma_n(s, X_s^{(n)})\, dB_s\big]$$
$$+ \frac{1}{2}\int_0^t 2m(2m-1)(X_s^{(n)})^{2m-2}\sigma_n^2(s, X_s^{(n)})\, ds \, .$$

Der Erwartungswert dieser Gleichung lässt sich nun wie folgt abschätzen:

$$E[(X_t^{(n)})^{2m}] \le E\Big[X_0^{2m} + 2m\int_0^t |X_s^{(n)}|^{2m-1}K(1 + |X_s^{(n)}|)\, ds$$
$$+ m(2m-1)\int_0^t |X_s^{(n)}|^{2m-2}K(1 + |X_s^{(n)}|^2)\, ds\Big] \, .$$

Die beiden elementaren Abschätzungen $(1 + |x|^2)|x|^{2m-2} \le 1 + 2|x|^{2m}$ und $(1 + |x|)|x|^{2m-1} \le 1 + 2|x|^{2m}$ ergeben weiter

$$E[(X_t^{(n)})^{2m}] \le E[X_0^{2m}] + m(2m+1)K \int_0^t E[1 + 2|X_s^{(n)}|^{2m}]\, ds$$
$$\le a + ct + 2c\int_0^t E[|X_s^{(n)}|^{2m}]\, ds \, ,$$

mit $a := E[X_0^{2m}]$ und $c := m(2m+1)K$. Mit Gronwall folgt nun

$$E[(X_t^{(n)})^{2m}] \le a + ct + 2c\int_0^t e^{2c(t-s)}(a + cs)\, ds$$
$$\le (a + ct)(1 + 2c\int_0^t e^{2c(t-s)}\, ds)$$
$$= (a + ct)e^{2ct} \, ,$$

also (6.23) für die Prozesse $X^{(n)}$. Nach Satz 6.9 gilt weiter $X_t^{(n)} \to X_t$ in $\mathcal{L}^2(P)$. O.B.d.A. konvergiere $X_t^{(n)}$ auch P-fast sicher. Mit Fatou folgt dann

$$E[X_t^{2m}] = E[\lim_{n\to\infty} (X_t^{(n)})^{2m}]$$
$$\le \liminf_{n\to\infty} E[(X_t^{(n)})^{2m}]$$
$$\le (a + ct)e^{2ct} \, . \qquad \square$$

7

Martingale

Itô-Integrale definieren nicht nur stetige stochastischer Prozesse, sondern sie besitzen (für quadratintegrierbare Integranden) eine weitere fundamentale Eigenschaft, nämlich die Martingaleigenschaft. Erst durch sie wird eine Reihe von tieferliegenden Resultaten der stochastischen Analysis beweisbar, denn die Martingaltheorie stellt sehr wirkungsvolle analytische Werkzeuge bereit (Stoppzeiten, Ungleichungen, Konvergenzsätze, etc.). In diesem Kapitel entwickeln wir die benötigten Grundlagen über Martingale, wofür wir vorbereitend bedingte Erwartungswerte einführen. Im darauf folgenden Abschnitt über die Doobschen Maximalungleichungen wird insbesondere die Itô-Kolmogorovsche Maximalungleichung verallgemeinert. Mit Stoppzeiten wird in Abschnitt 7.3 ein Begriff eingeführt, der für weite Teile der Theorie stochastischer Prozesse große Relevanz besitzt. Für Martingale kommt diese Relevanz hauptsächlich durch die Stoppinvarianz der Martingaleigenschaft zum Ausdruck; wir behandeln sie abschließend in Abschnitt 7.4. Konvergenzsätze der Martingaltheorie behandeln wir nicht, da wir sie nicht benötigen.

7.1 Vorbereitung: Bedingte Erwartungswerte

Im Folgenden werden die wichtigsten Eigenschaften bedingter Erwartungswerte bewiesen. Wir beginnen mit ihrer Definition und geben dann eine wahrscheinlichkeitstheoretische Interpretation (vgl. [Ba2, BN, I2]).

Definition 7.1. Sei $X \in \mathcal{L}^1(\Omega, \mathcal{F}, P)$ und $\mathcal{H} \subset \mathcal{F}$ eine Unter-σ-Algebra. Eine Z.V. $Y \in \mathcal{L}^1(\Omega, \mathcal{F}, P)$ heißt *ein bedingter Erwartungswert von X gegeben $\mathcal{H}$* (bzw. *bezüglich $\mathcal{H}$*, oder *unter der Hypothese $\mathcal{H}$*), wenn gilt:

(BE1) Y ist $\mathcal{H}$-messbar.

(BE2) Für alle $H \in \mathcal{H}$ gilt die Mittelwerteigenschaft

$$\int_H Y \, dP = \int_H X \, dP. \tag{7.1}$$

Interpretation. Sei $P(H) > 0$. (Für $P(H) = 0$ ist (7.1) stets erfüllt, stellt also keine Bedingung dar.) Die Spur-σ-Algebra (über H)

$$\mathcal{F}_H := \{F \cap H \mid F \in \mathcal{F}\}$$

modelliert alle Ereignisse (in einem Zufallsexperiment E_Ω zu $(\Omega, \mathcal{F}, P)$), die zusammen mit H eintreten können. Betrachtet man einen Versuch von E_Ω nur dann als „gültig", wenn H eintritt (dies wird kurz in der Form „unter Kenntnis von H" ausgedrückt), so ist

$$\frac{P(F \cap H)}{P(H)} \qquad (7.2)$$

die (bedingte) Wahrscheinlichkeit dafür, dass im eingeschränkten Experiment (mit E_H bezeichnet) das Ereignis F eintritt. E_H wird modelliert durch den W-Raum $(H, \mathcal{F}_H, P_H)$, wobei $P_H(F \cap H)$ durch (7.2) definiert ist. Beobachtet man eine Z.V. $X : \Omega \to \mathbb{R}$ nur dann wenn H eintritt, so ist deren statistischer Mittelwert (im Limes unendlich vieler Versuche) gegeben durch

$$\int_H X \, dP_H = \frac{1}{P(H)} \int_H X \, dP.$$

Er wird als *bedingter EW von X unter Kenntnis von H* bezeichnet. Multipliziert man nun (7.1) mit $1/P(H)$, so besagt die resultierende Gleichung anschaulich, dass die Z.V.n Y *und X denselben Erwartungswert unter Kenntnis von H haben*. Unter der *Zusatzannahme*, dass für ein festes $y \in Y(\Omega)$ und alle $\varepsilon > 0$ die Bedingung $P(H_\varepsilon) > 0$ gilt mit $H_\varepsilon := \{Y \in [y, y + \varepsilon]\}$, lässt sich diese Überlegung noch weiterführen: Wegen $H_\varepsilon \in \mathcal{H}$ folgt zunächst

$$\int_{Y \in [y, y+\varepsilon]} Y \, dP_{H_\varepsilon} = \frac{1}{P(H_\varepsilon)} \int_{Y \in [y, y+\varepsilon]} X \, dP.$$

Ist nun $\omega_0 \in \Omega$ ein Punkt mit $y = Y(\omega_0)$, so konvergiert die linke Seite dieser Gleichung gegen $Y(\omega_0)$, also auch die rechte, d.h. es gilt

$$Y(\omega_0) = \lim_{\varepsilon \to 0} \left[\frac{1}{P(H_\varepsilon)} \int_{Y \in [y, y+\varepsilon]} X \, dP \right].$$

$Y(\omega_0)$ ist also Grenzwert von bedingten Erwartungen von X, wobei die „Kenntnisse H_ε" von ω_0 abhängen. Damit wird die Bezeichnung der Z.V. Y als „bedingter Erwartungswert" gerechtfertigt, und man erkennt, dass $Y(\omega_0)$ sich als Mittelung von X-Werten interpretieren lässt.

Ist Y ein bedingter Erwartungswert (kurz: bed. EW) von X unter $\mathcal{H}$ und g eine $\mathcal{H}$-messbare Funktion die P-f.s. Null ist, so erfüllt offensichtlich auch $\check{Y} := Y + g$ die Eigenschaften (BE1) und (BE2) in Definition 7.1, d.h. auch $\check{Y}$ ist ein bed. EW von X. Abgesehen von dieser Mehrdeutigkeit ist ein bed. EW aber stets eindeutig:

Lemma 7.2 (Eindeutigkeit des bed. EW). *Seien* Y *und* $\tilde{Y}$ *zwei bedingte Erwartungswerte von* X *gegeben* $\mathcal{H}$. *Dann gilt* $Y = \tilde{Y}$ *P-fast sicher.*

Beweis. Für $H := \{Y - \tilde{Y} > 0\} \in \mathcal{H}$ gilt wegen (7.1):

$$\int_H (Y - \tilde{Y})\, dP = 0\,.$$

Da der Integrand auf H strikt positiv ist folgt $P(H) = 0$. Entsprechend schließt man $P(Y - \tilde{Y} < 0) = 0$, zusammen also $P(Y \neq \tilde{Y}) = 0$. □

Die *Existenz bedingter Erwartungswerte* folgt in einfacher Weise aus dem Satz von Radon-Nikodym, siehe z.B. [Ba2]. Dieser Satz wird an keiner weiteren Stelle dieses Buches benötigt, und die Eigenschaften bedingter Erwartungen folgen allesamt aus der Definition 7.1. Daher kann auf einen Existenzbeweis ohne großen Verlust für das Weitere verzichtet werden.

Notation. Im Folgenden wird mit $E[X|\mathcal{H}]$ *ein konkreter* (aber nicht näher spezifizierter) bed. EW von X unter $\mathcal{H}$ bezeichnet. Gleichungen bzw. Ungleichungen mit bed. EWen sind *stets mit dem Zusatz „P-f.s." zu lesen*, um die nicht eindeutige Spezifikation von $E[X|\mathcal{H}]$ auszugleichen. [Dies ist also völlig analog zur Situation beim Itô-Integral $\int_\alpha^\beta f(t)\, dB_t$.]

Wir diskutieren zunächst Eigenschaften von bedingten Erwartungswerten, die denen „gewöhnlicher" Erwartungswerte entsprechen:

Lemma 7.3 (Integral-Eigenschaften bedingter Erwartungswerte). *Es seien* $X, \tilde{X} \in \mathcal{L}^1(\Omega, \mathcal{F}, P)$, *und* $\mathcal{H}$ *eine Unter-σ-Algebra von* $\mathcal{F}$. *Dann gilt:*

(a) (Linearität.) $E[aX + \tilde{X}|\mathcal{H}] = aE[X|\mathcal{H}] + E[\tilde{X}|\mathcal{H}]$, *für alle* $a \in \mathbb{R}$.

(b) (Monotonie.) *Gilt* $X \geq \tilde{X}$ *so folgt* $E[X|\mathcal{H}] \geq E[\tilde{X}|\mathcal{H}]$. *Gilt sogar* $X > 0$ *P-f.s., so folgt* $E[X|\mathcal{H}] > 0$.

(c) (Dreiecksungleichung.) $\big|E[X|\mathcal{H}]\big| \leq E[|X||\mathcal{H}]$.

(d) (Erwartungstreue.) $X \in \mathcal{L}^1(P) \Rightarrow E[E[X|\mathcal{H}]] = E[X]$.

Beweis. (a) Für alle $H \in \mathcal{H}$ gilt:

$$\int_H (aX + \tilde{X})\, dP = a \int_H X\, dP + \int_H \tilde{X}\, dP$$

$$= a \int_H E[X|\mathcal{H}]\, dP + \int_H E[\tilde{X}|\mathcal{H}]\, dP$$

$$= \int_H (aE[X|\mathcal{H}] + E[\tilde{X}|\mathcal{H}])\, dP\,.$$

(b) Sei o.B.d.A. $\tilde{X} = 0$ (ansonsten betrachte $X - \tilde{X}$), und definiere das Ereignis $N := \{E[X|\mathcal{H}] < 0\} \in \mathcal{H}$. Wegen $X \geq 0$ gilt

$$0 \leq \int_N X\, dP = \int_N E[X|\mathcal{H}]\, dP \leq 0\,. \tag{7.3}$$

Da aber $E[X|\mathcal{H}]$ auf N strikt kleiner ist als 0, so muss $P(N) = 0$ gelten. Nach Definition von N besagt dies aber $E[X|\mathcal{H}] \geq 0$, P-fast sicher.

Ist $X > 0$ definiere $N := \{E[X|\mathcal{H}] \leq 0\} \in \mathcal{H}$. Damit folgt wieder (7.3). Diesmal folgt $P(N) = 0$ aus $X > 0$, also $P(E[X|\mathcal{H}] > 0) = P(N^c) = 1$.

(c) Mit der üblichen Zerlegung $X = X^+ - X^-$ hat man $|X| = X^+ + X^-$. Wegen $X^- \geq 0$ gilt auch $E[X^-|\mathcal{H}] \geq 0$. Damit folgt

$$
\begin{aligned}
|E[X|\mathcal{H}]| &= |E[X^+|\mathcal{H}] - E[X^-|\mathcal{H}]| \\
&\leq |E[X^+|\mathcal{H}] + E[X^-|\mathcal{H}]| \\
&= E[|X||\mathcal{H}].
\end{aligned}
$$

(d) Wegen $\Omega \in \mathcal{H}$ und (7.1) folgt

$$
E[E[X|\mathcal{H}]] = \int_\Omega E[X|\mathcal{H}]\, dP = \int_\Omega X\, dP = E[X]. \qquad \square
$$

Die nun folgenden Projektionseigenschaften sind im Wesentlichen funktional-analytischer Natur. (Siehe insbesondere Korollar 7.5 und Korollar 7.8.)

Satz 7.4 (Projektionseigenschaften des bedingten Erwartungswertes). *Mit den Bezeichnungen von Definition 7.1 und $\tilde{X} \in \mathcal{L}^1(P)$ gilt:*

(a) $X = \tilde{X}$ *P-f.s.* $\Rightarrow$ $E[X|\mathcal{H}] = E[\tilde{X}|\mathcal{H}]$.

(b) *Ist $\mathcal{G}$ eine Unter-σ-Algebra von $\mathcal{H}$ so gilt $E[E[X|\mathcal{H}]|\mathcal{G}] = E[X|\mathcal{G}]$.*

(c) $X \in \mathcal{L}^1(\Omega, \mathcal{H}, P)$ *(also $\mathcal{H}$-messbar)* $\Rightarrow$ $E[X|\mathcal{H}] = X$.

(d) X *unabhängig von $\mathcal{H}$* $\Rightarrow$ $E[X|\mathcal{H}] = E[X]$.

(e) *Es gilt $\|E[X|\mathcal{H}]\|_{\mathcal{L}^1(P)} \leq \|X\|_{\mathcal{L}^1(P)}$. Insbesondere folgt hieraus:*
$X_n \to X$ *in* $\mathcal{L}^1(P)$ $\Rightarrow$ $E[X_n|\mathcal{H}] \to E[X|\mathcal{H}]$ *in* $\mathcal{L}^1(P)$.

(f) *Seien $X, Y \in \mathcal{L}^1(\Omega, \mathcal{F}, P)$ derart, dass auch $X \cdot Y \in \mathcal{L}^1(P)$ gilt. Ist X messbar bezüglich der Unter-σ-Algebra $\mathcal{H} \subset \mathcal{F}$, so gilt*

$$
E[XY|\mathcal{H}] = X E[Y|\mathcal{H}].
$$

Beweis. (a) Für alle $H \in \mathcal{H}$ gilt $\int_H E[\tilde{X}|\mathcal{H}]\, dP = \int_H \tilde{X}\, dP = \int_H X\, dP$. Die Z.V. $Y := E[\tilde{X}|\mathcal{H}]$ erfüllt also (7.1) und ist $\mathcal{H}$-messbar. Aus Definition 7.1 folgt nun $Y = E[X|\mathcal{H}]$.

(b) Für $G \in \mathcal{G}$ gilt einerseits $\int_G X\, dP = \int_G E[X|\mathcal{G}]\, dP$, und wegen $\mathcal{G} \subset \mathcal{H}$ (also $G \in \mathcal{H}$) gilt andererseits $\int_G X\, dP = \int_G E[X|\mathcal{H}]\, dP$. Zusammen folgt

$$
\int_G E[X|\mathcal{G}]\, dP = \int_G E[X|\mathcal{H}]\, dP, \qquad \forall G \in \mathcal{G}.
$$

Die $\mathcal{G}$-messbare Z.V. $Y := E[X|\mathcal{G}]$ ist also der bedingte Erwartungswert von $\hat{X} := E[X|\mathcal{H}]$ bzgl. $\mathcal{G}$, also $Y = E[\hat{X}|\mathcal{G}]$, d.h. $E[X|\mathcal{G}] = E[E[X|\mathcal{H}]|\mathcal{G}]$.

(c) Da X $\mathcal{H}$-messbar ist kann man in (7.1) $Y = X$ wählen.

(d) Nach Voraussetzung gilt $1_H \perp\!\!\!\perp X$ für jedes $H \in \mathcal{H}$. Damit folgt

$$\int_H X \, dP = \int 1_H X \, dP = \int 1_H \, dP \cdot \int X \, dP$$

$$= \int_H E[X] \, dP.$$

(e) Integration von $\left|E[X|\mathcal{H}]\right| \leq E[|X||\mathcal{H}]$ ergibt mit Hilfe der Erwartungstreue (Lemma 7.3) sofort $\|E[X|\mathcal{H}]\|_{\mathcal{L}^1(P)} \leq \|X\|_{\mathcal{L}^1(P)}$.

(f) Zunächst sei o.B.d.A. $Y \geq 0$, denn wegen $|X \cdot Y^\pm| \leq |XY|$ erfüllen auch $X, Y^\pm$ und $X \cdot Y^\pm$ obige Voraussetzungen, sodass man aus der Gültigkeit von $E[XY^\pm|\mathcal{H}] = XE[Y^\pm|\mathcal{H}]$ mittels Linearität diese Gleichheit auch für Y erhält. Mit demselben Argument sei o.B.d.A. $X \geq 0$. Im Fall $X = 1_A$ mit $A \in \mathcal{H}$ erhält man $E[XY|\mathcal{H}] = XE[Y|\mathcal{H}]$ aus folgender Rechnung:

$$\int_C 1_A Y \, dP = \int_{A \cap C} Y \, dP$$

$$= \int_{A \cap C} E[Y|\mathcal{H}] \, dP \qquad (\forall C \in \mathcal{H})$$

$$= \int_C 1_A E[Y|\mathcal{H}] \, dP.$$

Wähle nun $X_n \in E(\Omega, \mathcal{H})$ mit $X_n \nearrow X$. Da jedes X_n eine endliche Linearkombination von Indikatorfunktionen zu Mengen $A_k^{(n)} \in \mathcal{H}$ ist folgt aus der letzten Gleichung und der Linearität des Integrals

$$\int_C X_n Y \, dP = \int_C X_n E[Y|\mathcal{H}] \, dP, \quad \forall C \in \mathcal{H}.$$

Mit monotoner Konvergenz kann hier X_n durch X ersetzt werden.   □

Bemerkung. Die Integrabilitätsbedingungen von Satz 7.4(f) sind insbesondere für $X \in \mathcal{L}^p$ und $Y \in \mathcal{L}^q$ erfüllt, wenn $p, q \in [1, \infty]$ adjungierte Indizes sind.

Bevor wir aus Satz 7.4 eine unmittelbare Schlussfolgerung ziehen sei an folgenden elementaren Sachverhalt aus der linearen Algebra erinnert: Sei $P : V \to V$ ein linearer Operator auf dem Vektorraum V, welcher $P^2 = P$ erfüllt. Man nennt P einen *Projektor* aus folgendem Grund: Es gilt

$$V = \text{Kern}(P) \oplus \text{Bild}(P),$$

d.h. jedes $f \in V$ ist eindeutig zerlegbar in $f = g + h$ ($g \in \text{Kern}(P)$, $h \in \text{Bild}(P)$) und $Pf = h$. *Man sagt P projiziert V auf* Bild(P) *längs* Kern(P)

(diese Eigenschaften zeigt man schneller selbst, als sie z.B. in [Ko] nachzu-schlagen!) Ist zusätzlich $\| \cdot \|$ eine Norm auf V, so ist ein linearer Operator A bereits dann stetig, wenn er beschränkt ist, d.h. wenn es ein $C \geq 0$ gibt mit

$$\|Af\| \leq C\|f\|, \quad \forall f \in V.$$

Aus $f_n \to f$ folgt nämlich $\|Af_n - Af\| = \|A(f_n - f)\| \leq C\|f_n - f\| \to 0$. Dass Beschränktheit auch notwendig ist für Stetigkeit lässt sich ebenfalls leicht zeigen (vgl. etwa [He]), wird aber im Folgenden nicht benötigt.

Korollar 7.5. *Durch Übergang zu $L^1(\Omega, \mathcal{F}, P)$-Äquivalenzklassen erhält man aus $E[\cdot|\mathcal{H}]$ einen stetigen Projektor*

$$P_\mathcal{H} : L^1(\Omega, \mathcal{F}, P) \to L^1(\Omega, \mathcal{F}, P). \tag{7.4}$$

Beweis. Die Wohldefiniertheit von $P_\mathcal{H}$ folgt aus Satz 7.4(a), die Linearität aus Lemma 7.3(a), und die Stetigkeit aus Satz 7.4(e). Schließlich folgt für $\mathcal{G} := \mathcal{H}$ aus Satz 7.4(b) die Projektor-Eigenschaft $P_\mathcal{H}^2 = P_\mathcal{H}$. □

Bemerkungen. 1. Die Gleichung $E[E[X|\mathcal{H}]|\mathcal{G}] = E[X|\mathcal{G}]$ ergibt

$$P_\mathcal{G} \circ P_\mathcal{H} = P_\mathcal{G}.$$

Geometrisch bedeutet dies, dass man *sukzessiv* auf kleinere Teilräume proji-zieren kann. Dies ist eine spezielle Eigenschaft bedingter Erwartungen: Sind $V \supset H \supset G$ Vektorräume und $P_H : V \to H$ sowie $P_G : V \to G$ Projektoren, so gilt i.A. $P_G \circ P_H \neq P_G$ (für Orthogonalprojektoren in Hilberträumen ist $P_G \circ P_H = P_G$ jedoch stets erfüllt). 2. Projektoren sind ein wichtiges Hilfs-mittel der Funktionalanalysis, insbesondere für Hilbert-Räume. Aber erst die Zusatzeigenschaften des bed. EWes machen ihn zu einem der wichtigsten Werkzeuge der stochastischen Analysis.

Eine sehr nützliche Ungleichung für gewöhnliche und für bedingte Erwar-tungswerte ist die von Jensen. Zur ihrer Vorbereitung dient:

Lemma 7.6. *Sei φ eine konvexe C^1-Funktion auf einem Intervall $I \subset \mathbb{R}$. Dann ist die Ableitung φ' monoton wachsend, und es gilt*

$$\varphi(y) \geq \varphi(x) + \varphi'(x)(y - x), \quad \forall x, y \in I. \tag{7.5}$$

Beweis. φ konvex heißt, dass für alle $x < t < y$ (aus I) folgendes gilt:

$$\varphi(t) \leq \varphi(x) + S(x, y)(t - x). \tag{7.6}$$

Hierbei ist $S(x, y) := (\varphi(x) - \varphi(y))/(x - y)$. Aus (7.6) folgt sofort

$$S(t, x) \leq S(x, y). \tag{7.7}$$

Die rechte Seite von (7.6) stimmt mit $\varphi(y) + S(x,y)(t-y)$ überein (der Term $S(x,y)t$ hebt sich beidseitig weg), sodass mit (7.6) auch

$$\varphi(t) \leq \varphi(y) + S(x,y)(t-y)$$

gilt. Hieraus wiederum folgt (wegen $t - y < 0$) sofort

$$S(x,y) \leq S(t,y)\,. \tag{7.8}$$

Mit $t \searrow x$ in (7.7) und $t \nearrow y$ in (7.8) folgt

$$\varphi'(x) \leq S(x,y) \leq \varphi'(y)\,, \quad \forall x < y\,, \tag{7.9}$$

also die erste Behauptung. Für $x < y$ ergibt die linke Seite von (7.9)

$$\varphi'(x) \leq \frac{\varphi(y) - \varphi(x)}{y - x} \quad \Rightarrow \quad \varphi'(x)(y-x) \leq \varphi(y) - \varphi(x)\,,$$

also (7.5). Für $y < x$ ist in (7.9) x mit y zu vertauschen. Aus der Abschätzung $S(x,y) \leq \varphi'(x)$ folgt dann wieder (7.5). Für $x = y$ ist (7.5) trivial. □

Satz 7.7 (Jensensche Ungleichung). *Sei φ eine konvexe C^1-Funktion auf dem offenen Intervall $I \subset \mathbb{R}$. Sei weiter $X \in \mathcal{L}^1(\Omega, \mathcal{F}, P)$ mit Werten in I und $\varphi(X) \in \mathcal{L}^1(P)$. Dann gilt $E[X] \in I$ und*

$$\varphi(E[X]) \leq E[\varphi(X)]\,. \tag{7.10}$$

Ist $\mathcal{H}$ eine Unter-σ-Algebra von $\mathcal{F}$ so gilt $E[X|\mathcal{H}] \in I$ P-f.s., und weiter

$$\varphi(E[X|\mathcal{H}]) \leq E[\varphi(X)|\mathcal{H}]\,.$$

Beweis. Sei $I = (a,b)$ mit $-\infty \leq a$ und $b \leq \infty$. Aus $a < X < b$ folgt (Lemma 1.4) $a < E[X] < b$, also $E[X] \in I$. Mit Lemma 7.3 folgt entsprechend $a < E[X|\mathcal{H}] < b$, sodass $\varphi(E[X|\mathcal{H}])$ P-f.s. definiert ist. Zu festem y hat die rechte Seite in (7.5) ein Maximum bezüglich x für $x = y$, d.h.

$$\varphi(y) = \sup_{x \in I}\{\varphi(x) + \varphi'(x)(y - x)\}\,, \quad \forall y \in I\,. \tag{7.11}$$

Wegen $X(\omega) \in I$ kann in (7.5) y durch X ersetzt werden:

$$\varphi(X) \geq \varphi(x) + \varphi'(x)(X - x)\,, \quad \forall x \in I\,. \tag{7.12}$$

Nimmt man hiervon den Erwartungswert und geht dann auf der rechten Seite zum Supremum über so folgt mit (7.11)

$$E[\varphi(X)] \geq \sup_{x \in I}\{\varphi(x) + \varphi'(x)(E[X] - x)\} = \varphi(E[X])\,,$$

also die Behauptung (7.10). Nimmt man von (7.12) den bedingten Erwartungswert so folgt für jedes feste $x \in I$:

$$E[\varphi(X)|\mathcal{H}] \geq \varphi(x) + \varphi'(x)(E[X|\mathcal{H}] - x) . \tag{7.13}$$

Wegen Stetigkeit kann man in (7.11) I durch $I \cap \mathbb{Q}$ ersetzen, sodass durch Übergang zum Supremum in (7.13) folgt:

$$E[\varphi(X)|\mathcal{H}] \geq \sup_{I \cap \mathbb{Q}} \{\varphi(x) + \varphi'(x)(E[X|\mathcal{H}] - x)\} = \varphi(E[X|\mathcal{H}]) . \qquad \square$$

Bemerkungen. 1. Die Gültigkeit der Jensensche Ungleichung für die Funktion $\varphi(x) = |x|$ ($\varphi \notin C^1(\mathbb{R})$) wurde in Lemma 7.3(c) bewiesen. 2. Die Jensensche Ungleichung ist auch ohne C^1-Bedingung gültig (denn (7.5) gilt im Wesentlichen für jede konvexe Funktion, vgl. [Ba2, S. 121]). Wir werden diese Verallgemeinerung im Folgenden aber nicht benötigen.

Korollar 7.8. *Die Einschränkung des Projektors $P_{\mathcal{H}}$ in (7.4) auf $L^p(\Omega, \mathcal{F}, P)$, mit $p \in (1, \infty)$, definiert einen stetigen Projektor auf $L^p(\Omega, \mathcal{F}, P)$.*

Beweis. Ist $X \in \mathcal{L}^p$ so folgt für die Wahl $\varphi(x) = |x|^p$ mit Satz 7.7 zunächst $|E[X|\mathcal{H}]|^p \leq E[|X|^p|\mathcal{H}]$. Integration über Ω gibt

$$\int |E[X|\mathcal{H}]|^p \, dP \leq \int E[|X|^p|\mathcal{H}] \, dP = \int E[|X|^p] \, dP < \infty ,$$

also $E[X|\mathcal{H}] \in \mathcal{L}^p$. Die p-te Wurzel hieraus ergibt die Stetigkeit:

$$\|E[X|\mathcal{H}]\|_{\mathcal{L}^p} \leq \|X\|_{\mathcal{L}^p} . \qquad \square$$

Bemerkung. Für $p = 2$ ist $P_{\mathcal{H}}$ sogar ein Orthogonalprojektor. Der Beweis dieser Aussage ist nicht schwierig, siehe etwa [Ba2, S. 127].

Abschließend bestimmen wir den Bildraum von $P_{\mathcal{H}}$. Auch dabei tritt die *Augmentation* einer σ-Algebra in natürlicher Weise auf. Das nächste Lemma dient zur Vorbereitung, wird uns aber auch an anderer Stelle nützlich sein.

Lemma 7.9. *Sei $(\Omega, \mathcal{F}, P)$ ein W-Raum, $\mathcal{H}$ eine Unter-σ-Algebra von $\mathcal{F}$, und $X \in \mathcal{L}^1(\Omega, \mathcal{F}, P)$. Dann gilt:*

$$X \text{ ist } \mathcal{H}^* - messbar \iff E[X|\mathcal{H}] = X .$$

Beweis. „$\Rightarrow$": Sei $E[X|\mathcal{H}]$ mit $\tilde{X}$ abgekürzt. Per Definition gilt dann

$$\int_A X \, dP = \int_A \tilde{X} \, dP, \quad \forall A \in \mathcal{H} . \tag{7.14}$$

Aufgrund der Darstellung (2.3) folgt

$$A_+ := \{X - \tilde{X} \geq 0\} \in \mathcal{H}^* \Rightarrow A_+ = A_1 \triangle N_1 \quad (\text{mit } A_1 \in \mathcal{H}, \ N_1 \in \mathcal{N})$$

$$A_- := \{X - \tilde{X} < 0\} \in \mathcal{H}^* \Rightarrow A_- = A_2 \triangle N_2 \quad (\text{mit } A_2 \in \mathcal{H}, \ N_2 \in \mathcal{N}).$$

Da Ω die disjunkte Vereinigung von A_+ und A_- ist erhält man mit Hilfe von Aufgabe 2.a und Gleichung (7.14):

$$\int_\Omega |X - \tilde{X}| \, dP = \int_{A_1 \triangle N_1} (X - \tilde{X}) \, dP + \int_{A_2 \triangle N_2} (\tilde{X} - X) \, dP$$

$$= \int_{A_1} (X - \tilde{X}) \, dP + \int_{A_2} (\tilde{X} - X) \, dP = 0.$$

„$\Leftarrow$": Die Zufallsvariable $Y := E[X|\mathcal{H}]$ ist definitionsgemäß $\mathcal{H}$-messbar, und nach Voraussetzung gilt $P(Y \neq X) = 0$. Nach Lemma 2.2 ist somit X $\mathcal{H}^*$-messbar. $\qquad \square$

Notation. Ist $(\Omega, \mathcal{F}, P)$ ein W-Raum und $\mathcal{H} \subset \mathcal{F}$ eine Unter-σ-Algebra, so ist $P|_\mathcal{H}$ offensichtlich ein W-Maß auf $\mathcal{H}$. Im Folgenden kürzen wir $\mathcal{L}^p(\Omega, \mathcal{H}, P|_\mathcal{H})$ mit $\mathcal{L}^p(\Omega, \mathcal{H}, P)$ ab. Entsprechendes gilt für $L^p(\Omega, \mathcal{H}, P|_\mathcal{H})$.

Korollar 7.10. *Ist (X_n) eine Folge in $\mathcal{L}^1(\Omega, \mathcal{H}, P)$ und gilt $X_n \to X$ in $\mathcal{L}^1(\Omega, \mathcal{F}, P)$, so folgt $X \in \mathcal{L}^1(\Omega, \mathcal{H}^*, P)$.*

Der Bildraum des Projektors $P_\mathcal{H}$ ist im Allgemeinen nicht (wie man aufgrund von Satz 7.4(c) annehmen könnte) gleich $L^1(\Omega, \mathcal{H}, P)$, was folgenden Grund hat: Per Definition gilt $\mathcal{L}^1(\Omega, \mathcal{H}, P) \subset \mathcal{L}^1(\Omega, \mathcal{F}, P)$. Ist $\mathcal{H} \neq \mathcal{H}^*$, so gilt jedoch *nicht* die (zu erwartende) Beziehung

$$L^1(\Omega, \mathcal{H}, P) \subset L^1(\Omega, \mathcal{F}, P). \tag{7.15}$$

Eine Äquivalenzklasse zu $X \in \mathcal{L}^1(\Omega, \mathcal{H}, P)$ lautet nämlich per Definition

$$[X]_\mathcal{H} = \{Y \in \mathcal{L}^1(\Omega, \mathcal{H}, P) : \|X - Y\|_{\mathcal{L}^1(P)} = 0\}.$$

[Wir werden im Folgenden öfters $[X]_\mathcal{H}$ anstelle von $\hat{X}$ schreiben um zu spezifizieren, dass die Äquivalenzklassen nur mit $\mathcal{H}$-messbaren Funktionen gebildet werden.] Ist nun N eine Nullmenge in $\mathcal{F}$ mit $N \notin \mathcal{H}$, so ist $X + 1_N \notin [X]_\mathcal{H}$, aber es gilt $X + 1_N \in [X]_\mathcal{F}$. Es gilt also offensichtlich $[X]_\mathcal{H} \subset [X]_\mathcal{F}$ und $[X]_\mathcal{H} \neq [X]_\mathcal{F}$. *Die $\mathcal{F}$-Äquivalenzklasse von X enthält also Funktionen die zwar P-f.s. mit X übereinstimmen, aber mangels Messbarkeit nicht in $[X]_\mathcal{H}$ liegen*, sodass $[X]_\mathcal{H}$ *keine* Klasse in $L^1(\Omega, \mathcal{F}, P)$ ist. Um solchen Feinheiten aus dem Weg zu gehen setzt man auch im Kontext von L^p-Räumen für Unter-σ-Algebren häufig $\mathcal{H} = \mathcal{H}^*$ voraus. In diesem Fall gilt (7.15), wie aus folgendem Satz ersichtlich ist:

Satz 7.11. *Sei* $(\Omega, \mathcal{F}, P)$ *ein W-Raum,* $\mathcal{H}$ *eine Unter-σ-Algebra von* $\mathcal{F}$*, und* $X \in \mathcal{L}^1(\Omega, \mathcal{H}^*, P)$*. Dann gilt:*

(a) *Jedes* $\tilde{X} \in [X]_{\mathcal{F}} \in L^1(\Omega, \mathcal{F}, P)$ *ist* $\mathcal{H}^*$*-messbar.*

(b) $[X]_{\mathcal{H}^*} = [X]_{\mathcal{F}}$*. Insbesondere gilt* $L^1(\Omega, \mathcal{H}^*, P) \subset L^1(\Omega, \mathcal{F}, P)$*.*

(c) *Für den Projektor* $P_{\mathcal{H}}$ *in* (7.4) *gilt*

$$P_{\mathcal{H}}(L^1(\Omega, \mathcal{F}, P)) = L^1(\Omega, \mathcal{H}^*, P).$$

Beweis. (a) Wegen $P(X \neq \tilde{X}) = 0$ und $(\mathcal{H}^*)^* = \mathcal{H}^*$ folgt die Behauptung aus Lemma 2.2.

(b) „$\subset$": Ist $\tilde{X} \in [X]_{\mathcal{H}^*}$ so ist $\tilde{X}$ $\mathcal{H}^*$-messbar, also auch $\mathcal{F}$-messbar. Mit $\|X - \tilde{X}\|_{\mathcal{L}^1(\Omega, \mathcal{H}^*, P)} = \|X - \tilde{X}\|_{\mathcal{L}^1(\Omega, \mathcal{F}, P)} = 0$ folgt $\tilde{X} \in [X]_{\mathcal{F}}$.

„$\supset$": Nach (a) ist jedes $\tilde{X} \in [X]_{\mathcal{F}}$ messbar bezüglich $\mathcal{H}^*$, und wieder gilt $\|X - \tilde{X}\|_{\mathcal{L}^1(\Omega, \mathcal{H}^*, P)} = \|X - \tilde{X}\|_{\mathcal{L}^1(\Omega, \mathcal{F}, P)} = 0$, sodass $\tilde{X} \in [X]_{\mathcal{H}^*}$ folgt.

(c) $X \in \mathcal{L}^1(\Omega, \mathcal{F}, P) \Rightarrow E[X|\mathcal{H}]$ ist $\mathcal{H}^*$-messbar. Folglich gilt nach (b):

$$P_{\mathcal{H}}([X]_{\mathcal{F}}) = \big[E[X|\mathcal{H}]\big]_{\mathcal{F}} = \big[E[X|\mathcal{H}]\big]_{\mathcal{H}^*} \in L^1(\Omega, \mathcal{H}^*, P).$$

Bleibt zu zeigen, dass $P_{\mathcal{H}}$ auf ganz $L^1(\Omega, \mathcal{H}^*, P)$ abbildet. Sei hierzu $[X]_{\mathcal{H}^*} \in L^1(\Omega, \mathcal{H}^*, P)$ gegeben, und $Y \in [X]_{\mathcal{H}^*} = [X]_{\mathcal{F}}$ beliebig gewählt. Dann ist nach Lemma 7.9 $E[Y|\mathcal{H}] = Y$, und damit

$$P_{\mathcal{H}}([X]_{\mathcal{F}}) = \big[E[Y|\mathcal{H}]\big]_{\mathcal{F}} = [Y]_{\mathcal{F}} = [X]_{\mathcal{F}} = [X]_{\mathcal{H}^*}. \qquad \square$$

7.2 Maximalungleichungen für Submartingale

In der Theorie *allgemeiner stochastischer Integrale* spielen Martingale eine zentrale Rolle (vgl. etwa [HT,KS,WW]). Für stochastische Integrale bezüglich der BB benötigt man dagegen nur für die tiefer liegenden Resultate etwas Martingaltheorie. [So benötigen wir beispielsweise keine Zerlegungssätze für Martingale, keine Martingalkonvergenzsätze und auch nicht den Begriff des Semimartingals]. Im Folgenden entwickeln wir nur diejenigen Aspekte der Martingaltheorie, welche wir unmittelbar benutzen werden.

Definition 7.12. Sei $(\Omega, \mathcal{F}, P, (\mathcal{F}_t)_{t \in I})$ ein filtrierter W-Raum mit $I \subset \mathbb{R}$, und $X = (X_t)_{t \in I}$ ein $\mathcal{F}_t$-adaptierter $\mathcal{L}^1(P)$-Prozess. X heißt

$$\text{\textit{Supermartingal} bezüglich } (\mathcal{F}_t), \text{ falls } \quad E[X_t|\mathcal{F}_s] \leq X_s, \ \forall s \leq t,$$
$$\text{\textit{Submartingal} bezüglich } (\mathcal{F}_t), \text{ falls } \quad E[X_t|\mathcal{F}_s] \geq X_s, \ \forall s \leq t,$$
$$\text{und \textit{Martingal} bezüglich } (\mathcal{F}_t), \text{ falls } \quad E[X_t|\mathcal{F}_s] = X_s, \ \forall s \leq t.$$

Anstatt „Martingal bezüglich $(\mathcal{F}_t)$" sagt man auch kurz „$\mathcal{F}_t$-Martingal". (Analog für Sub- und Supermartingale.) Ist $p \in [1, \infty)$ und gilt $X_t \in \mathcal{L}^p(P)$ für alle $t \in I$, so nennt man X ein $\mathcal{L}^p$-(*Super- bzw. Sub-*) *Martingal*.

Bemerkungen. 1. Ist X Submartingal, so ist $-X$ Supermartingal (und umgekehrt). Es genügt daher häufig Sätze nur für Submartingale zu formulieren. 2. Kennt man für ein Martingal X die Vergangenheit bis zur Zeit s, so ist sein (bedingter) EW $E[X_t|\mathcal{F}_s]$ für alle $t > s$ konstant gleich X_s. Das Standardbeispiel hierzu ist ein faires Glücksspiel, bei dem X_n das Kapital eines Spielers nach der n-ten Runde bezeichnet: *Im Mittel* wird er in jedem weiteren Spiel weder Gewinn noch Verlust machen, sodass sein Kapital sich zukünftig im Mittel nicht ändert (in einzelnen Spielen schon). 3. Bei Submartingalen *wächst der Erwartungswert mit der Zeit*: $E[X_s] \leq E[E[X_t|\mathcal{F}_s]] = E[X_t]$, für $s \leq t$. Dies passt zu Glücksspielen die im Lauf der Zeit im Mittel Gewinn machen (Situation von Spielbanken). Auch Aktienkurse werden oft durch (Sub-) Martingale modelliert (vgl. Kapitel 11).

Aufgabe 7.a. Man zeige: (i) Ist $(X_t)_{t\geq 0}$ ein $\mathcal{L}^1(P)$-Prozess mit unabhängigen Zuwächsen (z.B. eine BB), so ist der *kompensierte Prozess* $X_t - E[X_t]$ ein $\mathcal{F}_t^X$-Martingal. (ii) Ist $X \in \mathcal{L}^1(\Omega, \mathcal{F}, P)$ und $(\mathcal{F}_t)_{t\geq 0}$ eine Filtration in $\mathcal{F}$ so definiert (jede Version von) $X_t := E[X|\mathcal{F}_t]$ ein $\mathcal{F}_t$-Martingal.

Beispiel. In Anwendungen treten oft *Poisson-Prozesse mit Intensität* $\lambda > 0$ auf, d.h. Prozesse $(X_t)_{t\geq 0}$ mit $X_0 = 0$ und mit unabhängigen Zuwächsen der Verteilung $P_{X_t - X_s} = \pi_{\lambda(t-s)}$ ($t \geq s$). Dabei bezeichnet π_a das Poisson-Maß (auf $\mathbb{R}$) mit Parameter $a \geq 0$, welches definiert ist durch

$$\pi_a := e^{-a} \sum_{n=0}^{\infty} \frac{a^n}{n!} \varepsilon_n \,.$$

Nach (i) ist der *kompensierte Poisson-Prozess* $X_t - \lambda t$ ein $\mathcal{F}_t^X$-Martingal.

Folgende Charakterisierung von Submartingalen werden wir öfters benutzen:

Lemma 7.13. *Sei* $(\Omega, \mathcal{F}, P)$ *ein W-Raum,* $\mathcal{H} \subset \mathcal{F}$ *eine Unter-σ-Algebra, und* $H, X \in \mathcal{L}^1(\Omega, \mathcal{F}, P)$. *Dann gilt*

$$E[H|\mathcal{H}] \leq E[X|\mathcal{H}] \iff \int_A H\, dP \leq \int_A X\, dP, \quad \forall A \in \mathcal{H}\,.$$

Ist $X = (X_t)_{t\in I}$ *ein* $\mathcal{F}_t$-*adaptierter* $\mathcal{L}^1(P)$-*Prozess, so gilt für alle* $s \leq t$:

$$X_s \leq E[X_t|\mathcal{F}_s] \iff \int_A X_s\, dP \leq \int_A X_t\, dP, \quad \forall A \in \mathcal{F}_s\,.$$

Beweis. „$\Rightarrow$": Für $Y \in \mathcal{L}^1$ gilt $\int_A E[Y|\mathcal{H}]\, dP = \int_A Y\, dP$. Durch Integration von $E[H|\mathcal{H}] \leq E[X|\mathcal{H}]$ über A folgt sofort die Behauptung.

„$\Leftarrow$": Nach Voraussetzung gilt für $A := \{E[H|\mathcal{H}] - E[X|\mathcal{H}] > 0\} \in \mathcal{H}$

$$\int_A (H - X)\, dP = \int_A (E[H|\mathcal{H}] - E[X|\mathcal{H}])\, dP \leq 0\,.$$

Dies kann aber nur für $P(A) = 0$ gelten, sodass $E[H|\mathcal{H}] \leq E[X|\mathcal{H}]$ folgt. Für die zweite Behauptung hat man in der ersten Äquivalenz lediglich folgende Ersetzungen zu machen: $\mathcal{H} := \mathcal{F}_s$, $H := X_s$ und $X := X_t$. $\qquad\square$

Lemma 7.14. (Elementare Stabilitätseigenschaften von Submartingalen). *Der $\mathcal{L}^1(P)$-Prozess $X = (X_t)_{t\in I}$ sei adaptiert an $(\mathcal{F}_t)_{t\in I}$. Dann gilt:*

(a) *Ist X ein $\mathcal{F}_t$-Submartingal, so auch ein $\mathcal{F}_t^X$-Submartingal. Ist $J \subset I$, so ist $(\mathcal{F}_t)_{t\in J}$ eine Filtration und $(X_t)_{t\in J}$ ist ein $(\mathcal{F}_t)_{t\in J}$-Submartingal.*

(b) *Ist X ein Martingal, und $\varphi \in C^1(\mathbb{R})$ konvex mit $\varphi(X_t) \in \mathcal{L}^1(P)$ für alle $t \in I$, so ist $(\varphi(X_t))_{t\in I}$ ein Submartingal. Außerdem ist $(|X_t|)_{t\in I}$ ein Submartingal.*

Beweis. (a) Da X_s messbar bezüglich $\mathcal{F}_s$ ist gilt $\sigma(X_s) \subset \mathcal{F}_s \subset \mathcal{F}_t$ für alle $s \leq t$. Damit gilt auch $\bigcup_{s\leq t}\sigma(X_s) \subset \mathcal{F}_t$, womit schließlich $\mathcal{F}_t^X \subset \mathcal{F}_t$ folgt. Mit Lemma 7.3 und Satz 7.4 folgt für alle $s \leq t$:

$$E[X_t|\mathcal{F}_s^X] = E[E[X_t|\mathcal{F}_s]|\mathcal{F}_s^X] \geq E[X_s|\mathcal{F}_s^X] = X_s \,. \qquad (7.16)$$

Ist $J \subset I$, so gilt $\mathcal{F}_s \subset \mathcal{F}_t$ und $X_s \leq E[X_t|\mathcal{F}_s]$, für alle $s \leq t$ aus $I \supset J$.

(b) Mit der Jensenschen Ungleichung (die auch für $\varphi(x) = |x|$ gilt) folgt

$$E[\varphi(X_t)|\mathcal{F}_s] \geq \varphi(E[X_t|\mathcal{F}_s]) = \varphi(X_s) \,, \qquad \forall s \leq t \,. \qquad \square$$

Bemerkungen. 1. Wegen (a) ist es oft nicht erforderlich die zugrunde liegende Filtration anzugeben. Wenn wir im Folgenden einen Satz über (Sub-)Martingale $(X_t)_{t\in I}$ ohne Angabe einer Filtration machen, dann gilt dieser Satz für jede in Frage kommende Filtration $(\mathcal{F}_t)_{t\in I}$, insbesondere also für die kanonische. 2. Das Einschieben von Projektoren wie in (7.16) (hier als „Zwischenkonditionierung") ist ein Standard-Trick der Funktionalanalysis, der im Folgenden mit bedingten Erwartungen oft Anwendung finden wird.

Lemma 7.15. *Sei $(X_t)_{t\in[0,T]}$ ein $\mathcal{F}_t$-Submartingal. Dann gilt*

$$(X_t)_{t\in[0,T]} \text{ ist Martingal } \iff E[X_0] = E[X_T] \,.$$

Beweis. „$\Rightarrow$" Folgt durch Integration von $X_0 = E[X_T|\mathcal{F}_0]$ über Ω.

„$\Leftarrow$" Aus der Submartingaleigenschaft

$$X_s \leq E[X_t|\mathcal{F}_s] \,, \quad \forall s \leq t \,,$$

folgt zunächst $E[X_s] \leq E[X_t]$, und damit $E[X_0] \leq E[X_t] \leq E[X_T]$, für alle $t \in [0,T]$. Wegen $E[X_0] = E[X_T]$ ist dies nur möglich falls

$$E[X_t] = E[X_0] \,, \quad \forall t \in [0,T] \,.$$

Es folgt $E[E[X_t|\mathcal{F}_s] - X_s] = 0$, wobei wegen der Submartingaleigenschaft $E[X_t|\mathcal{F}_s] - X_s \geq 0$ gilt. Dies ist aber nur möglich wenn der Integrand P-f.s. Null ist, d.h. es gilt $X_s = E[X_t|\mathcal{F}_s]$, für alle $s \leq t$. $\qquad \square$

Die nun folgende Grundversion der Doobschen Maximalungleichung verallgemeinert die Kolmogorovsche aus Abschnitt 2.5 auf die deutlich größer Klasse von Submartingalen (vgl. nachfolgende Aufgabe):

Satz 7.16 (Basis-Maximalungleichungen). *Ist* $(X_k)_{k=1,\ldots n}$ *ein Submartingal mit Zerlegung* $X_k = X_k^+ - X_k^-$, *so gilt für alle* $\lambda \geq 0$:

$$\lambda \cdot P(\max_{k=1}^{n}\{X_k\} > \lambda) \leq \int_{\{\max_{k=1}^{n}\{X_k\}>\lambda\}} X_n^+ \, dP \leq E[X_n^+]. \qquad (7.17)$$

Ist $p \in [1,\infty)$ *und* $(X_k)_{k=1,\ldots,n}$ *ein* $\mathcal{L}^p$-*Martingal, so gilt für alle* $\lambda > 0$:

$$P(\max_{k=1}^{n}|X_k| > \lambda) \leq \frac{1}{\lambda^p}E[|X_n|^p]. \qquad (7.18)$$

Beweis. Zerlege $A := \{\max(X_1,\ldots,X_n) > \lambda\}$ in diejenigen Ereignisse A_k, bei denen $X_k > \lambda$ erstmals eintritt, also in $A_1 := \{X_1 > \lambda\} \in \mathcal{F}_1$ und

$$A_k = \{X_1 \leq \lambda, \ldots, X_{k-1} \leq \lambda\} \cap \{X_k > \lambda\} \in \mathcal{F}_k,$$

für alle $k = 2, \ldots, n$. Zeige nun, dass die Zerlegung

$$A = \cup_{k=1}^{n}A_k, \qquad \text{(disjunkt)} \qquad (7.19)$$

besteht: Zunächst sind A_l und A_k für $l < k$ disjunkt, denn $\omega \in A_l$ impliziert $X_l > \lambda$ während $\omega \in A_k$ (für $k > l$) $X_l \leq \lambda$ zur Folge hat. Weiter ist offensichtlich $A_k \subset A$, also $\cup_{k=1}^{n}A_k \subset A$. Ist umgekehrt $\omega \in A$ so gibt es einen ersten Index $k_0 \in \{1, \ldots, n\}$ mit $X_{k_0} > \lambda$. Also gilt $\omega \in A_{k_0}$ und damit $A \subset \cup_{k=1}^{n}A_k$, womit (7.19) folgt. Wegen $1_A = 1_{A_1} + \cdots + 1_{A_n}$ gilt nun:

$$\begin{aligned}
E[X_n^+ 1_A] &= \sum_{k=1}^{n} E[X_n^+ 1_{A_k}] \\
&= \sum E[E[X_n^+ 1_{A_k}|X_1, \ldots, X_k]] \\
&= \sum E[1_{A_k} E[X_n^+ |X_1, \ldots, X_k]] \qquad (\text{da } A_k \in \mathcal{F}_k) \\
&\geq \sum E[1_{A_k} E[X_n|X_1, \ldots, X_k]] \qquad (\text{da } X_n^+ \geq X_n) \\
&\geq \sum E[1_{A_k} X_k] \qquad (\text{Submartingaleigenschaft}) \\
&\geq \sum E[1_{A_k} \lambda] \qquad (\text{da } X_k > \lambda \text{ auf } A_k) \\
&= \sum \lambda \cdot P(A_k) = \lambda \cdot P(A).
\end{aligned}$$

Sei schließlich $(X_k)_{k=1,\ldots,n}$ ein $\mathcal{L}^p$-Martingal. Dann ist $(|X_k|^p)_{k=1,\ldots,n}$ ein Submartingal, welches mit seinem Positivteil übereinstimmt. Aus

$$\max_{k=1}^{n}|X_k| > \lambda \iff \max_{k=1}^{n}|X_k|^p > \lambda^p$$

folgt daher mit (7.17) die Behauptung. $\qquad\qquad\qquad\qquad\qquad\qquad$ □

Aufgabe. Man zeige, dass unter den Voraussetzungen der Kolmogorovschen Maximalungleichung (Satz 2.20) der Prozess

$$M_k := \sum_{i=1}^{k} X_i Y_i \quad k = 1, \ldots, n,$$

ein Martingal definiert. Man folgere hieraus die Ungleichung (2.22).

Korollar 7.17 (L^2-Ungleichung). *Es sei $(X_k)_{k=1,\ldots,n}$ ein $\mathcal{L}^2$-Martingal oder ein nichtnegatives $\mathcal{L}^2$-Submartingal. Dann gilt*

$$E[\max_{k=1}^{n}\{X_k^2\}] \leq 4E[X_n^2]. \tag{7.20}$$

Beweis. Nach beiden Voraussetzungen ist $(|X_k|)_{k=1,\ldots,n}$ ein Submartingal, sodass Satz 7.16 anwendbar ist. Mit $Y := \max\{|X_1|, \ldots, |X_n|\}$ gilt nun:

$$E[\frac{1}{2}Y^2] = \int_{\Omega} \left[\int_{\mathbb{R}_+} \lambda \cdot 1_{[0,Y]}(\lambda)\, d\lambda \right] dP$$

$$= \int_{\mathbb{R}_+} \lambda \cdot P(Y > \lambda)\, d\lambda \qquad \text{(Fubini)}$$

$$\leq \int_{\mathbb{R}_+} \left[\int_{\Omega} |X_n| \cdot 1_{\{Y > \lambda\}} \right] d\lambda \qquad \text{(nach (7.17))}$$

$$= \int_{\Omega} |X_n| \cdot Y\, dP \qquad \text{(Fubini)}$$

$$\leq \|X_n\|_2 \cdot \|Y\|_2, \qquad \text{(CSU)}.$$

Hieraus folgt $\frac{1}{2}\|Y\|_2 \leq \|X_n\|_2$ (im Fall $\|Y\|_2 = 0$ ist diese Abschätzung trivial), also $\|Y\|_2^2 \leq 4\|X_n\|_2^2$. Dies ist (7.20). □

Wir können nun problemlos zu kontinuierlichen Zeiten übergehen, *da obige Ungleichungen nicht von der Anzahl der Zeitpunkte abhängen:*

Satz 7.18 (Doobsche Maximalungleichungen). *Sei $T > 0$ und $(X_t)_{t \in [0,T]}$ ein (pfad-) stetiges Submartingal. Dann gilt für alle $\lambda > 0$:*

$$P(\max\{X_t, t \in [0,T]\} > \lambda) \leq \frac{1}{\lambda} E[X_T^+]. \tag{7.21}$$

Sei $p \geq 1$ und $(X_t)_{t \in [0,T]}$ ein stetiges $\mathcal{L}^p$-Martingal. Dann gilt:

$$P(\max\{|X_t|, t \in [0,T]\} > \lambda) \leq \frac{1}{\lambda^p} E[|X_T|^p], \quad \forall \lambda > 0. \tag{7.22}$$

Sei schließlich $(X_t)_{t \in [0,T]}$ ein stetiges $\mathcal{L}^2$-Martingal. Dann gilt:

$$E[\max_{t \in [0,T]}\{X_t^2\}] \leq 4E[X_T^2]. \tag{7.23}$$

Beweis. Da X stetige Pfade hat kann man in (7.21) und (7.22) das Maximum über $[0, T]$ ersetzen durch das Supremum über die Menge

$$D := \cup_{n \in \mathbb{N}} D_n, \quad \text{mit } D_n := \{\frac{k}{2^n} T \mid k = 0, \dots, 2^n\},$$

denn D ist dicht in $[0, T]$. Offensichtlich gilt $D_n \uparrow D$. Nun ist der Prozess $(X_t)_{t \in D_n}$ ein Submartingal, sodass mit (7.17) gilt:

$$P(\max\{X_t, t \in D_n\} > \lambda) \le \frac{1}{\lambda} E[X_T^+]. \tag{7.24}$$

Wegen $\{\max(X_t, t \in D_n) > \lambda\} \uparrow \{\sup(X_t, t \in D) > \lambda\}$ konvergiert für $n \to \infty$ die linke Seite in (7.24) gegen $P(\max\{X_t, t \in [0, T]\} > \lambda)$, während die rechte Seite nicht von n abhängt. Durch Grenzübergang in (7.24) folgt daher (7.21). Analog folgt (7.22) aus (7.18). Schließlich folgt wegen

$$\max_{k=1,\dots,2^n} \{X_{\frac{kT}{2^n}}^2\} \nearrow \max_{t \in [0, T]} \{X_t^2\}$$

mit monotoner Konvergenz die Behauptung (7.23) aus (7.20).   □

Bemerkungen. 1. Die Maximalungleichungen von Doob für den Fall $p \ne 2$ findet man z.B. in [RY, Kapitel II]. Sie werden im Folgenden aber nicht benötigt.
2. Ein *Martingal* im alltäglichen Sinn ist ein Hilfszügel im Pferdesport, der das Hochstrecken des Pferdekopfes erschwert. Gleichung (7.22) zeigt, dass X_t die Wahrscheinlichkeiten für den Ausschlag von X_s begrenzt, für alle $s \le t$.

Für Itô-Integrale ergibt sich aus der Doobschen L^2-Ungleichung:

Korollar 7.19. *Sei* $f \in \mathcal{L}_a^2([0, T])$. *Dann gilt*

$$E[\max_{t \in [0, T]} |\int_0^t f(s) \, dB_s|^2] \le 4 \int_0^T f^2(s) \, ds. \tag{7.25}$$

Beweis. Da $X_t = \int_0^t f(s) \, dB_s$ ein $\mathcal{L}^2$-Martingal ist folgt die Behauptung indem man auf die rechte Seite von (7.23) die Itô-Isometrie anwendet.   □

Abschließend betrachten wir Eigenschaften von Submartingalen im Zusammenhang mit der Augmentation der zugrunde liegenden Filtration:

Satz 7.20. *Es sei* $(X_t)_{t \in I}$ *ein* $\mathcal{F}_t$-*Submartingal auf* $(\Omega, \mathcal{F}, P)$. *Dann ist jede Modifikation* $(\tilde{X}_t)_{t \in I}$ *von* $(X_t)_{t \in I}$ *ein* $\mathcal{F}_t^*$-*Submartingal. Ist umgekehrt* $(X_t)_{t \in I}$ *ein* $\mathcal{F}_t^*$-*Submartingal, so ist* $(E[X_t | \mathcal{F}_t])_{t \in I}$ *eine Modifikation von* $(X_t)_{t \in I}$, *welche ein* $\mathcal{F}_t$-*Submartingal ist.*

Beweis. Da $f := E[\tilde{X}_t | \mathcal{F}_s^*]$ messbar bezüglich $\mathcal{F}_s^*$ ist gilt nach Lemma 7.9 die Gleichheit $f = E[f | \mathcal{F}_s]$, also für $t \ge s$:

$$E[\tilde{X}_t | \mathcal{F}_s^*] = E[E[\tilde{X}_t | \mathcal{F}_s^*] | \mathcal{F}_s]$$
$$= E[X_t | \mathcal{F}_s] \ge X_s = \tilde{X}_s.$$

Dabei ist im Fall $s = t$ "$\ge$" durch "$=$" zu ersetzen.

Sei nun X_t $\mathcal{F}_t^*$-messbar. Dann gilt nach Lemma 7.9 $X_t = E[X_t|\mathcal{F}_t]$, d.h. $\tilde{X}_t := E[X_t|\mathcal{F}_t]$ definiert eine $\mathcal{F}_t$-messbare Modifikation von (X_t). Diese ist ein $(\mathcal{F}_t)$-Submartingal:

$$E[\tilde{X}_t|\mathcal{F}_s] = E[E[\tilde{X}_t|\mathcal{F}_s^*]|\mathcal{F}_s] = E[E[X_t|\mathcal{F}_s^*]|\mathcal{F}_s]$$
$$\geq E[X_s|\mathcal{F}_s] = \tilde{X}_s\,, \quad \forall s \leq t\,. \qquad \square$$

Bemerkung. Satz 7.20 macht den engen Zusammenhang zwischen $\mathcal{F}_t$- und $\mathcal{F}_t^*$-Martingalen deutlich. Er zeigt insbesondere folgendes:

1. Ist (X_t) ein $\mathcal{F}_t$-Submartingal, so ist dies automatisch ein $\mathcal{F}_t^*$-Submartingal. Man kann also eine gegebene Filtration augmentieren ohne dabei bestehende Martingaleigenschaften zu zerstören.

2. Man kann im Fall vollständiger Filtrationen bedenkenlos ein Martingal modifizieren, ohne dabei die Martingaleigenschaft zu verlieren.

3. Im Falle von Familien von nur P-f.s. definierten Zufallsvariablen (die etwa durch Grenzwertbildung gewonnen werden) folgt: Ist $(\mathcal{F}_t)$ vollständig so ist entweder jede Version von (X_t) ein $\mathcal{F}_t$-Martingal oder keine.

Diese Eigenschaften begründen, weshalb man im Kontext von Martingalen oftmals (und ohne wesentliche Einschränkung) *die Vollständigkeit der zugrunde liegenden Filtration zur Generalvoraussetzung macht.* In Kapitel 5 hatten wir dies bereits *zwecks Erhaltung der Adaptiertheit* beim Übergang zu einem modifizierten Prozess getan.

7.3 Stopp- und Optionszeiten

Stoppzeiten sind ein allgemein wichtiger Begriff in der Theorie stochastischer Prozesse, sie sind also nicht auf den Martingalkontext beschränkt. Sie spielen etwa bei der Steuerung stochastischer Prozesse, oder bei der Ermittlung optimaler Strategien eine wichtige Rolle, vgl. [CR]. Eine Stoppzeit modelliert typischerweise einen zufälligen Zeitpunkt τ, an dem ein gewisses Ereignis erstmals eintritt. Die Menge $\{\tau \leq t\}$ besteht also aus allen ω für die dieses Ereignis bis zur Zeit t schon eingetreten ist. Da $\mathcal{F}_t$ alle bis zum Zeitpunkt t bestimmten Ereignisse enthält sollte gelten:

$$\{\tau \leq t\} \in \mathcal{F}_t\,, \quad \forall t \in I\,. \tag{7.26}$$

Hierzu äquivalent sind die Bedingungen $\{\tau > t\} \in \mathcal{F}_t$, für alle $t \in I$.

Definition. Sei $I = [0, T]$ oder $I = [0, \infty)$, und $(\Omega, \mathcal{F}, (\mathcal{F}_t)_{t \in I})$ ein filtrierter Messraum. Eine messbare Funktion $\tau : \Omega \to I \cup \{\infty\}$ heißt *Stoppzeit bzgl.* $(\mathcal{F}_t)$ wenn (7.26) gilt, bzw. *Optionszeit bzgl.* $(\mathcal{F}_t)$, wenn man in (7.26) $\leq$ durch $<$ ersetzt. τ heißt *beschränkt*, wenn es ein $M \in \mathbb{R}_+$ gibt mit $\tau \leq M$, τ heißt *endlich*, wenn $\tau < \infty$ gilt. Ist $(X_t)_{t \in I}$ ein stochastischer Prozess, so heißt τ eine *Stoppzeit (bzw. Optionszeit) bzgl.* X, wenn dies bzgl. $(\mathcal{F}_t^X)_{t \in I}$ gilt.

Bemerkungen. 1. Häufig (nicht immer) werden Stoppzeiten als *Zufallsvaria-blen* auf einem (filtrierten) W-Raum $(\Omega, \mathcal{F}, P)$ definiert, obwohl das W-Maß hierfür gar keine Rolle spielt. Das W-Maß verschleiert sogar etwas den primär „informationstheoretischen Charakter" von Stoppzeiten, welcher durch (7.26) klar zum Ausdruck kommt. 2. Der Einschluss von „$\tau(\omega) = \infty$" in der De-finition ist völlig natürlich, denn er gestattet eine angemessene Zuordnung der zufälligen Zeit ∞ für Ereignisse die in I nie eintreten. In der Literatur ist die Bezeichnung *Stoppzeit* in Bezug auf Zulassung von $\tau = \infty$ nicht ganz einheitlich, in Bezug auf (7.26) jedoch schon. 3. Ist τ eine Stoppzeit, so gilt wegen $\{\tau \leq t - 1/n\} \in \mathcal{F}_{t-1/n} \subset \mathcal{F}_t$:

$$\{\tau < t\} = \bigcup_{n \in \mathbb{N}} \{\tau \leq t - \frac{1}{n}\} \in \mathcal{F}_t. \tag{7.27}$$

Jede Stoppzeit ist also Optionszeit. Die Umkehrung hiervon gilt nicht, siehe Lemma 7.21. Aus (7.26) und (7.27) folgt weiter $\{\tau = t\} \in \mathcal{F}_t$.

Definition. Eine Filtration $\mathcal{F}$ in Ω heißt *rechtsstetig*, wenn mit

$$\mathcal{F}_{t+} := \bigcap_{s>t} \mathcal{F}_s, \quad t \geq 0,$$

die Gleichheit $\mathcal{F}_t = \mathcal{F}_{t+}$ für alle $t \geq 0$ gilt.

Bemerkungen. 1. Beliebige Durchschnitte von σ-Algebren sind σ-Algebren, also ist $\mathcal{F}_{t+}$ eine σ-Algebra. 2. Weitere offensichtliche Eigenschaften sind:

$$\mathcal{F}_{t+} = \bigcap_{n \in \mathbb{N}} \mathcal{F}_{t+\frac{1}{n}}, \quad s < t \Rightarrow \mathcal{F}_{s+} \subset \mathcal{F}_t \subset \mathcal{F}_{t+}.$$

Insbesondere ist auch $(\mathcal{F}_{t+})_{t \in I}$ eine Filtration in Ω. 3. Nach dem folgenden Lemma stimmen im Fall $\mathcal{F}_t = \mathcal{F}_{t+}$ Stopp- und Optionszeiten überein. Daher wird die *Rechtsstetigkeit von Filtrationen* oft vorausgesetzt.

Lemma 7.21. τ *ist* $\mathcal{F}_t$-*Optionszeit* $\Longleftrightarrow$ τ *ist* $\mathcal{F}_{t+}$-*Stoppzeit*.

Beweis. „$\Rightarrow$": $\{\tau < t\} \in \mathcal{F}_t$ für alle $t \geq 0$ impliziert

$$\{\tau \leq t\} = \bigcap_{n \in \mathbb{N}} \{\tau < t + \frac{1}{n}\} \in \bigcap_{n \in \mathbb{N}} \mathcal{F}_{t+\frac{1}{n}} = \mathcal{F}_{t+}.$$

„$\Leftarrow$": Gilt $\{\tau \leq t\} \in \mathcal{F}_{t+}$, so folgt mit $\{\tau \leq t - \frac{1}{n}\} \in \mathcal{F}_{(t-\frac{1}{n})+} \subset \mathcal{F}_t$:

$$\{\tau < t\} = \bigcup_{n \in \mathbb{N}} \{\tau \leq t - \frac{1}{n}\} \in \mathcal{F}_t. \qquad \square$$

Im Folgenden werden meistens rechtsstetige Filtrationen vorausgesetzt. Daher genügt es im Wesentlichen Stoppzeiten zu diskutieren.

Lemma 7.22. *Sind τ_1 und τ_2 Stoppzeiten bezüglich $(\mathcal{F}_t)_{t \in I}$, so sind auch $\tau_1 \wedge \tau_2$ und $\tau_1 \vee \tau_2$ solche Stoppzeiten. Ist $I = [0, \infty)$, so ist auch $\tau_1 + \tau_2$ eine Stoppzeit bezüglich $(\mathcal{F}_t)_{t \in I}$.*

Beweis. Die beiden ersten Behauptungen folgen unmittelbar aus

$$\{\tau_1 \wedge \tau_2 \leq t\} = \{\tau_1 \leq t\} \cup \{\tau_2 \leq t\} \in \mathcal{F}_t \,,$$
$$\{\tau_1 \vee \tau_2 \leq t\} = \{\tau_1 \leq t\} \cap \{\tau_2 \leq t\} \in \mathcal{F}_t \,.$$

Dritte Behauptung: Für $t = 0$ gilt $\{\tau_1 + \tau_2 \leq 0\} = \{\tau_1 \leq 0\} \cap \{\tau_2 \leq 0\} \in \mathcal{F}_0$. Für $t > 0$ und $\Omega_1 := \{\tau_1 = 0\}$, $\Omega_2 := \{0 < \tau_1 < t\}$, $\Omega_3 := \{\tau_1 \geq t\}$, betrachte die Zerlegung

$$\{\tau_1 + \tau_2 > t\} = \bigcup_{i=1,2,3} \left\{ \Omega_i \cap \{\tau_1 + \tau_2 > t\} \right\} . \tag{7.28}$$

Dann gilt $\Omega_1 \cap \{\tau_1 + \tau_2 > t\} = \{\tau_1 = 0, \tau_2 > t\} \in \mathcal{F}_t$, sowie

$$\begin{aligned}
\Omega_3 \cap \{\tau_1 + \tau_2 > t\} &= \{\tau_1 = t, \tau_1 + \tau_2 > t\} \cup \{\tau_1 > t, \tau_1 + \tau_2 > t\} \\
&= \{\tau_1 = t, \tau_2 > 0\} \cup \{\tau_1 > t\} \in \mathcal{F}_t \,.
\end{aligned}$$

Die verbleibende zweite Menge in (7.28) lässt sich wie folgt zerlegen:

$$\{0 < \tau_1 < t, \tau_2 > t - \tau_1\} = \bigcup_{r \in \mathbb{Q}_+, 0 < r < t} \{r < \tau_1 < t, \tau_2 > t - r\} \in \mathcal{F}_t \,. \qquad \square$$

Bemerkung. Jede konstante, nichtnegative Z.V. $t \in I$ ist trivialerweise eine Stoppzeit. Mit τ ist also auch $\tau \wedge t$ eine Stoppzeit, für jedes $t \in I$. Dies wird später benötigt werden.

Wichtige Beispiele von Stoppzeiten sind die sogenannten Eintrittszeiten: Ist $(X_t)_{t \geq 0}$ ein $\mathbb{R}^d$-wertiger stochastischer Prozess und $A \subset \mathbb{R}^d$, so nennt man eine Funktion $\tau_A : \Omega \to [0, \infty]$, definiert durch

$$\tau_A(\omega) := \inf\{t \geq 0 : X_t(\omega) \in A\} \tag{7.29}$$

eine *Eintrittszeit in A*. Ist die Menge in (7.29) leer, so setzt man hier (und im Folgenden) $\inf \emptyset := \infty$. Im Allgemeinen braucht τ_A keine Stoppzeit zu sein. Im folgenden, für uns wichtigen Spezialfall, ist dies aber so:

Lemma 7.23. *Sei $(X_t)_{t \geq 0}$ ein pfadstetiger, $\mathcal{F}_t$-adaptierter Prozess in $\mathbb{R}^d$.*
(a) *Ist $A \subset \mathbb{R}^d$ abgeschlossen so ist die Eintrittszeit τ_A eine $\mathcal{F}_t$-Stoppzeit.*
(b) *Ist $A \subset \mathbb{R}^d$ offen so ist die Eintrittszeit τ_A eine $\mathcal{F}_t$-Optionszeit.*

Beweis. (a) Für $x \in \mathbb{R}^d$ bezeichne $d(x, A) := \min\{|x - y| : y \in A\}$ den Abstand von x zur Menge A. (Übung: Man zeige, dass das Minimum existiert, und dass $x \mapsto d(x, A)$ stetig auf $\mathbb{R}^d$ ist.) Hiermit gilt

$$\{\tau_A > t\} = \{X_s \notin A, \forall s \in [0, t]\}$$
$$= \{d(X_s, A) > 0, \forall s \in [0, t]\}.$$

Da die Pfade $X.(\omega)$ stetig sind ist auch $d(X.(\omega), A)$ stetig. Hiermit folgt

$$d(X_s(\omega), A) > 0, \forall s \in [0, t] \iff \exists n \in \mathbb{N} : d(X_s(\omega), A) \geq \frac{1}{n}, \forall s \in [0, t]$$

$$\iff \exists n \in \mathbb{N} : d(X_s(\omega), A) \geq \frac{1}{n}, \forall s \in [0, t] \cap \mathbb{Q}.$$

Damit folgt weiter:

$$\{\tau_A > t\} = \bigcup_{n \in \mathbb{N}} \bigcap_{s \in [0,t] \cap \mathbb{Q}} \{d(X_s, A) \geq \frac{1}{n}\} \in \mathcal{F}_t.$$

(b) Es genügt $\{\tau_A < t\}^c \in \mathcal{F}_t$ zu zeigen. Für einen beliebigen Prozess X und eine beliebige Menge A lautet dieses Komplement

$$\{\tau_A \geq t\} = \{\inf\{s : X_s \in A\} \geq t\}$$
$$= \bigcap_{s \in [0,t)} \{X_s \notin A\},$$

mit $\{X_s \notin A\} \in \mathcal{F}_s \subset \mathcal{F}_t$. Ist X stetig und A offen so gilt weiter

$$\{\tau_A \geq t\} = \bigcap_{s \in [0,t) \cap \mathbb{Q}} \{X_s \notin A\} \in \mathcal{F}_t. \qquad \square$$

Beobachtet man einen stochastischen Prozess bis zu einem zufälligen Zeitpunkt τ, so wird dadurch diejenige Menge von Ereignissen bestimmt, deren Eintreten bis τ entscheidbar ist. Dies führt zu folgender

Definition. Sei $(\mathcal{F}_t)_{t \in I}$ eine Filtration in $(\Omega, \mathcal{F})$ und τ eine $\mathcal{F}_t$-Stoppzeit. Dann ist die *σ-Algebra der Ereignisse bis zur Zeit τ* definiert durch

$$\mathcal{F}_\tau := \{A \in \mathcal{F} \mid A \cap \{\tau \leq t\} \in \mathcal{F}_t, \forall t \in I\}.$$

Bemerkungen. 1. Ist $\tau(\omega) = t_0 \in \mathbb{R}$ so gilt $\mathcal{F}_\tau = \mathcal{F}_{t_0}$ (Konsistenz der Bezeichnungen). 2. Mit $A^c \cap \{\tau \leq t\} = \{\tau \leq t\} \cap \{A \cap \{\tau \leq t\}\}^c$ folgt: $A \in \mathcal{F}_\tau \Rightarrow A^c \in \mathcal{F}_\tau$. Damit ist klar, dass $\mathcal{F}_\tau$ eine σ-Algebra ist. 3. Für $A \in \mathcal{F}_\tau$ und jedes $t \in I$ gilt

$$A \cap \{\tau = t\} = A \cap \{\tau \leq t\} \cap \{\tau = t\} \in \mathcal{F}_t.$$

Interpretation: Tritt bei der Realisierung eines Zufallsexperiments das Ereignis $\tau = t$ ein (dies ist zum Zeitpunkt t entscheidbar), *so lässt sich zur Zeit t auch entscheiden, ob A eingetreten ist. Beispiel*: Sei $(X_t)_{t \geq 0}$ ein stetiger reeller Prozess mit $X_0 = 0$ und $X_t \to \infty$ für $t \to \infty$. Sei $\tau := \tau_{\{1\}}$. Dann ist $A := \{\int_0^\tau X_s \, ds \geq \frac{1}{2}\} \in \mathcal{F}_\tau^X$ (siehe weiter unten Satz 7.26), und

$$A \cap \{\tau = t\} = \{\omega : \int_0^t X_s(\omega) \, ds \geq \frac{1}{2}, \tau(\omega) = t\}.$$

Erreicht also der Prozess zur Zeit t erstmals den Wert 1, so kann zu diesem Zeitpunkt auch A entschieden werden. 4. Die Z.V. τ ist $\mathcal{F}_\tau$-messbar. [Beachte: Eine reelle Z.V. X ist $\mathcal{F}$-messbar genau dann, wenn für alle $s \in \mathbb{R}$ die Menge $\{X \in [s, \infty)\}$ in $\mathcal{F}$ liegt, denn $\{[s, \infty), s \in \mathbb{R}\}$ erzeugt $\mathcal{B}(\mathbb{R})$.] Es gilt nämlich für jedes $s \in \mathbb{R}$:

$$\{\tau \leq s\} \cap \{\tau \leq t\} = \{\tau \leq t \wedge s\} \in \mathcal{F}_{t \wedge s} \subset \mathcal{F}_t, \quad \forall t \in \mathbb{R}.$$

Dies bedeutet per Definition, dass $\{\tau \leq s\} \in \mathcal{F}_\tau, \forall s \in \mathbb{R}$.

Lemma 7.24. *Seien τ und σ Stoppzeiten bezüglich $(\mathcal{F}_t)_{t \in I}$. Dann gelten*
(a) $\mathcal{F}_{\tau \wedge \sigma} = \mathcal{F}_\tau \cap \mathcal{F}_\sigma$.
(b) $\tau \leq \sigma \Rightarrow \mathcal{F}_\tau \subset \mathcal{F}_\sigma$.
(c) $E[\cdot | \mathcal{F}_{\sigma \wedge \tau}] = E[E[\cdot | \mathcal{F}_\sigma] | \mathcal{F}_\tau]$.

Beweis. (a) Die Inklusion $\mathcal{F}_\tau \cap \mathcal{F}_\sigma \subset \mathcal{F}_{\tau \wedge \sigma}$ folgt sofort aus

$$A \cap \{\tau \wedge \sigma \leq t\} = (A \cap \{\tau \leq t\}) \cup (A \cap \{\sigma \leq t\}).$$

Ist $A \in \mathcal{F}_{\tau \wedge \sigma}$, so besteht wegen $\{\tau \leq t\} \subset \{\tau \wedge \sigma \leq t\}$ die Darstellung

$$A \cap \{\tau \leq t\} = (A \cap \{\tau \wedge \sigma \leq t\}) \cap \{\tau \leq t\} \in \mathcal{F}_t, \quad \forall t \in I,$$

also $\mathcal{F}_{\tau \wedge \sigma} \subset \mathcal{F}_\tau$. Aus Symmetrie folgt $\mathcal{F}_{\tau \wedge \sigma} \subset \mathcal{F}_\sigma$, also $\mathcal{F}_{\tau \wedge \sigma} \subset \mathcal{F}_\tau \cap \mathcal{F}_\sigma$.
(b) Ist $\tau \leq \sigma$ so gilt $\tau = \tau \wedge \sigma$. Mit (a) folgt

$$\mathcal{F}_\tau = \mathcal{F}_{\tau \wedge \sigma} = \mathcal{F}_\tau \cap \mathcal{F}_\sigma \subset \mathcal{F}_\sigma.$$

(c) *Vorbereitung*: Wegen $\mathcal{F}_{\sigma \wedge \tau} \subset \mathcal{F}_\sigma$ ist $\sigma \wedge \tau$ $\mathcal{F}_\sigma$-messbar, und damit gilt

$$\{\sigma \leq \tau\} = \{\sigma = \sigma \wedge \tau\} \in \mathcal{F}_\sigma.$$

Trivialerweise folgt $A \cap \{\sigma \leq \tau\} \in \mathcal{F}_\sigma$ für alle $A \in \mathcal{F}_\sigma$. Zeige, dass sogar

$$A \cap \{\sigma \leq \tau\} \in \mathcal{F}_{\sigma \wedge \tau}, \quad \forall A \in \mathcal{F}_\sigma. \tag{7.30}$$

Nach (a) genügt es $A \cap \{\sigma \leq \tau\} \in \mathcal{F}_\tau$ nachzuweisen. Dies folgt aus

$$A \cap \{\sigma \leq \tau\} \cap \{\tau \leq t\} = (A \cap \{\sigma \leq t\}) \cap \{\tau \leq t\} \cap \{\sigma \wedge t \leq \tau \wedge t\} \in \mathcal{F}_t,$$

denn jede der Mengen rechts ist in $\mathcal{F}_t$. Aus Symmetriegründen gilt mit (7.30) auch $A \cap \{\tau \leq \sigma\} \in \mathcal{F}_{\tau \wedge \sigma}$ für alle $A \in \mathcal{F}_\tau$. Insbesondere $A := \Omega$ gibt $\{\sigma < \tau\} = \{\tau \leq \sigma\}^c \in \mathcal{F}_{\sigma \wedge \tau}$. Schneidet man (7.30) mit $\{\sigma < \tau\}$ so folgt

$$A \cap \{\sigma < \tau\} \in \mathcal{F}_{\sigma \wedge \tau}, \quad \forall A \in \mathcal{F}_\sigma. \tag{7.31}$$

Zeige nun (c): Wegen $E[g|\mathcal{F}_{\sigma \wedge \tau}] = E\big[E[g|\mathcal{F}_\sigma]|\mathcal{F}_{\sigma \wedge \tau}\big]$ genügt es zu zeigen, dass für jedes $f \in \mathcal{L}^1(\Omega, \mathcal{F}_\sigma, P)$ die Gleichung

$$E[f|\mathcal{F}_{\sigma \wedge \tau}] = E[f|\mathcal{F}_\tau] \tag{7.32}$$

gilt, denn mit $f = E[g|\mathcal{F}_\sigma]$ folgt hieraus (c). Nach (7.30) ist $f \cdot 1_{\{\sigma \leq \tau\}}$ messbar bezüglich $\mathcal{F}_{\sigma \wedge \tau}$, denn dies gilt für $f = 1_A$ (mit $A \in \mathcal{F}_\sigma$), also auch für jedes $f \in E(\Omega, \mathcal{F}_\sigma)$, also auch für punktweise Grenzwerte solcher Elementarfunktionen. Mit (7.31) folgert man analog, dass auch $E[f|\mathcal{F}_\tau] \cdot 1_{\{\tau < \sigma\}}$ $\mathcal{F}_{\sigma \wedge \tau}$-messbar ist. Mit $\mathcal{F}_{\sigma \wedge \tau} \subset \mathcal{F}_\tau$ folgt

$$\begin{aligned} E[f|\mathcal{F}_\tau] &= E[f \cdot 1_{\{\sigma \leq \tau\}} + f \cdot 1_{\{\tau < \sigma\}}|\mathcal{F}_\tau] \\ &= f \cdot 1_{\{\sigma \leq \tau\}} + E[f|\mathcal{F}_\tau] \cdot 1_{\{\tau < \sigma\}}, \end{aligned}$$

was ebenfalls $\mathcal{F}_{\sigma \wedge \tau}$-messbar ist. Hieraus, und mit $\mathcal{F}_{\sigma \wedge \tau} \subset \mathcal{F}_\tau$, folgt (7.32):

$$E[f|\mathcal{F}_\tau] = E\big[E[f|\mathcal{F}_\tau]|\mathcal{F}_{\sigma \wedge \tau}\big] = E[f|\mathcal{F}_{\sigma \wedge \tau}]. \qquad \square$$

Wir werden Stoppzeiten hauptsächlich benutzen um stochastische Prozesse „geeignet zu stoppen" (siehe nächsten Abschnitt). Dabei sind insbesondere rechtsstetige Prozesse von Interesse, was wesentlich daran liegt, dass die Filtrationen aufsteigend sind ($\mathcal{F}_t \subset \mathcal{F}_{t+h}$, für $h \geq 0$). Aus diesem Grund ist man an der Approximation einer Stoppzeit τ durch „einfache" Stoppzeiten τ_n *von rechts* interessiert. Dies motiviert folgendes

Lemma 7.25. *Sei τ eine Stoppzeit bezüglich $(\mathcal{F}_t)_{t \in I}$. Dann gibt es eine Folge von $\mathcal{F}_t$-Stoppzeiten τ_n mit folgenden Eigenschaften:*
(a) Für jedes $n \in \mathbb{N}$ nimmt τ_n nur endlich viele Werte an.
(b) Für alle $n \in \mathbb{N}$ gilt: $\tau \leq \tau_n$.
(c) $\tau_n \searrow \tau$ für $n \to \infty$.

Beweis. Wir behandeln die Fälle $I = [0, \infty)$ und $I = [0, T]$ getrennt.

1. Fall: Für $I = [0, \infty)$ definiere $\tau_n(\omega) = \infty$, falls $\tau(\omega) \geq n$, sowie

$$\tau_n(\omega) = \frac{i+1}{2^n}, \quad \text{falls} \quad \frac{i}{2^n} \leq \tau(\omega) < \frac{i+1}{2^n}, \quad i = 0, 1, \dots, n2^n - 1.$$

Dann gelten offensichtlich (a) - (c). Zeige: Die τ_n sind Stoppzeiten:

$$\{\tau_n \leq t\} = \bigcup_{\{i \mid i+1 \leq t \cdot 2^n\}} \{\tau_n = \frac{i+1}{2^n}\} = \bigcup_{\{i \mid i+1 \leq t \cdot 2^n\}} \{\frac{i}{2^n} \leq \tau < \frac{i+1}{2^n}\} \in \mathcal{F}_t,$$

wobei $\{\frac{i}{2^n} \leq \tau < \frac{i+1}{2^n}\} \in \mathcal{F}_{\frac{i+1}{2^n}} \subset \mathcal{F}_t$ aus (7.27) folgt.

2. *Fall:* Im Fall $I = [0, T]$ definiere $\tau_n(\omega) = T$ falls $\tau(\omega) = T$, $\tau_n(\omega) = \infty$ falls $\tau(\omega) = \infty$, sowie

$$\tau_n(\omega) := \frac{i+1}{2^n} \cdot T, \quad \text{falls} \quad \frac{i}{2^n} \cdot T \leq \tau(\omega) < \frac{i+1}{2^n} \cdot T,$$

für $i = 0, \ldots, 2^n - 1$. Wie im Fall $I = [0, \infty)$ folgt $\{\tau \leq t\} \in \mathcal{F}_t$.   □

Bemerkungen. 1. Obiges Lemma gilt unverändert auch für Optionszeiten τ. Um dies zu sehen muss man nur beachten, dass nach Lemma 7.21 τ eine $\mathcal{F}_{t+}$-Stoppzeit ist, d.h. es gibt diskrete $\mathcal{F}_{t+}$-Stoppzeiten $\tau_n \searrow \tau$. Diese τ_n aber sind $\mathcal{F}_t$-Optionszeiten. 2. Die Frage, für welche Mengen A die Eintritts-zeiten τ_A Stoppzeiten sind, ist schwierig zu beantworten. Ein allgemeines Resultat lautet wie folgt: *Ist $(X_t)_{t \geq 0}$ ein stetiger, $\mathcal{F}_t$-adaptierter, $\mathbb{R}^d$-wertiger Prozess und $(\mathcal{F}_t)_{t \geq 0}$ rechtsstetig und vollständig, so ist für jede Borelmenge A die Eintrittszeit τ_A eine $\mathcal{F}_t$-Stoppzeit.* Einen Beweis dieses Satzes (sogar um Einiges allgemeiner) findet man in [DM, Kapitel IV, Theorem 50]; siehe auch [Dy, Kapitel 4.1]. Dieser Satz wird im Weiteren jedoch nicht benötigt.

7.4 Gestoppte Prozesse und Optional Sampling

Man kann einen stochastischen Prozess $(X_t)_{t \in I}$ mathematisch manchmal „kontrollieren" indem man ihn stoppt sobald ein gewisses Ereignis erstmals eintritt. Allgemeiner: Ist τ eine Stoppzeit so betrachtet man den *gestoppten Prozess* $X^\tau = (X_t^\tau)_{t \in I}$, welcher definiert wird durch

$$X_t^\tau := X_{t \wedge \tau}. \tag{7.33}$$

Für $t \leq \tau(\omega)$ gilt also $X_t^\tau(\omega) = X_t(\omega)$, und für $t \geq \tau(\omega)$ gilt $X_t^\tau(\omega) = X_\tau(\omega)$, d.h. *die Pfade von X^τ sind ab der Zeit τ konstant.*

Für einen beliebigen Prozess X und eine endliche Stoppzeit τ (in (7.33) die Stoppzeit $t \wedge \tau$) ist nicht garantiert, dass $\omega \mapsto X_{\tau(\omega)}(\omega)$ überhaupt eine messbare Funktion definiert, denn über $(t, \omega) \mapsto X_t(\omega)$ ist nichts vorausge-setzt. Ist aber $(X_t)_{t \in I}$ ein messbarer Prozess, so ist via Komposition auch $\omega \mapsto (\tau(\omega), \omega) \mapsto X_{\tau(\omega)}(\omega)$ messbar. Da die Werte von X_τ zur Zeit τ fest-liegen erwartet man, dass X_τ messbar bzgl. $\mathcal{F}_\tau$ ist. Hierzu ist allerdings eine etwas stärkere Messbarkeitsanforderung an X zu stellen:

Definition. Ein reeller Prozess $(X_t)_{t \geq 0}$ heißt *progressiv messbar bezüglich* $(\mathcal{F}_t)_{t \geq 0}$, wenn für die Abbildung $X : (s, \omega) \mapsto X_s(\omega)$ und jedes $t \geq 0$ gilt:

$$X|_{[0,t] \times \Omega} \text{ ist } \mathcal{B}([0, t]) \otimes \mathcal{F}_t - \text{messbar}.$$

Bemerkungen. 1. Jeder bezüglich $(\mathcal{F}_t)_{t\geq 0}$ progressiv messbare Prozess ist auch $\mathcal{F}_t$-adaptiert. Fixiert man nämlich in einer produktmessbaren Funktion eine Variable (hier die Variable s, $s = t$), so ist die resultierende Funktion nach Fubini messbar bezüglich der σ-Algebra zur verbleibenden Variablen. 2. Ein tiefliegender Satz von Doob besagt, dass jeder $\mathcal{F}_t$-adaptierte Prozess eine progressiv messbare Modifikation besitzt. Die progressive Messbarkeit ist also nur minimal stärker als die Adaptiertheit. Im Folgenden wird dieser Satz von Doob aber nicht weiter benutzt.

Folgende einfach zu verifizierende Aussagen werden beim Beweis des nachfolgenden Satzes verwendet:

Aufgabe 7.b. Sei $X : (\Omega, \mathcal{F}) \to (\Omega', \mathcal{F}')$ messbar. Dann gilt

(a) Ist $A \in \mathcal{F}$ und $X|_A : A \to \Omega'$ die Einschränkung von X auf A, so ist $X|_A$ eine $(\mathcal{F} \cap A) - \mathcal{F}'$–messbare Abbildung.

(b) Ist $\Omega' = \Omega_1 \times \Omega_2$ und $\mathcal{F}' = \mathcal{F}_1 \otimes \mathcal{F}_2$, mit σ-Algebren $\mathcal{F}_i$ über Ω_i, so ist $X = (X_1, X_2)$ genau dann $\mathcal{F} - (\mathcal{F}_1 \otimes \mathcal{F}_2)$-messbar, wenn die Komponenten $X_i : (\Omega, \mathcal{F}) \to (\Omega_i, \mathcal{F}_i)$ messbar sind für $i = 1, 2$.

Satz 7.26. *Sei $(X_t)_{t\geq 0}$ progressiv messbar bezüglich $(\mathcal{F}_t)_{t\geq 0}$, und sei τ eine $\mathcal{F}_t$-Stoppzeit. Dann gilt:*

(a) *Ist τ endlich, so ist X_τ messbar bezüglich $\mathcal{F}_\tau$.*

(b) *$(X_t^\tau)_{t\geq 0}$ ist progressiv messbar bezüglich $(\mathcal{F}_t)_{t\geq 0}$.*

Beweis. Vorbemerkung: Eine Funktion $Y : \Omega \to \mathbb{R}$ ist $\mathcal{F}_\tau$-messbar genau dann, wenn für jedes $B \in \mathcal{B}(\mathbb{R})$ gilt:

$$
\begin{aligned}
\{Y \in B\} \in \mathcal{F}_\tau &\iff \forall t \geq 0 : \{\tau \leq t\} \cap \{Y \in B\} \in \mathcal{F}_t, \\
&\iff \forall t \geq 0 : \{\tau \leq t\} \cap \{Y \in B\} \in \mathcal{F}_t \cap \{\tau \leq t\}, \\
&\iff \forall t \geq 0 : \{Y|_{\{\tau \leq t\}} \in B\} \in \mathcal{F}_t \cap \{\tau \leq t\}, \\
&\iff \forall t \geq 0 : Y|_{\{\tau \leq t\}} \text{ ist } \mathcal{F}_t \cap \{\tau \leq t\}\text{-messbar}. \quad (7.34)
\end{aligned}
$$

(a) Zeige mit (7.34) die $\mathcal{F}_\tau$-Messbarkeit von X_τ: Sei hierzu $\tilde{\tau} := (\tilde{\tau}_1, \tilde{\tau}_2)$, mit $\tilde{\tau}_1 := \tau|_{\{\tau \leq t\}}$, $\tilde{\tau}_2 := I|_{\{\tau \leq t\}}$, und $I(\omega) := \omega$. Dann gilt

$$X_\tau|_{\{\tau \leq t\}} = X \circ \tilde{\tau} = X|_{[0,t] \times \Omega} \circ \tilde{\tau},$$

sodass die Behauptung aus der Komposition messbarer Abbildungen folgt, wenn denn die Abbildung $\tilde{\tau} : \{\tau \leq t\} \to [0,t] \times \Omega$ messbar ist bezüglich $(\mathcal{F}_t \cap \{\tau \leq t\}) - (\mathcal{B}([0,t]) \otimes \mathcal{F}_t)$. Verifiziere dies: $\tilde{\tau}_1 = \tau|_{\{\tau \leq t\}}$ ist zunächst $(\mathcal{F}_\tau \cap \{\tau \leq t\})$-messbar, da τ $\mathcal{F}_\tau$-messbar ist. Außerdem gilt offensichtlich $\mathcal{F}_\tau \cap \{\tau \leq t\} \subset \mathcal{F}_t \cap \{\tau \leq t\}$, sodass die Behauptung folgt. Zur Messbarkeit von $\tilde{\tau}_2$: Ist $A \in \mathcal{F}_t$ so ist $\tilde{\tau}_2^{-1}(A) = A \cap \{\tau \leq t\} \in \mathcal{F}_t \cap \{\tau \leq t\}$.

(b) Zeige: Für jedes $t \in I$ ist $X^\tau|_{[0,t] \times \Omega}$ messbar bezüglich $\mathcal{B}([0,t]) \otimes \mathcal{F}_t$. Sei hierzu $\hat{\tau}(s, \omega) := (\tau(\omega) \wedge s, \omega)$, also $\hat{\tau} : [0,t] \times \Omega \to [0,t] \times \Omega$. Dann ist

$$X^\tau|_{[0,t] \times \Omega} = X|_{[0,t] \times \Omega} \circ \hat{\tau}.$$

Die Behauptung folgt also mit der progressiven Messbarkeit von X, falls $\hat{\tau} = (\hat{\tau}_1, \hat{\tau}_2)$ messbar bezüglich $(\mathcal{B}([0,t]) \otimes \mathcal{F}_t) - (\mathcal{B}([0,t]) \otimes \mathcal{F}_t)$ ist. Zeige dies: Die Messbarkeit von $\hat{\tau}_2$ bezüglich $(\mathcal{B}([0,t]) \otimes \mathcal{F}_t) - \mathcal{F}_t$ ist trivial. Die Messbarkeit von $\hat{\tau}_1$ folgt aus der Darstellung

$$\hat{\tau}_1(\omega) = (\tau(\omega) \wedge t) \wedge s, \quad (s \in [0,t]), \tag{7.35}$$

denn $\omega \mapsto \tau(\omega) \wedge t$ ist $\mathcal{F}_{\tau \wedge t} - \mathcal{B}([0,t])$-messbar, also auch $\mathcal{F}_t - \mathcal{B}([0,t])$-messbar, und damit ist $(s, \omega) \mapsto \tau(\omega) \wedge t$ offensichtlich $\mathcal{B}([0,t]) \otimes \mathcal{F}_t - \mathcal{B}([0,t])$-messbar. Da auch $(s, \omega) \mapsto s$ so messbar ist folgt mit (7.35), dass $\hat{\tau}_1$ ebenfalls $\mathcal{B}([0,t]) \otimes \mathcal{F}_t - \mathcal{B}([0,t])$-messbar ist, woraus die Messbarkeit von $\hat{\tau}$ folgt. $\quad\square$

Progressive Messbarkeit ist eine einfache Konsequenz aus der (Rechts-) Stetigkeit eines Prozesses, sodass diese Eigenschaft im Folgenden zwanglos erfüllt sein wird. Sie gilt damit insbesondere für Itô-Prozesse.

Lemma 7.27. *Jeder rechtsstetige, reelle, $\mathcal{F}_t$-adaptierte Prozess $(X_t)_{t \geq 0}$ ist progressiv messbar bezüglich $(\mathcal{F}_t)_{t \geq 0}$. Insbesondere ist der gestoppte Prozess $(X_{t \wedge \tau})_{t \geq 0}$ rechtsstetig und progressiv messbar bezüglich $(\mathcal{F}_t)_{t \geq 0}$.*

Beweis. Betrachte für $n \in \mathbb{N}$ den von rechts approximierenden Prozess

$$X_t^{(n)}(\omega) := X_{\frac{k+1}{n}}(\omega), \quad \text{für } t \in [\frac{k}{n}, \frac{k+1}{n}), \ k \in \mathbb{N}_0.$$

Offenbar gilt $X_t^{(n)}(\omega) \to X_t(\omega)$ für $n \to \infty$. Weiter ist $X^{(n)}$ progressiv messbar bezüglich $(\mathcal{F}_{t+\frac{1}{n}})_{t \geq 0}$: Mit $I_k := [\frac{k}{n}, \frac{k+1}{n}) \cap [0,t]$ und $B \in \mathcal{B}(\mathbb{R})$ ist

$$\{(s, \omega) \in [0,t] \times \Omega : X_s^{(n)}(\omega) \in B\} = \bigcup_{k \in \mathbb{N}_0} \{(s, \omega) \in I_k \times \Omega : X_s^{(n)}(\omega) \in B\}$$

$$= \bigcup_{k \in \mathbb{N}_0} \left(I_k \times \{X_{\frac{k+1}{n}} \in B\} \right)$$

$$\in \mathcal{B}([0,t]) \otimes \mathcal{F}_{t+\frac{1}{n}}.$$

Für $n \to \infty$ folgt, dass X progressiv messbar ist bezüglich $(\mathcal{F}_{t+\varepsilon})_{t \geq 0}$, für alle $\varepsilon > 0$. Damit gilt dies auch für $\varepsilon = 0$, denn

$$\{(s, \omega) \in [0,t] \times \Omega : X_s(\omega) \in B\} = \{(s, \omega) \in [0,t) \times \Omega : X_s(\omega) \in B\}$$

$$\cup (\{t\} \times \{X_t \in B\}).$$

Die zweite Menge ist in $\mathcal{B}([0,t]) \otimes \mathcal{F}_t$, und dies gilt auch für die erste:

$$\bigcup_{n \in \mathbb{N}} \{(s, \omega) \in [0, t - \frac{1}{n}] \times \Omega : X_s(\omega) \in B\} \in \mathcal{B}([0,t]) \otimes \mathcal{F}_t. \quad\square$$

Mit diesen Vorbereitungen können wir nun die *Stoppinvarianz der Martingaleigenschaft* angehen. Diese wird gelegentlich als „Hauptsatz der Martingaltheorie" bezeichnet. Sie verallgemeinert die definierende (Sub-) Martingaleigenschaft von Zeiten $s \leq t$ auf Stoppzeiten $\sigma \leq \tau$. Wir beginnen mit einem fundamentalen Lemma von Doob, welches man als die „Grundversion" des Optional Sampling Theorems betrachten kann:

Lemma 7.28. *Sei $(X_t)_{t \geq 0}$ ein $\mathcal{F}_t$-Submartingal und σ, τ seien beschränkte $\mathcal{F}_t$-Stoppzeiten mit endlichen Wertemengen und mit $\sigma \leq \tau$. Dann gilt*

$$X_\sigma \leq E[X_\tau | \mathcal{F}_\sigma]. \tag{7.36}$$

Ist $(X_t)_{t \geq 0}$ ein Martingal, so gilt in (7.36) sogar Gleichheit.

Beweis. Es genügt (7.36) zu beweisen, denn für ein Martingal X sind X und $-X$ Submartingale, sodass (7.36) auch mit negativen Vorzeichen gilt. Dies zusammen impliziert (7.36) mit $=$ anstelle von $\leq$.

Nach Lemma 7.13 bleibt für beliebiges $B \in \mathcal{F}_\sigma$ nachzuweisen, dass

$$\int_B X_\sigma \, dP \leq \int_B X_\tau \, dP. \tag{7.37}$$

Sei hierzu $\{t_1, \ldots, t_n\} := \sigma(\Omega) \cup \tau(\Omega)$, mit $t_1 < \cdots < t_n$. Dann gilt

$$X_\sigma = \sum_{k=1}^n X_{t_k} 1_{\{\sigma = t_k\}}, \qquad X_\tau = \sum_{k=1}^n X_{t_k} 1_{\{\tau = t_k\}},$$

woraus die Integrierbarkeit von X_σ und X_τ folgt. Weiter ist B die disjunkte Vereinigung der Ereignisse $B_k := B \cap \{\sigma = t_k\} \in \mathcal{F}_{t_k}$, $k = 1, \ldots, n$, sodass es genügt (7.37) mit B_k anstelle von B zu beweisen. Für festes k gilt zunächst

$$\int_{B_k} X_\sigma \, dP = \int_{B_k} X_{t_k} \, dP = \int_{B_k} X_{\tau \wedge t_k} \, dP, \quad (\text{da } t_k = \sigma \leq \tau). \tag{7.38}$$

Die entscheidende Beobachtung ist nun, dass für $j = k, k+1, \ldots, n-1$ gilt:

$$\begin{aligned}
\int_{B_k} X_{\tau \wedge t_j} \, dP &= \int_{B_k \cap \{\tau \leq t_j\}} X_\tau \, dP + \int_{B_k \cap \{\tau > t_j\}} X_{t_j} \, dP \\
&\leq \int_{B_k \cap \{\tau \leq t_j\}} X_{\tau \wedge t_{j+1}} \, dP + \int_{B_k \cap \{\tau > t_j\}} X_{t_{j+1}} \, dP \\
&= \int_{B_k} X_{\tau \wedge t_{j+1}} \, dP.
\end{aligned}$$

Dabei wurde in der Abschätzung die Submartingaleigenschaft benutzt (wegen $B_k \cap \{\tau > t_j\} \in \mathcal{F}_{t_j}$ ist dies möglich). Sukzessiv folgt nun

$$\int_{B_k} X_{\tau \wedge t_k} \, dP \leq \cdots \leq \int_{B_k} X_{\tau \wedge t_n} \, dP = \int_{B_k} X_\tau \, dP,$$

sodass mit (7.38) schließlich die Behauptung folgt.   □

Im Folgenden wird (7.36) auf beliebige beschränkte Stoppzeiten σ, τ verallgemeinert, durch diskrete Approximationen von σ und τ mit anschließendem Grenzübergang. Allerdings erfordert dieser Grenzübergang einen Konvergenzsatz der Maßtheorie, welcher folgende Begriffsbildung verwendet:

Definition. Sei $(\Omega, \mathcal{F}, P)$ ein W-Raum. Eine Familie F von integrierbaren Funktionen heißt *gleichgradig integrierbar* (g.g.i.), wenn gilt:

$$\lim_{c \to \infty} \left(\sup_{f \in F} \int_{\{|f| \geq c\}} |f| \, dP \right) = 0. \tag{7.39}$$

Obwohl dieser Begriff zunächst nur wie eine technische Bedingung erscheint, so ist er doch von allgemeiner Wichtigkeit für die W-Theorie. Mit ihm lässt sich nämlich die genaue Beziehung zwischen $\mathcal{L}^1$-Konvergenz und stochastischer Konvergenz aufklären. Dies wird in Satz 7.30 dargestellt und später durch Korollar 10.7 ergänzt werden.

Satz 7.29. *Ist F eine Familie von Funktionen in $\mathcal{L}^1(\Omega, \mathcal{F}, P)$ so gilt:*

(a) *F ist genau dann g.g.i., wenn $\sup_{f \in F} \{\|f\|_{\mathcal{L}^1(P)}\} < \infty$, und wenn es zu jedem $\varepsilon > 0$ ein $\delta > 0$ gibt sodass gilt:*

$$P(A) < \delta \implies \sup_{f \in F} \int_A |f| \, dP \leq \varepsilon. \tag{7.40}$$

(b) *F ist immer dann g.g.i., wenn es ein $h \in \mathcal{L}^1(P)$ gibt mit $|f| \leq h$ für alle $f \in F$, oder wenn es ein $p > 1$ gibt mit $\sup_{f \in F} \{\|f\|_{\mathcal{L}^p(P)}\} < \infty$.*

Beweis. (a) Die Notwendigkeit der $\|\cdot\|_{\mathcal{L}^1}$-Beschränktheit und von (7.40) folgt sofort aus der für alle $A \in \mathcal{F}$ und $c > 0$ gültigen Abschätzung

$$\int_A |f| \, dP \leq c \cdot P(A) + \int_{\{|f| \geq c\}} |f| \, dP.$$

Umgekehrt folgt aus der $\|\cdot\|_{\mathcal{L}^1}$-Beschränktheit mit Tschebyschev zunächst

$$\sup_{f \in F} P(|f| \geq c) \leq \frac{1}{c} \sup_{f \in F} \|f\|_{\mathcal{L}^1} \to 0, \quad \text{für } c \to \infty.$$

Wählt man also $c \geq c_0$, so ist $P(|f| \geq c) < \delta$ für alle $f \in F$. Mit (7.40) folgt daher $\sup_{f \in F} \int_{\{|f| \geq c\}} |f| \, dP \leq \varepsilon$, für alle $c \geq c_0$, und damit (7.39).

(b) Aus $\int |f| \, dP \leq \int h \, dP = M < \infty$ folgt die $\|\cdot\|_{\mathcal{L}^1}$-Beschränktheit der Familie F, sowie (7.40) [man wende (a) an auf $F = \{h\}$, und majorisiere dann die f-Integrale in (7.40)]. Nach (a) gilt also (7.39).

Sei nun F eine $\mathcal{L}^p$-beschränkte Familie mit $p > 1$. Die gleichmäßige Integrierbarkeit von F folgt (mit $|f| \geq c \iff |f|^{p-1}/c^{p-1} \geq 1$) aus

$$\int_{\{|f| \geq c\}} |f| \, dP \leq \int_{\{|f| \geq c\}} |f| \frac{|f|^{p-1}}{c^{p-1}} \, dP \leq \frac{1}{c^{p-1}} \sup_{f \in F} \|f\|_{\mathcal{L}^p(P)}^p. \qquad \square$$

Bemerkungen. 1. Ist f integrierbar, so gilt für $F := \{f\}$ offenbar (7.39), also auch (7.40). 2. Sind $F_1 = \{f_i, i \in I\}$ und $F_2 = \{f_j, j \in J\}$ zwei gleichgradig integrierbare Familien mit $I \cap J = \emptyset$, so auch $F := \{f_k, k \in I \cup J\}$, was aus der Charakterisierung (a) folgt: Es gilt die erste Bedingung

$$\sup_k \|f_k\|_{\mathcal{L}^1} = (\sup_i \|f_i\|_{\mathcal{L}^1}) \vee (\sup_j \|f_j\|_{\mathcal{L}^1}) < \infty.$$

Wählt man $\delta = \delta_1 \wedge \delta_2$ (δ_1 und δ_2 erfüllen (7.40) für F_1 bzw. F_2), so gilt auch (7.40) für F. Insbesondere folgt mit der ersten Bemerkung, dass endlich viele $\mathcal{L}^1$-Funktionen gleichgradig integrierbar sind. 3. Wichtig für Martingale ist folgende einfache Beobachtung: Ist X eine Z.V. in $\mathcal{L}^1(\Omega, \mathcal{F}, P)$, so ist

$$F := \{E[X|\mathcal{A}] \mid \mathcal{A} \subset \mathcal{F} \text{ ist Unter-}\sigma\text{-Algebra}\}$$

eine g.g.i. Familie: Es gilt $P(|E[X|\mathcal{A}]| \geq c) \leq \frac{1}{c}\|X\|_{\mathcal{L}^1} \to 0$, für $c \to \infty$, und zwar unabhängig von $\mathcal{A}$. Hieraus folgt

$$\int_{\{|E[X|\mathcal{A}]| \geq c\}} |E[X|\mathcal{A}]| \, dP \leq \int_{\{|E[X|\mathcal{A}]| \geq c\}} E[|X| \, |\mathcal{A}] \, dP$$

$$= \int_{\{|E[X|\mathcal{A}]| \geq c\}} |X| \, dP < \varepsilon,$$

für $c \geq c_0$, unabhängig von $\mathcal{A}$. Dies zeigt, dass (7.39) erfüllt ist.

Mit diesen Vorbereitungen können wir nun die angekündigte Beziehung zwischen stochastischer und $\mathcal{L}^1(P)$-Konvergenz darstellen. [Eine weitere Beziehung, welche allerdings die Integrierbarkeit der Grenzfunktion voraussetzt, wird in Korollar 10.7 gegeben.]

Satz 7.30 (Vitalischer Konvergenzsatz). *Ist $(\Omega, \mathcal{F}, P)$ ein W-Raum und ist $f, f_1, f_2, \ldots : \Omega \to \mathbb{R}$ eine Folge messbarer Funktion, so sind äquivalent:*

(a) *$f, f_1, f_2, \ldots$ sind integrierbar und $\|f_n - f\|_{\mathcal{L}^1} \to 0$.*

(b) *$\{f_n, n \in \mathbb{N}\}$ ist g.g.i., und $f_n \to f$ stochastisch.*

Beweis. „(a)$\Rightarrow$(b)": Aus $f_n \to f$ in $\mathcal{L}^1$ folgt sofort $f_n \to f$ stochastisch. Weiter folgt $\sup\{\|f_n\|_{\mathcal{L}^1}, n \in \mathbb{N}\} < \infty$ (Stetigkeit der Norm), sowie

$$\int_{\{|f_n - f| \geq c\}} |f_n - f| \, dP \leq \|f_n - f\|_{\mathcal{L}^1}. \tag{7.41}$$

Für alle $n > n_0$ und alle $c \geq 0$ ist dies $\leq \varepsilon/2$. Da jede endliche Familie von $\mathcal{L}^1$-Funktionen g.g.i. ist folgt, dass es auch zu $\{f_1 - f, \ldots, f_{n_0} - f\}$ ein $c_0 > 0$ gibt mit $\int_{\{|f_n - f| \geq c_0\}} |f_n - f| \, dP \leq \varepsilon/2$, für $n = 1, \ldots, n_0$. Mit (7.41) folgt nun

$$\int_{\{|f_n - f| \geq c\}} |f_n - f| \, dP \leq \varepsilon, \quad \forall n \in \mathbb{N}, \; \forall c \geq c_0.$$

Es gilt also (7.39) für die Familie $\{f_n - f \mid n \in \mathbb{N}_0\}$. Aus

$$\int_A |f_n| \, dP \le \int_A |f_n - f| \, dP + \int_A |f| \, dP$$

folgt mit Satz 7.29(a) die Eigenschaft (7.40) für die Familie $\{f_n, n \in \mathbb{N}\}$, und damit schließlich deren gleichgradige Integrierbarkeit.

„(a)$\Leftarrow$(b)": Zeige zuerst, dass f integrierbar ist. O.B.d.A. gelte $f_n \to f$ P-f.s. (sonst nehme Teilfolge), also auch $|f_n| \to |f|$ P-f.s. Dann gilt für die unteren Einhüllenden: $F_n := \inf_{k \ge n} |f_k| \nearrow |f|$. Nach Satz 7.29(a) gilt

$$\int F_n \, dP \le \int |f_n| \, dP \le \sup_{k \in \mathbb{N}} \|f_k\|_{\mathcal{L}^1} < \infty, \quad \forall n \in \mathbb{N},$$

sodass mit monotoner Konvergenz $\int |f| \, dP < \infty$ folgt, also $f \in \mathcal{L}^1(P)$.

Zeige nun die $\mathcal{L}^1$-Konvergenz $f_n \to f$: Bei festem $\varepsilon > 0$ gilt

$$\|f_n - f\|_{\mathcal{L}^1} \le \int_{\{|f_n - f| \ge \varepsilon\}} |f_n - f| \, dP + \varepsilon$$
$$\le \int_{\{|f_n - f| \ge \varepsilon\}} |f_n| \, dP + \int_{\{|f_n - f| \ge \varepsilon\}} |f| \, dP + \varepsilon.$$

Die Familie $\{f, f_1, f_2, \dots\}$ ist g.g.i., d.h. (7.40) ist erfüllt. Nach Voraussetzung gilt $P(|f_n - f| \ge \varepsilon) \to 0$. Die Integrale konvergieren damit gegen Null, sodass $\|f_n - f\|_{\mathcal{L}^1} \le 3\varepsilon$ gilt, für alle $n \ge n_0$. $\qquad\square$

Mit diesen Vorbereitungen kommen wir schließlich zum angekündigten Ziel dieses Abschnitts, der folgenden Verallgemeinerung von Lemma 7.28:

Satz 7.31 (Optional Sampling Theorem). *Es sei $(X_t)_{t \ge 0}$ ein rechtsstetiges $\mathcal{F}_t$-Submartingal und $\sigma \le \tau$ seien beschränkte $\mathcal{F}_t$-Stoppzeiten. Dann sind X_σ und X_τ integrierbar und es gilt*

$$X_\sigma \le E[X_\tau | \mathcal{F}_\sigma]. \tag{7.42}$$

Ist $(X_t)_{t \ge 0}$ ein $\mathcal{L}^p(P)$-Martingal mit $p \in [1, \infty)$, so sind $X_\sigma, X_\tau \in \mathcal{L}^p(P)$, und in (7.42) gilt Gleichheit.

Beweis. Angenommen (7.42) ist gezeigt. Ist dann X ein $\mathcal{L}^p$-Martingal, so sind X und $-X$ Submartingale, sodass in (7.42) Gleichheit folgt . Speziell für $\tau := T$ (mit $T \ge \sigma$) folgt dann die Darstellung $X_\sigma = E[X_T | \mathcal{F}_\sigma]$. Mit Korollar 7.8 folgt $X_\sigma \in \mathcal{L}^p$. Es genügt also (7.42) nachzuweisen.

1. Schritt: Sei zuerst $X_t \geq 0$ und $\tau \leq t_0 \in \mathbb{R}_+$. Dann ist

$$F := \{X_\rho : \rho \text{ ist Stoppzeit mit } \rho \leq t_0 \text{ und } X_\rho \leq E[X_{t_0}|\mathcal{F}_\rho]\}$$

gleichgradig integrierbar. (Man benutze in Bemerkung 3, nach Satz 7.29, die Abschätzung $X_\rho \leq E[X_{t_0}|\mathcal{F}_\rho]$.) Sind σ_n und τ_n die von rechts approximierenden Stoppzeiten aus Lemma 7.25, so gilt $\sigma \leq \sigma_n \leq \tau_n \leq t_0$, und σ_n, τ_n haben endlich viele Funktionswerte. Weiter gilt punktweise $X_{\sigma_n} \to X_\sigma$, $X_{\tau_n} \to X_\tau$, und mit Lemma 7.28 (Doob)

$$\int_B X_{\sigma_n} \, dP \leq \int_B X_{\tau_n} \, dP, \qquad \forall B \in \mathcal{F}_\sigma, \tag{7.43}$$

denn $\mathcal{F}_\sigma \subset \mathcal{F}_{\sigma_n}$. Wegen $X_{\sigma_n}, X_{\tau_n} \in F$ folgen mit Vitali die $\mathcal{L}^1$-Konvergenzen $X_{\sigma_n} \to X_\sigma$ und $X_{\tau_n} \to X_\tau$. Grenzübergang in (7.43) gibt somit (7.42).

2. Schritt: Ist X beliebig so definiert $X_t \vee (-n)$ ein nach unten beschränktes Submartingal. Damit ist $\tilde{X}_t := X_t \vee (-n) + n \geq 0$, sodass $\tilde{X}$ (7.42) erfüllt, und damit auch $X_t \vee (-n)$. Es gilt also für jedes $n \in \mathbb{N}$ und $B \in \mathcal{F}_\sigma$:

$$\begin{aligned} \int_B X_\sigma \vee (-n) \, dP &= \int_B \left(X \vee (-n)\right)_\sigma dP \\ &\leq \int_B \left(X \vee (-n)\right)_\tau dP \\ &= \int_B X_\tau \vee (-n) \, dP. \end{aligned} \tag{7.44}$$

Nach Schritt 1 sind $(X_\pm)_\sigma$ und $(X_\pm)_\tau$ integrierbar, also auch X_σ und X_τ. Mit majorisierter Konvergenz folgt aus (7.44) somit (7.42). □

Beachte. In (7.43) wurde wesentlich von der Approximation durch Stoppzeiten von rechts ($\mathcal{F}_\sigma \subset \mathcal{F}_{\sigma_n}$) Gebrauch gemacht. Die Integrierbarkeit von X_σ folgt im Wesentlichen aus Vitali, denn Vitali garantiert die Integrierbarkeit der Grenzfunktion.

Korollar 7.32 (Stoppsatz). *Sei $(X_t)_{t \geq 0}$ ein rechtsstetiges $\mathcal{F}_t$-Submartingal (bzw. Martingal) und τ eine (beliebige) $\mathcal{F}_t$-Stoppzeit. Dann ist auch X^τ ein rechtsstetiges $\mathcal{F}_t$-Submartingal (bzw. Martingal).*

Beweis. Nach Lemma 7.27 ist X^τ ein rechtsstetiger, $\mathcal{F}_t$-adaptierter Prozess. Für $0 \leq s < t$ sind $s \wedge \tau$ und $t \wedge \tau$ beschränkte Stoppzeiten. Für ein Submartingal X folgt aus Satz 7.31

$$\begin{aligned} X_{s \wedge \tau} &\leq E[X_{t \wedge \tau}|\mathcal{F}_{s \wedge \tau}] \\ &= E[E[X_{t \wedge \tau}|\mathcal{F}_\tau]|\mathcal{F}_s] \quad \text{(nach Lemma 7.24)} \\ &= E[X_{t \wedge \tau}|\mathcal{F}_s] \qquad \text{(da } \mathcal{F}_{t \wedge \tau} \subset \mathcal{F}_\tau). \end{aligned}$$

Für ein Martingal X ist hier wieder $\leq$ durch $=$ zu ersetzen. □

Bemerkungen. 1. Korollar 7.32 gilt natürlich (entsprechend modifiziert) auch für die Grundversion des Optional Sampling Theorems (Lemma 7.28), insbesondere also für zeitdiskrete (Sub-) Martingale. Hierzu folgendes Beispiel: Ein Spieler verfolgt beim Roulette folgende Strategie: Er setzt pro Spiel zehn Euro auf Rot. Nachdem er erstmals 5 mal in Serie gewonnen hat, oder aber spätestens nach 100 Spielen, hört er auf zu spielen (= Stoppzeit τ). Sei Y_n der Gewinn beim n-ten Spiel, bei zehn Euro Einsatz auf Rot. Dann definiert $X_n := \sum_{k=1}^{n} Y_k$, für $n \in \{1, \ldots, 100\}$, ein Supermartingal (einfache Übung). Der Gesamtgewinn des Spielers nach dem n-ten Spiel ist $X_{n \wedge \tau}$, am Ende (bei $n = 100$) also X_τ. Nach Korollar 7.32 ist $(X_{n \wedge \tau})_{n=1,\ldots,100}$ aber immer noch ein Supermartingal, d.h. über viele Abende gemittelt macht er Verlust, auch wenn er immer nach der ersten 5er-Gewinnserie aussteigt. 2. Die Voraussetzung *beschränkter Stoppzeiten* in Satz 7.31 ist wichtig. Setzt man etwa beim Roulette immer auf rot und verdoppelt bei Verlust im nächsten Spiel den Einsatz, so macht man theoretisch Gewinn! (Theoretisch deshalb, weil man nicht unbegrenzt verdoppeln kann.) Es kommt nämlich irgendwann wieder rot (mit Wahrscheinlichkeit 1), und dann ist der erzielte Gewinn gleich dem Spieleinsatz beim ersten Spiel. Das Spiel bricht also mit Sicherheit mit Gewinn ab. (Diese Spielstrategie wurde Mitte des 19. Jahrhunderts ebenfalls als „Martingal" bezeichnet; der Begriff hat also offenbar mehrere Wurzeln.) Dies ist ein Grund für die Begrenzung von Spieleinsätzen in Spielbanken, wenn auch nicht der einzige.

8

Darstellung Brownscher Martingale durch Itô-Integrale

In diesem Kapitel beginnen wir die engen Beziehungen zwischen Itô-Integralen und Martingalen zu untersuchen. Wir zeigen zuerst, dass Itô-Integrale mit quadratintegrierbaren Integranden stets Martingale sind. Der Itô-Kalkül eröffnet damit eine allgemeine Methode zur Untersuchung von Martingalen vom Typ $F(t, X_t)$, wenn dabei X_t einen Itô-Prozess bezeichnet. Wir wenden diese Methode in Abschnitt 8.2 auf exponentielle (Super-) Martingale an. Deren Bedeutung liegt unter anderem darin, dass schon die einfachsten exponentiellen Martingale einen dichten Teilraum in den quadratisch integrierbaren Funktionalen der BB erzeugen. Kombiniert mit dem Itô-Kalkül führt dies in Abschnitt 8.5 direkt zum Itôschen Integraldarstellungssatz für Brownsche Martingale. Zu seinem Beweis benötigen wir aber noch das Faktorisierungslemma der Maßtheorie und den Begriff p-fach integrierbarer Funktionale stochastischer Prozesse, welche wir in Abschnitt 8.3 vorbereiten.

8.1 Das Itô-Integral als L^2-Martingal

Im Folgenden sei wieder $(B_t, \mathcal{A}_t)_{t\geq 0}$ eine BB mit vollständiger Filtration.

Satz 8.1. *Sei $f \in \mathcal{L}_a^2([0, \infty))$. Dann ist jede Version der Familie von P-f.s. definierten Z.V.n $(\int_0^t f_s \, dB_s)_{t\geq 0}$ ein $\mathcal{L}^2(P)$-Martingal bezüglich $(\mathcal{A}_t)_{t\geq 0}$.*

Beweis. Für einen Treppenprozess $f \in \mathcal{T}_a^2([0, t])$ ist $\int_0^t f_u \, dB_u$ offensichtlich $\mathcal{A}_t$-messbar, sodass mittels $\mathcal{L}^2(P)$-Grenzübergang (nach Korollar 7.10) die $\mathcal{A}_t^*$-Messbarkeit von $\int_0^t f_u \, dB_u$ für alle $f \in \mathcal{L}_a^2([0, t])$ folgt. Wegen

$$E[\int_0^t f_u \, dB_u | \mathcal{A}_s] = E[\int_0^s f_u \, dB_u + \int_s^t f_u \, dB_u | \mathcal{A}_s] \quad (s < t)$$

$$= \int_0^s f_u \, dB_u + E[\int_s^t f_u \, dB_u | \mathcal{A}_s] \qquad (8.1)$$

bleibt zu zeigen, dass hier der letzte Term verschwindet. Für den Treppen-prozess sei o.B.d.A. $t_{j_0} = s$, für ein geeignetes j_0 (sonst schiebe man einen zusätzlichen Zeitpunkt ein). Der zweite Term in (8.1) lautet dann

$$E[\sum_{j=j_0}^{N-1} e_j(B_{t_{j+1}} - B_{t_j})|\mathcal{A}_s] = \sum_{j=j_0}^{N-1} E[E[e_j(B_{t_{j+1}} - B_{t_j})|\mathcal{A}_{t_j}]|\mathcal{A}_s] = 0, \quad (8.2)$$

denn $E[e_j(B_{t_{j+1}} - B_{t_j})|\mathcal{A}_{t_j}] = e_j E[(B_{t_{j+1}} - B_{t_j})|\mathcal{A}_{t_j}] = 0$. Für $f \in \mathcal{L}_a^2([0,\infty))$ schreibt man nun das zweite Integral in (8.1) als $\mathcal{L}^2$-Grenzwert mit Treppen-prozessen. Da der bedingte EW einen stetigen L^2-Projektor definiert, kann man den Limes mit dem EW vertauschen. Mit (8.2) folgt nun, dass der zweite Term in (8.1) verschwindet. $\qquad\square$

Bemerkungen. 1. Setzt man in Satz 8.1 die Filtration nicht als vollständig voraus, so ist jede Version des Itô-Integrals (also auch die stetige) zumindest ein $\mathcal{A}_t^*$-Martingal. Ob es dann auch eine stetige Version gibt die sogar ein $\mathcal{A}_t$-Martingal ist wird in der Literatur offenbar nicht diskutiert. Stattdessen wird stets $\mathcal{A}_0 = \mathcal{A}_0^*$ vorausgesetzt, sodass sich diese Frage erübrigt. 2. Für Integranden $f \in \mathcal{L}_\omega^2([\alpha, \beta])$ definiert $X_t := \int_0^t f(s) \, dB_s$ i.A. *kein* Martingal. Jedoch ist (X_t) stets ein *lokales* $\mathcal{A}_t$-*Martingal*, d.h. ein reeller, $\mathcal{A}_t$-adaptierter Prozess für den $\mathcal{A}_t$-Stoppzeiten $(\tau_n)_{n\in\mathbb{N}}$ existieren mit $\tau_n \leq \tau_{n+1}$, $\tau_n \to \infty$ P-f.s. und so, dass für alle $n \in \mathbb{N}$ die gestoppten Prozesse X^{τ_n} $\mathcal{A}_t$-Martingale sind. Es lässt sich zeigen (siehe [HT, Seite 172]), dass für jedes stetige lokale Martingal $(X_t)_{t\geq 0}$ die quadratische Variation (5.42) existiert. Im Aufbau ei-ner stochastischen Integrationstheorie bezüglich stetiger lokaler Martingale (anstelle von B_t) ist dieser Begriff zentral, vgl. [HT, KS1].

Beispiele.

1. In Kapitel 5 hatten wir die Formel

$$\int_0^t B_s \, dB_s = \frac{1}{2}(B_t^2 - t)$$

erhalten. Wegen $\int_0^T E[B_s^2] \, ds = \int_0^T s \, ds < \infty$ gilt $(B_t)_{t\geq 0} \in \mathcal{L}_a^2([0,\infty))$, sodass nach Satz 8.1 der Prozess $(B_t^2 - t)_{t\geq 0}$ ein $\mathcal{L}^2$-Martingal ist. (Dies lässt sich sehr leicht auch ohne Integral verifizieren. Übung!)

2. Der Prozess $X_t := e^{t/2} \sin(B_t)$ ist ebenfalls ein $\mathcal{L}^2(P)$-Martingal mit Zeit-menge $[0,\infty)$. Um dies zu sehen beachte man, dass $X_t = F(t, B_t)$ gilt, mit $F(t,x) := e^{t/2} \sin x$. Mit der Itô-Formel folgt

$$dX_t = \frac{1}{2}e^{t/2}\sin B_t \, dt + e^{t/2}\cos B_t \, dB_t - \frac{1}{2}e^{t/2}\sin B_t \, dt,$$

also $X_t = \int_0^t e^{s/2} \cos B_s \, dB_s$. Da der Integrand offenbar in $\mathcal{L}_a^2([0,\infty))$ liegt, folgt die Behauptung aus Satz 8.1.

Diesen Beispielen liegt ein *allgemeines Prinzip zugrunde um festzustellen, ob ein Prozess der Form* $X_t = F(t, B_t)$ *ein Martingal ist*: Das Differential dX_t darf keinen dt-Anteil enthalten, und der dB_t-Koeffizient muss in $\mathcal{L}_a^2([0, \infty))$ liegen. Dass man den ersten Teil durch einfaches Rechnen bewerkstelligt demonstriert die Kraft der Itô-Formel. [Die zweite Voraussetzung erfordert aber oft nichttriviale Argumente.] Auf diesem Prinzip basiert die Analyse exponentieller Martingale im nächsten Abschnitt.

Aufgabe. Als weiteres Beispiel verifiziere man, dass auch der Prozess

$$X_t := (B_t + t)e^{-(B_t + t/2)}, \quad t \geq 0,$$

ein Martingal ist. Allgemeiner zeige man: Ist $F(t, x)$ eine Lösung von

$$\frac{\partial F}{\partial t} = -\frac{1}{2}\frac{\partial^2 F}{\partial x^2},$$

so besitzt $d(F(t, B_t))$ einen verschwindenden dt-Anteil.

8.2 Exponentielle Supermartingale

Zur Motivation dieses Begriffs erinnern wir daran, dass Exponentialfunktionen in vielen Bereichen der Analysis auftreten (bei Differentialgleichungen, in der analytischen Halbgruppentheorie, bei Lie-Gruppen, etc.). Im Kontext von Martingalen und Itô-Prozessen ist daher folgende Frage naheliegend:

Für welche Itô-Prozesse X_t definiert $M_t := e^{X_t}$ ein $\mathcal{A}_t$-Martingal ?

Um dies zu klären benutzen wir das Prinzip aus Abschnitt 8.1: Hat X_t das Differential $dX_t = f_t \, dt + g_t \, dB_t$, so folgt mit der Itô-Formel

$$d(e^{X_t}) = e^{X_t}dX_t + \frac{1}{2}e^{X_t}(dX_t)^2$$

$$= e^{X_t}(f_t \, dt + g_t \, dB_t + \frac{1}{2}g_t^2 \, dt).$$

Dies zeigt, dass ein $\mathcal{L}^2$-Martingal jedenfalls dann vorliegt, wenn gilt:

$$f_t = -\frac{1}{2}g_t^2, \quad e^{X_0} \in \mathcal{L}^2(P), \quad (e^{X_t}g_t)_{t \geq 0} \in \mathcal{L}_a^2([0, \infty)). \tag{8.3}$$

Wir setzen fortan $X_0 = 0$, womit die zweite Bedingung stets erfüllt ist. Die erste Bedingung besagt dann, dass X_t die folgende Form haben muss:

$$X_t = \int_0^t g(s) \, dB_s - \frac{1}{2}\int_0^t g^2(s) \, ds. \tag{8.4}$$

Die dritte Bedingung in (8.3) ist i.A. eine *nichttriviale Integrabilitätsbedingung.* Sie lässt sich jedoch in den zwei nachfolgenden Fällen leicht verifizieren.

Der erste Fall betrifft deterministische Integranden (also das Wiener-Integral), und wird in Abschnitt 8.4 benötigt.

Lemma 8.2. *Für jede Funktion $g \in \mathcal{L}^2_{loc}([0, \infty))$ und alle $p \in [1, \infty)$ wird ein $\mathcal{L}^p(P)$-Martingal $(M_t)_{t \geq 0}$ bezüglich $(\mathcal{A}_t)$ definiert durch*

$$M_t := M_t(g) := e^{\int_0^t g(s)\, dB_s - \frac{1}{2} \int_0^t g^2(s)\, ds} \, . \tag{8.5}$$

Beweis. Mit Satz 2.19 folgt, dass der Exponent in (8.5) $N(\mu_t, \sigma_t^2)$-verteilt ist, mit den stetig von t abhängenden Parametern $\mu_t = -\frac{1}{2} \int_0^t g^2(s)\, ds$, sowie $\sigma_t^2 = \int_0^t g^2(s)\, ds$. Nach (1.13) gilt für $N(\mu, \sigma^2)$-verteilte Z.V.n X

$$E[e^X] = e^\mu E[e^{X-\mu}] = e^{\mu + \frac{1}{2}\sigma^2} \, .$$

Für jedes $p \in [1, \infty)$ ist somit $E[e^{pX_t}] < \infty$ (also $M_t \in \mathcal{L}^p$), und die Funktion $t \mapsto E[e^{pX_t}]$ ist stetig auf $[0, \infty)$. Es folgt für jedes $T \geq 0$:

$$\int_0^T E[(e^{X_t} g_t)^2]\, dt = \int_0^T E[e^{2X_t}] g_t^2\, dt < \infty \, .$$

Bedingung (8.3) ist also erfüllt. Somit ist $(M_t)_{t \geq 0}$ ein Martingal.   □

Beispiel. (Geometrische Brownsche Bewegung.) Wählt man für g eine konstante Funktion, $g := \sigma$, und damit (wegen (8.3)) $f := -\frac{1}{2}\sigma^2$, so folgt

$$X_t = \int_0^t f(s)\, ds + \int_0^t g(s)\, dB_s = -\frac{1}{2}\sigma^2 t + \sigma B_t \, .$$

Damit ist der Prozess (die sogenannte *geometrische Brownsche Bewegung*)

$$M_t = e^{\sigma B_t - \frac{1}{2}\sigma^2 t} \, , \qquad t \geq 0 \, ,$$

ein $\mathcal{L}^p$-Martingal. Hieraus folgt etwas allgemeiner, dass der Prozess

$$Y_t := e^{\sigma B_t - \mu t} = e^{\sigma B_t - \frac{1}{2}\sigma^2 t} e^{(\frac{1}{2}\sigma^2 - \mu)t}$$

für $\mu > \frac{1}{2}\sigma^2$ ein Supermartingal, und für $\mu < \frac{1}{2}\sigma^2$ ein Submartingal ist. Solche Prozesse dienen als einfache Modelle für Aktienkurse (vgl. Kapitel 11), wie auch als einfache Populationsmodelle. Realistischere Modelle erhält man aber erst unter Einsatz stochastischer Differentialgleichungen, vgl. [St, Ø, Ga].

Der zweite einfache Fall in dem (8.5) ein Martingal definiert liegt vor, wenn (g_t) ein beschränkter Treppenprozess ist. Dann ist die dritte Bedingung in (8.3) ebenfalls leicht zu verifizieren:

Lemma 8.3. *Sei $M_t(g)$ durch (8.5) definiert mit $g \in \mathcal{T}_a^\infty([0,\infty))$. Dann ist $(M_t(g))_{t\geq 0}$ ein $\mathcal{L}^p(P)$-Martingal bezüglich $(\mathcal{A}_t)$, für alle $p \in [1,\infty)$.*

Beweis. Die Beschränktheit des Prozesses $g_t = \sum_{j=0}^{N-1} e_j \mathbf{1}_{[t_j, t_{j+1})}(t)$ ist äquivalent zu $|e_j| \leq M \; \forall j$, mit einem geeigneten $M \in \mathbb{R}_+$. Damit folgt

$$|X_t| \leq \sum_{j=0}^{N-1} |e_j| \cdot |\Delta B_j| + \sum_{j=0}^{N-1} |e_j|^2 \cdot \Delta t_j \leq M \sum_{j=0}^{N-1} |\Delta B_j| + M^2 T \, ,$$

und hieraus

$$|e^{X_t}|^p \leq e^{pM^2 T} \prod_{j=0}^{N-1} e^{pM|\Delta B_j|} \, , \qquad \forall t \in [0,T] \, .$$

Da $e^{|\Delta B_j|}$ in $\mathcal{L}^q(P)$ liegt für alle $q \in [1,\infty)$, so folgt $e^{X_t} \in \mathcal{L}^p(P)$, für alle $p \in [1,\infty)$. Mit der Beschränktheit von g folgt weiter $e^{X_t} g_t \in \mathcal{L}^p(P)$, für alle $p \in [1,\infty)$, sodass die dritte Bedingung in (8.3) erfüllt ist. Somit definiert e^{X_t} ein $\mathcal{L}^p$-Martingal, für alle $p \in [1,\infty)$. $\qquad\square$

Mit diesem Lemma erhalten wir folgende allgemeine Integrierbarkeitsaussage, deren Minimalvoraussetzungen (lediglich die Existenz des Itô-Integrals wird benötigt) durchaus bemerkenswert sind:

Korollar 8.4. *Für alle $g \in \mathcal{L}_\omega^2([0,\infty))$ und alle $t \geq 0$ gilt:*

$$E\Big[e^{\int_0^t g(s)\, dB_s - \frac{1}{2} \int_0^t g^2(s)\, ds} \Big] \leq 1 \, . \tag{8.6}$$

Beweis. Fixiere $t \geq 0$ und wähle $g_n \in \mathcal{T}_a^\infty([0,t])$ mit $g_n \to g$ in $\mathcal{L}_\omega^2([0,t])$. O.B.d.A gelte für $n \to \infty$ P-fast sicher

$$\begin{aligned} X_t^{(n)} &:= \int_0^t g_n(s)\, dB_s - \frac{1}{2} \int_0^t g_n^2(s)\, ds \\ &\to \int_0^t g(s)\, dB_s - \frac{1}{2} \int_0^t g^2(s)\, ds =: X_t \, . \end{aligned} \tag{8.7}$$

Da die e-Funktion stetig und nichtnegativ ist folgt mit Fatou (8.6):

$$E\big[e^{X_t} \big] = E\big[\liminf_{n\to\infty} (e^{X_t^{(n)}}) \big] \leq \liminf_{n\to\infty} E\big[e^{X_t^{(n)}} \big] = 1 \, . \qquad\square$$

Bemerkung. In diesem Beweis wurde erstmals essenziell von Approximationen mit *beschränkten* Treppenprozessen Gebrauch gemacht.

Mit diesen Vorbereitungen erhalten wir zusammenfassend folgenden Satz über exponentielle (Super-) Martingale, welcher unsere einführenden Betrachtungen zu diesem Thema abschließt. In Abschnitt 10.1 werden wir diese Betrachtungen nochmals vertiefen. Wir benötigen dazu allerdings das Itô-Integral mit Stoppzeiten als Grenzen, welches wir erst in Kapitel 9 entwickeln.

Satz 8.5. *Sei $M_t = M_t(g)$ durch (8.5) definiert, mit $g \in \mathcal{L}_\omega^2([0, \infty))$. Dann ist $(M_t)_{t \geq 0}$ ein $\mathcal{A}_t$-Supermartingal. Dieses ist genau dann ein Martingal, wenn $E[M_t] = 1$ ist, für alle $t \geq 0$.*

Beweis. Seien $0 \leq s < t$ fest. Wähle g_n wie in (8.7). Für $v \geq s$ definiere

$$M_v^{(n)} := e^{X_s} e^{\beta_n(s,v)} := e^{X_s} e^{\int_s^v g_n(u)\, dB_u - \frac{1}{2} \int_s^v g_n^2(u)\, du},$$

mit X_s wie in (8.4). Dann ist $(M_v^{(n)})_{v \in [s,t]}$ ein $\mathcal{A}_v$-Martingal, denn für alle $s \leq u \leq v \leq t$ folgt mit Satz 7.4(f) und Lemma 8.3:

$$\begin{aligned} E[M_v^{(n)} | \mathcal{A}_u] &= E[e^{X_s} e^{\beta_n(s,v)} | \mathcal{A}_u] = e^{X_s} E[e^{\beta_n(s,v)} | \mathcal{A}_u] \\ &= e^{X_s} e^{\beta_n(s,u)} = M_u^{(n)}. \end{aligned}$$

Die vorletzte Gleichheit folgt, weil $(e^{\beta_n(s,v)})_{v \in [s,t]}$ ein Martingal ist (um dies zu sehen setzte man $\tilde{g}(u) := 0, u \in [0, s]$, und $\tilde{g}(u) := \beta_n(s, u), u \in [s, t]$; der entsprechende Prozess $(\tilde{M}_v)_{v \geq 0}$ ist nach Lemma 8.3 ein $\mathcal{A}_v$-Martingal). Für jedes $A \in \mathcal{A}_s$ gilt demnach

$$\int_A M_t^{(n)}\, dP = \int_A M_s^{(n)}\, dP = \int_A M_s\, dP,$$

wobei die letzte Gleichung aus $M_s^{(n)} = M_s$ folgt. Wegen $0 \leq M_t^{(n)} \to M_t$ P-f.s. folgt hieraus mit Fatou:

$$\int_A M_t\, dP \leq \int_A M_s\, dP, \qquad \forall A \in \mathcal{A}_s.$$

Nach Lemma 7.13 ist M_t also ein Supermartingal. Die zweite Behauptung folgt wegen $M_0 = 1$ sofort aus Lemma 7.15. $\qquad\square$

8.3 Vorbereitung: Charakteristische Funktionen

In den nachfolgenden Abschnitten werden wir öfters von charakteristischen Funktionen φ_P Gebrauch machen, einem Standardwerkzeug der W-Theorie. Wir werden allerdings nur eine relativ einfache Eigenschaft benötigen, nämlich die Aussage, dass φ_P das W-Maß P eindeutig bestimmt. Diesen Eindeutigkeitssatz werden wir im vorliegenden Abschnitt beweisen, und daraus einige unmittelbare Folgerungen ziehen. Im Folgenden treten Integrale über komplexwertige Funktionen auf, die wir zunächst einmal definieren:

Notation. Mit $\mathcal{L}_\mathbb{C}^p(\mu)$ werde der Raum der komplexwertigen Funktionen $f = f_1 + i f_2$ bezeichnet, mit Komponenten $f_1, f_2 \in \mathcal{L}^p(\mu)$. Entsprechend definiert man $L_\mathbb{C}^p(\mu)$. Man setzt $\int f\, d\mu := \int f_1\, d\mu + i \int f_2\, d\mu$.

Die komplexen Funktionen verhalten sich in Bezug auf Integration sehr ähnlich zu den reellen Funktionen. So ist eine messbare komplexe Funktion f genau dann integrierbar wenn $\int |f|\,d\mu < \infty$ ist, und es gilt ebenso die Abschätzung $|\int f\,d\mu| \le \int |f|\,d\mu$. Weiter gelten die Minkowskische und die Höldersche Ungleichung, d.h. $L^p_{\mathbb{C}}(\mu)$ ist ein komplexer Banachraum, und $L^2_{\mathbb{C}}(\mu)$ ist ein komplexer Hilbert-Raum, versehen mit dem Skalarprodukt

$$\langle \hat{f}, \hat{g}\rangle := \int \overline{\hat{f}}\hat{g}\,d\mu\,.$$

Die Eigenschaften (S2) und (S3) in der Aufgabe nach Korollar 2.12 sind hierbei zu ersetzen durch $\langle \alpha\hat{f}, \hat{g}\rangle = \bar{\alpha}\langle \hat{f}, \hat{g}\rangle$, sowie durch $\langle \hat{f}, \hat{g}\rangle = \overline{\langle \hat{g}, \hat{f}\rangle}$.

Definition. Sei μ ein endliches Maß auf $\mathcal{B}(\mathbb{R}^d)$. Die *charakteristische Funktion* von μ, $\varphi_\mu : \mathbb{R}^d \to \mathbb{C}$, ist definiert durch

$$\varphi_\mu(\lambda) := \int_{\mathbb{R}^d} e^{i\langle \lambda, x\rangle}\,d\mu(x)\,,$$

mit dem üblichen Skalarprodukt $\langle \lambda, x\rangle := \lambda_1 x_1 + \cdots + \lambda_d x_d$ auf $\mathbb{R}^d$. Ist X eine $\mathbb{R}^d$-wertige Z.V. mit Verteilung P_X, so nennt man $\varphi_X := \varphi_{P_X}$ die *charakteristische Funktion von X*. Ist $f \in \mathcal{L}^1_{\mathbb{C}}(\mathbb{R}^d, \lambda^d)$, so heißt

$$\mathcal{F}f(\lambda) := \int_{\mathbb{R}^d} e^{i\langle \lambda, x\rangle} f(x)\,dx\,, \quad \lambda \in \mathbb{R}^d\,,$$

die *Fourier-Transformierte von f*. [Wegen $|e^{iy}| = 1$ $(y \in \mathbb{R})$ sind beide Funktionen wohldefiniert.]

Beispiele.

1. Für das Einpunktmaß ε_y mit $y \in \mathbb{R}^d$ (also der Verteilung einer konstanten Z.V.n $X := y$) gilt

$$\varphi_{\varepsilon_y}(\lambda) = e^{i\langle \lambda, y\rangle}\,. \tag{8.8}$$

2. Beachtet man, dass die Abschätzung (1.12) auch für komplexe λ gilt, so folgt mit der Ersetzung von λ durch $i\lambda$ in (1.13) sofort

$$\varphi_{\nu_{0,\sigma^2}}(\lambda) = e^{-\frac{1}{2}\sigma^2\lambda^2}\,. \tag{8.9}$$

Notationen. $C_b(\mathbb{R}^d, \mathbb{C})$ bezeichne den Raum aller stetigen, komplexen, beschränkten Funktionen auf $\mathbb{R}^d$. $C_0(\mathbb{R}^d, \mathbb{C})$ sei der Unterraum aller Funktionen $f \in C_b(\mathbb{R}^d, \mathbb{C})$ mit der Eigenschaft $f(\lambda) \to 0$, für $|\lambda| \to \infty$, d.h. zu jedem $\varepsilon > 0$ gibt es ein $R > 0$ mit $|f(\lambda)| < \varepsilon$ für alle $|\lambda| \ge R$.

Wegen $|e^{iy}| = 1$ gilt $|\varphi_\mu| \le \mu(\mathbb{R}^d) < \infty$, und mit majorisierter Konvergenz folgt sofort die Stetigkeit von φ_μ, zusammen also $\varphi_\mu \in C_b(\mathbb{R}^d, \mathbb{C})$. Gleichung (8.8) zeigt aber, dass i. A. $\varphi_\mu \notin C_0(\mathbb{R}^d, \mathbb{C})$ gilt. Hierdurch unterscheiden sich die Fourier-Transformierten:

Satz 8.6. (Riemann-Lebesgue).

$$f \in \mathcal{L}^1_{\mathbb{C}}(\mathbb{R}^d, \lambda^d) \quad \Rightarrow \quad \mathcal{F}f \in C_0(\mathbb{R}^d, \mathbb{C}). \tag{8.10}$$

Beweis. Für $\lambda_n \to \lambda$ folgt $\langle \lambda_n, x \rangle \to \langle \lambda, x \rangle$, also auch die punktweise Konvergenz $e^{i\langle \lambda_n, x \rangle} f(x) \to e^{i\langle \lambda, x \rangle} f(x)$. Wegen $|e^{i\langle \lambda, x \rangle} f(x)| \leq |f(x)|$ folgt mit majorisierter Konvergenz daher sofort die Stetigkeit der Funktion $\mathcal{F}f$. Sei nun $\lambda \in \mathbb{R}^d$ mit $\lambda \neq 0$. Mit $e^{i\pi} = -1$ und Translationsinvarianz gilt:

$$\mathcal{F}f(\lambda) = \frac{1}{2} \int e^{i\langle \lambda, x \rangle} f(x)\, dx - \frac{1}{2} \int e^{i\langle \lambda, x + \frac{\pi}{|\lambda|^2}\lambda \rangle} f(x)\, dx$$

$$= \frac{1}{2} \int e^{i\langle \lambda, x \rangle} \left[f(x) - f\left(x - \frac{\pi}{|\lambda|^2}\lambda\right) \right] dx. \tag{8.11}$$

Lemma 4.3 und Korollar 4.4(a) wurden nur für $d = 1$ formuliert. Ein Blick auf die Beweise zeigt aber, dass diese auch für $d > 1$ bestehen bleiben; man muss nur die 1-dimensionalen Objekte (insbesondere Intervalle) durch entsprechende d-dimensionale Objekte ersetzen. Für $|\lambda| \to \infty$ gilt nun $x - \frac{\pi}{|\lambda|^2}\lambda \to x$, sodass nach Korollar 4.4(a) die rechte Seite von (8.11) gegen Null geht. □

Lemma 8.7. *Sei $f \in C_0(\mathbb{R}^d, \mathbb{C})$ und p_t die d-dimensionale Gauß-Dichte*

$$p_t(x) := \frac{1}{(2\pi t)^{d/2}} e^{-\frac{|x|^2}{2t}}, \quad t > 0,\ x \in \mathbb{R}^d. \tag{8.12}$$

Dann gilt die gleichmäßige Konvergenz $\|p_t * f - f\|_\infty \to 0$, für $t \searrow 0$, wobei

$$(p_t * f)(x) := \int_{\mathbb{R}^d} p_t(x - y) f(y)\, dy. \tag{8.13}$$

Beweis. Zu $\varepsilon > 0$ wähle zunächst $R > 0$ so, dass $|f(x)| \leq \varepsilon/2$ ist, für alle $|x| \geq R$. Zur kompakten Menge $K := \{|x| \leq R\}$ gibt es dann ein $\delta > 0$, sodass für $x, y \in K$ gilt: $|x - y| \leq \delta \Rightarrow |f(x) - f(y)| \leq \varepsilon/2$. Somit gilt

$$|f(x) - f(y)| \leq \varepsilon, \quad \text{wann immer } |x - y| \leq \delta. \tag{8.14}$$

Zeige nun $\|p_t * f - f\|_\infty \leq 2\varepsilon$ für alle $t \in (0, t_0)$. Führe in (8.13) die neue Variable $z := (x - y)/\sqrt{t}$ ein (also $y = x - \sqrt{t}z$). Dann folgt

$$|p_t * f(x) - f(x)| = \left| \int_{\mathbb{R}^d} p_t(x - y)[f(y) - f(x)]\, dy \right|$$

$$\leq \int_{\mathbb{R}^d} p_1(z) \left| f(x - \sqrt{t}z) - f(x) \right| dz$$

$$= \int_{|\sqrt{t}z| \leq \delta} \cdots + \int_{|\sqrt{t}z| > \delta} \cdots$$

$$\leq \varepsilon + 2\|f\|_\infty \int_{|z| > \delta/\sqrt{t}} p_1(z)\, dz, \quad \text{nach (8.14)}.$$

Für $t \searrow 0$ geht das zweite Integral gegen Null (majorisierte Konvergenz), sodass es kleiner als ε ist für alle $t \in (0, t_0)$, mit hinreichend kleinem t_0. □

Bemerkungen. 1. Die Abschätzung (8.14) besagt, dass jedes $f \in C_0(\mathbb{R}^d, \mathbb{C})$ gleichmäßig stetig ist auf $\mathbb{R}^d$. 2. Lemma 8.7 ist zunächst einmal ein reines Approximationsresultat, das a priori nichts mit charakteristischen Funktionen zu tun hat. Wegen Gleichung (8.9) kann man aber p_t *explizit* als Fourier-Transformierte schreiben und damit kommt man weiter, wie die folgenden Überlegungen zeigen werden.

Für unabhängige, reelle Zufallsvariablen $X_1, \ldots, X_d$ lässt sich $\varphi_{(X_1, \ldots, X_d)}$ leicht durch die individuellen φ_{X_k} ausdrücken: Wegen Unabhängigkeit gilt nämlich $P_{(X_1, \ldots, X_d)} = P_{X_1} \otimes \cdots \otimes P_{X_d}$, sodass folgt:

$$
\begin{aligned}
\varphi_{(X_1, \ldots, X_d)}(\lambda_1, \ldots, \lambda_d) &= \int e^{i(\lambda_1 x_1 + \cdots + \lambda_d x_d)} dP_{(X_1, \ldots, X_d)}(x_1, \ldots, x_d) \\
&= \int e^{i\lambda_1 x_1} \cdots e^{i\lambda_d x_d} dP_{X_1}(x_1) \cdots dP_{X_d}(x_d) \\
&= \varphi_{X_1}(\lambda_1) \cdots \varphi_{X_d}(\lambda_d).
\end{aligned}
\tag{8.15}
$$

Dies ist insbesondere auf Verteilungen mit der d-dimensionalen Gauß-Dichte (8.12) anwendbar. Mit (8.9) folgt unmittelbar

$$
(\mathcal{F}p_1)(\lambda) = e^{-\frac{1}{2}|\lambda|^2}, \quad \forall \lambda \in \mathbb{R}^d.
\tag{8.16}
$$

Satz 8.8. *Der Raum aller Fourier-Transformierten von $\mathcal{L}^1$-Funktionen, also $\{\mathcal{F}f \mid f \in \mathcal{L}_{\mathbb{C}}^1(\mathbb{R}^d, \lambda^d)\}$, ist dicht in $(C_0(\mathbb{R}^d, \mathbb{C}), \|\cdot\|_\infty)$.*

Beweis. Nach Lemma 8.7 genügt es zu zeigen, dass sich $p_t * f$ [für jedes $f \in C_0(\mathbb{R}^d, \mathbb{C})$] als Fourier-Transformierte schreiben lässt. Mit (8.16) gilt:

$$
\begin{aligned}
(p_t * f)(\lambda) &= \int p_t(\lambda - x) f(x) \, dx \\
&= \frac{1}{(2\pi t)^{d/2}} \int (\mathcal{F}p_1)\Big(\frac{\lambda - x}{\sqrt{t}}\Big) f(x) \, dx \\
&= \frac{1}{(2\pi t)^{d/2}} \int \Big[\int e^{i\langle \frac{\lambda - x}{\sqrt{t}}, u\rangle} p_1(u) \, du \Big] f(x) \, dx \\
&= \frac{1}{(2\pi)^{d/2}} \int \Big[\int e^{i\langle \lambda - x, v\rangle} p_1(\sqrt{t}v) \, dv \Big] f(x) \, dx \\
&= \int e^{i\langle \lambda, v\rangle} \Big[\int e^{i\langle -v, x\rangle} f(x) \, dx \Big] \frac{p_1(\sqrt{t}v)}{(2\pi)^{d/2}} \, dv \\
&= \int e^{i\langle \lambda, v\rangle} h_t(v) \, dv,
\end{aligned}
$$

mit $h_t(v) := (2\pi)^{-d/2}(\mathcal{F}f)(-v) p_1(\sqrt{t}v)$, also $h_t \in \mathcal{L}_{\mathbb{C}}^1(\mathbb{R}^d, \lambda^d)$. $\square$

Mit diesen Vorbereitungen ist unser Ziel, der folgende Eindeutigkeitssatz, nunmehr leicht erreichbar. Dieser Satz wird manchmal als "erster Hauptsatz" in der Theorie charakteristischer Funktionen bezeichnet.

Satz 8.9 (Eindeutigkeitssatz). *Sind μ_1 und μ_2 endliche Maße auf $\mathcal{B}(\mathbb{R}^d)$ und φ_{μ_1} bzw. φ_{μ_2} deren charakteristische Funktionen, so gilt:*

$$\varphi_{\mu_1} = \varphi_{\mu_2} \quad \Longleftrightarrow \quad \mu_1 = \mu_2\,.$$

Beweis. „$\Leftarrow$": Gilt per Definition von φ_μ.

„$\Rightarrow$": Sei $f \in \mathcal{L}^1_{\mathbb{C}}(\mathbb{R}^d, \lambda^d)$. Dann folgt mit Fubini

$$\int (\mathcal{F}f)\, d\mu_1 = \int \Big[\int e^{i\langle \lambda, y \rangle} f(y)\, dy \Big]\, d\mu_1(\lambda)$$

$$= \int \Big[\int e^{i\langle \lambda, y \rangle}\, d\mu_1(\lambda) \Big] f(y)\, dy$$

$$= \int \Big[\int e^{i\langle \lambda, y \rangle}\, d\mu_2(\lambda) \Big] f(y)\, dy$$

$$= \int (\mathcal{F}f)\, d\mu_2\,. \tag{8.17}$$

Wählt man (nach Satz 8.8) zu $g \in C_0(\mathbb{R}^d, \mathbb{C})$ geeignete $f_n \in \mathcal{L}^1_{\mathbb{C}}(\mathbb{R}^d, \lambda^d)$ mit $\|\mathcal{F}f_n - g\|_\infty \to 0$, so gilt für jedes endliche Maß μ:

$$\Big| \int (\mathcal{F}f_n)\, d\mu - \int g\, d\mu \Big| \le \int |(\mathcal{F}f_n) - g|\, d\mu$$

$$\le \|\mathcal{F}f_n - g\|_\infty\, \mu(\mathbb{R}^d) \to 0\,.$$

Ersetzt man in (8.17) f durch f_n, so folgt durch Grenzübergang

$$\int g\, d\mu_1 = \int g\, d\mu_2\,, \quad \forall g \in C_0(\mathbb{R}^d, \mathbb{C})\,.$$

Wie in Lemma 2.17 folgt hieraus nun $\mu_1 = \mu_2$: Man muss lediglich die im Beweis definierten Trapezfunktionen ersetzen durch Produkte solcher Trapezfunktionen, für d-dimensionale Intervalle $[a_1, b_1) \times \cdots \times [a_d, b_d)$, denn diese bilden einen Halbring der $\mathcal{B}(\mathbb{R}^d)$ erzeugt. □

Bemerkung. Nach Lemma 2.17 folgt aus der Gleichheit $\int f\, d\mu_1 = \int f\, d\mu_2$ *für alle* $f \in C_b(\mathbb{R}^d, \mathbb{C})$ die Aussage $\mu_1 = \mu_2$. Man kann Satz 8.9 als eine Abschwächung der Voraussetzungen für diesen Schluss auffassen: Anstelle die Gleichheit der Integrale für alle $f \in C_b(\mathbb{R}^d, \mathbb{C})$ zu fordern genügt es diese Gleichheit für alle $f_\lambda := e^{i\langle \lambda, \cdot \rangle}$ mit $\lambda \in \mathbb{R}^d$ zu fordern. Dies wird etwas kürzer durch $\varphi_{\mu_1} = \varphi_{\mu_2}$ zum Ausdruck gebracht.

Eine unmittelbare und oft nützliche Folgerung aus Satz 8.9 ist die Umkehrung der in Gleichung (8.15) gemachten Feststellung, also die Aussage, dass n Zufallsvariablen genau dann unabhängig sind, wenn ihre gemeinsame charakteristische Funktion faktorisiert:

Korollar 8.10. *Die reellen Zufallsvariablen* $X_1, \ldots, X_n$ *auf* $(\Omega, \mathcal{F}, P)$ *sind genau dann unabhängig wenn Gleichung* (8.15) *erfüllt ist.*

Beweis. Dass aus Unabhängigkeit (8.15) folgt hatten wir bereits gesehen. Es gelte umgekehrt (8.15). Für das W-Maß $P := P_{X_1} \otimes \cdots \otimes P_{X_n}$. gilt dann

$$\varphi_P(\lambda) = \varphi_{X_1}(\lambda_1) \cdots \varphi_{X_n}(\lambda_n) = \varphi_{P_{(X_1,\ldots,X_n)}}(\lambda) \,,$$

also $P = P_{(X_1,\ldots,X_n)}$, und damit die Unabhängigkeit der X_k. $\square$

Korollar 8.11. *Für jedes* $n \in \mathbb{N}$ *sei* $(X_1^{(n)}, \ldots, X_d^{(n)})$ *ein Zufallsvektor mit unabhängigen Komponenten. Es gelte* $X_k^{(n)} \to X_k$ *P-f.s., für* $k = 1, \ldots, d$. *Dann hat auch* $X := (X_1, \ldots, X_d)$ *unabhängige Komponenten.*

Beweis. Mit majorisierter Konvergenz (Majorante = 1) folgt:

$$
\begin{aligned}
\varphi_{(X_1,\ldots,X_d)}(\lambda_1, \ldots, \lambda_d) &= \int e^{i(\lambda_1 X_1 + \cdots + \lambda_d X_d)} dP \\
&= \lim_{n \to \infty} \int e^{i\lambda_1 X_1^{(n)}} \cdots e^{i\lambda_d X_d^{(n)}} dP \\
&= \lim_{n \to \infty} \Big(\int e^{i\lambda_1 X_1^{(n)}} dP \cdots \int e^{i\lambda_d X_d^{(n)}} dP \Big) \\
&= \varphi_{X_1}(\lambda_1) \cdots \varphi_{X_d}(\lambda_d) \,.
\end{aligned}
$$ $\square$

Beispiel 8.12 (Ergänzung zu Wiener-Integralen). Ist $f \in \mathcal{L}^2_{loc}(\mathbb{R}_+, \lambda)$, so definiert $Y_t := \int_0^t f(s) \, dB_s$ einen Prozess mit unabhängigen Zuwächsen: Sind nämlich $0 \le t_0 < t_1 < \cdots < t_d$ gegeben, so sind die Zuwächse von Y, also

$$X_k := \int_{t_{k-1}}^{t_k} f(s) \, dB_s \,, \qquad k = 1, \ldots, d$$

darstellbar als L^2-Limes (o.B.d.A. als P-f.s. Limes) via Treppenapproximationen

$$X_k^{(n)} := \int_{t_{k-1}}^{t_k} f^{(n)}(s) \, dB_s \,.$$

Für jedes n sind $X_1^{(n)}, \ldots, X_d^{(n)}$ unabhängig (da die BB unabhängige Zuwächse hat), also nach Korollar 8.11 auch die $X_1, \ldots, X_d$. Dies war zu zeigen. $\square$

Wir beschließen diesen Abschnitt mit der Aussage, dass die komplexen Exponentialfunktionen eine dichte lineare Hülle in $\mathcal{L}^2_{\mathbb{C}}(\mathbb{R}^d, \mu)$ besitzen. Dazu benötigen wir einen elementaren Dichtheitssatz für Hilbert-Räume, dem wir einige Sprechweisen vorausschicken: Zwei Vektoren f, g aus einem reellen oder komplexen Hilbertraum $(H, \langle \cdot, \cdot \rangle)$ heißen *orthogonal*, kurz $f \perp g$, wenn $\langle f, g \rangle = 0$ gilt. Ein Vektor $f \in H$ *ist orthogonal zu einer Teilmenge* $E \subset H$, kurz $f \perp E$, wenn $f \perp g$ für alle $g \in E$ gilt.

Lemma 8.13. *Sei H ein (reeller oder komplexer) Hilbertraum und $E \subset H$. Ist nur der Nullvektor zu allen $g \in E$ orthogonal, so ist $\mathrm{lin}E$ dicht in H.*

Beweis. Sei $F := \mathrm{lin}E$ und $h \in H$ beliebig gewählt. Setze

$$\gamma := \inf\{\|f - h\|, f \in F\}\,.$$

Wähle $f_n \in F$ mit $\|f_n - h\| \searrow \gamma$. Drückt man $\|f \pm g\|^2$ mit Hilfe des Skalarprodukts aus, so erhält man durch Ausmultiplizieren

$$\|f + g\|^2 + \|f - g\|^2 = 2\|f\|^2 + 2\|g\|^2\,.$$

Setzt man hier $f := h - f_m$ und $g := h - f_n$, so folgt für $f - g = f_n - f_m$:

$$\|f_n - f_m\|^2 = 2\|h - f_m\|^2 + 2\|h - f_n\|^2 - 4\|h - \frac{1}{2}(f_n - f_m)\|^2$$

$$\leq 2\|h - f_m\|^2 + 2\|h - f_n\|^2 - 4\gamma^2 \to 0\,, \quad \text{für } n, m \to \infty\,.$$

Also ist (f_n) eine CF in F, die folglich gegen ein f_0 im Abschluss $\overline{F}$ von F konvergiert. Somit gilt für jedes $f \in F$ und $\alpha \in \mathbb{C}$ (bzw. $\alpha \in \mathbb{R}$):

$$\|f_0 - h\|^2 \leq \|f_0 + \alpha f - h\|^2 = \|(f_0 - h) + \alpha f\|^2$$

$$= \|f_0 - h\|^2 + \alpha\langle f_0 - h, f\rangle + \bar{\alpha}\langle f, f_0 - h\rangle + \alpha\bar{\alpha}\|f\|^2\,.$$

Für $f \neq 0$ wähle nun $\alpha := -\langle f, f_0 - h\rangle / \|f\|^2$. Dann folgt

$$0 \leq -\frac{|\langle f_0 - h, f\rangle|^2}{\|f\|^2}\,,$$

also muss $f_0 - h \perp f$ gelten, für alle $f \in F$. Nach Voraussetzung folgt hieraus $f_0 - h = 0$, also $h = f_0 \in \overline{F}$. □

Korollar 8.14. *Sei μ ein endliches Maß auf $\mathcal{B}(\mathbb{R}^d)$. Dann sind die trigonometrischen Polynome $\mathrm{lin}[e^{i\langle\lambda,\cdot\rangle} \mid \lambda \in \mathbb{R}^d]$ dicht in $\mathcal{L}_{\mathbb{C}}^2(\mathbb{R}^d, \mu)$.*

Beweis. Nach Lemma 8.13 genügt es für $h \in \mathcal{L}_{\mathbb{C}}^2(\mathbb{R}^d, \mu)$ zu zeigen:

$$h \perp e^{i\langle\lambda,\cdot\rangle} \quad \forall \lambda \in \mathbb{R}^d \;\Rightarrow\; h = 0\,, \quad \mu - \text{fast überall}\,. \tag{8.18}$$

Aus $\int e^{i\langle\lambda,x\rangle}\bar{h}(x)\,d\mu(x) = 0$ für alle $\lambda \in \mathbb{R}^d$ folgt durch Komplexkonjugation $\bar{h} \perp e^{i\langle\lambda,\cdot\rangle}$ für alle $\forall\lambda \in \mathbb{R}^d$, und somit auch dieselbe Orthogonalität separat für Real- und Imaginärteil von h. Es genügt also (8.18) für reelle h zu zeigen. Zerlege h in $h = h^+ - h^-$. Aus $h \perp e^{i\langle\lambda,\cdot\rangle}$ folgt

$$\int_{\mathbb{R}} e^{i\langle\lambda,x\rangle}h^+(x)\,d\mu(x) = \int_{\mathbb{R}} e^{i\langle\lambda,x\rangle}h^-(x)\,d\mu(x)\,, \quad \forall\lambda \in \mathbb{R}^d\,. \tag{8.19}$$

Wegen $h^\pm \in \mathcal{L}^2(\mu)$ sind $h^+\mu$ und $h^-\mu$ endliche Maße auf $\mathbb{R}^d$. Aus (8.19) folgt mit Satz 8.9 die Gleichheit $h^+\mu = h^-\mu$. Hieraus erhält man

$$\int_{\{h^+ > h^-\}} h^+ d\mu = \int_{\{h^+ > h^-\}} h^- d\mu,$$

sodass auch $\int_{\{h^+ > h^-\}}(h^+ - h^-)\, d\mu = 0$ gilt. Da der Integrand auf dem Integrationsgebiet strikt positiv ist folgt $\mu(h^+ > h^-) = 0$. Entsprechend zeigt man $\mu(h^+ < h^-) = 0$, zusammen also $\mu(h^+ \neq h^-) = 0$. Daher gilt $h = h^+ - h^- = 0$ μ-fast überall. $\square$

8.4 L^p-Funktionale stochastischer Prozesse

Dieser Abschnitt dient zur Vorbereitung des Integraldarstellungssatzes für Brownsche $\mathcal{L}^2$-Martingale. Dessen Beweis erfordert einen Dichtheitssatz für $\mathcal{L}^2$-Funktionale der BB. Wir diskutieren zunächst den allgemeinen Begriff des $\mathcal{L}^p$-Funktionals eines beliebigen stochastischen Prozesses $(X_t)_{t \geq 0}$, und beweisen dafür einen Dichtheitssatz, der uns auch später noch von Nutzen sein wird. Folgendes grundlegende Lemma bildet den Ausgangspunkt:

Lemma 8.15 (Faktorisierungslemma). *Es seien Ω eine Menge, $(\Omega', \mathcal{A}')$ ein Messraum und $T : \Omega \to \Omega'$ eine Abbildung. Ist außerdem $f : \Omega \to \mathbb{R}$ eine $\sigma(T) - \mathcal{B}(\mathbb{R})$-messbare Funktion, so gibt es eine $\mathcal{A}' - \mathcal{B}(\mathbb{R})$-messbare Funktion $g : \Omega' \to \mathbb{R}$, sodass f wie folgt faktorisiert:*

$$f = g \circ T.$$

Beweis. Der Beweis erfolgt in drei Schritten, zuerst für Elementarfunktionen, dann für positive messbare Funktionen, und schließlich für beliebige messbare Funktionen f.

1. Schritt: Sei $f = \sum_{i=1}^N \alpha_i 1_{A_i}$ mit $A_i \in \sigma(T)$, und $\Omega = \cup_{i=1}^N A_i$ (disjunkt). Zu jedem A_i gibt es n.V. ein $A_i' \in \mathcal{A}'$ mit $A_i = T^{-1}(A_i')$, also gilt

$$f = \sum_{i=1}^N \alpha_i 1_{T^{-1}(A_i')}.$$

Nun gilt $1_{T^{-1}(A_i')}(\omega) = 1 \iff \omega \in T^{-1}(A_i') \iff T(\omega) \in A_i'$, also $1_{T^{-1}(A_i')}(\omega) = 1_{A_i'}(T(\omega))$. Mit obiger Darstellung erhalten wir daher

$$f = g \circ T, \quad \text{mit } g = \sum_{i=1}^N \alpha_i 1_{A_i'}. \tag{8.20}$$

Offensichtlich ist g eine $\mathcal{A}' - \mathcal{B}(\mathbb{R})$-messbare Funktion.

2. Schritt: Sei nun $f : \Omega \rightarrow [0, \infty)$ messbar bezüglich $\sigma(T)$. Dann gibt es Elementarfunktionen $f_n \geq 0$ mit $f_n \nearrow f$. Für die Koeffizienten $\alpha_i^{(n)}$ von f_n gilt dann $\alpha_i^{(n)} \geq 0$, d.h. auch die entsprechenden Funktionen g_n in (8.20) erfüllen $g_n \geq 0$. Somit ist $\tilde{g} := \sup_{n \in \mathbb{N}} g_n$ ($\in [0, \infty]$) wohldefiniert, messbar bezüglich $\mathcal{A}' - \mathcal{B}(\bar{\mathbb{R}})$, und weiter gilt für alle $\omega \in \Omega$:

$$\tilde{g}(T(\omega)) = \sup g_n(T(\omega)) = \sup f_n(\omega) = f(\omega) . \tag{8.21}$$

Da nun $\tilde{g}$ den Wert ∞ annehmen kann ist die Faktorisierung $f = \tilde{g} \circ T$ noch nicht ganz die gewünschte. Wir modifizieren $\tilde{g}$ deshalb zur folgenden $\mathcal{A}' - \mathcal{B}(\mathbb{R})$-messbaren Funktion:

$$g := 1_{\{\tilde{g} < \infty\}} \, \tilde{g} .$$

(Hierbei wird die übliche Konvention der Maßtheorie zugrunde gelegt, d.h. $0 \cdot \infty = 0$.) Es gilt $T(\Omega) \subset \{\tilde{g} < \infty\}$, denn aus $T(\omega) \in \{\tilde{g} = \infty\}$ würde mit (8.21) der Widerspruch $f(\omega) = \tilde{g}(T(\omega)) = \infty$ folgen. Es folgt somit

$$f(\omega) = \tilde{g}(T(\omega)) = g(T(\omega)) , \qquad \forall \omega \in \Omega .$$

3. Schritt: Zerlege ein beliebiges $\sigma(T)$-messbares $f : \Omega \rightarrow \mathbb{R}$ wie üblich: $f = f^+ - f^-$. Nach dem zweiten Schritt gibt es $g^\pm$ mit $f^\pm = g^\pm \circ T$. Es folgt $f = g \circ T$, mit $g = g^+ - g^-$. □

Beispiel. Ist $(\Omega', \mathcal{A}') = (\mathbb{R}^n, \mathcal{B}(\mathbb{R}^n))$, also $T(\omega) = (X_1(\omega), \ldots, X_n(\omega))$, so ist jede $\sigma(T)$-messbare reelle Funktion f darstellbar in der folgenden Form: $f(\omega) = g(X_1(\omega), \ldots, X_n(\omega))$.

Bemerkungen. 1. Man beachte, dass das Faktorisierungslemma einen *rein mengentheoretischen Charakter* hat, d.h. es ist darin keinerlei Maß involviert. 2. Folgende Aufgabe erklärt rein mengentheoretisch (ohne Grenzwertargument) weshalb die $\sigma(T)$-Messbarkeit einer Abbildung $f : \Omega \rightarrow M$ (auch für $M \neq \mathbb{R}$!) stets $f = g \circ T$ impliziert. Allerdings ist in dieser Allgemeinheit die Messbarkeit von g nicht gewährleistet. Dies ist der Grund, weshalb im Faktorisierungslemma f nach $\mathbb{R}$ abbildet.

Aufgabe. Seien Ω, Ω' und M beliebige Mengen, sowie $T : \Omega \rightarrow \Omega'$ und $f : \Omega \rightarrow M$ Abbildungen. Man zeige:

(a) Eine Faktorisierung $f = g \circ T$ (mit $g : \Omega' \rightarrow M$) existiert genau dann, wenn für jedes $\omega' \in T(\Omega)$ die Menge $f(T^{-1}(\{\omega'\}))$ genau aus einem Element besteht. In diesem Fall ist g auf $T(\Omega)$ eindeutig bestimmt, und g ist auf $\Omega' \backslash T(\Omega)$ beliebig definierbar.

(b) Seien $(\Omega', \mathcal{A}')$ und $(M, \mathcal{F})$ Messräume mit $\{x\} \in \mathcal{F}, \forall x \in M$. Sei weiter $f : (\Omega, \sigma(T)) \rightarrow (M, \mathcal{F})$ messbar. Dann besteht $f(T^{-1}(\{\omega'\}))$ aus genau einem Element, für jedes $\omega' \in T(\Omega)$.

Definition. Sei $(X_t)_{t \in I}$ ein reeller stochastischer Prozess auf $(\Omega, \mathcal{F}, P)$. Eine $\sigma(X_t, t \in I)$-messbare Funktion $f : \Omega \to \mathbb{R}$ heißt *Funktional* (häufig auch nur *Funktion*) von $(X_t)_{t \in I}$. Gilt $f \in \mathcal{L}^p(\Omega, \sigma(X_t, t \in I), P)$, so nennt man f ein $\mathcal{L}^p$-*Funktional des Prozesses* $(X_t)_{t \in I}$.

Interpretation. (Mittels Faktorisierungslemma.) Mit $X_.(\omega)$ sei der Pfad $t \mapsto X_t(\omega)$, und mit $\mathbb{R}^I$ sei die Menge aller Funktionen $f : I \to \mathbb{R}$ bezeichnet. (Dies ist die maximal mögliche Menge aller Pfade von $(X_t)_{t \in I}$.) Betrachte die „Pfadabbildung"

$$X : \begin{cases} \Omega \to \mathbb{R}^I \\ \omega \mapsto X_.(\omega), \end{cases} \tag{8.22}$$

und statte die Menge $\mathbb{R}^I$ mit der σ-Algebra $\mathcal{B}^I := \sigma(\pi_t, t \in I)$ aus; dabei ist $\pi_t : \mathbb{R}^I \to \mathbb{R}$ die „Koordinatenprojektion" $\pi_t(f) := f(t)$. Man zeige:

1. Da jedes X_t messbar ist und $X_t = \pi_t \circ X$ gilt, so ist X $\mathcal{F} - \mathcal{B}^I$-messbar.
2. Für die von der Pfadabbildung X erzeugte σ-Algebra gilt:

$$\sigma(X) = \sigma(X_t, t \in I). \tag{8.23}$$

Folgerungen: 1. Wegen (8.23) ist Lemma 8.15 anwendbar: Ist $F : \Omega \to \mathbb{R}$ messbar bezüglich $\sigma(X_t, t \in I)$, so gibt es ein messbares $f : \mathbb{R}^I \to \mathbb{R}$, mit $F = f \circ X$. *Man kann also F als Funktion der Pfade $X_.$ schreiben.* 2. Ist $(X_t)_{t \in I}$ ein reeller stochastischer Prozess auf $(\Omega, \mathcal{F}, P)$, so nennt man das Bildmaß P_X auf $\mathcal{B}^I$ das *Pfadmaß* von X und $(\mathbb{R}^I, \mathcal{B}^I, P_X)$ den *Pfadraum*.

Bemerkung. Eine Abbildung, welche einer *Funktion* X eine reelle oder komplexe Zahl zuordnet gab historisch den Anlass für den Begriff „Funktional" (wie auch für „Funktionalanalysis", vgl. [He]). Heutzutage versteht man darunter allgemein eine Abbildung von einer beliebigen Menge nach $\mathbb{R}$ oder $\mathbb{C}$. Der Begriff wird allerdings selten systematisch verwendet.

Wir kehren nun zum Problem der Konstruktion eines „expliziten" dichten Teilraums für $\mathcal{L}^p$-Funktionale zurück. Eine kanonische Konstruktion wird durch Lemma 2.15 nahegelegt: Man bestimme einen Ring $\mathcal{R} \subset \sigma(X_t, t \in I)$ mit $\sigma(\mathcal{R}) = \sigma(X_t, t \in I)$, dessen Elemente hinreichend explizit bekannt sind. (Ein Beispiel hierzu wurde bereits in Korollar 2.16 behandelt.)

Lemma 8.16. *Sei $(X_t)_{t \in I}$ ein reeller stochastischer Prozess auf $(\Omega, \mathcal{F}, P)$. Bezeichnet $\mathcal{S}$ das System aller endlichen Teilmengen $S \subset I$, so ist*

$$\mathcal{A} := \bigcup_{S \in \mathcal{S}} \sigma(X_t, t \in S) \tag{8.24}$$

eine Algebra in Ω (also insbesondere ein Ring) mit $\sigma(\mathcal{A}) = \sigma(X_t, t \in I)$.

Beweis. Zeige zuerst die Mengengleichheit $\sigma(\mathcal{A}) = \sigma(X_t, t \in I)$:

„⊂": $\sigma(X_t, t \in S) \subset \sigma(X_t, t \in I)$, für alle $S \in \mathcal{S}$. ⇒ $\mathcal{A} \subset \sigma(X_t, t \in I)$. Geht man links zur erzeugten σ-Algebra über, so folgt die Behauptung.

„⊃": Offensichtlich gilt $\mathcal{A} \supset X_t^{-1}(\mathcal{B}(\mathbb{R}))$, für alle $t \in I$, also gilt auch $\mathcal{A} \supset \cup_{t \in I} X_t^{-1}(\mathcal{B}(\mathbb{R}))$. Geht man auf beiden Seiten dieser Inklusion zu den erzeugten σ-Algebren über, so folgt wieder die Behauptung.

Es bleibt zu zeigen, dass $\mathcal{A}$ eine Algebra ist. Dies ist Routine:

(A1) $\Omega \in \mathcal{A}$ ist offensichtlich.

(A2) $A \in \mathcal{A} \Rightarrow \exists S \in \mathcal{S} : A \in \sigma(X_t, t \in S) \Rightarrow A^c \in \sigma(X_t, t \in S) \subset \mathcal{A}$.

(A3) Es seien $A_1, \ldots, A_n \in \mathcal{A}$, d.h. für jedes A_k gibt es ein $S_k \in \mathcal{S}$ mit $A_k \in \sigma(X_t, t \in S_k)$. Es folgt $A_1 \cup \cdots \cup A_n \in \sigma(X_t, t \in S_1 \cup \cdots \cup S_n)$.   □

Aufgabe. Ähnlich zu (8.24) zeige man: Bezeichnet $\mathcal{C}$ das System aller abzählbaren Teilmengen $C \subset I$, so ist

$$\sigma(X_t, t \in I) = \bigcup_{C \in \mathcal{C}} \sigma(X_t, t \in C).$$

Man sagt hierfür, dass jedes Element der (überabzählbar erzeugten) σ-Algebra $\sigma(X_t, t \in I)$ *abzählbar determiniert* ist.

Die Darstellung (8.24) impliziert folgenden allgemeinen Dichtheitssatz:

Satz 8.17. *Es sei $p \in [1, \infty)$. Dann ist die lineare Hülle Z aller Funktionen der Form $f_1(X_{t_1}) \cdots f_n(X_{t_n})$ mit $t_1, \ldots, t_n \in I$, mit beschränkten, messbaren $f_k : \mathbb{R} \to \mathbb{R}$ und $n \in \mathbb{N}$, dicht in $\mathcal{L}^p(\Omega, \sigma(X_t, t \in I), P)$.*

Beweis. Betrachte die erzeugende Algebra $\mathcal{A}$ in (8.24). Ist $A \in \mathcal{A}$, so gilt

$$A \in \sigma(X_{t_1}, \ldots, X_{t_n}),\tag{8.25}$$

für geeignete $t_1, \ldots, t_n$. Nach Lemma 2.15 genügt es zu zeigen, dass zu $\varepsilon > 0$ ein $F \in Z$ existiert mit

$$\|1_A - F\|_{\mathcal{L}^p(P)} < \varepsilon.\tag{8.26}$$

Fasst man die X_{t_k} zu einem Z.Vek. $X = (X_{t_1}, \ldots, X_{t_n})$ zusammen so gilt (vgl. Aufgabe 7.b) $\sigma(X) = \sigma(X_{t_1}, \ldots, X_{t_n})$. Wegen (8.25) ist A von der Form $A = X^{-1}(B)$, mit einem $B \in \mathcal{B}(\mathbb{R}^n)$, sodass $1_A = 1_B(X)$ gilt. Sei nun $\mathcal{H}(\mathbb{R}^n) = \{I_1 \times \cdots \times I_n \,|\, I_k \in \mathcal{H}(\mathbb{R})\}$, also $\mathcal{B}(\mathbb{R}^n) = \sigma(\mathcal{H}(\mathbb{R}^n))$. Nach Lemma 2.15 existiert ein $f \in \mathrm{lin}[1_H \,|\, H \in \mathcal{H}(\mathbb{R}^n)]$, mit $\|1_B - f\|_{\mathcal{L}^p(P_X)} < \varepsilon$. Mit $F := f(X) \in Z$ folgt dann (8.26):

$$\|1_A - F\|_{\mathcal{L}^p(P)} = \|(1_B - f)(X)\|_{\mathcal{L}^p(P)} = \|1_B - f\|_{\mathcal{L}^p(P_X)} < \varepsilon.\quad □$$

Bemerkung. Jedes $F \in Z$ ist per Definition eine endliche Linearkombination von Termen $f_1(X_{t_1}) \cdots f_n(X_{t_n})$. Fasst man alle X_{t_k} zu $(X_{t_1}, \ldots, X_{t_m})$ zusammen so folgt, dass die Darstellung $F = f(X_{t_1}, \ldots, X_{t_m})$ besteht, mit einer beschränkten Funktion f auf $\mathbb{R}^m$. Eine solche Funktion F nennt man auch eine (beschränkte) *Zylinderfunktion des Prozesses* $(X_t)_{t \in I}$. Die beschränkten Zylinderfunktionen, und damit auch die $\mathcal{L}^p(P)$-Zylinderfunktionen F, sind also ebenfalls dicht in $\mathcal{L}^p(\Omega, \sigma(X_t, t \in I), P)$ (dem Raum der $\mathcal{L}^p$-Funktionale des Prozesses X).

Nach diesen Vorbereitungen über allgemeine stochastische Prozesse zeigen wir als nächstes, dass der Raum Brownscher $\mathcal{L}^2$-Funktionale einen dichten Teilraum besitzt, welcher durch exponentielle Martingale aufgespannt wird (Satz 8.20). Nach Korollar 8.14 spannen zunächst die komplexen Exponentialfunktionen einen dichten Teilraum in $\mathcal{L}^2_{\mathbb{C}}(\mathbb{R}^d, P)$ auf (wobei das W-Maß P völlig beliebig sein darf). Damit eine entsprechende Aussage auch für reelle Exponentialfunktionen gilt muss das W-Maß P für große $x \in \mathbb{R}$ hinreichend schnell verschwinden. Das für uns relevante Beispiel (es gibt viele weitere) sind Normalverteilungen $N(0, t)$, deren Maß kurz mit ν_t (anstelle von $\nu_{0,t}$) bezeichnet werde:

Lemma 8.18. *Der reelle Vektorraum* $\mathcal{E}(\mathbb{R}^d) := \mathrm{lin}[e^{\langle \lambda, \cdot \rangle} \mid \lambda \in \mathbb{R}^d]$ *ist für alle* $0 < t_1 < \cdots < t_d$ *dicht in* $\mathcal{L}^2(\mathbb{R}^d, \nu_{t_1} \otimes \cdots \otimes \nu_{t_d})$.

Beweis. Wie im Beweis von Korollar 8.14 genügt es zu zeigen, dass gilt:

$$h \perp e^{\langle \lambda, \cdot \rangle} \quad \forall \lambda \in \mathbb{R}^d \;\Rightarrow\; h = 0, \quad \text{fast sicher}. \tag{8.27}$$

Zeige (8.27) zuerst für $d = 1$. Beachte hierzu, dass die Abschätzung (1.12) für alle $\lambda \in \mathbb{C}$ gilt. Wegen $|e^{\lambda x}| \le e^{|\lambda x|}$ ist somit $x \mapsto e^{\lambda x}$ in $\mathcal{L}^2_{\mathbb{C}}(\mathbb{R}, \nu_t)$, und dies zeigt die Wohldefiniertheit der komplexen Funktion

$$f(\lambda) := \int_{\mathbb{R}} e^{\lambda x} h(x) \, d\nu_t(x), \quad \forall \lambda \in \mathbb{C}.$$

Außerdem folgt aus (1.12), dass die Reihe $e^{\lambda x} = \sum_{n=0}^{\infty} \frac{\lambda^n}{n!} x^n$ in $\mathcal{L}^2_{\mathbb{C}}(\nu_t)$ konvergiert, *für jedes* $\lambda \in \mathbb{C}$. Mit der Stetigkeit des $\mathcal{L}^2_{\mathbb{C}}$-Skalarprodukts folgt daher die für jedes $\lambda \in \mathbb{C}$ konvergente Reihendarstellung

$$f(\lambda) = \sum_{n=0}^{\infty} \frac{\lambda^n}{n!} \int_{\mathbb{R}} x^n h(x) \, d\nu_t(x). \tag{8.28}$$

Nach Voraussetzung ist $f(\lambda) = 0$, $\forall \lambda \in \mathbb{R}$, also $\int_{\mathbb{R}} x^n h(x) \, d\nu_t(x) = 0$, für alle $n \in \mathbb{N}$. Damit gilt aber auch $f(iy) = 0$, für alle $y \in \mathbb{R}$, d.h.

$$\int_{\mathbb{R}} e^{iyx} h(x) \, d\nu_t(x) = 0, \quad \forall y \in \mathbb{R}.$$

Mit Korollar 8.14 folgt hieraus $h = 0$ ν_t-fast sicher. Für $d > 1$ erhält man (8.27) nun wie folgt: Nach Voraussetzung gilt

$$\int_{\mathbb{R}^d} h(x_1, \ldots, x_d) e^{\lambda_1 x_1 + \lambda_2 x_2 + \cdots + \lambda_d x_d} d\nu_{t_1}(x_1) \cdots d\nu_{t_d - t_{d-1}}(x_d) = 0.$$

Mit Fubini und dem Fall $d = 1$ folgt für eine geeignete ν_{t_1}-Nullmenge N_1:

$$\int_{\mathbb{R}^{d-1}} h(x_1, x_2, \ldots, x_d) e^{\lambda_2 x_2 + \cdots + \lambda_d x_d} d\nu_{t_2}(x_2) \cdots d\nu_{t_d - t_{d-1}}(x_d) = 0,$$

$\forall x_1 \in N_1^c$. Sukzessiv folgt $h(x) = 0$ für alle $x \in N_1^c \times \cdots \times N_d^c$, also $h = 0$ $\nu_{t_1} \otimes \cdots \otimes \nu_{t_d}$-fast sicher.   □

Bemerkung. In Lemma 8.18 sind alle Funktionen reell. Wählt man anstelle reeller Linearkombinationen komplexe, so folgt unmittelbar, dass der komplexe Raum $\mathcal{E}(\mathbb{R}^d) + i\mathcal{E}(\mathbb{R}^d)$ dicht ist in $\mathcal{L}_{\mathbb{C}}^2 = \mathcal{L}^2 + i\mathcal{L}^2$.

Das vorausgehende Lemma werden wir nun auf die $\mathcal{L}^2$-Funktionale einer BB verallgemeinern. Hierzu benutzen wir das Faktorisierungslemma. Der Beweis des folgenden Korollars zeigt exemplarisch, wie man Aussagen über $\mathcal{L}^2(\Omega, \sigma(B_{t_1}, \ldots, B_{t_d}), P)$ reduziert auf solche über $\mathcal{L}^2(\mathbb{R}^d, P_{(B_{t_1}, \ldots, B_{t_d})})$.

Korollar 8.19. *Es sei* $(B_t)_{t \geq 0}$ *eine Brownsche Bewegung in* $(\Omega, \mathcal{F}, P)$, *und* $0 < t_1 < \cdots < t_d$. *Dann ist* $\mathcal{E}_{t_1, \ldots, t_d} := \mathrm{lin}[e^{\lambda_1 B_{t_1} + \cdots + \lambda_d B_{t_d}} | \lambda_1, \ldots, \lambda_d \in \mathbb{R}]$ *dicht in* $\mathcal{L}^2(\Omega, \sigma(B_{t_1}, \ldots, B_{t_d}), P)$.

Beweis. Benutze wieder Lemma 8.11: Sei $H \in \mathcal{L}^2(\Omega, \sigma(B_{t_1}, \ldots, B_{t_d}), P)$ orthogonal zu allen $e^{\lambda_1 B_{t_1} + \cdots + \lambda_d B_{t_d}}$. Dann gilt auch

$$H \perp e^{\mu_1 B_{t_1} + \mu_2(B_{t_2} - B_{t_1}) + \cdots + \mu_d(B_{t_d} - B_{t_{d-1}})}, \quad \forall \mu_1, \ldots, \mu_d \in \mathbb{R}. \qquad (8.29)$$

Wegen $\sigma(B_{t_1}, \ldots, B_{t_d}) = \sigma(B_{t_1}, B_{t_2} - B_{t_1}, \ldots, B_{t_d} - B_{t_{d-1}})$ und aufgrund von Lemma 8.15 ist H darstellbar in der Form

$$H = h(B_{t_1}, B_{t_2} - B_{t_1}, \ldots, B_{t_d} - B_{t_{d-1}}).$$

Die Unabhängigkeit der Zuwächse und (8.29) implizieren

$$0 = \int H e^{\mu_1 B_{t_1} + \mu_2(B_{t_2} - B_{t_1}) + \cdots + \mu_d(B_{t_d} - B_{t_{d-1}})} dP$$

$$= \int_{\mathbb{R}^d} h(x_1, \ldots, x_d) e^{\mu_1 x_1 + \mu_2 x_2 + \cdots + \mu_d x_d} d\nu_{t_1}(x_1) \cdots d\nu_{t_d - t_{d-1}}(x_d).$$

Hieraus folgt mit Lemma 8.18 $h = 0$ $\nu_{t_1} \otimes \cdots \otimes \nu_{t_d - t_{d-1}}$-fast sicher, und damit $H = 0$ P-fast sicher.   □

Den angekündigten Dichtheitssatz für Brownsche $\mathcal{L}^2$-Funktionale erhalten wir nun mühelos durch Kombination von Korollar 8.19 mit der in Satz 8.17 formulierten Dichtheit von Zylinderfunktionen. Damit ist unser Programm zur Übertragung von Dichtheitsaussagen von $\mathbb{R}^d$ auf $\mathbb{R}^I$ (so kann man den folgenden Satz interpretieren) abgeschlossen.

Satz 8.20. *Sei $(B_t)_{t \geq 0}$ eine reelle BB auf $(\Omega, \mathcal{F}, P)$ und $M_t(g)$ wie in (8.5). Dann ist folgender Raum dicht in $\mathcal{L}^2(\Omega, \sigma(B_t, t \in [0,T]), P)$:*

$$\mathcal{E}_{[0,T]} := \text{lin}[M_T(g) \,|\, g \in \mathcal{L}^2([0,T], \lambda)]. \tag{8.30}$$

Beweis. Nach Satz 8.17 gibt es zu jedem $F \in \mathcal{L}^2(\Omega, \sigma(B_t, t \in [0,T]), P)$ und jedem $\varepsilon > 0$ eine $\mathcal{L}^2$-Zylinderfunktion $G = f(B_{t_1}, \ldots, B_{t_n})$ mit

$$\|F - G\|_{\mathcal{L}^2(P)} < \frac{\varepsilon}{2}. \tag{8.31}$$

Außerdem gibt es nach Korollar 8.19 zu G eine Linearkombination H von Elementen der Form $e^{\mu_1 B_{t_1} + \mu_2(B_{t_2} - B_{t_1}) + \cdots + \mu_d(B_{t_d} - B_{t_{d-1}})}$ mit

$$\|G - H\|_{\mathcal{L}^2(P)} < \frac{\varepsilon}{2}. \tag{8.32}$$

Mit $t_0 = 0$ und $g := \sum_{i=1}^n \mu_i \mathbf{1}_{[t_{i-1}, t_i)}$ gilt

$$e^{\mu_1 B_{t_1} + \mu_2(B_{t_2} - B_{t_1}) + \cdots + \mu_d(B_{t_d} - B_{t_{d-1}})} = e^{\int_0^T g(s)\, dB_s} \in \mathcal{E}_{[0,T]}.$$

Somit ist $H \in \mathcal{E}_{[0,T]}$. Mit (8.31) und (8.32) folgt die Behauptung. $\qquad\square$

Bemerkungen. 1. Die Faktoren $e^{-\frac{1}{2}\int_0^T g^2(s)\, ds} \in [0, \infty)$ sind bezüglich ω konstant und könnten daher in (8.30) auch weggelassen werden. In (8.30) kann man die erzeugenden Elemente $M_T(g)$ aber als stochastische Integrale schreiben, und davon werden wir im Folgenden Gebrauch machen. 2. Der Beweis zeigt, dass die lineare Hülle von Funktionen $e^{\lambda_1 B_{t_1} + \cdots + \lambda_n B_{t_n}}$ dicht in $\mathcal{L}^2(\Omega, \sigma(B_t, t \in [0,T]), P)$ ist. Die Darstellung mit stochastischen Integralen ist also nicht unbedingt erforderlich, sie gibt aber den Anschluss an Itô-Integrale und Martingale im nächsten Abschnitt.

Um Satz 8.20 im nächsten Abschnitt von $\mathcal{L}^2(\Omega, \sigma(B_t, t \in [0,T]), P)$ auf $\mathcal{L}^2(\Omega, \sigma(B_t, t \in [0,T])^*, P)$ übertragen zu können benötigen wir noch eine geringfügige Erweiterung, welche folgende allgemeine Form hat:

Lemma 8.21. *Sei $(\Omega, \mathcal{F}, P)$ ein W-Raum, $\mathcal{H}$ eine Unter-σ-Algebra von $\mathcal{F}$, und $\mathcal{H}^*$ die Augmentation von $\mathcal{H}$. Dann ist jede dichte Teilmenge E in $\mathcal{L}^p(\Omega, \mathcal{H}, P)$ auch dicht in $\mathcal{L}^p(\Omega, \mathcal{H}^*, P)$, für jedes feste $p \in [1, \infty)$.*

Beweis. Sei $f \in \mathcal{L}^p(\Omega, \mathcal{H}^*, P)$ und $\varepsilon > 0$. Zu $\tilde{f} := E[f|\mathcal{H}]$ gibt es ein $g \in E$ mit $\|\tilde{f} - g\|_{\mathcal{L}^p} < \varepsilon$. Nach Lemma 7.9 gilt $f = \tilde{f}$ P-f.s., sodass die Behauptung folgt. $\qquad\square$

8.5 Itô's Integraldarstellungssatz

Beim Beweis der beiden folgenden Darstellungssätze wird (neben Satz 8.20) Lemma 8.21 benötigt, weil dazu die Itô-Formel benutzt wird, und für deren Beweis hatten wir die Filtration als vollständig vorausgesetzt.

Satz 8.22 (Itôscher Darstellungssatz für Brownsche $\mathcal{L}^2$-Funktionale). *Sei* $F \in \mathcal{L}^2(\Omega, \sigma(B_t, t \in [0,T])^*, P)$. *Dann gibt es ein* $f \in \mathcal{L}_a^2([0,T])$ *mit*

$$F = E[F] + \int_0^T f(t)\,dB_t\,, \quad P - fast\ sicher. \tag{8.33}$$

Besteht (8.33) *auch mit* $\tilde{f} \in \mathcal{L}_a^2([0,T])$, *so gilt* $f = \tilde{f}$ $\lambda \otimes P$-*fast überall.*

Beweis. Für ein $g \in \mathcal{L}^2([0,T],\lambda)$ sei zunächst $F = M_T(g)$. Das exponentielle Martingal $M_t(g)$ erfüllt dann $F = M_T(g)$ und $dM_t = M_t g_t\,dB_t$, sodass wegen $M_0(g) = E[M_T(g)] = 1$ insbesondere die P-fast sichere Gleichheit

$$M_T(g) = E[M_T(g)] + \int_0^T M_s(g)g_s\,dB_s \tag{8.34}$$

gilt. Es besteht also (8.33) mit $f(t) = M_t(g)g_t$. Im Beweis von Lemma 8.2 hatten wir bereits $(M_s g_s)_{0 \le s \le T} \in \mathcal{L}_a^2([0,T])$ gezeigt. Zu einem beliebigem $F \in \mathcal{L}^2(\Omega, \sigma(B_t, 0 \le t \le T)^*, P)$ seien (nach Satz 8.20 und Lemma 8.21) nun $F_n \in \mathcal{E}_{[0,T]}$ so gewählt, dass $F_n \to F$ in $\mathcal{L}^2(P)$ gilt. Da F_n eine Linearkombination geeigneter $M_T(g_k)$ ist liefert (8.34) für F_n die Darstellung

$$F_n = E[F_n] + \int_0^T f_n(t)\,dB_t\,, \tag{8.35}$$

wobei $f_n \in \mathcal{L}_a^2([0,T])$ die entsprechende Linearkombination der $M_t(g_k)g_k(t)$ ist. Die Itô-Isometrie ergibt nun

$$E[(F_n - F_m)^2] = E\left[\left(E[F_n - F_m] + \int_0^T (f_n - f_m)\,dB_t\right)^2\right]$$

$$= (E[F_n - F_m])^2 + \int_0^T (f_n - f_m)^2\,dt\,.$$

Da (F_n) eine Cauchy Folge in $\mathcal{L}^2(P)$ ist folgt $\int_0^T (f_n - f_m)^2 dt \to 0$, für $n \to \infty$, d.h. (f_n) konvergiert in $\mathcal{L}_a^2([0,T])$ gegen ein $f \in \mathcal{L}_a^2([0,T])$. Damit kann man in (8.35) zum Limes übergehen, und man erhält (8.33). Gilt weiter (8.33) auch mit $\tilde{f} \in \mathcal{L}_a^2([0,T])$ so ist $\int_0^T (f(t) - \tilde{f}(t))\,dB_t = 0$, sodass mit der Itô-Isometrie $f - \tilde{f} = 0$ $\lambda \otimes P$-f.ü. folgt. $\square$

Notation. Ein Martingal $(X_t)_{t \ge 0}$ bezüglich $\mathcal{F}_t = \sigma(B_s, s \in [0,t])^*$ werde im Folgenden als *Brownsches Martingal* bezeichnet.

Der nun folgende Martingaldarstellungssatz ist eine einfache Folgerung aus Satz 8.22. Wir werden diesen Satz im Kapitel über Optionspreise benötigen.

Satz 8.23 (Darstellungssatz für Brownsche $\mathcal{L}^2$-Martingale). *Sei* $(X_t)_{t\geq 0}$ *ein Brownsches* $\mathcal{L}^2$-*Martingal. Dann gibt es ein* $f \in \mathcal{L}_a^2([0,\infty))$, *sodass*

$$X_t = E[X_0] + \int_0^t f(u)\, dB_u\,, \quad P\text{-f.s.}\,, \ \forall t \geq 0\,. \tag{8.36}$$

Gilt (8.36) *auch mit* $\tilde{f} \in \mathcal{L}_a^2([0,T])$, *so ist* $f = \tilde{f}$ $\lambda \otimes P$-*fast überall.*

Beweis. Nach Satz 8.22 gibt es zu jedem $s \geq 0$ ein $f^{(s)} \in \mathcal{L}_a^2([0,s])$, mit

$$X_s = E[X_s] + \int_0^s f^{(s)}(u)\, dB_u\,. \tag{8.37}$$

Die Martingaleigenschaft gibt $E[X_s] = E[X_0]$, und für $0 \leq s \leq t$ folgt

$$X_s = E[X_t|\mathcal{F}_s] = E[X_0] + E[\int_0^t f^{(t)}(u)\, dB_u|\mathcal{F}_s]$$

$$= E[X_0] + \int_0^s f^{(t)}(u)\, dB_u\,.$$

Vergleich mit (8.37) und der Eindeutigkeitsaussage von Satz 8.22 liefert

$$f^{(s)} = f^{(t)}|_{[0,s]\times\Omega}\,, \quad \lambda \otimes P\text{-fast überall}\,.$$

Der Prozess $f(s,\omega) := \sum_{n=1}^{\infty} 1_{[n-1,n)}(s)f^{(n)}(s,\omega)$ in $\mathcal{L}_a^2([0,\infty))$ erfüllt nun (8.36). Ist $\tilde{f}$ ein weiterer solcher Prozess, so erhält man mit obigem Schluss $\tilde{f}|_{[0,n]\times\Omega} = f|_{[0,n]\times\Omega}$, $\lambda \otimes P$-fast überall. Da dies für alle $n \in \mathbb{N}$ gilt folgt $\tilde{f} = f$, $\lambda \otimes P$-fast überall. $\square$

Da die rechte Seite von (8.36) stetig ist erhalten wir mühelos:

Korollar 8.24. *Jedes Brownsche* $\mathcal{L}^2$-*Martingal hat eine stetige Modifikation.*

Dieses Korollar ist bemerkenswert und unerwartet. Aus ihm folgt etwa, dass man einen kompensierten Poisson-Prozess *nicht* in der Form (8.36) darstellen kann, denn ein solcher Prozess hat P-f.s. unstetige Pfade, vgl. [Ba2].

9

Itô-Integrale als zeittransformierte Brownsche Bewegungen

Neben dem Itô-Kalkül gibt es ein zweites Kraftzentrum welches die enge Beziehung zwischen stetigen Martingalen und Itô-Integralen begründet, die *Lévysche Martingalcharakterisierung der BB*, in Verbindung mit dem Optional Sampling Theorem. Neben dem Lévyschen Satz und einigen Anwendungen (auf BB und Prozesse mit unabhängigen Zuwächsen) werden wir in diesem Kapitel auch die Eigenschaften des Itô-Integrals noch eingehender untersuchen, insbesondere in Bezug auf Stoppzeiten als Grenzen. Ein zentrales Resultat ist, dass Itô-Integrale im Wesentlichen zeittransformierte BBen sind. Damit sind dann die wichtigsten Eigenschaften des Itô-Integrals komplettiert.

9.1 Lévy's Charakterisierungssatz

Meistens wird Lévy's Satz mittels allgemeiner stochastischer Integrale bewiesen (was hier nicht geht). Der folgende Beweis ist zwar etwas technisch, aber von der Idee her relativ elementar. Er benutzt charakteristische Funktionen:

Lemma 9.1. *Ein stetiger reeller Prozess* $X = (X_t)_{t \geq 0}$ *mit Startwert* $X_0 = 0$ *ist genau dann eine BB, wenn für alle* $k \in \mathbb{N}$, *alle* $\lambda_1, \ldots, \lambda_k \in \mathbb{R}$ *und alle* $0 \leq t_0 < \cdots < t_k$ *folgende Gleichheit gilt:*

$$E\big[e^{i \sum_{j=1}^{k} \lambda_j (X_{t_j} - X_{t_{j-1}})}\big] = e^{-\frac{1}{2} \sum_{j=1}^{k} \lambda_j^2 (t_j - t_{j-1})}. \tag{9.1}$$

Beweis. Sei X eine BB. Aus (8.9) folgt dann, dass für $t > s \geq 0$ die charakteristische Funktion von $X_t - X_s$ durch $\varphi_{X_t - X_s}(\lambda) = e^{-\frac{1}{2}\lambda^2 (t-s)}$ gegeben ist. Mit (8.15) folgt nun, dass durch (9.1) die charakteristische Funktion von $(X_{t_1} - X_{t_0}, \ldots, X_{t_k} - X_{t_{k-1}})$ gegeben ist. Gilt umgekehrt (9.1), so hat nach Satz 8.9 der Vektor $(X_{t_1} - X_{t_0}, \ldots, X_{t_k} - X_{t_{k-1}})$ dieselbe Verteilung wie der entsprechende Zuwachsvektor einer BB, d.h. die Zuwächse von X erfüllen die in Definition 2.5 gegebenen Bedingungen (B1,B2) einer BB. Wegen $X_0 = 0$ und der Stetigkeit von X sind auch (B3,B4) erfüllt, d.h. X ist eine BB. $\square$

Bemerkung. Wegen $X_0 = 0$ folgt aus dem vorausgehenden Beweis, dass die *Familie der endlichdimensionalen Verteilungen von* $(X_t)_{t\geq 0}$, d.h. alle Verteilungen der Form $P_{(X_{t_0},\ldots,X_{t_k})}$, mit denen von $(B_t)_{t\geq 0}$ übereinstimmen. Das durch die Pfadabbildung X [in (8.22)] auf $(\mathbb{R}^I, \mathcal{B}^I)$ induzierte *Pfadmaß* P_X (also $P_X(B) := P(X^{-1}(B))$, $B \in \mathcal{B}^I$) ist durch diese Familie eindeutig bestimmt, und durch Vorgabe einer solchen („konsistenten") Familie sogar konstruierbar. (Kolmogorov-Konstruktion, siehe etwa [Ba2]). Im Weiteren werden uns die Verteilungen $P_{(X_{t_0},\ldots,X_{t_k})}$ noch öfters begegnen.

Wir hatten in Abschnitt 8.1 gesehen, dass für eine BB mit Filtration, $(B_t, \mathcal{A}_t)$, die Prozesse (B_t) und $(B_t^2 - t)$ $\mathcal{A}_t$-Martingale sind. Für die Umkehrung dieser Aussage (Satz 9.3, Korollar 9.5) benötigen wir folgendes technische

Lemma 9.2. *Ist* $(X_t)_{t\geq 0}$ *ein* $\mathcal{F}_t$-*adaptierter* $\mathcal{L}^2(P)$-*Prozess so sind* (X_t) *und* $(X_t^2 - t)$ *genau dann* $\mathcal{F}_t$-*Martingale wenn für alle* $t \geq s \geq 0$ *gilt:*

(a) $E[X_t - X_s | \mathcal{F}_s] = 0$.

(b) $E[(X_t - X_s)^2 | \mathcal{F}_s] = t - s$.

Beweis. „$\Rightarrow$": Sind (X_t) und $(X_t^2 - t)$ Martingale so ist (a) trivial. Zu (b):

$$
\begin{aligned}
E[(X_t - X_s)^2 | \mathcal{F}_s] &= E[X_t^2 | \mathcal{F}_s] - 2X_s E[X_t | \mathcal{F}_s] + X_s^2 \\
&= E[X_t^2 - t | \mathcal{F}_s] - X_s^2 + t \\
&= X_s^2 - s - X_s^2 + t = t - s \,.
\end{aligned}
\tag{9.2}
$$

„$\Leftarrow$": Aus (a) folgt, dass (X_t) ein $\mathcal{F}_t$-Martingal ist, sodass (9.2) erfüllt ist. Mit (b) folgt hieraus $t - s = E[X_t^2 - t | \mathcal{F}_s] - X_s^2 + t$, und damit:

$$
E[X_t^2 - t | \mathcal{F}_s] = X_s^2 - s \,. \qquad \square
$$

Satz 9.3. (Lévy-Charakterisierung der BB). *Es sei* $(X_t)_{t\geq 0}$ *ein stetiger, reeller,* $\mathcal{F}_t$-*adaptierter* $\mathcal{L}^2(P)$-*Prozess mit* $X_0 = 0$. *Sind* (X_t) *und* $(X_t^2 - t)$ $\mathcal{F}_t$-*Martingale, so ist* $(X_t)_{t\geq 0}$ *eine BB.*

Beweis. Es genügt (9.1) nachzuweisen. Wir reduzieren zunächst den Nachweis auf den essenziellen Fall.

1. Schritt: Angenommen wir haben für alle $\lambda \in \mathbb{R}$ die Eigenschaft

$$
E\big[e^{i\lambda(X_{t+s}-X_s)} | \mathcal{F}_s\big] = e^{-\frac{1}{2}\lambda^2 t}, \quad \forall t, s \geq 0,
\tag{9.3}
$$

gezeigt. Dann erhält man (9.1) sukzessiv wie folgt:

$$
\begin{aligned}
E\big[e^{i\sum_{j=1}^k \lambda_j(X_{t_j}-X_{t_{j-1}})}\big] &= E\big[E\big[e^{i\sum_{j=1}^k \lambda_j(X_{t_j}-X_{t_{j-1}})} | \mathcal{F}_{t_{k-1}}\big]\big] \\
&= E\big[e^{i\sum_{j=1}^{k-1} \lambda_j(X_{t_j}-X_{t_{j-1}})} E\big[e^{i\lambda_k(X_{t_k}-X_{t_{k-1}})} | \mathcal{F}_{t_{k-1}}\big]\big] \\
&= E\big[e^{i\sum_{j=1}^{k-1} \lambda_j(X_{t_j}-X_{t_{j-1}})}\big] e^{-\frac{1}{2}\lambda_k^2(t_k-t_{k-1})} \\
&= \cdots = e^{-\frac{1}{2}\sum_{j=1}^k \lambda_j^2(t_j-t_{j-1})} \,.
\end{aligned}
$$

2. Schritt: Angenommen wir haben für alle $\lambda \in \mathbb{R}$ gezeigt, dass

$$E[e^{i\lambda X_1}|\mathcal{F}_0] = e^{-\lambda^2/2} \qquad (9.4)$$

gilt. Dann folgt (9.3): Der Prozess $\tilde{X}_u := t^{-1/2}(X_{ut+s} - X_s)$ (mit festen $t > s \geq 0$) ist nämlich pfadstetig, es gilt $\tilde{X}_0 = 0$, und mit $\tilde{\mathcal{F}}_v := \mathcal{F}_{vt+s}$ gelten für $u > v \geq 0$ weiter die Eigenschaften

(ã) $E[\tilde{X}_u - \tilde{X}_v|\tilde{\mathcal{F}}_v] = t^{-1/2}E[X_{ut+s} - X_{vt+s}|\mathcal{F}_{vt+s}] = 0.$

(b̃) $E[(\tilde{X}_u - \tilde{X}_v)^2|\tilde{\mathcal{F}}_v] = t^{-1}E[(X_{ut+s} - X_{vt+s})^2|\mathcal{F}_{vt+s}]$
$\qquad\qquad\qquad\quad = t^{-1}(ut + s - vt - s) = u - v.$

Der Prozess $(\tilde{X}_u)_{u\geq 0}$ erfüllt also nach Lemma 9.2 dieselben formalen Voraussetzungen wie $(X_t)_{t\geq 0}$, man braucht lediglich $(\mathcal{F}_t)_{t\geq 0}$ durch $(\tilde{\mathcal{F}}_u)_{u\geq 0}$ zu ersetzen. Dieselben Argumente die (9.4) belegen zeigen daher auch

$$E[e^{i\lambda \tilde{X}_1}|\tilde{\mathcal{F}}_0] = e^{-\lambda^2/2}, \qquad \forall \lambda \in \mathbb{R}.$$

Mit $\tilde{X}_1 = t^{-1/2}(X_{t+s} - X_s)$ und der Ersetzung von λ durch $\lambda\sqrt{t}$ folgt daraus (9.3). Es bleibt also nur noch zu zeigen, dass (9.4) erfüllt ist. Die Beweisidee besteht darin X_1 als Summe von Zuwächsen zu schreiben, dann die beiden Eigenschaften (a) und (b) aus Lemma 9.2 zu benutzen, und schließlich die Zeitintervalle der Zuwächse gegen Null gehen zu lassen. (Also ähnlich zum Beweis der Itô-Formel!) *Problem*: Die Zuwächse können selbst auf kleinen Intervallen groß werden. Um dies zu unterbinden wird X_t geeignet gestoppt:

3. Schritt: (Stoppung von X.) Betrachte zu jedem $n \in \mathbb{N}$ den Prozess

$$M_t^{(n)} = \max\{|X_r - X_s|, |r - s| \leq \frac{1}{n}, 0 \leq r, s \leq t\}, \quad t \in [0,1], \qquad (9.5)$$

welcher $M_t^{(n)} \geq 0$ erfüllt. Dieser gibt den maximalen Wert der Zuwächse von X auf Zeitintervallen der Länge $1/n$ an, bis zur Zeit t. Da die Funktion $(r, s) \mapsto |X_r - X_s|$ auf $[0,1] \times [0,1]$ gleichmäßig stetig ist folgt, dass $(M_t^{(n)})_{t\in[0,1]}$ ein stetiger Prozess ist mit $\|M_{\cdot}^{(n)}(\omega)\|_\infty \to 0$, für $n \to \infty$. Da das Maximum in (9.5) gleich dem Supremum über entsprechende rationale r, s ist, so ist $M_t^{(n)}$ bezüglich $\mathcal{F}_t$ messbar.

Für $\varepsilon \in (0,1]$ sei τ_0 die Eintrittszeit von $M_t^{(n)}$ in $\{\varepsilon\}$, und τ sei die Stoppzeit $\tau := \tau_{n,\varepsilon} := \tau_0 \wedge 1$ (nur das Zeitintervall $[0,1]$ ist von Interesse). Es gilt somit $0 \leq \tau \leq 1$, und für $t < \tau$ ist $M_t^{(n)} < \varepsilon$, d.h. die Zuwächse von X_s ($s \in [0,\tau]$) sind auf jedem Zeitintervall der Länge $\leq \frac{1}{n}$ maximal gleich ε. Aus $\|M_{\cdot}^{(n)}(\omega)\|_\infty \to 0$ folgt für $n \to \infty$ und alle $\omega \in \Omega$ sofort

$$\tau_{n,\varepsilon}(\omega) \to 1, \qquad X_{\tau_{n,\varepsilon}(\omega)\wedge 1}(\omega) = X_{\tau_{n,\varepsilon}(\omega)}(\omega) \to X_1(\omega). \qquad (9.6)$$

Nach Stoppsatz definieren mit X_t und $Z_t := X_t^2 - t$ auch $Y_t := X_{t\wedge\tau}$ und $Z_{t\wedge\tau} = Y_t^2 - t \wedge \tau$ Martingale bezüglich $\mathcal{F}_t$. Insbesondere gilt für $s < t$:

$$\int_A [Y_s^2 - s \wedge \tau]\, dP = \int_A [Y_t^2 - t \wedge \tau]\, dP, \qquad \forall A \in \mathcal{F}_s.$$

Hieraus folgt (mache für zweite Zeile Fallunterscheidung $s \leq \tau$ und $s > \tau$)

$$\int_A E[Y_t^2 - Y_s^2 | \mathcal{F}_s] \, dP = \int_A (Y_t^2 - Y_s^2) \, dP \qquad \text{(Def. des bed. EW)}$$

$$= \int_A [t \wedge \tau - s \wedge \tau] \, dP \leq \int_A (t - s) \, dP, \qquad \forall A \in \mathcal{F}_s \, .$$

Da der Integrand auf der linken Seite $\mathcal{F}_s$-messbar ist folgt

$$E[Y_t^2 - Y_s^2 | \mathcal{F}_s] \leq t - s, \qquad \forall s < t \, . \tag{9.7}$$

Betrachte nun (anstelle der Zuwächse von X) die Zuwächse von Y,

$$\xi_j := Y_{\frac{j}{n}} - Y_{\frac{j-1}{n}}, \qquad 1 \leq j \leq n \, .$$

Solange $t < \tau$ ist gilt $Y_t = X_t$, sodass auf $[0, \tau]$ die Y-Zuwächse $\leq \varepsilon$ ausfallen. Wegen $Y_t = Y_\tau$ für $t \geq \tau$ folgt sogar $|\xi_j| \leq \varepsilon$ für alle $j = 1, \ldots, n$. Da $(Y_t)_{0 \leq t \leq 1}$ ein zentriertes $\mathcal{F}_t$-Martingal ist folgt

$$E[\xi_j | \mathcal{F}_{\frac{j-1}{n}}] = 0, \qquad \forall j = 1, \ldots, n \, . \tag{9.8}$$

Mit $\xi_j^2 = Y_{\frac{j}{n}}^2 - 2Y_{\frac{j}{n}} Y_{\frac{j-1}{n}} + Y_{\frac{j-1}{n}}^2$ und (9.7) erhält man

$$E[\xi_j^2 | \mathcal{F}_{\frac{j-1}{n}}] = E[Y_{\frac{j}{n}}^2 - Y_{\frac{j-1}{n}}^2 | \mathcal{F}_{\frac{j-1}{n}}] \leq \frac{1}{n} \, , \tag{9.9}$$

und damit weiter (beachte $Y_0 = 0$)

$$\sum_{j=1}^n E[\xi_j^2 | \mathcal{F}_0] = \sum_{j=1}^n E\big[E[Y_{\frac{j}{n}}^2 - Y_{\frac{j-1}{n}}^2 | \mathcal{F}_{\frac{j-1}{n}}] | \mathcal{F}_0\big]$$

$$= \sum_{j=1}^n \Big(E[Y_{\frac{j}{n}}^2 | \mathcal{F}_0] - E[Y_{\frac{j-1}{n}}^2 | \mathcal{F}_0] \Big) = E[Y_1^2 | \mathcal{F}_0] \, .$$

4. Schritt: (Eine Abschätzung für (9.4).) Multipliziert man (9.4) mit $e^{\lambda^2/2}$ und schreibt alles auf eine Seite, so muss der resultierende Ausdruck verschwinden. Diesen schätzen wir zunächst (via Schrumpfsumme) ab:

$$\big|E[e^{i\lambda Y_1 + \frac{\lambda^2}{2}} - 1 | \mathcal{F}_0]\big| \leq \sum_{j=1}^n \big|E[e^{i\lambda Y_{\frac{j}{n}} + \frac{j}{n} \frac{\lambda^2}{2}} - e^{i\lambda Y_{\frac{j-1}{n}} + \frac{j-1}{n} \frac{\lambda^2}{2}} | \mathcal{F}_0]\big| \, . \tag{9.10}$$

Die einzelnen Terme auf der rechten Seite enthalten jeweils den gemeinsamen Faktor $e^{\frac{j}{n} \frac{\lambda^2}{2}}$, den wir für die weitere Abschätzung zunächst herausdividieren. Mit $Y_{\frac{j}{n}} = Y_{\frac{j-1}{n}} + \xi_j$ erhält man für die resultierenden Terme

$$\big|E[e^{i\lambda Y_{\frac{j}{n}}} - e^{i\lambda Y_{\frac{j-1}{n}} - \frac{\lambda^2}{2n}} | \mathcal{F}_0]\big| = \big|E[e^{i\lambda(Y_{\frac{j-1}{n}} + \xi_j)} - e^{i\lambda Y_{\frac{j-1}{n}} - \frac{\lambda^2}{2n}} | \mathcal{F}_0]\big|$$

$$= \big|E[e^{i\lambda Y_{\frac{j-1}{n}}} E[e^{i\lambda \xi_j} - e^{-\frac{\lambda^2}{2n}} | \mathcal{F}_{\frac{j-1}{n}}] | \mathcal{F}_0]\big|$$

$$\leq E\big[|E[e^{i\lambda \xi_j} - e^{-\frac{\lambda^2}{2n}} | \mathcal{F}_{\frac{j-1}{n}}]| | \mathcal{F}_0\big] \, . \tag{9.11}$$

Es gilt $e^z = 1 + z + \frac{z^2}{2}(1 + g(z))$, mit $g(z) = 2z\sum_{k=0}^{\infty}\frac{z^k}{(k+3)!}$. Der innere bedingte Erwartungswert in (9.11) lautet somit

$$E\left[i\lambda\xi_j - \frac{\lambda^2}{2}\xi_j^2(1 + g(i\lambda\xi_j)) - (-\frac{\lambda^2}{2n} + O(\frac{1}{n^2})) \,|\, \mathcal{F}_{\frac{j-1}{n}}\right],$$

mit $O(\frac{1}{n^2}) = \frac{\lambda^4}{8n^2}(1 + g(-\frac{\lambda^2}{2n})) \leq \frac{K}{n^2}$, für alle $n \in \mathbb{N}$. Wegen (9.8) fällt hier der Term mit $i\lambda\xi_j$ weg. Die rechte Seite in (9.11) lautet somit:

$$E\left[| - \frac{\lambda^2}{2}E[\xi_j^2|\mathcal{F}_{\frac{j-1}{n}}] - \frac{\lambda^2}{2}E[\xi_j^2 g(i\lambda\xi_j)|\mathcal{F}_{\frac{j-1}{n}}] + \frac{\lambda^2}{2n} - O(\frac{1}{n^2})||\mathcal{F}_0\right]. \quad (9.12)$$

Nach (9.8) gilt einerseits $E[\xi_j^2|\mathcal{F}_{\frac{j-1}{n}}] \leq \frac{1}{n}$, sodass $\frac{\lambda^2}{2n} - \frac{\lambda^2}{2}E[\xi_j^2|\mathcal{F}_{\frac{j-1}{n}}] \geq 0$ ist, und andererseits (wegen $|i\lambda\xi_j| \leq |\lambda|\varepsilon$) gilt $|g(i\lambda\xi_j)| \leq \varepsilon C_1$, mit einer Konstanten C_1 (die nicht von $\varepsilon \in (0,1]$ abhängt). Also ist (9.11) über (9.12) weiter nach oben abschätzbar durch

$$\left|E[e^{i\lambda Y_{\frac{j}{n}}} - e^{i\lambda Y_{\frac{j-1}{n}} - \frac{\lambda^2}{2n}}|\mathcal{F}_0]\right| \leq \frac{\lambda^2}{2n} - \frac{\lambda^2}{2}E[\xi_j^2|\mathcal{F}_0] + |O(\frac{1}{n^2})| + \frac{\lambda^2}{2}C_1\varepsilon E[\xi_j^2|\mathcal{F}_0]$$

$$\leq \frac{\lambda^2}{2}(\frac{1}{n} - E[\xi_j^2|\mathcal{F}_0]) + \frac{K}{n^2} + C_2\varepsilon\frac{1}{n},$$

wobei $E[\xi_j^2|\mathcal{F}_0] \leq \frac{1}{n}$ verwendet wurde, was aus (9.9) folgt. Multipliziere diese Abschätzung mit $\exp(\frac{j}{2n}\lambda^2)$ ($\leq \exp\frac{\lambda^2}{2}$), und summiere über j. Mit (9.10) erhält man schließlich

$$\left|E[e^{i\lambda Y_1 + \frac{\lambda^2}{2}} - 1|\mathcal{F}_0]\right| \leq \left[\frac{\lambda^2}{2}(1 - E[Y_1^2|\mathcal{F}_0]) + \frac{K}{n} + \varepsilon C_2\right]e^{\frac{\lambda^2}{2}}. \quad (9.13)$$

5. Schritt: Beweis von (9.4) durch Grenzübergang: Für $n \to \infty$ gilt nach (9.6) $Y_1 \to X_1$, sodass mit majorisierter Konvergenz die linke Seite in (9.13) gegen $|E[e^{i\lambda X_1 + \frac{\lambda^2}{2}} - 1|\mathcal{F}_0]|$ konvergiert. Da $Y_t^2 - t \wedge \tau$ ein Martingal bzgl. $(\mathcal{F}_t)$ ist gilt $E[Y_1^2 - 1 \wedge \tau|\mathcal{F}_0] = Y_0^2 - 0 \wedge \tau = 0$, woraus mit punktweiser und majorisierter Konvergenz ($\tau_{n,\varepsilon}(\omega) \to 1$ bzw. $0 \leq \tau_{n,\varepsilon} \leq 1$) weiter folgt:

$$E[Y_1^2|\mathcal{F}_0] = E[\tau_{n,\varepsilon}|\mathcal{F}_0] \to 1, \quad \text{für } n \to \infty.$$

Durch Grenzübergang in (9.13) erhält man nun

$$\left|E[e^{i\lambda X_1 + \frac{\lambda^2}{2}} - 1|\mathcal{F}_0]\right| \leq C_2 e^{\frac{\lambda^2}{2}}\varepsilon.$$

Da dies für alle $\varepsilon \in (0,1]$ gilt folgt $E[e^{i\lambda X_1 + \frac{\lambda^2}{2}} - 1|\mathcal{F}_0] = 0$. □

Bemerkungen. 1. Ist $(\tilde{X}_t)$ ein nur P-f.s. stetiger Prozess, so bleibt der Satz von Lévy wahr. Um dies zu sehen braucht man nur die unstetigen Pfade mittels

$X_t = 1_{N^c} \tilde{X}_t$ durch stetige Pfade (konstant Null) zu ersetzen. Der Prozess (X_t) erfüllt dann immer noch die Eigenschaften (a) und (b) aus Lemma 9.2, ist also eine stetige BB. 2. Im Satz von Lévy lassen sich die Voraussetzungen noch abschwächen: *Es muss nur vorausgesetzt werden, dass* (X_t) *und* $(X_t^2 - t)$ *stetige lokale* $\mathcal{F}_t$*-Martingale sind* [RY, S. 142]. 3. Die Bedingung an $X_t^2 - t$ wird in der Literatur häufig durch die Forderung $\langle X \rangle_t = t$ ersetzt, was folgenden Hintergrund hat: Man kann zeigen [RY, S. 118], dass jedes stetige lokale $\mathcal{F}_t$-Martingal X eine endliche, stetige quadratische Variation $(\langle X \rangle_t)_{t \geq 0}$ besitzt, derart dass auch $X_t^2 - \langle X \rangle_t$ ein lokales $\mathcal{F}_t$-Martingal ist. *Darüberhinaus ist der stetige, monoton wachsende Prozess* $(\langle X \rangle_t)_{t \geq 0}$ *durch diese Eigenschaft eindeutig charakterisiert.* $\langle X \rangle_t = t$ ist also äquivalent dazu, dass $(X_t^2 - t)$ ein stetiges lokales Martingal ist. 4. Lévy's Charakterisierung gilt natürlich auch für BBen auf einem Intervall $[0, T]$ mit $T < \infty$. Nur im Fall $T < 1$ ist überhaupt eine (marginale) Modifikation in obigem Beweis erforderlich. Wir werden im Folgenden Lévy's Charakterisierung auch in diesem Fall benutzen.

Der hier gegebene Beweis des Lévyschen Satzes impliziert nicht nur, dass (X_t) eine BB ist, sondern dass sogar $X_t - X_s \perp\!\!\!\perp \mathcal{F}_s$, gilt (dass also $(X_t, \mathcal{F}_t)_{t \geq 0}$ eine BB *mit Filtration* ist). Dieser Schluss beruht auf der folgenden, allgemein nützlichen Charakterisierung für $X \perp\!\!\!\perp \mathcal{H}$:

Lemma 9.4. *Sei* X *eine reelle Zufallsvariable auf* $(\Omega, \mathcal{F}, P)$ *und* $\mathcal{H}$ *eine Unter-σ-Algebra von* $\mathcal{F}$. *Ist dann* $E[e^{i\lambda X} | \mathcal{H}]$ *nur eine Funktion von* λ *(also* $= \varphi_X(\lambda)$, *P-f.s.), so ist* X *unabhängig von* $\mathcal{H}$.

Beweis. Nach Korollar 8.14 ist $\mathcal{C} := \text{lin}[e^{i\lambda \cdot} | \lambda \in \mathbb{R}]$ dicht in $\mathcal{L}^2_{\mathbb{C}}(\mathbb{R}, P_X)$. Zu jedem $f \in \mathcal{L}^2_{\mathbb{C}}(\mathbb{R}, P_X)$ gibt es also eine Folge (f_n) in $\mathcal{C}$ mit

$$\int_{\mathbb{R}} |f_n(x) - f(x)|^2 \, dP_X(x) = \int_{\Omega} |f_n(X) - f(X)|^2 \, dP \to 0.$$

Mit der Stetigkeit der bedingten Erwartung folgt hieraus

$$E[f_n(X) | \mathcal{H}] \to E[f(X) | \mathcal{H}], \quad \text{in } \mathcal{L}^2_{\mathbb{C}}(P).$$

Nach Voraussetzung ist hier die linke Seite aber P-f.s. konstant, also auch die rechte Seite, welche somit gleich ihrem Erwartungswert ist. Speziell für $f = 1_B$, mit $B \in \mathcal{B}(\mathbb{R})$, heißt dies

$$E[1_B(X) | \mathcal{H}] = E[1_B(X)] = P(X \in B).$$

Für jedes $H \in \mathcal{H}$ erhält man damit die Unabhängigkeit aus

$$P(\{X \in B\} \cap H) = \int_H 1_B(X) \, dP = \int_H E[1_B(X) | \mathcal{H}] \, dP$$
$$= P(X \in B) \, P(H). \qquad \square$$

Korollar 9.5 (Ergänzung zur Lévy-Charakterisierung). *Unter den Voraussetzungen von Satz 9.3 ist $(X_t, \mathcal{F}_t)_{t \geq 0}$ eine BB mit Filtration.*

Beweis. Mit Lemma 9.4 und Gleichung (9.3) folgt, dass $X_{t+s} - X_s$ unabhängig von $\mathcal{F}_s$ ist.   □

Der Satz von Lévy hat für stetige Prozesse mit unabhängigen Zuwächsen unmittelbare und weitreichende Konsequenzen. Beispielsweise besagt der folgende Satz 9.6, dass bei der Definition einer BB die Verteilungsannahme $B_t - B_s \sim N(0, t - s)$ durch die schwächere Annahme *schwach stationärer Zuwächse* ersetzt werden kann. Damit ist gemeint, dass es eine Funktion f gibt, sodass $E[(B_t - B_s)^2] = f(t - s)$ für alle $t \geq s \geq 0$ gilt.

***Satz 9.6.** *Sei $X = (X_t)_{t \geq 0}$ ein zentrierter $\mathcal{L}^2(P)$-Prozess mit $X_0 = 0$, und mit unabhängigen, schwach stationären Zuwächsen. Dann gilt:*

(a) (X_t) *ist ein Martingal*

(b) $\exists c \geq 0: (X_t^2 - ct)$ *ist ein Martingal.*

Ist weiter X stetig und $c > 0$ so ist X eine BB mit Varianzparameter c. (D.h. anstelle von $E[(X_t - X_s)^2] = t - s$ gilt $E[(X_t - X_s)^2] = c(t - s)$.)

Beweis. Zu (a): Wegen $E[X_t - X_s] = 0$ und unabhängiger Zuwächse gilt

$$E[X_t | \mathcal{F}_s^X] = E[X_t - X_s | \mathcal{F}_s^X] + E[X_s | \mathcal{F}_s^X] = X_s \,.$$

Zu (b): Nach Voraussetzung gibt es eine Funktion f mit $f(t) = E[X_t^2] \geq 0$ für alle t. Wegen $X_t - X_s \perp\!\!\!\perp X_s$ folgt weiter

$$
\begin{aligned}
f(t + s) = E[X_{t+s}^2] &= E[((X_{t+s} - X_s) + X_s)^2] \\
&= E[(X_{t+s} - X_s)^2] + E[X_s^2] \\
&= f(t) + f(s), \qquad \forall t, s \geq 0 \,.
\end{aligned}
\tag{9.14}
$$

Hieraus folgt (rein algebraisch) mit $c := f(1)$ und für rationale $t \geq 0$:

$$f(t) = ct \,. \tag{9.15}$$

Wegen (9.14) ist f monoton wachsend, sodass (9.15) sogar für alle $t \geq 0$ gelten muss. Zeige schließlich, dass $(X_t^2 - ct)$ ein Martingal ist:
Mit $E[X_t X_s | \mathcal{F}_s^X] = X_s E[X_t | \mathcal{F}_s^X] = X_s^2$ und (9.15) erhält man

$$
\begin{aligned}
E[X_t^2 - ct | \mathcal{F}_s^X] &= E[(X_t - X_s)^2 + X_s^2 - ct | \mathcal{F}_s^X] \\
&= E[(X_t - X_s)^2] + X_s^2 - ct = X_s^2 - cs \,.
\end{aligned}
$$

Die letzte Behauptung folgt mit Lévy's Charakterisierung der BB, denn die Prozess $\tilde{X}_t := c^{-\frac{1}{2}} X_t$ und $\tilde{X}_t^2 - t$ sind offenbar stetige Martingale.   □

Bemerkungen. 1. Die Eigenschaft $E[(X_t - X_s)^2] = f(t - s)$ ist insbesondere erfüllt für *zeithomogene Prozesse*, also für reelle Prozesse X, sodass $P_{X_t - X_s}$ nur von $t - s$ abhängt. Offensichtlich ist die BB ein zeithomogener Prozess.
2. Ist $(Y_t)_{t \geq 0}$ ein kompensierter Poisson-Prozess mit Intensität $\lambda > 0$ (vgl. das Beispiel vor Lemma 7.13), so ist dies ein in 0 startender, zentrierter, zeithomogener Prozess. Es gelten also (a) und (b) von Satz 9.6. Jedoch ist Y keine BB, da Y_t nicht normalverteilt ist. Dies zeigt, dass man auf die geforderte Pfadstetigkeit im letzten Teil von Satz 9.6 nicht verzichten kann.

Das letzte Resultat dieses Abschnitts verallgemeinert Satz 9.6 für Prozesse, *die nicht zeithomogen sind*. Es besagt anschaulich, dass jeder in 0 startende, stetige Prozess mit unabhängigen (nirgends verschwindenden) Zuwächsen eine zeittransformierte BB ist. [Wir werden diesen Satz in Kapitel 11 für die Konstruktion eines pathologischen Beispiels anwenden.]

Notation. Sei $T \in (0, \infty]$. Ein reeller Prozess $(X_t)_{t \in [0,T)}$ hat *nirgends verschwindende Zuwächse*, wenn für alle $0 \leq s < t < T$ gilt: $P(X_t - X_s = 0) < 1$.

Satz 9.7. *Auf $(\Omega, \mathcal{F}, P)$ sei $(X_t)_{t \in [0,T)}$ ein reeller, zentrierter, pfadstetiger $\mathcal{L}^2(P)$-Prozess mit nirgends verschwindenden, unabhängigen Zuwächsen, und mit $X_0 = 0$. Dann gibt es ein $\bar{T} \in (0, \infty]$, eine stetige, streng monotone Bijektion $\psi : [0,T) \to [0,\bar{T})$, mit $\psi(0) = 0$, und eine BB $(B_t)_{t \in [0,\bar{T})}$ auf $(\Omega, \mathcal{F}, P)$, sodass gilt:*

$$X_t = B_{\psi(t)}, \qquad \forall t \in [0,T). \tag{9.16}$$

Beweis. Ist (9.16) erfüllt, so muss $E[X_t^2] = E[B_{\psi(t)}^2] = \psi(t)$ gelten. Sei also $\psi(t) := E[X_t^2]$. Dann gilt $\psi(0) = 0$, und für $0 \leq s < t$ folgt aufgrund der Unabhängigkeit der Zuwächse die strenge Monotonie von ψ:

$$\psi(t) = E[(X_t - X_s + X_s)^2] = E[(X_t - X_s)^2] + E[X_s^2] > \psi(s).$$

Dies zeigt weiter, dass ψ genau dann stetig ist, wenn X ein $\mathcal{L}^2$-stetiger Prozess ist. Dies ist wegen $E[(X_t - X_s)^2] = E[X_t^2] - E[X_s^2]$ äquivalent zu

$$E[X_s^2] \to E[X_t^2], \quad \text{für } s \to t. \tag{9.17}$$

Wie im Beweis von Satz 9.6 folgt, dass $(X_t^2 - \psi(t))$ ein Martingal ist. Insbesondere ist dann für jedes $\tilde{T} \in (0, T)$ die Familie $(X_t^2 - \psi(t))_{t \in [0,\tilde{T}]}$ gleichgradig integrierbar, und wegen $0 \leq \psi(t) \leq \psi(\tilde{T})$ auch die Familie $(X_t^2)_{t \in [0,\tilde{T}]}$. Da (X_t^2) ein pfadstetiger Prozess ist folgt mit Vitali nun (9.17), also die Stetigkeit von ψ. Mit $\bar{T} := \lim_{t \to \infty} \psi(t) \in (0, \infty]$ gilt $\psi([0,T)) = [0,\bar{T})$, denn $\bar{T}$ kann wegen der strengen Monotonie durch kein $\psi(t)$ erreicht werden. Es folgt, dass ψ auf $[0,\bar{T})$ eine stetige, streng monotone Umkehrfunktion $\psi^{-1} : [0,\bar{T}) \to [0,T)$ hat. Definiere nun den pfadstetigen Prozess

$$B_s := X_{\psi^{-1}(s)}, \qquad s \in [0,\bar{T}).$$

Dann ist $B_0 = 0$, $E[B_s] = 0$, und für $0 \leq s_1 < s_2 < \cdots < s_n < \bar{T}$ sind die Z.V.n $B_{s_2} - B_{s_1}, \ldots, B_{s_n} - B_{s_{n-1}}$ unabhängig. Also ist $(B_s)_{s \in [0,T)}$ ein Prozess mit unabhängigen, zentrierten Zuwächsen, insbesondere also ein Martingal. Weiter gilt $E[B_s^2] = E[X_{\psi^{-1}(s)}^2] = \psi(\psi^{-1}(s)) = s$, sodass die Unabhängigkeit der Zuwächse $E[(B_t - B_s)^2] = E[B_t^2 - B_s^2] = t - s$ impliziert. Nach Satz 9.6 ist (B_s) eine BB.   □

Bemerkungen. 1. Man kann in Satz 9.7 auf die Voraussetzung nirgends verschwindender Zuwächse tatsächlich verzichten, vgl. [Kr, Seite 173]. 2. Nach Aufgabe 7.a ist jeder zentrierte $\mathcal{L}^1$-Prozess mit unabhängigen Zuwächsen ein Martingal. Satz 9.7 lässt sich also als Darstellungssatz für spezielle Martingale lesen. 3. Satz 9.7 besagt im Wesentlichen, dass sich jeder stetige Prozess mit unabhängigen Zuwächsen als *deterministisch zeittransformierte BB* darstellen lässt. Aus Satz 9.21 wird folgen, dass eine ähnliche Darstellung für alle Brownschen $\mathcal{L}^2$-Martingale besteht, jedoch ist dabei die deterministische Funktion $\psi(t)$ durch eine Stoppzeit $\tau(t)$ zu ersetzen. Auch der dort gegebene Beweis beruht auf Lévy's Charakterisierung!

9.2 Rechtsstetigkeit Brownscher Filtrationen

In Abschnitt 9.3 werden wir erstmals die Rechtsstetigkeit der zugrunde liegenden Filtration auf $(\Omega, \mathcal{F}, P)$ benötigen. Aus dem Beweis des Lévyschen Satzes lässt sich nun folgern, dass Brownsche Filtrationen $\mathcal{F}$ in der Tat rechtsstetig sind, vorausgesetzt dass sie vollständig sind. Dem Beweis dieses Stetigkeitssatzes schicken wir eine allgemeine Charakterisierung von rechtsstetigen Filtrationen voraus:

Lemma 9.8. *Sei* $(\Omega, \mathcal{F}, P)$ *ein W-Raum. Eine vollständige Filtration* $(\mathcal{F}_t)_{t \geq 0}$ *ist genau dann rechtsstetig, wenn für alle* $t \geq 0$ *gilt:*

$$A \in \mathcal{F}_{t+} \quad \Rightarrow \quad E[1_A | \mathcal{F}_t] = 1_A. \tag{9.18}$$

Beweis. Gilt $\mathcal{F}_t = \mathcal{F}_{t+}$, so folgt sofort (9.18). Es bleibt also zu zeigen, dass aus (9.18) die Gleichheit $\mathcal{F}_t = \mathcal{F}_{t+}$ folgt, d.h. zu zeigen ist $\mathcal{F}_{t+} \subset \mathcal{F}_t$. Zunächst folgt aus (9.18), dass 1_A P-f.s. mit einer $\mathcal{F}_t$-messbaren Z.V. Y übereinstimmt. Für eine geeignete Nullmenge N gilt dann

$$Y \cdot 1_{N^c} = 1_A \cdot 1_{N^c} = 1_{A \cap N^c}.$$

Damit stimmen auch die Urbilder der Menge $\{1\}$ unter diesen Z.V.n überein:

$$Y^{-1}(\{1\}) \cap N^c = A \cap N^c.$$

Wegen $N \in \mathcal{F}_t$ ist die linke Seite in $\mathcal{F}_t$, also auch die rechte. Wegen $A \in \mathcal{F}$ ist $P(A \cap N) = 0$, also $A \cap N \in \mathcal{F}_t$. Zusammen mit $A \cap N^c \in \mathcal{F}_t$ folgt nun

$$A = (A \cap N^c) \cup (A \cap N) \in \mathcal{F}_t.$$ □

Satz 9.9. *Sei* $(B_t)_{t \geq 0}$ *eine BB auf dem W-Raum* $(\Omega, \mathcal{F}, P)$. *Dann ist die augmentierte kanonische Filtration, also* $\mathcal{F}_t := (\mathcal{F}_t^B)^*$, *rechtsstetig.*

Beweis. Zeige (9.18) für festes $t \geq 0$: Da (B_t) und $(B_t^2 - t)$ Martingale bezüglich $(\mathcal{F}_t^B)$ sind, so auch bezüglich $\mathcal{F}_t$. Die Eigenschaften (a) und (b) aus Lemma 9.2 sind somit erfüllt, sodass B Gleichung (9.3) für alle $\lambda \in \mathbb{R}$ erfüllt. Hieraus folgt für alle $u > t \geq 0$:

$$E[e^{i\lambda B_u}|\mathcal{F}_t] = E[e^{i\lambda(B_u - B_t) + i\lambda B_t}|\mathcal{F}_t] = e^{i\lambda B_t - \frac{\lambda^2}{2}(u-t)}. \tag{9.19}$$

Ist $\varepsilon > 0$ so klein, dass $t + \varepsilon < u$ gilt, so folgt hieraus

$$\begin{aligned}
E[e^{i\lambda B_u}|\mathcal{F}_{t+}] &= E[E[e^{i\lambda B_u}|\mathcal{F}_{t+\varepsilon}]|\mathcal{F}_{t+}] \\
&= E[e^{i\lambda B_{t+\varepsilon} - \frac{\lambda^2}{2}(u-t-\varepsilon)}|\mathcal{F}_{t+}] \quad \text{(nehme Limes } \varepsilon \to 0) \\
&= E[e^{i\lambda B_t - \frac{\lambda^2}{2}(u-t)}|\mathcal{F}_{t+}] \\
&= e^{i\lambda B_t - \frac{\lambda^2}{2}(u-t)} \quad\quad (B_t \text{ ist } \mathcal{F}_{t+} - \text{messbar}) \\
&= E[e^{i\lambda B_u}|\mathcal{F}_t], \quad\quad \text{nach (9.19)}. \tag{9.20}
\end{aligned}$$

Diese Gleichung stellt den Schlüssel für den Nachweis von (9.18) dar. Zeige, dass sie sich wie folgt für beschränkte, $\mathcal{F}_u$-messbare Funktionen f verallgemeinert:

$$E[f|\mathcal{F}_t] = E[f|\mathcal{F}_{t+}]. \tag{9.21}$$

1. Schritt. Zunächst folgt aus (9.20), dass $E[f(B_u)|\mathcal{F}_t] = E[f(B_u)|\mathcal{F}_{t+}]$ für jedes $f \in \mathcal{L}^2(\mathbb{R}, \nu_u)$ gilt: Nach Korollar 8.14 ist $\text{lin}[e^{i\lambda \cdot}, \lambda \in \mathbb{R}]$ dicht in $\mathcal{L}_{\mathbb{C}}^2(\mathbb{R}, \nu_u)$. Die Behauptung folgt daher durch Linearkombination von (9.20) mit anschließendem Grenzübergang im bedingten EW.

2. Schritt. Seien $t < u_1 < u_2$ und f_1, f_2 zwei beschränkte, messbare Funktionen auf $\mathbb{R}$. Dann folgt mit dem 1. Schritt:

$$\begin{aligned}
E[f_1(B_{u_1})f_2(B_{u_2})|\mathcal{F}_t] &= E[f_1(B_{u_1})E[f_2(B_{u_2})|\mathcal{F}_{u_1}]|\mathcal{F}_t] \\
&= E[f_1(B_{u_1})E[f_2(B_{u_2})|\mathcal{F}_{u_1}]|\mathcal{F}_{t+}] \\
&= E[f_1(B_{u_1})f_2(B_{u_2})|\mathcal{F}_{t+}].
\end{aligned}$$

Sukzessiv folgt mit demselben Argument für $t < u_1 < \cdots < u_n$ und für beschränkte Funktionen $f_1, \ldots, f_n$:

$$E[f_1(B_{u_1}) \cdots f_n(B_{u_n})|\mathcal{F}_t] = E[f_1(B_{u_1}) \cdots f_n(B_{u_n})|\mathcal{F}_{t+}]. \tag{9.22}$$

Diese Gleichung bleibt für $0 \leq u_1 < \cdots < u_n$ und alle $t \geq 0$ bestehen, denn man kann in (9.22) diejenigen Faktoren $f_i(B_{u_i})$ aus den bedingten Erwartungswerten herausziehen, für die $u_i \leq t$ gilt.

3. Schritt. Nach Satz 8.17 setzt sich (9.22) für alle $T > 0$ per Stetigkeit auf ganz $\mathcal{L}^1(\Omega, \mathcal{F}_T^B, P)$ fort, d.h. (9.21) gilt für alle $f \in \mathcal{L}^1(\Omega, \mathcal{F}_T^B, P)$. Ist also $h > 0$ und $f \in \mathcal{L}^1(\Omega, \mathcal{F}_{t+h}, P)$, so folgt mit $\mathcal{F}_{t+h} = (\mathcal{F}_{t+h}^B)^*$:

$$E[f|\mathcal{F}_t] = E[E[f|\mathcal{F}_{t+h}^B]|\mathcal{F}_t] = E[E[f|\mathcal{F}_{t+h}^B]|\mathcal{F}_{t+}]$$
$$= E[f|\mathcal{F}_{t+}].$$

Wegen $\mathcal{F}_{t+} \subset \mathcal{F}_{t+h}$ gilt diese Gleichung insbesondere für $f = 1_A$ mit $A \in \mathcal{F}_{t+}$. Hieraus erhält man (9.18). $\qquad\square$

9.3 Itô-Integrale mit Stoppzeiten als Grenzen

Im Folgenden werden wir das Itô-Integral nochmals etwas genauer untersuchen, wobei auch weiterhin $\int_0^t f(s)\, dB_s$ eine stetige Version bezeichnet. Von nun an werden wir aber eine Erweiterung der Voraussetzungen benötigen, die wir am Anfang der Kapitel 4 und 5 gemacht haben:

Zweite Zusatzvoraussetzung. Die bei Itô-Integralen zugrunde liegenden Filtration $(\mathcal{A}_t)_{t\geq 0}$ sei von nun an *rechtsstetig*.

Für $f \in \mathcal{L}_\omega^2([0,\infty))$ und Funktionen („zufällige Zeiten") $\tau_1, \tau_2 : \Omega \to \mathbb{R}_+$) gelte $\tau_1 \leq \tau_2$. Dann heißt

$$\Big(\int_{\tau_1}^{\tau_2} f(t)\, dB_t \Big)(\omega) := \Big(\int_0^{\tau_2(\omega)} f(t)\, dB_t \Big)(\omega) - \Big(\int_0^{\tau_1(\omega)} f(t)\, dB_t \Big)(\omega)$$

das *Itô-Integral mit zufälligen Grenzen* τ_1, τ_2. Dieses Integral besitzt zumindest für Stoppzeiten brauchbare mathematische Eigenschaften, insbesondere wenn τ_1 und τ_2 beschränkt sind (vgl. Optional Sampling Theorem, bzw. Stoppsatz). Das folgende Lemma reduziert das Itô-Integral mit Stoppzeiten auf das „gewöhnliche" Itô-Integral:

Lemma 9.10. *Sei τ eine $\mathcal{A}_t$-Stoppzeit mit $0 \leq \tau \leq T < \infty$. Dann ist die Zufallsvariable $1_{[0,\tau)}(t)$ $\mathcal{A}_t$-messbar, und für jedes $f \in \mathcal{L}_\omega^2([0,T])$ gilt*

$$\int_0^\tau f(t)\, dB_t = \int_0^T 1_{[0,\tau)}(t) f(t)\, dB_t \quad (P\text{-}f.s.). \tag{9.23}$$

Beweis. Beachtet man, dass 1_A genau dann $\mathcal{A}_t$-messbar ist wenn $A \in \mathcal{A}_t$ gilt, so folgt die $\mathcal{A}_t$-Messbarkeit von $1_{[0,\tau)}(t)$ sofort aus

$$1_{[0,\tau)}(t) = 1_{\{t<\tau\}} = 1_{\{\tau\leq t\}^c}.$$

Nun wird (9.23) mit den üblichen Treppen-Approximationen verifiziert. Allerdings muss dabei zuerst τ diskret approximiert werden, da für einen Treppenprozess f sonst $1_{[0,\tau)}(t)f(t)$ keinen Treppenprozess definiert.

1. Schritt: Sei $f \in \mathcal{T}_a^2([0,T])$ und τ eine diskrete Stoppzeit mit den Werten $\tau(\omega) \in \{t_1, \ldots, t_n\} \subset [0,T]$. Für $\omega \in \{\tau = t_k\}$ ist $1_{[0,\tau)}(t) = 1_{[0,t_k)}(t)$, und aufgrund der disjunkten Darstellung $\Omega = \{\tau = t_1\} \cup \cdots \cup \{\tau = t_n\}$ folgt

$$
\begin{aligned}
1_{[0,\tau)}(t) &= 1_{\{\tau=t_1\}}1_{[0,t_1)}(t) + 1_{\{\tau=t_2\}}1_{[0,t_2)}(t) + \cdots + 1_{\{\tau=t_n\}}1_{[0,t_n)}(t) \\
&= 1_{\{\tau \geq t_1\}}1_{[0,t_1)}(t) + 1_{\{\tau \geq t_2\}}1_{[t_1,t_2)}(t) + \cdots + 1_{\{\tau \geq t_n\}}1_{[t_{n-1},t_n)}(t) \\
&= 1_{[0,t_1)}(t) + 1_{\{\tau \leq t_1\}^c}1_{[t_1,t_2)}(t) + \cdots + 1_{\{\tau \leq t_{n-1}\}^c}1_{[t_{n-1},t_n)}(t) \, .
\end{aligned}
$$

(Die zweite Gleichung verifiziere man für $\omega \in \{\tau = t_k\}$.) Somit ist $1_{[0,\tau)}$ ein beschränkter, $\mathcal{A}_t$-adaptierter Treppenprozess, also $1_{[0,\tau)}f \in \mathcal{T}_a^2([0,T])$. Demnach gilt eine Darstellung der Form

$$
1_{[0,\tau)}(t)f(t) = \sum_{j=0}^{N-1} 1_{[0,\tau)}(s_j)f(s_j)1_{[s_j,s_{j+1})}(t) \, ,
$$

mit $\tau(\omega) \in \{s_0, \ldots, s_N\}$, für alle $\omega \in \Omega$. Folglich gibt es zu jedem ω ein $k(\omega) \in \{0, 1, \ldots, N\}$ mit $\tau(\omega) = s_{k(\omega)}$. Hiermit folgt

$$
\begin{aligned}
\left(\int_0^{\tau(\omega)} f(s)\, dB_s\right)(\omega) &= \int_0^{s_{k(\omega)}} f(s,\omega)\, dB_s(\omega) \\
&= \sum_{j=0}^{k(\omega)-1} f(s_j,\omega)(B_{s_{j+1}} - B_{s_j})(\omega) \\
&= \sum_{j=0}^{N-1} 1_{[0,\tau(\omega))}(s_j)f(s_j,\omega)(B_{s_{j+1}} - B_{s_j})(\omega) \\
&= \left(\int_0^T 1_{[0,\tau)}(s)f(s)\, dB_s\right)(\omega) \, .
\end{aligned}
$$

2. Schritt: Seien nun τ und f wie im Lemma. Wähle diskrete Stoppzeiten $0 \leq \tau_n \leq T$ mit $\tau_n \searrow \tau$ (punktweise). Wähle $f_n \in \mathcal{T}_a^2([0,T])$ mit $f_n \to f$ in $\mathcal{L}_\omega^2([0,T])$. Wegen $|a - b|^2 \leq 2a^2 + 2b^2$ gilt dann

$$
\begin{aligned}
\frac{1}{2}\int_0^T |1_{[0,\tau_n)}f_n - 1_{[0,\tau)}f|^2 dt &\leq \int_0^T |1_{[0,\tau_n)}f_n - 1_{[0,\tau_n)}f|^2 dt \\
&\quad + \int_0^T |1_{[0,\tau_n)}f - 1_{[0,\tau)}f|^2 dt \\
&\leq \int_0^T |f_n - f|^2 dt + \int_0^T 1_{[\tau,\tau_n)}f^2 dt \, .
\end{aligned}
$$

Der erste Term konvergiert n.V. stochastisch gegen Null, der zweite Term konvergiert für alle ω mit $f(\cdot,\omega) \in \mathcal{L}^2([0,T],\lambda)$ gegen Null (also P-f.s.). Somit folgt $1_{[0,\tau_n)}f_n \to 1_{[0,\tau)}f$ in $\mathcal{L}_\omega^2([0,T])$, also auch

$$
\int_0^{\tau_n} f_n\, dB_t = \int_0^T 1_{[0,\tau_n)}f_n\, dB_t \to \int_0^T 1_{[0,\tau)}f\, dB_t \quad \text{stochastisch} \, . \tag{9.24}
$$

Andererseits gilt

$$\left| \int_0^{\tau_n} f_n \, dB_t - \int_0^{\tau} f \, dB_t \right| \leq \left| \int_0^{\tau_n} f_n \, dB_t - \int_0^{\tau_n} f \, dB_t \right| + \left| \int_0^{\tau_n} f \, dB_t - \int_0^{\tau} f \, dB_t \right|.$$

Der erste Term lässt sich durch $\sup_{s \in [0,T]} \left| \int_0^s f_n \, dB_t - \int_0^s f \, dB_t \right|$ abschätzen, und konvergiert somit nach Satz 5.6 stochastisch gegen Null. Aufgrund der Stetigkeit von $s \mapsto (\int_0^s f(t) dB_t)(\omega)$ konvergiert der zweite Term für jedes ω gegen Null. Zusammen folgt

$$\int_0^{\tau_n} f_n \, dB_t \to \int_0^{\tau} f \, dB_t \quad \text{stochastisch}. \tag{9.25}$$

Aus (9.24) und (9.25) folgt die Behauptung (9.23).   □

Bemerkung. Lemma 9.10 bleibt gültig, wenn man anstelle einer Stoppzeit nur eine Optionszeit voraussetzt (auch ohne rechtsstetige Filtration). Im Zusammenhang mit Martingalen muss τ aber eine Stoppzeit sein.

Formel (9.23) gestattet eine *natürliche Erweiterung des Itô-Integrals mit beschränkten Stoppzeiten*, auf eine etwas größere Klasse von Integranden, denn es genügt für die Existenz der rechten Seite von (9.23), dass der Integrand ein pfadweiser $\mathcal{L}^2$-Prozess ist. Dies gibt Anlass zu folgender

Definition. Sei τ eine beschränkte $\mathcal{A}_t$-Stoppzeit und $T := \sup\{\tau(\omega) | \omega \in \Omega\}$. Für $p \in [1, \infty)$ werde mit $\mathcal{L}_\omega^p([0, \tau])$ bzw. $\mathcal{L}_a^p([0, \tau])$ der Raum aller messbaren, $\mathcal{A}_t$-adaptierten Prozesse $f : [0, T] \times \Omega \to \mathbb{R}$ bezeichnet mit

$$P\left(\int_0^{\tau} |f(t)|^p \, dt < \infty \right) = 1, \quad \text{bzw.} \quad E\left[\int_0^{\tau} |f(t)|^p \, dt \right] < \infty. \tag{9.26}$$

Für $f \in \mathcal{L}_\omega^2([0, \tau])$ heißt $\int_0^{\tau} f(t) \, dB_t$, definiert durch die rechte Seite von Gleichung (9.23), das *Itô-Integral von f bis zur Stoppzeit τ*. Für zwei beschränkte Stoppzeiten $0 \leq \tau_1 \leq \tau_2$ und $f \in \mathcal{L}_\omega^2([0, \tau_2])$ setze entsprechend (mit $T = \tau_2^*$)

$$\int_{\tau_1}^{\tau_2} f(t) \, dB_t := \int_0^T \mathbb{1}_{[0, \tau_2)}(t) f(t) \, dB_t - \int_0^T \mathbb{1}_{[0, \tau_1)}(t) f(t) \, dB_t$$

$$= \int_0^T \mathbb{1}_{[\tau_1, \tau_2)}(t) f(t) \, dB_t.$$

Bemerkungen. 1. (Eindeutigkeit.) Sind $f, g \in \mathcal{L}_\omega^2([0, \tau_2])$, ist $\Omega_0 \subset \Omega$, und gilt $\mathbb{1}_{[\tau_1, \tau_2)}(t) f(t) = \mathbb{1}_{[\tau_1, \tau_2)}(t) g(t)$ für alle $\omega \in \Omega_0$, so folgt

$$\left(\int_{\tau_1}^{\tau_2} f(t) \, dB_t \right)(\omega) = \left(\int_{\tau_1}^{\tau_2} g(t) \, dB_t \right)(\omega), \quad \text{für } P\text{-fast alle } \omega \in \Omega_0.$$

Dies ist lediglich eine Umformulierung von Satz 4.20 für die Integranden $1_{[\tau_1,\tau_2)}(t)f(t)$ und $1_{[\tau_1,\tau_2)}(t)g(t)$. 2. Man könnte $\int_0^T f(t)\,dB_t$ auch direkt durch die rechte Seite von (9.23) definieren, aber dann wäre etwa der Stoppsatz nicht direkt verfügbar. Letztlich werden beide Darstellungen in (9.23) benötigt.

Satz 9.11 (Bedingte Itô-Isometrie). *Seien $\tau_1 \leq \tau_2$ beschränkte $\mathcal{A}_t$-Stoppzeiten. Dann ist $\int_{\tau_1}^{\tau_2} f(t)\,dB_t$ für jedes $f \in \mathcal{L}_a^2([0,\infty))$ in $\mathcal{L}^2(P)$, und es gelten*

$$E\Big[\int_{\tau_1}^{\tau_2} f(t)\,dB_t\big|\mathcal{A}_{\tau_1}\Big] = 0\,, \tag{9.27}$$

$$E\Big[\Big(\int_{\tau_1}^{\tau_2} f(t)\,dB_t\Big)^2\big|\mathcal{A}_{\tau_1}\Big] = E\Big[\int_{\tau_1}^{\tau_2} f^2(t)\,dt\big|\mathcal{A}_{\tau_1}\Big]\,. \tag{9.28}$$

Beweis. Da $\int_0^t f(s)\,dB_s$ ein stetiges $\mathcal{L}^2$-Martingal ist, und $0 \leq \tau_1 \leq \tau_2 \leq T$ gilt, folgt (mit optional sampling) $\int_0^{\tau_2} f(t)\,dB_t \in \mathcal{L}^2(P)$, sowie

$$E\Big[\int_0^{\tau_2} f(t)\,dB_t\big|\mathcal{A}_{\tau_1}\Big] = \int_0^{\tau_1} f(t)\,dB_t\,.$$

Somit ist (9.27) erfüllt. Um (9.28) zu verifizieren ist für jedes $A \in \mathcal{A}_{\tau_1}$ die Gleichheit folgender Integrale zu zeigen (beachte: $\int_A Y\,dP = E[1_A Y]$):

$$E\Big[1_A\Big(\int_{\tau_1}^{\tau_2} f(t)\,dB_t\Big)^2\Big] = E\Big[1_A \int_{\tau_1}^{\tau_2} f^2(t)\,dt\Big]\,. \tag{9.29}$$

Dies ist erfüllt falls gezeigt werden kann, dass P-fast sicher

$$1_A \int_{\tau_1}^{\tau_2} f(t)\,dB_t = \int_0^T 1_A 1_{[\tau_1,\tau_2)}(t)f(t)\,dB_t \tag{9.30}$$

gilt, denn hieraus erhält man (9.29) wie folgt:

$$E\Big[1_A\Big(\int_{\tau_1}^{\tau_2} f(t)\,dB_t\Big)^2\Big] = E\Big[\Big(1_A \int_{\tau_1}^{\tau_2} f(t)\,dB_t\Big)^2\Big]$$

$$= E\Big[\int_0^T (1_A 1_{[\tau_1,\tau_2)} f)^2(t)\,dt\Big]$$

$$= E\Big[1_A \int_{\tau_1}^{\tau_2} f^2(t)\,dt\Big]\,.$$

Im letzten Schritt wurde verwendet, dass $\int 1_A(\cdots)\,dt$ ω-weise (P-f.s.) berechnet werden kann, woraus $\int 1_A(\cdots)\,dt = 1_A \int(\cdots)\,dt$ P-f.s. folgt. Zeige nun (9.30): Zunächst gilt

$$1_A(\omega)1_{[\tau_1(\omega),\tau_2(\omega))}(t) = 1_A(\omega)1_{\{\tau_1 \leq t < \tau_2\}}(\omega)$$

$$= 1_{A\cap\{\tau_1 \leq t\}\cap\{t < \tau_2\}}(\omega)\,. \tag{9.31}$$

Wegen $A \cap \{\tau_1 \leq t\} \in \mathcal{A}_t$ und $\{t < \tau_2\} = \{\tau_2 \leq t\}^c \in \mathcal{A}_t$ ist die Indikatorfunktion in (9.31) $\mathcal{A}_t$-messbar, und damit das Integral auf der rechten Seite von (9.30) wohldefiniert. Benutze nun Satz 4.20:

1. Fall: Sei $\omega \in A^c$. Dann ist $1_A(\omega)1_{\{\tau_1 \leq t < \tau_2\}}(\omega)f_t(\omega) = 0$, d.h. es gilt

$$\Big(\int_0^T 1_A 1_{\{\tau_1 \leq t < \tau_2\}} f_t \, dB_t \Big)(\omega) = 0 \,,$$

für P-fast alle $\omega \in A^c$. Somit gilt (9.30) für diese ω.

2. Fall: Sei $\omega \in A$. Dann ist $1_A(\omega)1_{\{\tau_1 \leq t < \tau_2\}}(\omega)f_t(\omega) = 1_{\{\tau_1 \leq t < \tau_2\}}(\omega)f_t(\omega)$, woraus für P-fast alle $\omega \in A$ folgt:

$$\Big(\int_0^T 1_A 1_{[\tau_1, \tau_2)}(t)f_t \, dB_t \Big)(\omega) = \Big(\int_0^T 1_{[\tau_1, \tau_2)}(t)f_t \, dB_t \Big)(\omega) \,.$$

Für diese ω gilt also ebenfalls (9.30), sodass die Behauptung folgt.   □

Als unmittelbare und wichtige Folgerung von Satz 9.11 erhält man durch Erwartungsbildung von (9.27) und (9.28):

Korollar 9.12 (Itô-Isometrie mit beschränkten Stoppzeiten). *Unter den Voraussetzungen von Satz 9.11 gilt:*

$$E\Big[\int_{\tau_1}^{\tau_2} f(t) \, dB_t \Big] = 0 \,,$$

$$E\Big[\Big(\int_{\tau_1}^{\tau_2} f(t) \, dB_t \Big)^2 \Big] = E\Big[\int_{\tau_1}^{\tau_2} f^2(t) \, dt \Big] \,.$$

9.4 Gestoppte Brownsche Bewegungen

Eine fast unmittelbare Folgerung aus Lévy's Charakterisierung und der bedingten Itô-Isometrie (Satz 9.11) ist die starke Markov Eigenschaft der BB. Lediglich eine kleine Vorbereitungen wird dazu noch benötigt:

Lemma 9.13. *Seien* $B^{(n)}$, $n \in \mathbb{N}$, *P-f.s. stetige BBen auf* $(\Omega, \mathcal{F}, P)$, *sodass für jedes* $t \geq 0$ *die Folge* $(B_t^{(n)})_{n \in \mathbb{N}}$ *gegen eine Z.V.* B_t *P-f.s. konvergiert. Dann hat* $(B_t)_{t \geq 0}$ *dieselben endlichdimensionalen Verteilungen wie eine BB.*

Beweis. Die Folge $\mathbb{R}^d$-wertiger Z.V.n $X_n := (B_{t_1}^{(n)}, \dots, B_{t_d}^{(n)})$ konvergiert n.V. P-f.s. gegen $X := (B_{t_1}, \dots, B_{t_d})$, und es gilt $P_{X_n} = P_{X_1}$ für alle $n \in \mathbb{N}$. Mit majorisierter Konvergenz folgt für alle $\lambda \in \mathbb{R}^d$:

$$\varphi_{P_X}(\lambda) = \int e^{i\langle \lambda, X \rangle} \, dP = \lim_{n \to \infty} \int e^{i\langle \lambda, X_n \rangle} \, dP$$

$$= \lim_{n \to \infty} \int e^{i\langle \lambda, x \rangle} \, dP_{X_n}(x) = \int e^{i\langle \lambda, x \rangle} \, dP_{X_1}(x) = \varphi_{P_{X_1}}(\lambda) \,,$$

also $P_X = P_{X_1}$. Somit hat $(B_t)_{t \geq 0}$ dieselben endlichdimensionalen Verteilungen wie die BB $(B_t^{(1)})_{t \geq 0}$.   □

*Satz 9.14 (Starke Markov-Eigenschaft der BB). *Sei $(B_t)_{t \geq 0}$ eine BB und $\tau < \infty$ eine $\mathcal{A}_t$-Stoppzeit. Dann wird eine $\mathcal{A}_{\tau+t}$-adaptierte BB definiert durch*

$$\tilde{B}_t := B_{\tau+t} - B_\tau, \qquad t \geq 0.$$

Beweis. Sei zunächst $\tau \leq M$ vorausgesetzt. Mit $\tilde{B}_t = \int_\tau^{\tau+t} 1 \, dB_t$ folgt

$$E[\tilde{B}_t | \mathcal{A}_{\tau+s}] = E\Big[\int_\tau^{\tau+s} 1 \, dB_u + \int_{\tau+s}^{\tau+t} 1 \, dB_u | \mathcal{A}_{\tau+s} \Big]$$

$$= \int_\tau^{\tau+s} 1 \, dB_u = \tilde{B}_s, \quad \text{nach Satz 9.11}.$$

Weiter gilt

$$E[(\tilde{B}_t - \tilde{B}_s)^2 | \mathcal{A}_{\tau+s}] = E\Big[\Big(\int_{\tau+s}^{\tau+t} 1 \, dB_u \Big)^2 | \mathcal{A}_{\tau+s} \Big]$$

$$= E\Big[\int_{\tau+s}^{\tau+t} 1^2 \, du | \mathcal{A}_{\tau+s} \Big] \quad \text{(nach Satz 9.11)}$$

$$= t - s.$$

Da $\tilde{B}_t$ pfadstetig ist folgt die Behauptung aus Lévys Satz 9.3.

Für eine beliebige endliche Stoppzeit τ sei $\tau_n := \tau \wedge n$. Dann definiert $\tilde{B}_t^{(n)} := B_{\tau_n+t} - B_{\tau_n}$ eine BB für jedes $n \in \mathbb{N}$, und es gilt die punktweise Konvergenz $\tilde{B}_t^{(n)} \to B_{\tau+t} - B_\tau$. Mit Lemma 9.13 und der Stetigkeit von $B_{\tau+t} - B_\tau$ folgt nun die Behauptung. $\square$

Bemerkung. Satz 9.14 wird informell häufig so ausgedrückt: „Eine BB startet nach jeder endlichen Stoppzeit neu".

Der folgende Satz verallgemeinert die Itô-Isometrie (Korollar 9.12) auf Stoppzeiten, die nicht notwendigerweise beschränkt sind:

Satz 9.15. *Sei $f \in \mathcal{L}_a^2([0, \infty))$ und $\tau < \infty$ eine $\mathcal{A}_t$-Stoppzeit mit*

$$E\Big[\int_0^\tau f^2(s) \, ds \Big] < \infty. \tag{9.32}$$

Dann ist $\int_0^\tau f(s) \, dB_s \in \mathcal{L}^2(P)$ und es gilt

$$E\Big[\int_0^\tau f(s) \, dB_s \Big] = 0 \tag{9.33}$$

$$E\Big[\Big(\int_0^\tau f(s) \, dB_s \Big)^2 \Big] = E\Big[\int_0^\tau f^2(s) \, ds \Big]. \tag{9.34}$$

Beweis. Mit den Stoppzeiten $\tau_n := \tau \wedge n \nearrow \tau$ und Korollar 9.12 gilt:

$$E\Big[\Big(\int_0^{\tau_n} f(s)\,dB_s - \int_0^{\tau_m} f(s)\,dB_s\Big)^2\Big] = E\Big[\Big(\int_{\tau_m}^{\tau_n} f(s)\,dB_s\Big)^2\Big]$$

$$= E\Big[\int_{\tau_m}^{\tau_n} f^2(s)\,ds\Big], \quad \text{für } 0 \le m < n. \qquad (9.35)$$

Mit monotoner Konvergenz geht (9.35) für $n \to \infty$ gegen $E[\int_{\tau_m}^{\tau} f^2(s)\,ds]$. Also geht die linke Seite in (9.35) gegen Null für $n, m \to \infty$, sodass die Folge $\int_0^{\tau_n} f(s)\,dB_s$ Cauchy in $\mathcal{L}^2$ ist. Diese wiederum konvergiert (offensichtlich) punktweise gegen $\int_0^{\tau} f(s)\,dB_s$. Mit $m = 0$ und Grenzübergang $n \to \infty$ in (9.35) folgt (9.34), also insbesondere $\int_0^{\tau} f(s)\,dB_s \in \mathcal{L}^2$. Aus $E[\int_0^{\tau_n} f(s)\,dB_s] = 0$ folgt nun durch Grenzübergang (9.33). $\qquad\square$

*Korollar 9.16. *Es sei $(B_t)_{t\ge 0}$ eine BB und τ eine endliche, integrierbare $\mathcal{A}_t$-Stoppzeit. Dann ist $B_\tau \in \mathcal{L}^2(P)$, und es gelten*

$$E[B_\tau] = 0, \quad E[B_\tau^2] = E[\tau]. \qquad (9.36)$$

Beweis. Für $f = 1$ gilt $f \in \mathcal{L}_a^2([0, \infty))$, und mit $E[\int_0^{\tau} f^2(s)\,ds] = E[\tau] < \infty$ ist (9.32) erfüllt. Mit $B_t = \int_0^t 1\,dB_s$ folgt (9.36) via (9.33) und (9.34). $\qquad\square$

Bemerkungen. 1. (*Klassische Wald-Identität.*) Sei $(X_n)_{n\in\mathbb{N}}$ eine Folge von u.i.v. integrierbaren Zufallsvariablen. Sei weiter $\tau : \Omega \to \mathbb{N}$ eine integrierbare Stoppzeit bezüglich der Filtration $\mathcal{F}_n := \sigma(X_1, \ldots, X_n)$. Dann gilt

$$E[X_1 + \cdots + X_\tau] = E[X_1] \cdot E[\tau] \qquad \text{(Wald-Identität)}.$$

Speziell für $X_k := B_k - B_{k-1}$ und eine $\mathbb{N}$-wertige, integrierbare $\mathcal{F}_n$-Stoppzeit τ folgt $X_1 + \cdots + X_\tau = B_\tau$. Man erhält damit aus der Wald-Identität die erste Gleichung in (9.36), jedenfalls für diese diskreten Stoppzeiten. Deshalb wird (9.36) ebenfalls als „Wald-Identität" bezeichnet. 2. Sind die X_k in Punkt 1 sogar quadratintegrierbar und zentriert, so gilt weiter der *Satz von Blackwell-Girshick*, d.h.

$$E[(X_1 + \cdots + X_\tau)^2] = E[X_1^2] \cdot E[\tau].$$

Offensichtlich entspricht die zweite Gleichung in (9.36) für das spezielle Beispiel $X_k = B_k - B_{k-1}$ gerade diesem Satz. 3. Beweise für die Aussagen in Punkt 1 und 2 findet man in [Ba2, Satz 17.7], sogar für eine leichte Abschwächung der Voraussetzungen.

Als Anwendung des obigen Korollars zeigen wir, dass eine BB ein beliebiges, Null enthaltendes Intervall (a, b) mit Sicherheit verlässt. Dabei tritt erstmals das Problem auf, dass wir einen Prozess X mit einer Stoppzeit τ stoppen wollen, von der wir nur wissen, dass sie P-f.s. endlich ist. Die Funktion X_τ

ist dann nur auf $\{\tau < \infty\}$ wohldefiniert, also P-fast sicher. Dieses Manko wird behoben durch triviale Fortsetzung auf ganz Ω:

$$X_\tau(\omega) := \begin{cases} X_{\tau(\omega)}(\omega) & \text{falls } \tau(\omega) < \infty \\ 0 & \text{falls } \tau(\omega) = \infty \,. \end{cases} \qquad (9.37)$$

Lemma 9.17. *Sei $(\mathcal{F}_t)_{t\geq 0}$ eine vollständige Filtration, $(X_t)_{t\geq 0}$ ein progressiv $\mathcal{F}_t$-messbarer Prozess, und τ eine P-f.s. endliche $\mathcal{F}_t$-Stoppzeit. Dann wird durch (9.37) eine messbare Funktion X_τ definiert.*

Beweis. Durch $\tau^* := \tau \cdot 1_{\{\tau < \infty\}}$ wird eine *endliche* $\mathcal{F}_t$-Stoppzeit definiert, denn $\{\tau^* \leq t\} = \{\tau \leq t\} \cup \{\tau = \infty\} \in \mathcal{F}_t$. Weiter definiert $X_t^* := X_t 1_{\{\tau < \infty\}}$ einen progressiv $\mathcal{F}_t$-messbaren Prozess X^*: Im Fall $0 \notin B \in \mathcal{B}(\mathbb{R})$ gilt nämlich

$$\{X^*|_{[0,t]\times\Omega} \in B\} = \{X|_{[0,t]\times\Omega} \in B\} \cap \{[0,t] \times \{\tau < \infty\}\} \in \mathcal{B}([0,t]) \otimes \mathcal{F}_t \,,$$

und im Fall $0 \in B$ gilt (mit $\dot{B} := B\backslash\{0\}$):

$$\begin{aligned} \{X^*|_{[0,t]\times\Omega} \in B\} &= \{X^*|_{[0,t]\times\Omega} \in \dot{B}\} \cup \{X^*|_{[0,t]\times\Omega} = 0\} \\ &= \{X^*|_{[0,t]\times\Omega} \in \dot{B}\} \cup \{X|_{[0,t]\times\Omega} = 0\} \cup \{[0,t] \times \{\tau = \infty\}\} \,, \end{aligned}$$

was ebenfalls in $\mathcal{B}([0,t]) \otimes \mathcal{F}_t$ liegt. Offenbar gilt nach (9.37) die Gleichheit $X_\tau = X_{\tau^*}^*$, wobei letztere Funktion nach Satz 7.26 messbar ist. $\quad\square$

Folgerung. Korollar 9.16 bleibt für P-f.s. endliche Stoppzeiten unverändert gültig: Der Prozess B_t^* ist nämlich ebenfalls eine $\mathcal{A}_t$-adaptierte BB und τ^* ist eine endliche $\mathcal{A}_t$-Stoppzeit, sodass einerseits $E[B_\tau] = E[B_{\tau^*}^*] = 0$ gilt, und andererseits $E[B_\tau^2] = E[(B_{\tau^*}^*)^2] = E[\tau^*] = E[\tau]$.

*Satz 9.18. *Seien $a < 0 < b$ reelle Zahlen. Sei weiter $\tau_{a,b}$ die Stoppzeit $\tau_{a,b} := \inf\{t \geq 0 \mid B_t \in \{a,b\}\}$. Dann gilt:*

$$P(\tau_{a,b} < \infty) = 1 \,, \qquad (9.38)$$

$$P(B_{\tau_{a,b}} = a) = \frac{b}{b-a} \,, \qquad (9.39)$$

$$E[\tau_{a,b}] = |ab| \,. \qquad (9.40)$$

Beweis. Zeige zuerst (9.38): Für $n \in \mathbb{N}$ betrachte die unabhängigen Ereignisse $E_n := \{|B_{n+1} - B_n| > b - a\}$. Für $\varepsilon := P(E_n)$ gilt offensichtlich $\varepsilon > 0$. Ist weiter $\tau_{a,b}(\omega) > n + 1$, so gilt $a < B_k(\omega) < b$ für alle $k = 1,\dots,n$, und somit auch $|B_{k+1}(\omega) - B_k(\omega)| \leq b - a$. Es folgt

$$\{\tau_{a,b} > n + 1\} \subset \{|B_1 - B_0| \leq b - a\} \cap \cdots \cap \{|B_{n+1} - B_n| \leq b - a\} \,,$$

woraus man mit Subadditivität und Unabhängigkeit der E_k die Abschätzung

$$P(\tau_{a,b} > n + 1) \leq (1 - \varepsilon)^n, \qquad \forall n \in \mathbb{N},$$

erhält. Also gilt auch $P(\tau_{a,b} \leq n + 1) > 1 - (1 - \varepsilon)^n$, woraus für $n \to \infty$ (9.38) folgt. Zeige als nächstes (9.39): Wegen $0 \leq \tau_{a,b} < \infty$ P-f.s. gilt

$$E[\tau_{a,b}] \leq \sum_{n=1}^{\infty} nP(n - 1 < \tau_{a,b} \leq n) \leq \sum_{n=1}^{\infty} n(1 - \varepsilon)^{n-1} < \infty.$$

Mit Korollar 9.16 (siehe obige Folgerung) folgt nun $E[B_{\tau_{a,b}}] = 0$, also

$$0 = E[B_{\tau_{a,b}}] = aP(B_{\tau_{a,b}} = a) + b(1 - P(B_{\tau_{a,b}} = a)).$$

Die Auflösung dieser Gleichung nach $P(B_{\tau_{a,b}} = a)$ ergibt (9.39). Zeige schließlich (9.40): Mit (9.36) gilt:

$$E[\tau_{a,b}] = E[B_{\tau_{a,b}}^2] = a^2 P(\tau_{a,b} = a) + b^2 P(\tau_{a,b} = b)$$

$$= a^2 \frac{b}{b - a} + b^2 \frac{-a}{b - a} = -ab. \qquad \square$$

Gleichung (9.39) besagt, dass die Wahrscheinlichkeit mit der die BB a trifft *durch das Längenverhältnis der Intervalle $[0, b]$ und $[a, b]$ gegeben ist.* Lässt man nun a gegen $-\infty$ gehen, so treffen immer weniger Brownsche Pfade zuerst a. Somit ist folgendes Korollar intuitiv ersichtlich:

*Korollar 9.19. *Sei $b \in \mathbb{R}$ und $\tau_b := \inf\{t \geq 0 \mid B_t = b\}$. Dann gilt:*

$$P(\tau_b < \infty) = 1. \tag{9.41}$$

Beweis. Für $b = 0$ ist (9.41) trivial. Da mit (B_t) auch $(-B_t)$ eine BB ist können wir o.B.d.A. $b > 0$ annehmen. Dann gilt für jedes $a < 0$:

$$\{B_{\tau_{a,b}} = b\} \subset \{\tau_b < \infty\}.$$

Es folgt

$$P(\tau_b < \infty) \geq P(B_{\tau_{a,b}} = b) = \frac{-a}{b - a}.$$

Lässt man nun a gegen $-\infty$ gehen, so folgt (9.41). $\qquad \square$

Bemerkungen. 1. Diese Korollar impliziert insbesondere, dass f.s. jeder Pfad einer BB „oszilliert mit einer größer werdenden Amplitude", d.h. für $t \to \infty$ wird jeder positive Wert und jeder negative Wert unendlich oft getroffen. Die „Einhüllende" dieser Oszillation wird übrigens durch das Gesetz vom iterierten Logarithmus (für BBen) genau charakterisiert, siehe z.B. [Ba2, §47]. 2. Wir werden dieses Korollar nur in Kapitel 11 nochmals benötigen.

9.5 Zeittransformierte Prozesse

Der folgende Satz bereitet den Darstellungssatz 9.21 für Brownsche Martingale vor. Er ist auch für sich genommen interessant, denn er zeigt, dass die quadratische Variation (vgl. Satz 5.14) eines Itô-Integrals mit diesem Integral ω-weise in enger Beziehung steht. Wie schon in Satz 4.20 erscheint es gerade so, als wäre das Itô-Integral ω-weise definiert.

Satz 9.20. *Sei $f \in \mathcal{L}^2_\omega([0,\infty))$. Dann gibt es eine Nullmenge N, so dass für alle $0 \le r < s$ und alle $\omega \in N^c$ gilt:*

$$(\int_r^s f^2(t)\, dt)(\omega) = 0 \;\Rightarrow\; (\int_r^u f(t)\, dB_t)(\omega) = 0\,, \quad \forall u \in [r,s]\,. \qquad (9.42)$$

Beweis. Es genügt Gleichung (9.42) für rationale r, s, u und alle ω außerhalb einer Nullmenge $N_{r,s,u}$ zu verifizieren. Dies impliziert nämlich (9.42) für alle $\omega \notin N = \cup_{r,s,u \in \mathbb{Q}} N_{r,s,u}$, und für jedes $\omega \in N^c$ folgt (mit Stetigkeit) aus der Gültigkeit von (9.42) für rationale r, s, u die Gültigkeit für reelle r, s, u.

1. Fall: $(r = 0)$ Sei o.B.d.A. $\int_0^s f^2(t)\, dt < \infty$, $\forall \omega \in \Omega$ (sonst ändere f auf einer Nullmenge ab). Dann wird eine Stoppzeit definiert durch

$$\tau := \inf\{u > 0 : \int_0^u f^2(t)\, dt > 0\}\,,$$

denn $u \mapsto \int_0^u f^2(t)\, dt$ ist stetig, $\mathcal{A}_u$-messbar, und nach Voraussetzung gilt $\mathcal{A}_u = \mathcal{A}_{u+}$. Es folgt $(\int_0^\tau f^2(t)\, dt)(\omega) = 0$ für alle $\omega \in \Omega$. Insbesondere folgt $1_{[0,\tau \wedge u)} f \in \mathcal{L}^2_a([0,\infty))$ für alle $u \ge 0$. Mit Korollar 9.12 erhält man hiermit

$$E\big[(\int_0^{\tau \wedge u} f(t)\, dB_t)^2\big] = E\big[(\int_0^{\tau \wedge u} f^2(t)\, dt)\big] = 0\,,$$

also folgt $\int_0^{u \wedge \tau} f(t)\, dB_t = 0$, für alle $\omega \in N^c$. Ist nun weiter $u \in [0,s]$ und $\omega \in \{\int_0^s f^2(t)\, dt = 0\} \cap N^c$, so gilt $u \wedge \tau(\omega) = u$, also $\int_0^u f(t)\, dB_t = 0$. Dies ist (9.42) für den Fall $r = 0$.

2. Fall: $(r > 0)$ Betrachte die BB $\tilde{B}_t := B_{t+r} - B_r$ bzgl. $\tilde{\mathcal{A}}_t := \mathcal{A}_{t+r}$. Durch

$$\int_r^u f(s,\omega)\, dB_s(\omega)\,, \quad \text{bzw.} \quad \int_r^u f^2(s,\omega)\, ds \qquad (9.43)$$

werden stetige Versionen (bezüglich der Variablen $u \in [r,s]$) definiert von

$$\int_0^{u-r} f(t+r,\omega)\, d\tilde{B}_t(\omega) \quad \text{bzw.} \quad \int_0^{u-r} f^2(t+r,\omega)\, dt\,. \qquad (9.44)$$

(Um dies zu sehen wähle man zu festem u für (9.43) eine Treppenapproximation von f. Diese lässt sich auch als Treppenapproximation für (9.44) auffassen. Grenzübergang liefert die Behauptung.) Nach Fall 1 gilt für (9.44):

$$\int_0^{s-r} f^2(t+r,\omega)\, dt = 0 \;\Rightarrow\; \int_0^{u-r} f(t+r,\omega)\, d\tilde{B}_t(\omega) = 0\,, \quad \forall u \in [r,s]\, \omega \in N^c\,.$$

Ausgedrückt durch die Integrale (9.43) folgt die Behauptung. $\square$

Aus Abschnitt 8.1 wissen wir, dass sich jedes $\mathcal{L}^2(P)$-Martingal $(X_t)_{t\geq 0}$ der BB mit einem geeigneten Prozess $f \in \mathcal{L}^2_a([0,\infty))$ darstellen lässt als

$$X_t = E[X_0] + \int_0^t f(s)\, dB_s\,. \tag{9.45}$$

Dabei wird vorausgesetzt, dass die zugrunde liegende Filtration $(\mathcal{F}_t^B)^*$ ist. Der folgende Satz besagt, dass man *sogar* Itô-Prozesse der Form (9.45) als *stochastisch zeittransformierte BBen* darstellen kann, und zwar ohne die $\mathcal{L}^2_a$-Bedingung, und bezüglich allgemeiner Filtrationen $(\mathcal{A}_t)$. Dies verallgemeinert die Darstellung von stetigen Prozessen mit unabhängigen Zuwächsen aus Abschnitt 9.1 auf Itô-Prozesse der Form (9.45). *Insbesondere Brownsche $\mathcal{L}^2$-Martingale besitzen also eine solche Darstellung.*

Satz 9.21. *Sei* $f \in \mathcal{L}^2_\omega([0,\infty))$ *mit* $\int_0^t f^2(u)\, du < \infty$ *für alle* $t \geq 0$, *und* $\int_0^\infty f^2(u)\, du = \infty$. *Sei weiter* X *der Prozess* $X_t := \int_0^t f(s)\, dB_s$ *mit quadratischer Variation* $\langle X \rangle_t$, *und* $\tau(t)$ *die endliche* $\mathcal{A}_t$-*Stoppzeit*

$$\tau(t) := \min\{s \geq 0 : \langle X \rangle_s = t\}\,. \tag{9.46}$$

Dann wird eine P-f.s. stetige, $\mathcal{A}_{\tau(t)}$-*adaptierte BB definiert durch*

$$\tilde{B}_t := X_{\tau(t)} = \int_0^{\tau(t)} f(s)\, dB_s\,, \qquad t \geq 0\,.$$

Weiter gibt es eine Nullmenge N, *sodass sich* X_t *aus* $\tilde{B}$ *zurückgewinnen lässt via*

$$X_t(\omega) = \tilde{B}_{\langle X \rangle_t}(\omega)\,, \qquad \forall t \geq 0,\, \forall \omega \in N^c\,. \tag{9.47}$$

Beweis. Nach Lemma 7.23 ist $\tau(t)$ eine $\mathcal{A}_t$-Stoppzeit, und $t \mapsto \tau(t)$ ist offenbar endlich und monoton wachsend. *Zeige:* $\tilde{B}$ *ist linksstetig.* Da X stetig ist genügt es z.z., dass $\tau(t)$ linksstetig ist. Sei $t_0 > 0$ und $0 \leq t_n \nearrow t_0$. Setze

$$\tau^-(t_0) := \lim_{n\to\infty} \tau(t_n) \leq \tau(t_0)\,. \tag{9.48}$$

Dann gilt wegen der Stetigkeit von $s \mapsto \int_0^s f^2(u)\, du$:

$$\int_0^{\tau^-(t_0)} f^2(u)\, du = \lim_{n\to\infty} \int_0^{\tau(t_n)} f^2(u)\, du = \lim_{n\to\infty} t_n = t_0\,. \tag{9.49}$$

Mit (9.46) folgt hieraus $\tau(t_0) \leq \tau^-(t_0)$, mit (9.48) also $\tau(t_0) = \tau^-(t_0)$, und somit die gesuchte Konvergenz $\tau(t_n) \to \tau(t_0)$ für $t_n \nearrow t_0$. *Zeige nun:* $\tilde{B}$ *ist P-f.s. rechtsstetig.* Definiere hierzu den rechtsseitigen Grenzwert von τ, $\tau^+(t_0) := \lim_{t_n \searrow t_0} \tau(t_n)$. Analog zu (9.49) erhält man dann

$$\int_0^{\tau^+(t_0)} f^2(s)\, ds = t_0 = \int_0^{\tau(t_0)} f^2(s)\, ds\,.$$

Wegen $\tau(t_n) \geq \tau(t_0)$ folgt aus den letzten beiden Gleichungen jeweils nur $\tau^+(t_0) \geq \tau(t_0)$. Die letzte Gleichung ergibt aber zusammen mit Satz 9.20

$$\int_{\tau(t_0)}^{\tau^+(t_0)} f^2(s)\,ds = 0 \;\Rightarrow\; \int_{\tau(t_0)}^{\tau^+(t_0)} f(s)\,dB_s = 0\,,$$

für alle ω außerhalb einer von t_0 unabhängigen Nullmenge. Hieraus folgt

$$\lim_{t_n \searrow t_0} \int_0^{\tau(t_n)} f(s)\,dB_s = \int_0^{\tau^+(t_0)} f(s)\,dB_s = \int_0^{\tau(t_0)} f(s)\,dB_s\,,$$

also die P-fast sichere Rechtsstetigkeit. Zeige nun in drei Schritten, dass $\tilde{B}$ eine BB ist. Nach Satz 7.26 ist $\tilde{B}_t$ jedenfalls $\mathcal{A}_{\tau(t)}$-messbar.

1. *Schritt*: Sei $f \in \mathcal{L}_a^2([0,\infty))$ mit $f(t) = 1\ \forall t \geq n$, für ein $n \in \mathbb{N}$. Dann ist $\int_n^{n+t} f^2(u)\,du = t$, und damit $\tau(t) \leq n+t$. Also ist $\tau(t)$ beschränkt. Mit dem Satz 9.11 und (9.46) folgt für $0 \leq s < t$:

$$E[\tilde{B}_t - \tilde{B}_s | \mathcal{A}_{\tau(s)}] = E\left[\int_{\tau(s)}^{\tau(t)} f(u)\,dB_u | \mathcal{A}_{\tau(s)} \right] = 0\,,$$

$$E[(\tilde{B}_t - \tilde{B}_s)^2 | \mathcal{A}_{\tau(s)}] = E\left[\int_{\tau(s)}^{\tau(t)} f^2(u)\,du | \mathcal{A}_{\tau(s)} \right] = t - s\,,$$

Nach Satz 9.3 ist $\tilde{B}_t$ eine (P-f.s. stetige) $\mathcal{A}_{\tau(t)}$-adaptierte BB.

2. *Schritt*: Sei $f \in \mathcal{L}_a^2([0,\infty))$, und sonst wie im Satz. Definiere f_n durch $f_n(t) = f(t)$ für $t \leq n$, und $f_n(t) = 1$ für $t > n$. Nach Schritt 1 ist

$$\tilde{B}_t^{(n)} := \int_0^{\tau_n(t)} f_n(s)\,dB_s$$

eine BB, wobei τ_n die Stoppzeit in (9.46) ist, mit f ersetzt durch f_n. Ist $\tau(t) < n$, so gilt $t = \int_0^{\tau(t)} f^2(s)\,ds = \int_0^{\tau(t)} f_n^2(s)\,ds$, woraus $\tau_n(t) \leq \tau(t)$ folgt, also auch $\tau_n(t) < n$. Letzteres impliziert

$$t = \int_0^{\tau_n(t)} f_n^2(s)\,ds = \int_0^{\tau_n(t)} f^2(s)\,ds\,,$$

sodass auch umgekehrt $\tau(t) \leq \tau_n(t)$ folgt. Auf $\{\tau(t) < n\}$ erhält man so

$$\tau_n(t) = \tau(t)\,, \qquad f_n|_{[0,\tau_n(t)]} = f|_{[0,\tau(t)]}\,.$$

Außerhalb einer Nullmenge N_n gilt also

$$1_{\{\tau(t)<n\}} \int_0^{\tau_n(t)} f_n(u)\,dB_u = 1_{\{\tau(t)<n\}} \int_0^{\tau(t)} f(u)\,dB_u\,.$$

Für jedes $\omega \notin \cup_{n \in \mathbb{N}} N_n$ folgt hieraus für $n \to \infty$: $\tilde{B}_t^{(n)} \to \tilde{B}_t$. Lemma 9.13 zeigt nun, dass $\tilde{B}$ eine P-f.s. stetige BB ist.

3. Schritt: Sei schließlich f wie im Satz, $k \in \mathbb{N}$, und $f_k \in \mathcal{L}_a^2([0,\infty))$ durch

$$f_k(t) := f(t) 1_{[0,k]} \left(\int_0^t f^2(u)\, du \right) + 1_{(\tau(k),\infty)}(t)$$

definiert. Dieser Prozess stimmt wegen $\int_0^{\tau(k)} f^2(u)\, du = k$ bis $\tau(k)$ mit f überein, also

$$f_k(s) = f(s), \quad \forall s \in [0, \tau(k)]. \tag{9.50}$$

Nach der Zeit $\tau^+(k)$ ist f_k konstant 1. Wegen $1_{(\tau(k),\omega),\infty)}(t) = 1_{\{\tau(k)<t\}}(\omega)$ ist f_k $\mathcal{A}_t$-adaptiert, erfüllt also die Voraussetzungen von Schritt 2. Ist weiter $\tau_k(t) := \min\{s \geq 0 : \int_0^s f_k^2(u)\, du = t\}$, so folgt hier entsprechend

$$\int_0^{\tau_k(t)} f_k^2(u)\, du = t. \tag{9.51}$$

Für $t < k$ gilt offensichtlich $\tau(t) \leq \tau(k)$, sodass wegen (9.50) $f_k(s) = f(s)$ für $0 \leq s \leq \tau(t)$ gilt. Vergleicht man nun

$$\int_0^{\tau(t)} f_k^2(s)\, ds = \int_0^{\tau(t)} f^2(s)\, ds = t$$

mit (9.51), so folgt $\tau_k(t) \leq \tau(t)$, und damit $f_k(s) = f(s)$ für $0 \leq s \leq \tau_k(t)$. Ersetzt man nun in (9.51) f_k durch f so folgt $\tau_k(t) \geq \tau(t)$, insgesamt also $\tau_k(t) = \tau(t)$, für $t < k$. Zusammenfassend folgt für $t < k$

$$\tilde{B}_t^{(k)} := \int_0^{\tau_k(t)} f_k(u)\, dB_u = \int_0^{\tau(t)} f(u)\, dB_u, \quad P-f.s.,$$

also $\tilde{B}_t^{(k)} \to \tilde{B}_t$ (P-f.s.), für $k \to \infty$. Mit Lemma 9.13 ist $\tilde{B}_t$ eine P-f.s. stetige BB. Es bleibt (9.47) zu zeigen, d.h. mit $t' := \tau(\langle X \rangle_t)$ die Gleichheit

$$\tilde{B}_{\langle X \rangle_t} = \int_0^{t'} f(s)\, dB_s = \int_0^t f(s)\, dB_s = X_t, \tag{9.52}$$

außerhalb einer geeigneten Nullmenge N. Zunächst gilt per Definition

$$t' = \tau(\langle X \rangle_t) = \min\{s \geq 0 : \langle X \rangle_s = \langle X \rangle_t\} \leq t.$$

Ist $t' < t$ so muss außerhalb der Nullmenge N aus Satz 9.20 $\langle X \rangle$. auf $[t',t]$ konstant sein, da $\langle X \rangle$. monoton wachsend ist. Mit Satz 9.20 folgt nun $\int_{t'}^t f(u)\, dB_u = 0$ auf N^c, woraus die mittlere Gleichheit in (9.52) folgt. $\square$

Wir können aus Satz 9.21 und den Vorbemerkungen dazu nun leicht einen zweiten Darstellungssatz für Brownsche Martingale folgern:

Korollar 9.22. *Es sei X_t ein stetiges $\mathcal{L}^2$-Martingal bezüglich $\mathcal{A}_t = (\mathcal{F}_t^B)^*$, sodass für seine quadratische Variation $\langle X \rangle_t \to \infty$ gilt, für $t \to \infty$. Dann wird mit den $\mathcal{A}_t$-Stoppzeiten (9.46) durch $\tilde{B}_t := X_{\tau(t)}$ eine BB definiert. Außerhalb einer Nullmenge N gilt $X_t = \tilde{B}_{\langle X \rangle_t}$, für alle $t \geq 0$.*

Bemerkungen. 1. Man beachte, dass dieses Korollar *ohne Bezug zu Itô-Integralen* formuliert ist. Lediglich sein hier gegebener Beweis macht einen Umweg über Itô-Integrale. 2. Der Zusammenhang zwischen stetigen Martingalen und Brownschen Bewegungen (via Zeittransformation) ist noch wesentlich enger als dies durch Korollar 9.22 zum Ausdruck kommt: Anstelle der $\mathcal{L}^2$-Bedingung genügt es zu fordern, dass X ein *lokales Martingal* ist (vergleiche die Bemerkung 2 nach Satz 8.1). Darüber hinaus muss $\mathcal{A}_t$ keine Brownsche Filtration sein (was im hier gegeben Zugang unvermeidlich ist). Und schließlich kann sogar die Bedingung $\langle X \rangle_t \to \infty$ fallen gelassen werden, wenn man für $\tilde{B}_t$ den Begriff einer *gestoppten Brownschen Bewegung* verwendet. Für Details sei auf [HT, Seite 235] verwiesen.

10

Exponentielle Martingale

In diesem Kapitel setzen wir die Untersuchung exponentieller Martingale aus Abschnitt 8.2 fort. Wir wissen bereits, dass ein exponentielles Supermartingal mit Zeitbereich [0,T] genau dann ein Martingal ist, wenn sein Erwartungswert zum Endzeitpunkt T gleich 1 ist. Die in Abschnitt 10.1 gegebene Novikov-Bedingung sichert die Gültigkeit dieser Gleichheit. Für den Beweis des Satzes von Girsanov in Abschnitt 10.2 spielt sie zwar keine Rolle, sie zeigt aber wann dieser Satz anwendbar ist. Der Satz von Girsanov ist von Bedeutung in der stochastischen Analysis (z.B. bei stochastischen Differentialgleichungen, bei der Statistik von Diffusionsprozessen, etc.), und auch bei deren Anwendungen (z.B. in der nichtlinearen Filtertheorie, in der Finanzmathematik, etc.). Verallgemeinerungen und viele Anwendungen des Girsanovschen Satzes findet man beispielsweise in [LS].

10.1 Die Novikov-Bedingung

Im Folgenden werden wieder die Generalvoraussetzungen samt Zusatzvoraussetzungen aus den Kapiteln 4, 5 und 9.3 gemacht.

Zur Erinnerung: Satz 8.5 besagte, dass für jedes $g \in \mathcal{L}^2_\omega([0,T])$ durch

$$M_t(g) := e^{\int_0^t g(s)\, dB_s - \frac{1}{2} \int_0^t g^2(s)\, ds}, \qquad t \in [0,T], \qquad (10.1)$$

ein $\mathcal{A}_t$-Supermartingal definiert wird, *und dass dieses genau dann ein Martingal ist, wenn* $E[M_T] = 1$ *gilt*. Diese Aussage beruhte im Wesentlichen auf der Itô-Formel, welche für (10.1) ganz allgemein die Identität

$$dM_t(g) = M_t(g)g(t)dB_t$$

zur Folge hat. Im (äußerst raffinierten) Beweis des nächsten Satzes wird gezeigt, dass unter der Novikov-Bedingung tatsächlich $E[M_T] = 1$ gilt. Dieser Satz hatte einige Vorläufer (vgl. die Diskussion in [LS]), und er gestattet Verallgemeinerungen im Kontext allgemeiner Martingale.

Satz 10.1 (Exponentielle Martingale). *Erfüllt der Prozess $g \in \mathcal{L}_\omega^2([0,T])$*

$$E\left[e^{\frac{1}{2}\int_0^T g^2(s)\,ds}\right] < \infty \quad \text{(Novikov-Bedingung)}, \tag{10.2}$$

so ist das Supermartingal in (10.1) sogar ein Martingal.

Beweis. Der Beweis beruht auf dem Nachweis von $E[M_T(g)] = 1$. Dazu wird dieser Erwartungswert zunächst in zweifacher Weise „regularisiert": Für jedes $a > 0$ bezeichne τ_a diejenige Stoppzeit des stetigen Prozesses

$$X_t := \int_0^t g(s)\,dB_s - \int_0^t g^2(s)\,ds,$$

welche gleich der Eintrittszeit in $\{-a\}$ ist für $\tau_{\{-a\}} < \infty$, bzw. für die $\tau_a := T$ ist im Fall $\tau_{\{-a\}} = \infty$ (d.h. wenn $X_t \neq -a$ für alle $t \in [0,T]$).

1. Schritt: Zeige zuerst, dass für jedes $\lambda \leq 0$ folgende Gleichheit gilt:

$$E[M_{\tau_a}(\lambda g)] = 1. \tag{10.3}$$

Wegen $M_{\tau_a}(\lambda g) = 1 + \int_0^{\tau_a} M_s(\lambda g)\lambda g(s)\,dB_s$ genügt es nachzuweisen, dass

$$E\left[\int_0^{\tau_a} M_s^2(\lambda g)g^2(s)\,ds\right] < \infty. \tag{10.4}$$

Zunächst folgt aus der Novikov-Bedingung die Abschätzung

$$E\left[\int_0^{\tau_a} g^2(s)ds\right] \leq E\left[\int_0^T g^2(s)ds\right] \leq 2E\left[e^{\frac{1}{2}\int_0^T g^2(s)ds}\right] < \infty.$$

Um (10.4) zu zeigen genügt es also, dass der Faktor $M_s^2(\lambda g)$ für alle (s,ω) mit $0 \leq s \leq \tau_a(\omega)$ gleichmäßig beschränkt ist. Dies folgt aber aus

$$M_s(\lambda g) = e^{\lambda \int_0^s g(u)\,dB_u - \frac{\lambda^2}{2}\int_0^s g^2(u)\,du} \tag{10.5}$$

$$= e^{\lambda[\int_0^s g(u)\,dB_u - \int_0^s g^2(u)\,du]}e^{(\lambda - \frac{\lambda^2}{2})\int_0^s g^2(u)du} \leq e^{|\lambda|a},$$

denn wegen $\lambda - \frac{\lambda^2}{2} \leq 0$ ist der zweite Exponent ≤ 0, und wegen $0 \leq s \leq \tau_a$ gilt im ersten Exponenten $[\cdots] \geq -a$, also $\lambda[\cdots] \leq |\lambda|a$. Also ist (10.4) und damit auch (10.3) gezeigt.

2. Schritt: Zeige nun, dass die Gleichheit (10.3) sogar für alle $\lambda \leq 1$ gilt (womit dann λ seine Schuldigkeit getan hat, denn uns interessiert nur $\lambda = 1$). Dies erfordert eine raffinierte Überlegung: Definiere zunächst

$$\tilde{M}_{\tau_a}(\lambda g) := e^{\lambda a}M_{\tau_a}(\lambda g).$$

Für $\lambda \leq 0$ gilt nach (10.3)

$$E[\tilde{M}_{\tau_a}(\lambda g)] = e^{\lambda a}.$$

Für $\lambda(x) := 1 - \sqrt{1-x}$ gilt $0 \leq \lambda(x) \leq 1$, für alle $x \in [0,1]$, und weiter $-\frac{\lambda^2}{2} = -\lambda + \frac{x}{2}$, denn $-\frac{1}{2}(1 - \sqrt{1-x})^2 = -(1 - \sqrt{1-x}) + \frac{x}{2}$. Nun folgt für $u(x) := \tilde{M}_{\tau_a}(\lambda(x)g)$ mit (10.5)

$$\begin{aligned}
u(x) &= e^{\lambda(x)a} e^{\lambda(x) \int_0^{\tau_a} g(u)\, dB_u - \frac{\lambda(x)^2}{2} \int_0^{\tau_a} g^2(u)\, du} \\
&= e^{\frac{x}{2} \int_0^{\tau_a} g^2(u)\, du} e^{\lambda(x)[\int_0^{\tau_a} g(u)\, dB_u - \int_0^{\tau_a} g^2(u)\, du + a]}, \\
&=: e^{\frac{x}{2}C(\omega)} e^{(1-\sqrt{1-x})D(\omega)}.
\end{aligned} \tag{10.6}$$

Entscheidend ist dabei $C(\omega) \geq 0$ und $D(\omega) \geq 0$, denn hieraus folgt, dass die Potenzreihendarstellung

$$u(x) = \sum_{k=0}^{\infty} p_k(\omega) x^k \qquad \text{für } |x| < 1 \tag{10.7}$$

Koeffizienten $p_k \geq 0$ hat. Um dies zu sehen genügt es zu zeigen, dass der zweite Faktor in (10.6) so eine Darstellung besitzt (denn der erste erfüllt dies offensichtlich, und mit Cauchy-Produkt folgt dann die Behauptung). Man sieht zunächst leicht, dass $f(x) := D(\omega)(1 - \sqrt{1-x})$ Ableitungen $f^{(n)}(0) > 0$ hat, für alle $n \in \mathbb{N}$. Für $h(x) := e^{f(x)}$ erhält man damit

$$\begin{aligned}
h'(x) &= h(x)f'(x) \\
h''(x) &= h'(x)f'(x) + h(x)f''(x) \\
&= h(x)\big(f'(x)^2 + f''(x)\big), \quad \text{etc.},
\end{aligned}$$

sodass $h^{(n)}(0) \geq 0$ folgt, für alle $n \in \mathbb{N}$. In (10.7) folgt damit $p_k(\omega) \geq 0$.

Da $M_t(\lambda g)$ ein Supermartingal ist folgt mit optional sampling weiter, dass $u(x)$ endlichen Erwartungswert hat:

$$\begin{aligned}
E[u(x)] &= E[e^{\lambda(x)a} M_{\tau_a}(\lambda(x)g)] \\
&\leq e^{\lambda(x)a} E[M_0(\lambda(x)g)] \\
&= e^{(1-\sqrt{1-x})a} < \infty, \qquad \text{für } |x| \leq 1.
\end{aligned} \tag{10.8}$$

Nun folgt für $x \in [0,1)$ aus (10.7) mit monotoner Konvergenz zunächst die Gleichung $E[u(x)] = E[\sum_{k=0}^{\infty} p_k x^k] = \sum_{k=0}^{\infty} E[p_k] x^k$. Nach Fubini bleibt diese Gleichung gültig auch für $-1 < x < 0$, entsprechend negativen Werten von λ, d.h. es gilt die Darstellung

$$E[u(x)] = \sum_{k=0}^{\infty} E[p_k] x^k, \qquad \text{für } |x| < 1. \tag{10.9}$$

Für $x < 0$ *gilt aber nach* (10.3) *anstelle der Abschätzung* (10.8) *sogar die Gleichheit*

$$E[u(x)] = e^{(1-\sqrt{1-x})a} = \sum_{k=0}^{\infty} c_k x^k \,, \tag{10.10}$$

mit geeigneten Koeffizienten c_k. Durch Vergleich von (10.9) mit (10.10) folgt

$$E[p_k] = c_k \,, \qquad \forall k \in \mathbb{N}_0 \,.$$

Eingesetzt in (10.9) erhält man (10.10) auch für $x \in [0, 1)$, *sodass* (10.3) *für alle* $\lambda < 1$ *gültig ist.* Aus der Darstellung (10.6), mit $C(\omega), D(\omega) \geq 0$ folgt, dass $u(x)$ auf $[0, 1]$ monoton wächst. Mit monotoner Konvergenz folgt aus (10.10) damit $E[M_{\tau_a}(g)] = E[u(1)] = e^a$, d.h. (10.3) gilt auch für $\lambda = 1$.

3. Schritt: $a \to \infty$ beendet schließlich wie folgt den Beweis. Zunächst gilt

$$\begin{aligned}
1 = E[M_{\tau_a}(g)] &= E[M_{\tau_a}(g)1_{\{\tau_a < T\}}] + E[M_{\tau_a}(g)1_{\{\tau_a = T\}}] \\
&= E[M_{\tau_a}(g)1_{\{\tau_a < T\}}] + E[M_T(g)1_{\{\tau_a = T\}}] \,.
\end{aligned}$$

Hieraus folgt für alle $a > 0$:

$$\begin{aligned}
E[M_T(g)] &= E[M_T(g)1_{\{\tau_a < T\}}] + E[M_T(g)1_{\{\tau_a = T\}}] \\
&= E[M_T(g)1_{\{\tau_a < T\}}] + 1 - E[M_{\tau_a}(g)1_{\{\tau_a < T\}}] \,. \tag{10.11}
\end{aligned}$$

Wegen der Stetigkeit von X_t gilt offensichtlich für alle ω: $1_{\{\tau_a < T\}}(\omega) \to 0$ für $a \to \infty$. Mit $E[M_T(g)] \leq 1$ und majorisierter Kovergenz verschwindet also der erste Erwartungswert in (10.11) für $a \to \infty$. Für $\{\tau_a < T\}$ gilt nun $\int_0^{\tau_a} g(s)\, dB_s = \int_0^{\tau_a} g^2(s)\, ds - a$, und damit

$$M_{\tau_a}(g) = e^{\int_0^{\tau_a} g(s)\, dB_s - \frac{1}{2}\int_0^{\tau_a} g^2(s)\, ds} \leq e^{\frac{1}{2}\int_0^{T} g^2(s)\, ds - a} \,.$$

Aufgrund der Novikov-Bedingung verschwindet hiermit für $a \to \infty$ auch der zweite Erwartungswert in (10.11):

$$E[M_{\tau_a}(g)1_{\{\tau_a < T\}}] \leq e^{-a} E[e^{\frac{1}{2}\int_0^{T} g^2(s)\, ds}] \to 0 \qquad \text{für } a \to \infty \,. \qquad \Box$$

Bemerkungen. 1. Offensichtlich impliziert die Novikov-Bedingung (10.2) die Abschätzung $E[\int_0^T g^2(s)\, ds] < \infty$, also $g \in \mathcal{L}_a^2([0, T])$. Jedoch ist (10.2) wesentlich stärker als diese $\mathcal{L}^2$-Bedingung an g. 2. Die Novikov-Bedingung ist „scharf" in folgendem Sinn. Ist $\varepsilon > 0$ so gibt es ein $g_\varepsilon \in \mathcal{L}_\omega^2([0, T])$ für welches zwar die schwächere Bedingung

$$E\big[e^{(\frac{1}{2} - \varepsilon)\int_0^T g_\varepsilon^2(s)\, ds}\big] < \infty$$

gilt, für das aber $M_t(g_\varepsilon)$ kein Martingal ist. Siehe [LS, Kapitel 6.2].

Korollar 10.2. *Ist $g \in \mathcal{L}_\omega^2([0,T])$ derart, dass für ein $\delta > 0$*

$$\sup_{0 \le t \le T} \{E[e^{\delta g^2(t)}]\} < \infty, \tag{10.12}$$

so gilt $E[M_T(g)] = 1$, d.h. das Supermartingal (10.1) ist ein Martingal.

Beweis. Da $\frac{dt}{T}$ ein W-Maß auf $[0,T]$ ist folgt mit Jensen, angewendet auf die konvexe Funktion $\varphi(x) = e^x$ mit der Zufallsvariablen $X(t) = \frac{1}{2}Tg^2(t)$:

$$e^{\frac{1}{2}\int_0^T g^2(t)\,dt} = e^{\frac{1}{T}\int_0^T \frac{Tg^2(t)}{2}\,dt} \le \frac{1}{T}\int_0^T e^{\frac{Tg^2(t)}{2}}\,dt.$$

Bildet man den Erwartungswert und benutzt Fubini, so folgt im Fall $\frac{T}{2} \le \delta$

$$\begin{aligned}
E[e^{\frac{1}{2}\int_0^T g^2(t)\,dt}] &\le \frac{1}{T}\int_0^T E[e^{\frac{Tg^2(t)}{2}}]\,dt \\
&\le \frac{1}{T}\int_0^T \sup_{0 \le t \le T}\{E[e^{\delta g^2(t)}]\}\,dt < \infty,
\end{aligned} \tag{10.13}$$

d.h. die Novikov-Bedingung ist erfüllt. Für $\frac{T}{2} > \delta$ faktorisiere $M_T(g)$, d.h.

$$M_T(g) = \prod_{i=0}^{n-1} M_{t_i}^{t_{i+1}}(g) \qquad (t_0 = 0 < t_1 < \cdots < t_n = T)$$

mit $|t_{i+1} - t_i| \le 2\delta$, und mit $M_u^v(g) = \exp\{\int_u^v g(t)\,dB_t - \frac{1}{2}\int_u^v g^2(t)\,dt\}$. Dann folgt (ersetze in (10.13) $\int_0^T$ durch $\int_{t_i}^{t_{i+1}}$ bzw. $\frac{1}{T}$ durch $\frac{1}{t_{i+1}-t_i}$, etc.)

$$E[M_{t_i}^{t_{i+1}}(g)] = 1, \quad E[M_{t_i}^{t_{i+1}}(g)|\mathcal{A}_{t_i}] = 1, \quad \forall i.$$

Hiermit erhält man

$$\begin{aligned}
E[M_T(g)] = E[M_0^T(g)] &= E[E[M_0^{t_{n-1}}(g)M_{t_{n-1}}^T(g)|\mathcal{A}_{t_{n-1}}]] \\
&= E[M_0^{t_{n-1}}(g)E[M_{t_{n-1}}^T(g)|\mathcal{A}_{t_{n-1}}]] \\
&= E[M_0^{t_{n-1}}(g)] \\
&\vdots \\
&= E[M_0^{t_1}(g)] = 1. \qquad \square
\end{aligned}$$

Im Gegensatz zur Novikov-Bedingung (10.2) hat die Bedingung (10.12) den Vorteil, i.A. leichter verifizierbar zu sein, nämlich dann, wenn man die Verteilung der einzelnen Zufallsvariablen $g(t)$ kennt. Dies ist insbesondere für die wichtige Klasse der *Gauß-Prozesse* der Fall, d.h. für Prozesse X, deren endlichdimensionale Verteilungen $P_{(X_{t_1},\dots,X_{t_n})}$ durch (eventuell entartete) Gauß-Maße in $\mathbb{R}^n$ gegeben sind.

Beispiel. Sei $g \in \mathcal{L}^2_\omega([0,T])$ ein Gauß-Prozess mit

$$\sup_{0 \le t \le T} E[g(t)] < \infty, \qquad \sup_{0 \le t \le T} \mathrm{Var}[g(t)] < \infty. \qquad (10.14)$$

(Insbesondere für $\mathcal{L}^2$-stetige Gauß-Prozesse ist dies immer erfüllt.) Zeige, dass Bedingung (10.12) für geeignetes $\delta > 0$ erfüllbar ist:

Ist g eine $N(\mu, \sigma^2)$-verteilte Zufallsvariable, so gilt für $\delta < \frac{1}{2\sigma^2}$:

$$E[e^{\delta g^2}] = \frac{1}{\sqrt{2\pi\sigma^2}} \int_{\mathbb{R}} e^{\delta x^2} e^{-\frac{(\mu-x)^2}{2\sigma^2}} \, dx < \infty. \qquad (10.15)$$

Für ein solches feste δ hängt (10.15) stetig von (μ, σ) ab. Wählt man daher

$$\delta < \frac{1}{2 \sup\{\mathrm{Var}[g(t)], 0 \le t \le T\}}$$

so folgt mit (10.14) die Abschätzung (10.12).

Manchmal ist es nützlich zu wissen unter welchen Bedingungen das Martingal $M_t(g)$ stärkere Integrabilitätseigenschaften besitzt als nur die Minimaleigenschaft $M_t(g) \in \mathcal{L}^1(P)$. Sehr starke Eigenschaften liegen immer dann vor, wenn g ein beschränkter Prozess ist:

Lemma 10.3. *Sei $g \in \mathcal{L}^2_\omega([0,T])$ beschränkt. Dann definiert $M_t(g)$ in (10.1) ein $\mathcal{L}^p$-Martingal, und weiter gilt $M(g) \in \mathcal{L}^p_a([0,T])$, für alle $p \in [1,\infty)$.*

Beweis. Da g beschränkt ist gilt $E[e^{\frac{1}{2} \int_0^T g^2(s) \, ds}] < \infty$, d.h. die Novikov-Bedingung ist erfüllt, sodass $(M_t(g))_{t \in [0,T]}$ ein Martingal ist. Weiter gilt

$$E[|M_t(g)|^p] = E[e^{p \int_0^t g(s) \, dB_s - \frac{p}{2} \int_0^t g^2(s) \, ds}]$$

$$= E[e^{\int_0^t pg(s) \, dB_s - \frac{1}{2} \int_0^t (pg(s))^2 \, ds} e^{\frac{p^2-p}{2} \int_0^t g^2(s) \, ds}].$$

Mit $|g_t(\omega)| \le c$ ist der zweite Faktor $\le \exp\{(p^2-p)c^2 t/2\}$, während der erste Erwartungswert 1 hat. Es folgt

$$E[|M_t(g)|^p] \le e^{\frac{p^2-p}{2} c^2 t}, \qquad t \in [0,T],$$

also $M_t(g) \in \mathcal{L}^p(P)$, und damit folgt weiter auch die zweite Behauptung

$$E[\int_0^T |M_t(g)|^p dt] \le \int_0^T e^{\frac{p^2-p}{2} c^2 t} dt < \infty. \qquad \square$$

Den folgenden Abschnitt kann man als eine „Anwendung" exponentieller Martingale betrachten: Diese eignen sich nämlich zur Definition von Maßwechseln welche es gestatten, eine BB „mit Drift" in eine herkömmliche BB zu transformieren.

10.2 Der Satz von Girsanov

Im Satz von Girsanov wird behauptet, dass ein gewisser Prozess $(X_t)_{t\in[0,T]}$ auf $(\Omega, \mathcal{F}, P)$ eine BB *bezüglich eines W-Maßes mit P-Dichte M* ist (zu Maßen mit Dichten vgl. Abschnitt 1.1). Sein Beweis erfolgt mit Hilfe der Lévyschen Martingalcharakterisierung der BB (wieder einmal), sodass es hilfreich ist zunächst allgemeine Martingale für W-Maße der Form MP zu betrachten. Hierfür gilt die im folgenden Lemma 10.4 angegebene allgemeine Charakterisierung. Vorbereitend dazu die folgende elementare

Aufgabe 10.a. Sei $(\Omega, \mathcal{F}, P)$ ein W-Raum und $M > 0$ eine Z.V. auf Ω mit $E[M] = 1$. Dann gilt für das W-Maß MP:

(a) $X \in \mathcal{L}^1(MP) \iff XM \in \mathcal{L}^1(P)$.

(b) P und MP besitzen dieselben Nullmengen.

Aus Teil(b) dieser Aufgabe folgt, dass „P-f.s." und „MP-f.s." gleichbedeutend sind. Abkürzend schreiben wir

$$E_M[X] := \int X \, d(MP).$$

Lemma 10.4. *Für* $M \in \mathcal{L}^1(\Omega, \mathcal{F}, P)$ *gelte* $M > 0$ *und* $E[M] = 1$. *Sei weiter* $X \in \mathcal{L}^1(MP)$ *und* $\mathcal{H}$ *eine Unter-σ-Algebra von* $\mathcal{F}$. *Dann gilt*

$$E_M[X|\mathcal{H}] = \frac{E[XM|\mathcal{H}]}{E[M|\mathcal{H}]}. \tag{10.16}$$

Ist $X_t \in \mathcal{L}^1(P)$ *adaptiert an eine Filtration* $\mathcal{F}_t \subset \mathcal{F}$, *und* $M_t := E[M|\mathcal{F}_t]$, *so gilt:* X_t *ist genau dann ein* $\mathcal{F}_t$-*Martingal bezüglich* MP, *wenn* $X_t M_t$ *ein* $\mathcal{F}_t$-*Martingal bezüglich* P *ist.*

Beweis. Für jedes $H \in \mathcal{H}$ gelten nach Definition der bedingten Erwartung bezüglich MP folgende Umformungen:

$$\int_H XM \, dP = \int_H E_M[X|\mathcal{H}] \, M dP$$
$$= E[1_H E_M[X|\mathcal{H}]M]$$
$$= E\big[E[1_H E_M[X|\mathcal{H}]M|\mathcal{H}]\big]$$
$$= E\big[1_H E_M[X|\mathcal{H}] \cdot E[M|\mathcal{H}]\big]$$
$$= \int_H E_M[X|\mathcal{H}] \cdot E[M|\mathcal{H}] \, dP.$$

Also folgt (bereits unter der schwächeren Annahme $M \geq 0$)

$$E[XM|\mathcal{H}] = E_M[X|\mathcal{H}] \cdot E[M|\mathcal{H}].$$

Nach Lemma 7.3(b) gilt P-f.s. $E[M|\mathcal{H}] > 0$, woraus die P-fast sichere Gleichheit (10.16) folgt.

Die Gültigkeit der behaupteten Äquivalenz erkennt man nun wie folgt: Für $0 \leq s \leq t$ gilt nach (10.16)

$$
\begin{aligned}
E_M[X_t|\mathcal{F}_s] = X_s &\iff \frac{E[X_t M|\mathcal{F}_s]}{E[M|\mathcal{F}_s]} = X_s \\
&\iff \frac{E\big[E[X_t M|\mathcal{F}_t]|\mathcal{F}_s\big]}{M_s} = X_s \\
&\iff E[X_t M_t|\mathcal{F}_s] = X_s M_s\,.
\end{aligned}
$$
□

Der Satz von Girsanov ist relativ leicht zu beweisen unter der Annahme, dass g ein beschränkter Treppenprozess ist. Setzt man stattdessen nur voraus, dass $M_t(g)$ ein Martingal ist, so erfordert der Beweis deutlich mehr Aufwand; er basiert jedoch auf der nun folgenden Version mit starken Voraussetzungen:

Satz 10.5 (Girsanov; starke Voraussetzungen). *Sei B eine BB auf $(\Omega, \mathcal{F}, P)$, $g \in \mathcal{T}_a^\infty([0,T])$, und $(M_t)_{t\in[0,T]}$ durch (10.1) gegeben. Dann definiert*

$$
\tilde{B}_t := B_t - \int_0^t g(s)\,ds\,, \quad t \in [0,T]\,, \tag{10.17}
$$

auf dem W-Raum $(\Omega, \mathcal{F}, M_T P)$ eine BB mit Filtration $(\mathcal{A}_t)_{t\in[0,T]}$.

Beweis. Zeige im Folgenden, dass $\tilde{B}_t$ und $\tilde{B}_t^2 - t$ Martingale bezüglich $M_T P$ sind. Da $\tilde{B}_t$ pfadstetig ist folgt die Behauptung dann mit Lévy's Charakterisierung. Nach Lemma 8.3 ist (M_t) ein Martingal, es gilt also $E[M_T] = 1$ und $E[M_T|\mathcal{A}_t] = M_t$. Nach Lemma 10.4 genügt es nun nachzuweisen, dass $\tilde{B}_t M_t$ und $(\tilde{B}_t^2 - t) M_t$ Martingale auf $(\Omega, \mathcal{F}, P)$ sind.

1. *Fall* (Für $\tilde{B}_t M_t$.): Mit $dM_t = g_t M_t dB_t$ und der Itô-Formel folgt

$$
\begin{aligned}
d(\tilde{B}_t M_t) &= d\tilde{B}_t M_t + \tilde{B}_t dM_t + d\tilde{B}_t dM_t \\
&= M_t(dB_t - g_t dt) + \tilde{B}_t g_t M_t dB_t + g_t M_t dt \\
&= (M_t + \tilde{B}_t g_t M_t) dB_t\,. \tag{10.18}
\end{aligned}
$$

Nach Lemma 8.3 gilt $(M_t)_{t\in[0,T]} \in \mathcal{L}^p([0,T])$, und entsprechendes gilt offensichtlich auch für die beiden Prozesse $(g_t)_{t\in[0,T]}$ und $(\tilde{B}_t)_{t\in[0,T]}$. Der Koeffizient vor dB_t in (10.18) ist damit in $\mathcal{L}_a^2([0,T])$, sodass $\tilde{B}_t M_t$ ein $\mathcal{L}^2$-Martingal auf $(\Omega, \mathcal{F}, P)$ ist.

2. *Fall* (Für $(\tilde{B}_t^2 - t) M_t$.): Mit der Itô-Formel folgt einerseits

$$
\begin{aligned}
d(\tilde{B}_t^2 - t) &= 2\tilde{B}_t d\tilde{B}_t + (d\tilde{B}_t)^2 - dt \\
&= 2\tilde{B}_t(dB_t - g_t dt) + dt - dt\,,
\end{aligned}
$$

und damit andererseits

$$d\big((\tilde{B}_t^2 - t)M_t\big) = d(\tilde{B}_t^2 - t)M_t + (\tilde{B}_t^2 - t)dM_t + d(\tilde{B}_t^2 - t)dM_t$$
$$= 2\tilde{B}_t(dB_t - g_t dt)M_t + (\tilde{B}_t^2 - t)g_t M_t dB_t + 2g_t M_t \tilde{B}_t\, dt$$
$$= M_t\big(g_t(\tilde{B}_t^2 - t) + 2\tilde{B}_t\big)dB_t\,.$$

Wieder ist der Koeffizient vor dB_t in $\mathcal{L}_a^2([0,T])$, sodass auch $(\tilde{B}_t^2 - t)_{t \in [0,T]}$ ein $\mathcal{L}^2$-Martingal auf $(\Omega, \mathcal{F}, P)$ ist. $\square$

Im Folgenden wird Satz 10.5 per Grenzübergang verallgemeinert. Folgender Satz und sein Korollar dienen hierzu als Vorbereitung. Sie stellen aber auch für sich genommen interessante Konvergenzresultate dar.

Satz 10.6. *Eine Folge von Funktionen $f_n \geq 0$ aus $\mathcal{L}^1(P)$ konvergiere stochastisch gegen $f \in \mathcal{L}^1(P)$. Weiter gelte*

$$\lim_{n \to \infty} \int f_n\, dP = \int f\, dP\,. \tag{10.19}$$

Dann konvergiert f_n sogar in $\mathcal{L}^1(P)$ gegen f.

Beweis. Aufgrund der allgemein gültigen (offensichtlichen) Darstellung

$$|f - f_n| = f \vee f_n - f \wedge f_n$$

genügt es $\int f \vee f_n\, dP \to \int f\, dP$ und $\int f \wedge f_n\, dP \to \int f\, dP$ nachzuweisen. Aus $f_n \geq 0$ folgt $f \geq 0$ P-f.s., sodass o.B.d.A. $f(\omega) \geq 0$ gelte, für alle ω.

1. *Fall* $(f \wedge f_n.)$: Wegen $0 \leq f \wedge f_n \leq f$ ist nach Satz 7.29(b) die Folge $(f \wedge f_n)$ gleichgradig integrierbar ist. Weiter gilt

$$0 \leq f - f \wedge f_n \leq |f - f_n|\,,$$

sodass mit f_n auch $f \wedge f_n$ stochastisch gegen f konvergiert. Mit Vitali folgt die $\mathcal{L}^1$-Konvergenz $f \wedge f_n \to f$, und damit auch

$$\lim_{n \to \infty} \int f \wedge f_n\, dP = \int f\, dP\,. \tag{10.20}$$

2. *Fall* $(f \vee f_n.)$: Zunächst gilt die offensichtliche Gleichheit

$$f + f_n = f \vee f_n + f \wedge f_n\,.$$

Hiermit, und mit (10.19) und (10.20), folgt:

$$\lim_{n \to \infty} \int f \vee f_n\, dP = \lim_{n \to \infty} \Big(\int (f + f_n)\, dP - \int f \wedge f_n\, dP \Big) = \int f\, dP\,.\ \square$$

Korollar 10.7 (Ergänzung zum Satz von Vitali). *Für $f, f_n \in \mathcal{L}^1(P)$ sind folgende Aussagen äquivalent:*

$$f_n \to f \text{ in } \mathcal{L}^1(P) \iff f_n \to f \text{ stochastisch, und } \int |f_n| \, dP \to \int |f| \, dP.$$

Beweis. Offensichtlich genügt es „$\Leftarrow$" zu zeigen. Zunächst gilt

$$f_n \to f \text{ stochastisch} \Rightarrow |f_n| \to |f| \text{ stochastisch}.$$

Zusammen mit $\int |f_n| \, dP \to \int |f| \, dP$ folgt aus Satz 10.6 die $\mathcal{L}^1$-Konvergenz $|f_n| \to |f|$. Nach Vitali ist somit $(|f_n|)_{n \in \mathbb{N}}$ gleichgradig integrierbar, und damit auch $(f_n)_{n \in \mathbb{N}}$. Aus der stochastischen Konvergenz $f_n \to f$ folgt, wieder mit Vitali, dass $f_n \to f$ in $\mathcal{L}^1(P)$. $\square$

Schließlich wird noch folgendes elementare Konvergenzlemma benötigt:

Lemma 10.8. *Seien f_n und h_n integrierbare Funktionen mit $|f_n| \leq c$ (konstant), mit $f_n \to f$ P-f.s., und mit $h_n \to h$ in $\mathcal{L}^1(P)$. Dann gilt*

$$f_n h_n \to fh \quad \text{in } \mathcal{L}^1(P).$$

Beweis. Die Aufspaltung $f_n h_n - fh = f_n(h_n - h) + (f_n - f)h$ liefert

$$E[|f_n h_n - fh|] \leq cE[|h_n - h|] + E[|f_n - f| \cdot |h|]. \tag{10.21}$$

Es gilt $|f_n - f| \cdot |h| \to 0$ P-f.s., und $|f_n - f| \cdot |h| \leq 2c|h|$. Mit majorisierter Konvergenz folgt $E[|f_n - f| \cdot |h|] \to 0$, sodass die rechte Seite von (10.21) gegen Null konvergiert. $\square$

Nach diesen Vorbereitungen können wir nun den Satz von Girsanov unter schwachen Voraussetzungen beweisen:

Satz 10.9 (Girsanov; schwache Voraussetzungen). *Sei $g \in \mathcal{L}^2_\omega([0, T])$ derart, dass $(M_t(g))_{t \in [0,T]}$ in (10.1) ein Martingal ist. Dann definiert (10.17) auf dem W-Raum $(\Omega, \mathcal{F}, M_T P)$ eine BB mit Filtration $(\mathcal{A}_t)_{t \in [0,T]}$.*

Beweis. Nach Satz 4.14 gibt es $g_n \in \mathcal{T}_a^\infty([0, T])$ mit

$$\int_0^T |g_n(\omega, s) - g(\omega, s)|^2 ds \to 0, \quad \forall \omega \in N^c,$$

wobei N eine geeignete Nullmenge ist. Damit folgt für alle $\omega \in N^c$:

$$\tilde{B}_t^n(\omega) := B_t(\omega) - \int_0^t g_n(\omega, s) \, ds$$

$$\to B_t(\omega) - \int_0^t g(\omega, s) \, ds =: \tilde{B}_t(\omega).$$

Nach Satz 10.5 ist $(\tilde{B}_t^n)_{t\in[0,T]}$ eine BB auf $(\Omega, \mathcal{F}, M_T(g_n)P)$. Für alle reellen $\lambda_1,\ldots,\lambda_n$ und beliebige $0 \le t_1 < \cdots < t_k \le T$ gilt daher

$$E\big[e^{i\sum_{j=1}^k \lambda_j(\tilde{B}_{t_j}^n - \tilde{B}_{t_{j-1}}^n)} M_T(g_n)\big] = e^{-\frac{1}{2}\sum_{j=1}^k \lambda_j^2(t_j - t_{j-1})}. \tag{10.22}$$

Aus $g_n \to g$ in $\mathcal{L}_\omega^2([0,T])$ folgt mit Satz 4.19 weiter, dass

$$P - \lim_{n\to\infty}\Big(\int_0^t g_n(s)\,dB_s - \frac{1}{2}\int_0^t g_n^2(s)\,ds\Big) = \int_0^t g(s)\,dB_s - \frac{1}{2}\int_0^t g^2(s)\,ds.$$

Aus der Stetigkeit der Exponentialfunktion folgt hiermit

$$P - \lim_{n\to\infty} M_T(g_n) = M_T(g). \tag{10.23}$$

Nach Voraussetzung gilt außerdem

$$\int M_T(g_n)\,dP = 1 \to 1 = \int M_T(g)\,dP. \tag{10.24}$$

Wegen $M_T(g_n) \ge 0$ folgt mit Satz 10.6 aus (10.23) und (10.24):

$$M_T(g_n) \to M_T(g) \quad \text{in } \mathcal{L}^1(P).$$

Für $f_n := \exp\{i\sum_{j=1}^k \lambda_j(\tilde{B}_{t_j}^n - \tilde{B}_{t_{j-1}}^n)\}$ gilt $|f_n| = 1$ sowie

$$f_n \to f = e^{i\sum_{j=1}^k \lambda_j(\tilde{B}_{t_j} - \tilde{B}_{t_{j-1}})} \quad P - \text{fast sicher}.$$

Damit sind die Voraussetzungen von Lemma 10.8 erfüllt mit $h_n := M_T(g_n)$. Ein Grenzübergang in (10.22) ist somit gerechtfertigt, sodass folgt:

$$E\big[e^{i\sum_{j=1}^k \lambda_j(\tilde{B}_{t_j} - \tilde{B}_{t_{j-1}})} M_T(g)\big] = e^{-\frac{1}{2}\sum_{j=1}^k \lambda_j^2(t_j - t_{j-1})}.$$

Nach Lemma 9.1 ist $(\tilde{B}_t)$ eine BB. □

Bemerkungen. 1. Der Satz von Girsanov impliziert, dass sich das Brownsche Pfadmaß P_B (auf $(\mathbb{R}^I, \mathcal{B}^I)$, vgl. Bemerkung nach Lemma 9.1) nur „wenig ändert", wenn man zu B eine stochastische Drift der Form $v_t = \int_0^t g(s)\,ds$ addiert: Jedes der beiden Maße P_B und P_{B-v} ist ein Maß mit Dichte bezüglich des anderen Maßes. Aussagen von diesem Typ gelten beispielsweise auch für Prozesse, die Lösungen stochastischer Differentialgleichung sind (siehe etwa [Ø, LS]). Dies spielt etwa bei der Statistik von Diffusionsprozessen eine wichtige Rolle, vgl. [LS, PR]. 2. Man beachte, dass die Voraussetzung „$M_t(g)$ ist Martingal" unter der Novikov-Bedingung aus Abschnitt 10.1 stets erfüllt ist, dass aber von dieser Bedingung im Beweis des Satzes von Girsanov kein Gebrauch gemacht wurde. Es gibt tatsächlich Anwendungen des Satzes von Girsanov bei denen nicht klar ist, ob die Novikov-Bedingung erfüllt ist, wo aber mit anderen Methoden die Martingaleigenschaft von M_t nachweisbar ist. Siehe beispielsweise [Ben, Seite 77]. 3. Eine gute Referenz für Verallgemeinerungen und Anwendungen des Satzes von Girsanov, sowie für Abschwächungen der Novikov-Bedingung ist [LS, Kapitel 5 und 6].

11

Anwendung:
Stetige Optionspreistheorie

In diesem Kapitel wird eine Einführung in die Theorie der Optionspreise gegeben. Dieses Teilgebiet der Finanzmathematik eignet sich ganz ausgezeichnet als Anwendung von Itô-Integralen und Martingalen, da von beiden Aspekten substanziell Gebrauch gemacht wird. Wir diskutieren die zugrunde liegende Modellierung ausführlich, beschränken uns inhaltlich aber auf einige zentrale Aussagen dieser Theorie. Unsere bisher gemachte Beschränkung auf 1-dimensionale BBen spiegelt sich darin wider, dass wir nur einen Aktienkurs (anstelle von n Kursen) betrachten. Dies ist für die meisten Überlegungen aber völlig ausreichend; die vereinfachte Darstellung erleichtert sogar den Blick auf das Wesentliche. Im letzten Abschnitt spezialisieren wir die allgemeinen Resultate der ersten Abschnitte auf das mittlerweile als „klassisch" zu bezeichnende Black-Scholes-Modell. Dieses Modell gestattet explizite Berechnungen, welche in allgemeineren Modellen nicht durchführbar sind.

11.1 Selbstfinanzierende Handelsstrategien

Wir betrachten einen Investor der in einem Zeitraum $[0, T]$ sein Geldvermögen aufteilt in einen sogenannten Bond-Anteil (risikoloses Wertpapier vom Typ „Spareinlage"), und in einen Aktien-Anteil (risikobehaftetes Wertpapier), wobei der Einfachheit halber nur eine Sorte von Aktien mit beliebigen Stückelungen der Anteile möglich seien. Zur Zeit t beträgt sein Vermögen V_t also

$$V_t = \varphi_t^\beta \beta_t + \varphi_t^S S_t, \qquad t \in [0, T], \tag{11.1}$$

wobei β_t bzw. S_t die Preise für einen Bond- bzw. für einen Aktien-Anteil sind, und φ_t^β bzw. φ_t^S die jeweiligen Anteile zur Zeit t bezeichnen. Die Funktion $t \mapsto (\varphi_t^\beta, \varphi_t^S)$ [genannt *Handelsstrategie*] beschreibt also, wie sich der Wertpapierkorb [genannt *Portfolio*] des Investors im Lauf der Zeit entwickelt. Betrachten wir die Wertentwicklung beginnend bei einem $t_0 \in [0, T)$ etwas genauer: Zu einer Zeit $t_1 > t_0$ trete die erste Umschichtung des Portfolios auf, wobei gleichzeitig das Vermögen durch Konsum $c_t \geq 0$ erstmals verkleinert werde. Da in t_1 die Vermögensfunktion (11.1) unstetig springt (falls $c_{t_1} > 0$) vereinbaren wir, dass V_{t_1} das Vermögen *nach* der Umschichtung bezeichnet. *Alternativ zu* (11.1) lässt sich V_{t_1} somit darstellen als

$$V_{t_1} = \varphi_{t_0}^{\beta}\beta_{t_1} + \varphi_{t_0}^{S}S_{t_1} - c_{t_1}. \tag{11.2}$$

Der Zuwachs $V_{t_1} - V_{t_0}$ lautet also (benutze (11.1) mit $t = t_0$):

$$V_{t_1} - V_{t_0} = \varphi_{t_0}^{\beta}(\beta_{t_1} - \beta_{t_0}) + \varphi_{t_0}^{S}(S_{t_1} - S_{t_0}) - c_{t_1}. \tag{11.3}$$

Offenbar stellen die beiden ersten Summanden rechts den Gewinn/Verlust durch Kursschwankungen in $[t_0, t_1]$ dar. Ist allgemein $t_0 < t_1 < \ldots < t_n \leq T$ die Folge der Zeitpunkte an denen umgeschichtet wird, so folgt sukzessiv

$$V_{t_n} = V_{t_0} + \sum_{j=0}^{n-1} \varphi_{t_j}^{\beta}(\beta_{t_{j+1}} - \beta_{t_j}) + \sum_{j=0}^{n-1} \varphi_{t_j}^{S}(S_{t_{j+1}} - S_{t_j}) - \sum_{j=0}^{n-1} c_{t_{j+1}}. \tag{11.4}$$

Genau diese Vermögenswerte sind nach (11.1) wieder auf Bonds und Aktien zu verteilen, d.h. $(\varphi_{t_n}^{\beta}, \varphi_{t_n}^{S})$ kann nur so gewählt werden, dass V_{t_n} *auch* der Gleichung

$$V_{t_n} = \varphi_{t_n}^{\beta}\beta_{t_n} + \varphi_{t_n}^{S}S_{t_n} \tag{11.5}$$

genügt. Die soeben beschriebene Vorgehensweise des Investors nennt man aus offensichtlichen Gründen *selbstfinanzierend*.

Bemerkung. Wir nehmen im Folgenden an, dass die Preise β_t und S_t einzig durch den Markt bestimmt werden („kleiner Investor"). Der Konsum c_{t_j} in (11.4) wird vom Investor bestimmt, ebenso die Anteile $(\varphi_{t_n}^{\beta}, \varphi_{t_n}^{S})$, welche durch die Bedingung (11.5) noch nicht eindeutig festgelegt sind. Damit ergeben sich für die Vermögenssteuerung durch den Investor immer noch eine Vielzahl sogenannter *selbstfinanzierender Handelsstrategien* $(\varphi_t^{\beta}, \varphi_t^{S})_{t \in [0,T]}$.

Die Gleichheit von (11.4) und (11.5) impliziert insbesondere, dass *keine Transaktionskosten* anfallen, denn sonst müssten diese in (11.4) zusätzlich abgezogen werden. Zu dieser Voraussetzung passt auch die zusätzliche Annahme, dass der Investor im Zeitintervall [0,T] sein Portfolio (im Prinzip) beliebig oft umschichten kann. In diesem Fall macht es dann Sinn in (11.4) mit Integralen anstatt Summen zu rechnen, d.h. man erhält (zunächst informell, mit $t_0 = 0$)

$$V_t = V_0 + \int_0^t \varphi_u^{\beta}\,d\beta_u + \int_0^t \varphi_u^{S}\,dS_u - \int_0^t c_u\,du\,, \tag{11.6}$$

wobei $V_0 \geq 0$ das Startkapital bei $t = 0$ bezeichnet. Genauer: Definiert man mit obigen Werten $\varphi_{t_j}^{\beta}, \varphi_{t_j}^{S}$ die Funktionen

$$\varphi_t^{\beta} := \sum_{j=0}^{n-1} \varphi_{t_j}^{\beta} 1_{[t_j, t_{j+1})}(t)\,, \qquad \varphi_t^{S} := \sum_{j=0}^{n-1} \varphi_{t_j}^{S} 1_{[t_j, t_{j+1})}(t)\,, \tag{11.7a}$$

sowie mit $\tilde{c}_{t_j} := c_{t_j}/(t_{j+1} - t_j)$ die Funktion

$$c_t := \sum_{j=0}^{n-1} \tilde{c}_{t_j} 1_{[t_j, t_{j+1})}(t)\,, \tag{11.7b}$$

so ergibt die Berechnung herkömmlicher Stieltjes-Integrale in (11.6) zu den Zeiten t_n genau die Gleichung (11.4). [Man beachte, dass die Funktion $t \mapsto c_t$ in (11.6) die Bedeutung einer *Konsumrate* (Konsum/Zeiteinheit) hat.] Lässt man in (11.6) sogar mehr als nur Treppenfunktionen (11.7) zu, so erhält man als weiteren Idealisierungsschritt *kontinuierliche Handelsstrategien*. Natürlich sind dann in (11.6) die Integrale in geeignetem Sinn so zu definieren, dass sie sich für Treppenfunktionen auf (11.4) reduzieren lassen (was uns später in natürlicher Weise auf Itô-Integrale führt). Die Eigenschaft der Selbstfinanzierung ist dann offenbar so zu formalisieren, dass der durch (11.1) definierte Prozess V die Gleichung (11.6) erfüllt mit $c_t \geq 0$ für alle $t \in [0, T]$. Intuitiv besagt diese Gleichung:

„Aktuelles Vermögen" = „Startvermögen" + „Gewinn/Verlust" - „Konsum"

Bemerkungen. 1. Da φ_u^β und φ_u^S Anteile beschreiben, so sollten diese ≥ 0 sein. Wir wollen aber auch $\varphi_u^\beta < 0$ oder $\varphi_u^S < 0$ zulassen, was oftmals realistisch ist. So bedeuten negative Bond-Anteile, dass der Investor Geld auch leihen kann (nämlich um es in Aktien anzulegen). Wir wollen jedoch nicht, dass in (11.7) β_u vom Vorzeichen von φ_u^β abhängt. Dies bedeutet, dass der Investor Geld *zu denselben Konditionen leihen wie anlegen kann*. Negative Aktien-Anteile $\varphi_t^S < 0$ bedeuten, dass der Investor einem Dritten Aktien schuldet. Diese Aktien besitzt er aber zur Zeit t nicht, denn nach Voraussetzung soll (11.1) sein gesamtes Wertpapiervermögen darstellen. Indem sich ein Investor Aktien leiht und diese am Markt verkauft (sogenannte *Aktienleerverkäufe*) kann er (durch den Kauf von Bond-Anteilen) sein Portfolio ebenfalls selbstfinanzierend umschichten. 2. Wir wollen stets annehmen, dass für die Konsumrate $c_t \geq 0$ gilt. 3. Unsere bisher gemachten Annahmen regeln einerseits die *Marktbedingungen* (unbegrenzte Teilbarkeit, keine Transaktionskosten, etc.), und andererseits die *möglichen Handlungsweisen des Investors* (Selbstfinanzierung, Konsum, etc.). Diese Annahmen sind im Grundsatz völlig unabhängig von der Frage, wie man die *Marktdynamik* $(\beta_t, S_t)_{t \in [0,T]}$ mathematisch beschreiben soll. Erst durch eine derartige Festlegung lassen sich *Zielvorgaben für* V_t als mathematisches Problem formulieren. Dessen Lösungen (falls es welche gibt) werden dann in Form von Handelsstrategien $(\varphi_t^\beta, \varphi_t^S)_{t \in [0,T]}$ beschrieben, durch welche die Zielvorgaben erreicht werden.

Die letzte Bemerkung deutet bereits an, dass einer *möglichst realistischen Modellierung des Kursverlaufs von Bonds und Aktien* eine zentrale Bedeutung (in Bezug auf Realisierung von Zielvorgaben) zukommt. Diesem Modellierungsproblem wenden wir uns im nächsten Abschnitt zu.

11.2 Wertpapierkurse und Vermögensprozesse

Wir diskutieren zunächst die Modellierung von Bondpreisen $(\beta_t)_{t\in[0,T]}$ und Aktienkursen $(S_t)_{t\in[0,T]}$. Die Basisbeobachtung ist, dass diese Werte vom Zufall beeinflusst werden, und damit potentiell mit Hilfe stochastischer Prozesse modellierbar sein sollten. Betrachten wir zunächst einen konkreten Bond in Form von „Tagesgeld". Im Gegensatz zum Sparbuch ist hier der Zins auf das Kapital nicht notwendig für eine längere Zeit fest, sondern er kann sich im Prinzip von Tag zu Tag ändern. Die Zinsrate r ist dann als mäßig variierender stochastischer Prozess zu betrachten, und der Wertzuwachs wird (idealisiert) beschrieben durch die Differentialgleichung

$$d\beta_t = r_t \beta_t \, dt \,, \tag{11.8}$$

mit Anfangswert $\beta_0 > 0$. Der Einfachheit halber setzen wir im Folgenden $\beta_0 = 1$. Die Lösung dieses Anfangswertproblems lautet dann

$$\beta_t = e^{\int_0^t r_s \, ds} \,, \qquad t \in [0, T] \,, \quad \text{(Bondpreis)}. \tag{11.9}$$

Wir setzen dabei (realistisch) voraus, dass der *Zinsprozess* $(r_t)_{t\in[0,T]}$ messbar und gleichmäßig beschränkt ist, also $|r_t(\omega)| \leq M < \infty$ gilt, für alle (t, ω).

Ein realistisches Modell für Aktienkurse aufzustellen ist wesentlich schwieriger, und noch immer Gegenstand aktueller Forschung. Der im Folgenden verwendete Ansatz für die Änderung des Aktienkurses S_t modelliert sowohl einen *mittleren Wachstumstrend*, alsauch zufällige Kursschwankungen *proportional zum Preis* [erster bzw. zweiter Term in (11.10)]. Er lautet

$$dS_t = \mu_t S_t \, dt + \sigma_t S_t \, dB_t \,, \tag{11.10}$$

wobei $(B_t)_{t\geq 0}$ eine BB sei und die beiden Prozesse $(\mu_t)_{t\in[0,T]}$ und $(\sigma_t)_{t\in[0,T]}$ *gleichmäßig beschränkt, sowie an die Brownsche Filtration*

$$\mathcal{F}_t := (\mathcal{F}_t^B)^* \tag{11.11}$$

adaptiert sein sollen. Dieses Modell hat den großen Vorteil, dass es analytisch leicht und eindeutig lösbar ist (siehe Satz 6.2):

$$S_t = S_0 e^{\int_0^t (\mu_s - \sigma_s^2/2) \, ds + \int_0^t \sigma_s \, dB_s} \qquad \text{(Aktienpreis)}. \tag{11.12}$$

Dabei sei $S_0 \in \mathbb{R}$, mit $S_0 > 0$ vorausgesetzt. [Wegen $B_0 = 0$ ist jede $\mathcal{F}_0$-messbare Z.V. zwangsläufig P-f.s. konstant!] Im Folgenden setzen wir über $(r_t)_{t\in[0,T]}$ zusätzlich die $\mathcal{F}_t$-Adaptiertheit voraus. Wir bezeichnen ein Paar $(\beta_t, S_t)_{t\in[0,T]}$ gegeben durch (11.9), (11.12), und basierend auf den bisher genannten Voraussetzungen über r_t, μ_t, σ_t, als ein *Marktmodell*; es modelliert den Wertpapiermarkt in dem unser Investor handelt.

Folgerungen.

1. Aus $S_0 > 0$ folgt mit (11.12) sofort die Eigenschaft $S_t > 0$, für alle t. Da S ein stetiger Prozess ist gilt sogar $\inf\{S_t, t \in [0,T]\} > 0$.

2. Schreibt man (11.12) in der Form

$$S_t = S_0 e^{\int_0^t \mu_s ds} e^{\int_0^t \sigma_s dB_s - \frac{1}{2} \int_0^t \sigma_s^2 ds}, \qquad (11.13)$$

so stellt der letzte Faktor ein Martingal mit Erwartungswert 1 dar. Man kann also den Kurs („Gewinn") als Abänderung eines fairen Spiels interpretieren, dessen Erwartungswert (für deterministische $(\mu_t)_{t \in [0,T]}$) gemäß einer stetigen Verzinsung anwächst, d.h. gemäß

$$E[S_t] = E[S_0] e^{\int_0^t \mu_s ds}.$$

$(\mu_t)_{t \in [0,T]}$ spielt also die Rolle einer *Zinsrate für die mittlere Wertentwicklung* und wird als *Trend* bezeichnet. Zumindest in Zeiten ohne größere Marktturbulenzen kann diese Eigenschaft durchaus plausibel erscheinen.

3. In (11.13) ist der Faktor $S_0 \exp\{\int_0^t \mu_s ds\}$ wegen $|\mu| \leq c < \infty$ beschränkt für alle $(t, \omega) \in [0,T] \times \Omega$, und der zweite Faktor erfüllt die Voraussetzungen von Lemma 10.3. Hiermit folgt für S die Regularitätseigenschaft

$$(S_t)_{t \in [0,T]} \in \mathcal{L}_a^p([0,T]), \qquad \forall p \in [1, \infty). \qquad (11.14)$$

Bemerkungen. 1. Der Prozess $(\sigma_t)_{t \in [0,T]}$ wird als (stochastische) *Volatilität* bezeichnet. Aus (11.10) ist ersichtlich, dass die Größe der Kursschwankungen proportional zu σ_t ist; je größer σ_t desto „unsicherer" ist die Aktie. 2. Im Spezialfall deterministischer Funktionen $(\mu_t)_{t \in [0,T]}$ und $(\sigma_t)_{t \in [0,T]}$ ist $\log(S_t)$ nach (11.12) normalverteilt. Man sagt dann S_t sei *lognormal verteilt*. 3. Die für Aktienkurse notwendige Eigenschaft $S_t > 0$ hatte das historisch erste stochastische Modell für Aktienkurse (von Bachelier, 1900) nicht. In ihm wurde erstmals (in heutiger Sprechweise) die mathematische Brownsche Bewegung (B_t) eingeführt, und zwar um damit Aktienkurse S_t gemäß $S_t = S_0 + \sigma B_t$ zu modellieren. Offenbar lässt dieses Modell auch negative Aktienkurse zu. Die geometrische BB (konstante μ, σ) wurde 1965 von Samuelson in die Finanzmathematik eingeführt. In der Literatur werden viele weitere Modelle zu Aktienkursen behandelt, siehe etwa die Diskussion in [Musiela, S. 154-157].

Mit einem Marktmodell (β, S) für Wertpapierkurse sind wir nun in der Lage den Begriff des *Vermögensprozesses basierend auf einer Handelsstrategie* mathematisch zu präzisieren. Für die Preisdifferentiale $d\beta_t$ und dS_t in (11.8) und (11.10) ergibt sich aus (11.6) folgende Darstellung:

$$V_t = V_0 + \int_0^t \varphi_u^\beta r_u \beta_u du + \int_0^t \varphi_u^S S_u (\mu_u du + \sigma_u dB_u) - \int_0^t c_u du. \qquad (11.15)$$

Hierbei sind wegen (11.4) die stochastischen Integrale in natürlicher Weise als Itô-Integrale aufzufassen. Hierzu folgende Definition:

Definition 11.1. Sei (β, S) ein Marktmodell. Eine *Handelsstrategie* φ ist ein Prozess $(\varphi_t^\beta, \varphi_t^S)_{t \in [0,T]} \in \mathcal{L}_\omega^1([0,T]) \times \mathcal{L}_\omega^2([0,T])$. Der damit definierte Prozess

$$V_t^\varphi := V_t := \varphi_t^\beta \beta_t + \varphi_t^S S_t, \qquad t \in [0,T], \qquad (11.16)$$

heißt *der zu φ gehörende Vermögensprozess*. Ein $\mathcal{F}_t$-adaptierter, gleichmäßig beschränkter Prozess $c = (c_t)_{t \in [0,T]}$ mit $c_t \geq 0$ heißt *Konsumprozess*. Das daraus gebildetes Paar (φ, c) heißt *selbstfinanzierend*, wenn V_t in (11.16) die Gleichung (11.15) P-fast sicher erfüllt. Schließlich heißt φ *selbstfinanzierend* (zum Konsumprozess c), wenn (φ, c) ein selbstfinanzierendes Paar ist.

Man beachte, dass wegen der Stetigkeit von (β, S) und aufgrund der Annahmen in Definition 11.1 die Integrale in (11.15) wohldefiniert sind. Erfüllt V auch (11.16), so ist sogar $\varphi_t^\beta \in \mathcal{L}_\omega^2([0,T])$, was aus $\varphi_t^\beta = \beta_t^{-1}(V_t - \varphi_t^S S_t)$ folgt. Bei selbstfinanzierenden φ sind also beide Komponenten in $\mathcal{L}_\omega^2$.

Wenn ein Vermögensprozess V neben (11.16) auch (11.15) erfüllt, dann lässt sich eine dieser Gleichungen eliminieren. Man erhält so eine Darstellung von V, welche nur noch eine Komponente der Handelsstrategie φ enthält:

Lemma 11.2 (Vermögensgleichung). *Sei (φ, c) ein selbstfinanzierendes Paar und $(V_t)_{t \in [0,T]}$ der zugehörige Vermögensprozess. Mit $\pi_t^S := \varphi_t^S S_t$ gilt dann*

$$dV_t = [r_t V_t + \pi_t^S(\mu_t - r_t) - c_t]\, dt + \sigma_t \pi_t^S\, dB_t. \qquad (11.17)$$

Löst umgekehrt V (11.17) mit $\pi^S \in \mathcal{L}_\omega^2([0,T])$, so definiert $\varphi_t^S := \pi_t^S / S_t$ und $\varphi_t^\beta := \beta_t^{-1}(V_t - \pi_t^S)$ ein selbstfinanzierendes Paar (φ, c), mit $V = V^\varphi$.

Beweis. Aus (11.16) folgt $\varphi_t^\beta \beta_t = V_t - \varphi_t^S S_t$. Eingesetzt in (11.15) folgt (11.17). Umgekehrt sei V Lösung von (11.17) mit $\pi^S \in \mathcal{L}_\omega^2([0,T])$. Dann folgt $\varphi \in \mathcal{L}_\omega^2([0,T]) \times \mathcal{L}_\omega^2([0,T])$, denn V, S, β sind stetige Prozesse mit $S_t > 0$ und $\beta_t > 0$. Nach Definition von φ ist außerdem (11.16) erfüllt, d.h. es gilt $V = V^\varphi$. Löst man in der Definition $\varphi_t^\beta := \beta_t^{-1}(V_t - \pi_t^S)$ nach π_t^S auf und setzt dies in (11.17) geeignet ein, so folgt (11.15). $\qquad\square$

Man beachte, dass für jedes $\pi^S \in \mathcal{L}_\omega^2([0,T])$ die Koeffizienten der Vermögensgleichung (11.17) so sind, dass Satz 6.3 anwendbar ist. Folglich gilt

$$V_t = \beta_t \Big(V_0 + \int_0^t \beta_s^{-1}[\pi_s^S(\mu_s - r_s) - c_s]\, ds + \int_0^t \beta_s^{-1}\pi_s^S \sigma_s\, dB_s \Big). \qquad (11.18)$$

Hierdurch werden also *alle Vermögensprozesse zu selbstfinanzierenden Handelsstrategien explizit dargestellt*. Man beachte, dass die bislang betrachteten Handelsstrategien aufgrund rein mathematischer Erwägungen (d.h. Existenz von Integralen) festgelegt wurden. Es wäre reiner Zufall, wenn alle diese Strategien auch *praktisch* (zumindest approximativ) realisierbar wären. Das folgende pathologische Beispiel zeigt, dass wir für *realistischere* Modellierungen den Strategie-Begriff tatsächlich noch weiter einschränken müssen.

Beispiel 11.3. Es sei $(\beta_t, S_t)_{t \in [0,T]}$ ein Marktmodell mit Zinsrate $r = 0$ (also mit $\beta_t = 1$), mit $\mu_t = 0$ und mit konstanter Volatilität $\sigma > 0$. Außerdem sei die Konsumrate $c = 0$ gewählt. Für jedes $\tilde{T} < T$ ist dann der Prozess

$$\varphi_t^S := \frac{1}{\sigma S_t (T - t)}, \qquad t \in [0, \tilde{T}],$$

in $\mathcal{L}_\omega^2([0, \tilde{T}])$. Wegen $d\beta_t = 0$ lautet die Bedingung (11.15)

$$V_t = V_0 + \int_0^t \frac{1}{\sigma S_s (T - s)} \sigma S_s \, dB_s$$
$$= V_0 + \int_0^t \frac{1}{(T - s)} \, dB_s \,,$$

woraus mittels (11.16) wieder $\varphi^\beta \in \mathcal{L}_\omega^2([0, \tilde{T}])$ definiert wird. Das so gewonnene φ ist also eine selbstfinanzierende Handelsstrategie auf $[0, \tilde{T}]$. Da $(V_t)_{t \in [0, \tilde{T}]}$ für jedes $\tilde{T} < T$ definiert ist fassen wir V als Prozess auf $[0, T)$ auf. Nun ist $(V_t - V_0)_{t \in [0,T)}$ ein stetiger, zentrierter Prozess mit nirgends verschwindenden Zuwächsen (Itô-Isometrie). Nach Beispiel 8.12 hat $V_t - V_0$ auch unabhängige Zuwächse, sodass nach Satz 9.7 durch

$$\psi(t) := E[(V_t - V_0)^2] = \int_0^t \frac{1}{(T - s)^2} ds \qquad t \in [0, T),$$

eine Bijektion $\psi : [0, T) \to [0, \infty)$ definiert wird mit der $V_t - V_0 = \tilde{B}_{\psi(t)}$ gilt, wobei $(\tilde{B}_s)_{s \geq 0}$ eine BB ist. Für die Stoppzeit $\tau := \min\{t \in [0, T) \,|\, V_t = M\}$ (mit $M \in \mathbb{R}$ beliebig) gilt nach Korollar 9.19 aber $P(\tau < T) = 1$. Dies bedeutet, dass der Prozess V im Intervall $[0, T)$ mit Sicherheit einen beliebig vorgegebenen Vermögenswert M erreicht! Natürlich macht dies ökonomisch keinen Sinn, und dies lässt sich auch an der Handelsstrategie φ direkt ablesen: Für $t \nearrow T$ gilt $\pi_t^S \to \infty$. Der Investor muss also (solange M noch nicht erreicht ist) immer mehr Kapital in Form von (riskanten) Aktien anlegen, wobei er sich dieses Kapital von einer Bank leiht (negative Bond-Position). Keine Bank ist bereit eine solche Strategie lange zu finanzieren.

Im nächsten Abschnitt werden wir die Klasse der zulässigen Handelsstrategien so einschränken, dass pathologische Beispiele obiger Art entfallen. Zuvor leiten wir aber noch eine äquivalente Form der Vermögensgleichung her, von der wir essenziell Gebrauch machen werden. Dazu führen wir den Prozess

$$H_t := e^{-\int_0^t r_s ds} e^{-\int_0^t \theta_s dB_s - \frac{1}{2} \int_0^t \theta_s^2 ds} \tag{11.19}$$

ein, mit $\theta_s := (\mu_s - r_s)/\sigma_s$. Der Einfachheit halber setzten wir von nun an zusätzlich $\sigma_t \geq c > 0$ voraus mit $c \in \mathbb{R}_+$. Aufgrund der Voraussetzungen über μ, r und σ gibt es dann reelle Konstanten α_1, α_2 mit $\alpha_1 \leq \theta \leq \alpha_2$, sodass (siehe Lemma 10.3) für obigen Prozess $H \in \mathcal{L}_a^p([0,T])$ gilt, für alle $p \in [1, \infty)$. Außerdem folgt mit der Itô-Formel leicht

$$dH_t = -H_t(r_t\, dt + \theta_t\, dB_t)\,. \tag{11.20}$$

Satz 11.4. *Ein stetiger, $\mathcal{F}_t$-adaptierter Prozess $(V_t)_{t\in[0,T]}$ erfüllt genau dann die Vermögensgleichung (11.17), wenn mit (11.19) gilt:*

$$d(H_tV_t) = H_t(\pi_t^S\sigma_t - V_t\theta_t)\, dB_t - H_tc_t\, dt\,. \tag{11.21}$$

Beweis. „$\Rightarrow$" Gelte (11.17). Mit der Produktregel und (11.20) folgt dann

$$\begin{aligned}
d(H_tV_t) &= dH_tV_t + H_tdV_t + dH_tdV_t\\
&= -H_t(r_t\, dt + \theta_t\, dB_t)V_t\\
&\quad + H_t[(r_tV_t + \pi_t^S(\mu_t - r_t) - c_t)\, dt + \sigma_t\pi_t^S\, dB_t]\\
&\quad - \pi_t^S H_t\theta_t\sigma_t\, dt\,.
\end{aligned}$$

Ersetzt man im letzten Term $\theta_t\sigma_t$ durch $\mu_t - r_t$, so folgt

$$\begin{aligned}
d(H_tV_t) &= -H_tV_t(r_t\, dt + \theta_t\, dB_t)\\
&\quad + H_t[(r_tV_t - c_t)\, dt + \pi_t^S\sigma_t\, dB_t]\,,
\end{aligned}$$

woraus schließlich (11.21) folgt.

„$\Leftarrow$" Gelte (11.21). Wegen $H_t > 0$ folgt dann mit der Itô-Formel

$$\begin{aligned}
d(\frac{1}{H_t}) &= -\frac{1}{H_t^2}dH_t + \frac{1}{2}\frac{2}{H_t^3}(dH_t)^2\\
&= \frac{1}{H_t}\big((r_t + \theta_t^2)\, dt + \theta_t\, dB_t\big)\,.
\end{aligned}$$

Setze $\tilde{V}_t := H_tV_t$, also $V_t = \tilde{V}_t/H_t$. Dann folgt mit (11.21):

$$\begin{aligned}
dV_t &= d(\frac{1}{H_t}\tilde{V}_t) = d(\frac{1}{H_t})\tilde{V}_t + \frac{1}{H_t}d\tilde{V}_t + d(\frac{1}{H_t})d\tilde{V}_t\\
&= \frac{1}{H_t}\big((r_t + \theta_t^2)\, dt + \theta_t\, dB_t\big)H_tV_t\\
&\quad + \frac{1}{H_t}[H_t(\pi_t^S\sigma_t - V_t\theta_t)\, dB_t - H_tc_t\, dt]\\
&\quad + \theta_t(\pi_t^S\sigma_t - V_t\theta_t)\, dt\\
&= V_tr_t\, dt + \pi_t^S\sigma_t\, dB_t - c_t\, dt + \pi_t^S\sigma_t\theta_t\, dt\,.
\end{aligned}$$

Beachtet man wieder $\sigma_t\theta_t = \mu_t - r_t$, so folgt (11.17). $\qquad\square$

11.3 Markt-Vollständigkeit und Arbitrage-Freiheit

Bislang haben wir die Zeitentwicklung des Vermögens unseres Investors nur modelliert. Jetzt stellen wir uns die Frage, wie der Investor handeln muss, um ein gewisses Ziel zu erreichen, d.h. *welche* Handelsstrategie er dazu verfolgen muss. Beispielsweise kann unser Investor eine Bank sein, welche vertraglich einem Kunden das Recht einräumt, ihr zur zukünftigen Zeit T (der *Ausübungszeit*) seine Aktienanteile zu einem zuvor festgelegten Preis K (dem *Ausübungspreis*) zu verkaufen. [Ein solcher Vertrag kann beispielsweise sinnvoll sein, wenn der Kunde zur Zeit T den Betrag K für einen anderen Zweck benötigt.] Einen solchen Vertrag nennt man eine *europäische Put-Option*. Ist der Marktpreis S_T niedriger als K, so macht die Bank den Verlust $K - S_T$, ist er höher, so lässt der Kunde sein Recht verfallen und verkauft seine Anteile am Aktienmarkt. [Aus diesem Grund eignen sich Optionen auch zu Spekulationszwecken.] Die von der Bank zu leistende Auszahlung lautet also

$$C = (K - S_T)^+ . \tag{11.22}$$

Das Ziel der Bank ist es, *möglichst risikolos* dem Kunden eine solche Put-Option zu verkaufen. *Falls* die Bank nun eine Handelsstrategie φ findet mit der $V_T^\varphi \geq C$ gilt, so kann sie sich durch Besitz des zugehörigen Portfolios gegen den Verlust C *absichern*. Man bezeichnet eine solche Handelsstrategie als *Hedging-Strategie*, das Portfolio als *Hedge (-Portfolio)*. [Allgemein bedeutet „Hedging" eine durch Umschichtungen erzielte Risikoreduktion, welche auf der Kompensation gegenläufiger Risiken beruht.] Um die Frage nach der Existenz einer Hedging-Strategie zu beantworten betrachten wir nochmals Gleichung (11.21). Mit Start in V_0 lautet sie integraler Form wie folgt:

$$H_t V_t + \int_0^t H_s c_s \, ds = V_0 + \int_0^t H_s (\pi_s^S \sigma_s - V_s \theta_s) \, dB_s , \quad \forall t \in [0, T] . \tag{11.23}$$

Diese Gleichung ist der Schlüssel für die Anwendung von Martingaltechniken, besagt sie doch, dass die linke Seite für jeden selbstfinanzierten Vermögensprozess ein lokales Martingal ist! Aus dieser Tatsache ziehen wir zwei wichtige Konsequenzen, nämlich die Vollständigkeit der Marktmodelle (β, S), sowie deren Arbitrage-Freiheit. Wir beginnen mit der ersten Eigenschaft und verallgemeinern dazu den Begriff der Put-Option (11.22). Allgemein formalisieren wir einen Anspruch (engl. claim) zum Zeitpunkt T wie folgt:

Notation. Sei (β, S) ein Marktmodell und H_t durch (11.19) definiert. Ein *Claim* ist eine $\mathcal{F}_T$-messbare Z.V. $C \geq 0$ mit der Eigenschaft $H_T C \in \mathcal{L}^2(P)$.

Es gibt viele Beispiel für Claims, etwa den *europäischen Call* $C = (S_T - K)^+$, bei dem der Halter des Claims das Recht erwirbt Aktien zum zukünftigen Zeitpunkt T zum Preis K zu *kaufen*. *Asiatische Optionen* hängen vom mittleren Kurswert ab, beispielsweise $C = (\frac{1}{T} \int_0^T S_s \, ds - K)^+$. Auch Optionen von eher spekulativem Typ gibt es, etwa die *Digital-Option* $C = 1_{\{S_T \geq K\}}$.

Bemerkungen. 1. Ein Claim C ist per Definition $\mathcal{F}_T$-messbar. Insbesondere (und typischerweise) erfüllen Funktionale des Marktmodells $(\beta_t, S_t)_{t \in [0,T]}$ – etwa die oben genannten Beispiele – diese Bedingung. *Nicht $\mathcal{F}_T$-messbare* Risiken C (etwa Währungsrisiken) stellen also keine Claims im obigen Sinne dar; dies ist auch völlig natürlich, weil sie im Marktmodell (β, S) gar nicht berücksichtigt werden. 2. Durch obigen Claim-Begriff werden nicht alle Optionen (d.h. Rechte auf Ansprüche) erfasst, beispielsweise keine Optionen vom amerikanischen Typ. Solche werden wir im Folgenden nicht betrachten.

Der folgende Satz ist für das Weitere von fundamentaler Bedeutung:

Satz 11.5 (Marktvollständigkeit). *Sei (β, S) ein Marktmodell, c ein Konsumprozess, und C ein Claim. Dann gibt es eine selbstfinanzierende Handelsstrategie φ, für deren Vermögensprozess $(V_t)_{t \in [0,T]}$ gilt:*

$$V_T = C \qquad P - fast\ sicher. \tag{11.24}$$

Weiter kann φ so gewählt werden, dass der Prozess $(H_t V_t + \int_0^t H_s c_s\,ds)_{t \in [0,T]}$ ein $\mathcal{F}_t$-Martingal ist; in diesem Fall ist φ sogar $\lambda \otimes P$-f.ü. eindeutig bestimmt.

Beweis. Falls die letzte Aussage des Satzes erfüllt ist, so muss wegen (11.24) der gesuchte Prozess V die Martingal-Bedingung

$$H_t V_t + \int_0^t H_s c_s\,ds = E\Big[H_T C + \int_0^T H_s c_s\,ds \big| \mathcal{F}_t\Big] \tag{11.25}$$

erfüllen. Wegen $H_t > 0$ liegt damit V_t bereits eindeutig fest: Wir definieren

$$V_t := \frac{1}{H_t} E\Big[H_T C + \int_t^T H_s c_s\,ds \big| \mathcal{F}_t\Big]. \tag{11.26}$$

Da (11.25) ein Brownsches $\mathcal{L}^2$-Martingal ist gibt es nach dem Itôschen Darstellungssatz ein $\lambda \otimes P$-f.ü. eindeutiges $g \in \mathcal{L}_a^2([0,T])$, sodass

$$H_t V_t + \int_0^t H_s c_s\,ds = E[V_0] + \int_0^t g_s\,dB_s$$

P-f.s. gilt, und wir können o.B.d.A. V als stetigen Prozess annehmen. Damit V (11.23) erfüllt müssen wir π^S derart wählen, dass $g = H(\pi^S \sigma - V\theta)$ f.ü. gilt. Wegen $H_s \sigma_s > 0$ ist dies nur möglich mit der Definition

$$\pi_s^S := \frac{g_s + H_s V_s \theta_s}{H_s \sigma_s}.$$

Damit erfüllt V Gleichung (11.23), also auch die Vermögensgleichung (11.17). Außerdem gilt offensichtlich $\pi^S \in \mathcal{L}_\omega^2([0,T])$. Nach Lemma 11.2 gibt es dann ein selbstfinanzierendes Paar (φ, c) zum Vermögensprozess V. Der Beweis zeigt außerdem, dass φ $\lambda \otimes P$-f.ü. eindeutig ist. $\qquad\square$

Bemerkungen. 1. Vollständigkeit eines Marktmodells bedeutet anschaulich, dass es zu jedem Claim C eine Strategie φ gibt, deren Vermögensprozess V^φ den Claim C im Sinne von (11.24) „dupliziert". Diese Eigenschaft ist für die Absicherung von Risiken C im Marktmodell (β, S) von zentraler Bedeutung. 2. Satz 11.5 ist ein *reiner Existenzsatz*. Er sagt nicht *wie* man die Handelsstrategie *praktisch* berechnen soll. Dies ist allgemein ein schwieriges Problem. Im letzten Abschnitt werden wir eine explizite Lösung für das sogenannte Black-Scholes-Modell diskutieren. 3. Satz 11.5 bleibt gültig unter der schwächeren Voraussetzung $H_T Y \in \mathcal{L}^1(P)$, weil Itô's Darstellungssatz im Wesentlichen auch für Brownsche $\mathcal{L}^1$-Martingale gültig ist, wobei dann i.A. nur $g \in \mathcal{L}^2_\omega([0, T])$ gilt (siehe [LS, Theorem 5.7, Theorem 5.8]). Obiger Beweis bleibt aber auch dann unverändert richtig. 4. Verlangt man in Satz 11.5 nicht, dass $H_t V_t + \int_0^t H_s c_s \, ds$ ein Martingal ist, so ist φ nicht eindeutig: Um dies einzusehen benutzen wir einen Satz [Du], welcher die Existenz eines nichttrivialen Prozesses $h \in \mathcal{L}^2_\omega([0, T])$ sichert mit der Eigenschaft $\int_0^T h(s) \, dB_s = 0$ P-fast sicher. Seien g und V die im Beweis von Satz 11.5 benutzten Prozesse. Definiere nun mit $\tilde{g} := g + h$ einen neuen Prozess $\tilde{V}$ durch die Gleichung

$$H_t \tilde{V}_t + \int_0^t H_s c_s \, ds := E[V_0] + \int_0^t \tilde{g}_s \, dB_s \,.$$

Löse hiermit die Gleichung $\tilde{g}_s = H_s(\tilde{\pi}^S_s \sigma_s - \tilde{V}_s \theta_s)$ nach $\tilde{\pi}^S_s$ auf. Die damit nach Lemma 11.2 gebildete, selbstfinanzierende Handelsstrategie $\tilde{\varphi}$ gehört zu $\tilde{V}$, und wegen $\int_0^T g(s) \, dB_s = \int_0^T \tilde{g}(s) \, dB_s$ gilt $\tilde{V}_T = C$.

Bemerkung 4 wird noch klarer durch Angabe einer expliziten Strategie, welche ein vorhandenes Vermögen $V_0 > 0$ bis zur Zeit T mit Sicherheit vernichtet:

Beispiel. (Suizid-Strategie.) Wir betrachten Beispiel 11.3 mit $V_0 > 0$, d.h.

$$V_t = V_0 + \tilde{B}_{\psi(t)} \qquad \forall t \in [0, T) \,,$$

wobei $\tilde{B}$ eine BB ist und $\psi(t)$ gegen ∞ geht für $t \to T$. Mit $(\varphi^\beta, \varphi^S)$ sei die zugehörige selbstfinanzierende Handelsstrategie bezeichnet. Definiere eine neue Strategie wie folgt: $\tilde{\varphi}_t(\omega) := (\varphi^\beta_t(\omega), \varphi^S_t(\omega))$ falls $t \in [0, \tau(\omega)]$ bzw. $\tilde{\varphi}_t(\omega) := (0, 0)$ sonst; dabei ist τ die Eintrittszeit von (V_t) in $\{0\}$. Wegen $P(\tau < T) = 1$ folgt leicht $\tilde{\varphi} \in \mathcal{L}^2_\omega([0, T]) \times \mathcal{L}^2_\omega([0, T])$. Weiter gilt mit (11.6)

$$V^{\tilde{\varphi}}_t = V^\varphi_{t \wedge \tau} = V_0 + \int_0^{t \wedge \tau} \varphi^\beta_u r_u \beta_u du + \int_0^{t \wedge \tau} \varphi^S_u S_u (\mu_u \, du + \sigma_u \, dB_u)$$

$$= V_0 + \int_0^t 1_{[0, \tau)} \varphi^\beta_u r_u \beta_u du + \int_0^t 1_{[0, \tau)} \varphi^S_u S_u (\mu_u \, du + \sigma_u \, dB_u)$$

$$= V_0 + \int_0^t \tilde{\varphi}^\beta_u r_u \beta_u du + \int_0^t \tilde{\varphi}^S_u S_u (\mu_u \, du + \sigma_u \, dB_u) \,,$$

d.h. $\tilde{\varphi}$ ist ebenfalls selbstfinanzierend. Da V stetig und τ die (erste) Eintrittszeit in 0 ist, so gilt $V^{\tilde{\varphi}}_t \geq 0$, für alle $t \in [0, T]$, und (wegen $\tau < T$ P-f.s.) gilt $V^{\tilde{\varphi}}_T = 0$ P-f.s., d.h. das Vermögen $V_0 > 0$ wird in der Zeit $[0, T]$ vernichtet.

Wir kommen nun zur zweiten Folgerung aus Gleichung (11.23). Diese hat gegenüber (11.17) einen weiteren Vorteil: Im Fall $V_t \geq 0$ ist die linke Seite von (11.23) nichtnegativ, *sodass die rechte Seite ein nichtnegatives lokales Martingal sein muss*, und damit sogar ein Supermartingal ist, wie wir gleich zeigen werden. (Daraus wird sich dann leicht die Arbitrage-Freiheit des Modells ergeben.) Zum Beweis dieser Aussage benötigen wir zwei Vorbereitungen:

Lemma 11.6 (Fatou für bedingte EWe). *Sei* (f_n) *eine Folge integrierbarer, nichtnegativer Funktionen auf* $(\Omega, \mathcal{F}, P)$ *mit* $\liminf E[f_n] < \infty$. *Dann ist auch* $\liminf(f_n)$ *integrierbar und für jede Unter-σ-Algebra* $\mathcal{A} \subset \mathcal{F}$ *gilt:*

$$E[\liminf_{n\to\infty}(f_n)|\mathcal{A}] \leq \liminf_{n\to\infty}\left(E[f_n|\mathcal{A}]\right). \tag{11.27}$$

Beweis. Zunächst impliziert Lemma 5.16 (Fatou) die erste Behauptung:

$$\int \liminf_{n\to\infty}(f_n)\,dP \leq \liminf_{n\to\infty}\int f_n\,dP < \infty.$$

Beachtet man weiter $g_n := \inf_{k\geq n}(f_k) \nearrow \liminf(f_n)$, so folgt mit $A \in \mathcal{A}$:

$$\int_A \liminf(f_n)\,dP = \lim \int_A g_n\,dP = \lim \int_A E[g_n|\mathcal{A}]\,dP$$

$$= \int_A \lim_{n\to\infty}\left(E[g_n|\mathcal{A}]\right)dP$$

$$\leq \int_A \lim_{n\to\infty}\left(\inf_{k\geq n} E[f_k|\mathcal{A}]\right)dP, \tag{11.28}$$

wobei die letzte Abschätzung aus $\inf_{k\geq n}(f_k) \leq f_k, \forall k \geq n$ folgt: Zunächst folgt $E[\inf_{k\geq n}(f_k)|\mathcal{A}] \leq E[f_k|\mathcal{A}], \forall k \geq n$, also auch $E[\inf_{k\geq n}(f_k)|\mathcal{A}] \leq \inf_{k\geq n} E[f_k|\mathcal{A}]$. Mit Lemma 7.13 folgt aus (11.28) die Behauptung. □

Korollar 11.7. *Es sei* $(M_t)_{t\geq 0}$ *ein rechtsstetiges lokales $\mathcal{F}_t$-Martingal mit* $M_t \geq 0$ *P-f.s. für alle* $t \geq 0$. *Dann ist* $(M_t)_{t\geq 0}$ *auch ein Supermartingal.*

Beweis. Sei (τ_n) eine lokalisierende Folge von Stoppzeiten für M. Definiere hiermit $f_n := M_{t\wedge\tau_n}$. Approximiert man die endliche Stoppzeit $t \wedge \tau_n$ von rechts durch Stoppzeiten mit endlichen Wertemengen (siehe Lemma 7.25), so folgt durch Grenzübergang $f_n \geq 0$ P-f.s., für alle n. Weiter sind die f_n integrierbar und mit der Martingaleigenschaft folgt

$$E[f_n] = E[M_{t\wedge\tau_n}] = E[M_{0\wedge\tau_n}] = E[M_0] < \infty,$$

sodass auch die Voraussetzung $\liminf E[f_n] < \infty$ für Lemma 11.6 erfüllt ist. Also ist $\liminf f_n \ (= M_t)$ integrierbar und mit (11.27) folgt für $s \leq t$:

$$E[M_t|\mathcal{F}_s] = E[\liminf M_{t\wedge\tau_n}|\mathcal{F}_s] \leq \liminf E[M_{t\wedge\tau_n}|\mathcal{F}_s]$$
$$= \liminf\left(M_{s\wedge\tau_n}\right) = M_s. \qquad\qquad □$$

Wir kommen nun zur ersten Einschränkung der Handlungen des Investors:

Notation. Ein selbstfinanzierendes Paar (φ, c) im Marktmodell (β, S) *erfüllt die Kredit-Bedingung, wenn gilt:*

$$V_t^\varphi \geq 0, \qquad P - f.s., \quad \forall t \in [0, T]. \tag{11.29}$$

Dies kann als eine realistische Bedingung für die Handlungsweisen eines Investors betrachtet werden: Er darf nur auf solche Weise konsumieren und umschichten, dass dies nicht zu seinem Ruin führt (also $V_t < 0$). Diese Bedingung schließt beispielsweise die pathologische Strategie aus Abschnitt 11.2 aus, denn für diese ist V_t Gauß-verteilt, d.h. auch negative Werte von V_t werden mit strikt positiver Wahrscheinlichkeit angenommen. Der nachfolgende Satz setzt dem, was unser Investor von einer zugelassenen Handelsstrategie bestenfalls erwarten kann, klare Grenzen:

Satz 11.8. *Sei (β, S) ein Marktmodell und (φ, c) erfülle die Kredit-Bedingung (11.29). Dann gilt für den zugehörigen Vermögensprozess V:*

$$E[H_t V_t + \int_0^t H_s c_s \, ds] \leq V_0, \quad \forall t \in [0, T]. \tag{11.30}$$

Beweis. V_t erfüllt (11.23), also definiert $M_t := H_t V_t + \int_0^t H_s c_s \, ds \geq 0$ ein Supermartingal. Mit $V_0 \in [0, \infty)$ und $H_0 = 1$ folgt damit:

$$E[M_t] \leq E[M_0] = E[H_0 V_0] = V_0. \qquad \square$$

Interpretation: Die Abschätzung (11.30) deutet an, dass das Vermögen V_t im Mittel nicht beliebig groß werden kann. Außerdem geht eine Erhöhung der Konsumrate c auf Kosten des Vermögens V und umgekehrt. Dies ist zwar ohnehin plausibel, lässt sich mittels (11.30) aber mathematisch präzisieren.

Mit diesen Vorbereitungen können wir nun leicht zeigen, dass das allgemeine Marktmodell (β, S) dem *No-Arbitrage-Prinzip* genügt. Dabei handelt es sich um ein elementares, aber äußerst wichtiges Grundprinzip der Preistheorie allgemeiner Finanzgüter, sodass dazu ein paar Vorbemerkungen angebracht sind. Allgemein besagt dieses Prinzip, dass *die Preise in einem transparenten und liquiden Markt so sein müssen, dass sich durch reines Handeln kein risikoloser Gewinn machen lässt* (sogenannte *Arbitrage-Möglichkeit*). *Begründung:* Da Preise sich durch Angebot und Nachfrage regulieren führt eine Arbitrage-Möglichkeit solange zu einer erhöhten Nachfrage des günstigeren Gutes bis sein Preisanstieg diese Möglichkeit zunichte macht. Arbitrage-Möglichkeiten können deshalb nur kurze Zeit bestehen. Eine unmittelbare Folgerung aus dem No-Arbitrage-Prinzip ist die folgende:

Gegeben seien zwei verschiedene Kombinationen von Finanzgütern von denen bekannt ist, dass ihre Werte W_1 und W_2 zu einem zukünftigen Zeitpunkt T mit Sicherheit übereinstimmen, also $W_1(T) = W_2(T)$. Dann muss auch ihr gegenwärtiger Wert gleich sein, also $W_1(0) = W_2(0)$. Wäre nämlich $W_1(0) > W_2(0)$, so könnte zur Zeit $t = 0$ ein Besitzer der ersten Kombination diese zum Preis $W_1(0)$ verkaufen, zum Preis $W_2(0)$ die zweite Kombination kaufen, und die Differenz risikolos anlegen. Zum Zeitpunkt T könnte er dann die zweite Kombination wieder verkaufen, und mit dem Erlös die erste zurückkaufen. Er hätte also einen risikolosen Profit gemacht, im Widerspruch zum No-Arbitrage-Prinzip. Entsprechendes gilt im Fall $W_2(0) > W_1(0)$.

Beispiel. (Put-Call Parität.) Wir betrachten einen Call und einen Put auf eine Aktie mit demselben Ausübungspreis K und derselben Verfallszeit T. Zum Zeitpunkt T ist der Wert des Calls durch $W_c(T) = (S_T - K)^+$ gegeben, der des Puts durch $(K - S_T)^+$. Wir betrachten als erste Kombination den Put zusammen mit einer Aktie. Deren Wert zur Zeit T lautet

$$W_1(T) = S_T + (K - S_T)^+ = \max\{S_T, K\}.$$

Als zweite Kombination betrachten wir den Call zusammen mit einem Bond, welcher zur Zeit T die Auszahlung K leistet. Der Wert der zweiten Kombination zur Zeit T ist also

$$W_2(T) = K + (S_T - K)^+ = \max\{S_T, K\}.$$

Aus obiger Überlegung folgt nun $W_1(0) = W_2(0)$, d.h.

$$S_0 + P_0 = C_0 + Ke^{-rT}, \qquad \text{(Put-Call-Parität)} \qquad (11.31)$$

wobei P_0 und C_0 die Werte von Put bzw. Call zur Zeit $t = 0$ sind, und r die Zinsrate des Bonds ist.

Bemerkungen. 1. Man beachte, dass die Herleitung der Put-Call-Parität nicht von einer speziellen Modellierung der Preise S_t abhängt. (Die einzige gemachte Modellannahme war die Zeitentwicklung des Bonds.) In diesem Sinne steht das No-Arbitrage-Prinzip „über" einem konkreten Modell für S_t. Preisfestsetzungen durch Modelle sind höchstens dann als akzeptabel zu betrachten, wenn sich dadurch keine Arbitrage-Möglichkeiten ergeben. Daher gehört der Nachweis der Arbitrage-Freiheit eines Modells mit zu den wichtigsten Aufgaben der mathematischen Modellanalyse. 2. Obgleich das No-Arbitrage-Prinzip vom Ansatz her fast trivial erscheint, so basiert die Herleitung von (11.31) doch auf einer nicht offensichtlichen Kombination unterschiedlicher Finanzgüter. Die Frage nach Arbitrage-Möglichkeiten in einem Markt ist offenbar umso schwieriger zu beantworten, je mehr Kombinationen von Finanzgütern (auch in deren zeitlichem Verlauf!) möglich bzw. zugelassen sind. Bei kontinuierlichen Handelsstrategien gibt es gewissermaßen unendlich viele

Kombinationen, wodurch die Frage sofort nichttrivialen Charakter bekommt. Schlimmer noch: In einem Markt mit unterschiedlichsten Gütern und unterschiedlichen Handelsrestriktion ist bereits die Frage nach „allen möglichen" Kombinationen gar nicht präzise formulierbar. Man kann in einer solchen Situation eigentlich nur *gewisse* Arbitrage-Möglichkeiten spezifizieren und diese im Rahmen eines vorgelegten Modells untersuchen.

Wir spezifizieren nun *einen* Arbitrage-Begriff im Marktmodell (β, S):

Notation. Ein selbstfinanzierendes Paar (φ, c) welches die Kredit-Bedingung (11.29) mit $V_0 = 0$ erfüllt heißt ein *Arbitrage*, falls der zugehörige Vermögensprozess V eine der beiden folgenden Eigenschaften hat:

$$P(V_T > 0) > 0\,, \qquad P(\int_0^T c_t\, dt > 0) > 0\,. \tag{11.32}$$

Interpretation: Ein Arbitrage (φ, c) gestattet es ohne Startkapital ($V_0 = 0$) und ohne zeitweise Verschuldung ($V_t \geq 0$) mit strikt positiver Wahrscheinlichkeit ein Vermögen $V_T > 0$ aufzubauen, oder in $[0, T]$ echt zu konsumieren.

Satz 11.9. *Im Marktmodell (β, S) gibt es kein Arbitrage.*

Beweis. Angenommen es gibt ein Arbitrage (φ, c). Dann gilt wegen (11.32) und $H_t > 0$:

$$E[H_T V_T + \int_0^T H_t c_t\, dt] > 0\,.$$

Wegen Satz 11.8 und $V_0 = 0$ muss hier aber ein $\leq$ stehen. Widerspruch! $\quad\square$

11.4 Optionsbewertung

Wir kommen nochmals auf die am Anfang des letzten Abschnitts beschriebene Situation zurück, in der ein Kunde von seiner Bank eine (europäische) Put-Option auf seine Aktien erwirbt. Für die Absicherung eines Mindestpreises K muss der Kunde natürlich einen Preis bezahlen, sodass sich die Frage nach dessen Höhe stellt. Unter einem „fairen" Preis wird der Kunde wohl den Geldbetrag V_0 betrachten, welchen die Bank mindestens benötigt, um damit ihr Risiko abzusichern. Etwas allgemeiner können wir auch noch den Konsumprozess in die folgenden Überlegungen mit einbeziehen:

Definition. Sei C ein Claim im Marktmodell (β, S) und (φ, c) ein selbstfinanzierendes Paar, sodass die Kredit-Bedingung (11.29) erfüllt ist. φ heißt *Duplikationsstrategie für* (c, C), wenn $V_T^\varphi = C$ P-f.s. gilt. Mit $D_{c,C}(V_0)$ sei die Menge aller solchen φ bezeichnet, welche zusätzlich $V_0^\varphi = V_0$ erfüllen. Der *faire Preis von* (c, C) sei definiert durch

$$p_0(c, C) := \inf\{V_0 \geq 0 \mid D_{c,C}(V_0) \neq \emptyset\}\,. \tag{11.33}$$

Ist $c = 0$ so heißt $p_0(C) := p_0(0, C)$ der *faire Preis des Claims* C.

Satz 11.10. *Der faire Preis von* (c, C) *lautet*

$$p_0 = E[H_T C + \int_0^T H_s c_s \, ds].$$ (11.34)

Beweis. Mit $V_0 \geq 0$ werde die rechte Seite von (11.34) bezeichnet. Nach dem Satz 11.5 ist $D_{c,C}(V_0) \neq \emptyset$, sodass nach (11.33) $p_0 \leq V_0$ gilt. Sei nun $\tilde{V}_0 \geq 0$ mit $D(\tilde{V}_0) \neq \emptyset$. Für $\varphi \in D_{c,C}(\tilde{V}_0)$ gilt $V_T^\varphi = C$, und nach Satz 11.6 gilt

$$E[H_T V_T^\varphi + \int_0^T H_s c_s \, ds] \leq \tilde{V}_0,$$

also $V_0 \leq \tilde{V}_0$. Somit ist V_0 eine untere Schranke von $\{\tilde{V}_0 \geq 0 | D_{c,C}(V_0) \neq \emptyset\}$, und somit $V_0 \leq p_0$. Es folgt $V_0 = p_0$, also (11.34). $\square$

Folgerung: Dieser Satz hat die praktisch wichtige Konsequenz, dass man den Preis eines Claims C (zu vorgegebenem Konsumprozess) berechnen kann *ohne die Duplikationsstrategie explizit zu kennen.* Der etwas ad hoc festgesetzte Preis (11.34) *genügt tatsächlich auch dem No-Arbitrage-Prinzip*, womit eine zweite, ökonomisch zwingendere Begründung für diese Preisfestsetzung gegeben ist: Der Marktpreis des Claims sei mit p bezeichnet. Ist $p > p_0$, so verkaufen wir (als Bank) einen Claim zum Preis p am Markt. Den Betrag p_0 benutzen wir um das Hedge-Portfolio bei $t = 0$ zu kaufen. Danach führen wir die Duplikationsstrategie des Claims aus (vorausgesetzt wir kennen sie!). Zur Zeit T besitzen wir dann ein Portfolio, welches die Ansprüche aus dem Claim kompensiert. Wir haben also bei $t = 0$ den risikolosen Gewinn $p - p_0 > 0$ gemacht, den wir risikolos anlegen. Ist umgekehrt $p < p_0$, so führen wir einen Leerverkauf des Hedge-Portfolios bei $t = 0$ aus und kaufen dafür den Claim. Die Differenz $p_0 - p$ legen wir wieder risikolos an. Wir führen dann die zur Duplikationsstrategie φ des Claims gehörende negative Strategie $-\varphi$ durch (durch Kauf von Aktien am Markt und Rückgabe bzw. durch weitere Leerverkäufe). Zur Zeit T benutzen wir die Ansprüche aus dem Claim und kaufen damit die Papiere des Hedge-Portfolios um es dann zurückzugeben. Bei $t = 0$ ist also der risikolose Gewinn $p_0 - p$ entstanden.

Diese Argumentation offenbart ein Problem: Wir hatten schon gesehen, dass φ nur dann eindeutig ist, wenn $H_t V_t^\varphi + \int_0^t H_s c_s \, ds$ ein Martingal ist. Insbesondere zeigt die Suizid-Strategie $\tilde{\varphi}$ aus Abschnitt 11.3, dass mit φ auch $\hat{\varphi} := \varphi + \tilde{\varphi}$ den Claim C dupliziert und $V_0^\varphi < V_0^{\hat{\varphi}}$ gilt. Egal wie der Marktpreis p auch sei, durch Kauf oder Leerverkauf eines entsprechend gewählten Portfolios wäre bei $t = 0$ einen risikoloser Profit zu erzielen!

Fazit: Ohne Eindeutigkeit von φ gibt es (selbst unter der Kredit-Bedingung $V_t \geq 0$) stets Arbitrage-Möglichkeiten im Marktmodell (β, S). Dieses Problem wird *formal* durch Ausschluss unerwünschter Strategien behoben:

Definition. Ein selbstfinanzierendes Paar (φ, c) heißt *zulässig*, wenn $V_t^\varphi \geq 0$ für alle $t \in [0, T]$ gilt, und wenn $(H_t V_t + \int_0^t H_s c_s \, ds)_{t \in [0,T]}$ ein Martingal ist. Eine Handelsstrategie φ heißt *zulässig*, wenn $(\varphi, 0)$ zulässig ist.

Man beachte, dass diese Definition obige Arbitrage-Möglichkeiten nach dem Prinzip „*weil nicht sein darf, was nicht sein soll*" ausschließt. Ein Investor wird sich allerdings durch einen *mathematisch-formalen Ausschluss* von Strategien nicht davon abhalten lassen diese Arbitrage-Möglichkeit wahrzunehmen! Zum Glück gibt es aber auch einen ökonomisch zwingenden Grund, der diese Arbitrage-Möglichkeit ausschließt: Es ist nun einmal eine ökonomische Tatsache, dass es im Zeitintervall $[0, T]$ für eine feste Aktie nur endlich viele Anteile gibt. Damit ist $|\varphi^S|$ real durch diese Anzahl begrenzt! Der Prozess $\pi_t^S = \varphi_t^S S_t$ ist somit nach (11.14) in $\mathcal{L}_a^p([0, T])$ für jedes $p \in [1, \infty)$. Mit der expliziten Darstellung (11.18) und mit Satz 5.17 folgt hieraus $V \in \mathcal{L}_a^p([0, T])$. Wegen $H \in \mathcal{L}_a^p([0, T])$ zeigt dies, dass $H_s(\pi_s^S \sigma_s - V_s \theta_s)$ in (11.23) in $\mathcal{L}_a^1([0, T])$ liegt, *sodass die Martingal-Bedingung in obiger Definition für reale Handelsstrategien stets erfüllt ist!* Insbesondere ist diese Martingal-Bedingung sogar etwas weniger restriktiv (und damit mathematisch etwas flexibler), als die real vorhandene Beschränktheit von $|\varphi^S|$.

Beachtet man, dass V_t in (11.26) es zu jedem Zeitpunkt $t \in [0, T]$ gestattet einen vorgelegten Claim C zu duplizieren, so lässt sich obige Preisfestlegung wie folgt (nach dem No-Arbitrage-Prinzip) verallgemeinern:

Definition. Der *faire Preis von* (c, C) zur Zeit $t \in [0, T]$ sei definiert durch

$$p_t(c, C) := \frac{1}{H_t} E\left[H_T C + \int_0^T H_s c_s \, ds | \mathcal{F}_t\right]. \tag{11.35}$$

Wir erinnern daran, dass (11.35) letztlich aus dem Zusammenhang von Vermögensprozess und Martingaltheorie resultiert, wie er durch Gleichung (11.23) hergestellt wird. Der Zusammenhang zwischen Optionspreistheorie und Martingalen ist tatsächlich noch enger als bisher dargestellt wurde, und dies ist die Basis für tiefer gehende Untersuchungen in Bezug auf das Problem der Arbitrage-Freiheit. Im Folgenden stellen wir diesen engeren Zusammenhang her und diskutieren ihn etwas; für die tiefer gehenden Untersuchungen verweisen wir auf weiterführende Literatur, siehe etwa [Sc] und die dort angegebene Literatur. Wir beginnen mit einer einfachen Beobachtung: Ist der Konsumprozess $c = 0$, so lautet (11.35)

$$p_t = \frac{1}{H_t} E\left[H_T C | \mathcal{F}_t\right],$$

Nun lässt sich $(H_t)_{t \in [0,T]}$ – vgl. (11.19) – schreiben als $H_t = \beta_t^{-1} M_t$, mit

$$M_t := e^{-\int_0^t \theta_s dB_s - \frac{1}{2} \int_0^t \theta_s^2 ds}, \qquad t \in [0, T].$$

Wegen der Beschränktheit von θ ist M nach Lemma 10.3 für jedes $p \in [1, \infty)$ ein $\mathcal{L}^p(P)$-Martingal, für das sogar $M \in \mathcal{L}_a^p([0, T])$ gilt. Es gilt also

$$p_t = \frac{\beta_t}{E[M_T | \mathcal{F}_t]} E\left[M_T \beta_T^{-1} C | \mathcal{F}_t\right]$$

$$= E_Q\left[e^{-\int_t^T r_s ds} C | \mathcal{F}_t\right], \tag{11.36}$$

wobei E_Q den Erwartungswert bezüglich des W-Maßes

$$Q := M_T P \qquad (11.37)$$

bezeichnet, und wir in (11.36) Lemma 10.4 benutzt haben. Für $t = 0$ besitzt diese Gleichung eine ökonomisch anschauliche Interpretation: *Der Preis p_0 ist gegeben durch den Erwartungswert (bzgl. Q) des abdiskontierten Claims.* Auf genau eine solche Weise würde man „klassisch" den Preis eines Claims definieren, wobei man allerdings den Erwartungswert bezüglich P bilden würde – die Diskrepanz rührt daher, dass der Preisdefinition (11.35) das No-Arbitrage-Prinzip zugrunde liegt (und nicht das Gesetz der großen Zahlen, wie in der Versicherungsmathematik). Es ist aber schon erstaunlich, dass dieses (gewissermaßen „deterministische") Prinzip zu einer solchen Preisformel führt.

Diese Beobachtungen geben Anlass, die Rolle des W-Maßes Q genauer zu untersuchen. Aus dem Satz von Girsanov wissen wir, dass bezüglich Q

$$\tilde{B}_t := B_t + \int_0^t \theta_s \, ds$$

eine BB ist. Dies benutzen wir um im folgenden Lemma zu zeigen, dass der abdiskontierte Aktienkurs ein Martingal bezüglich Q ist. Somit hat also nicht nur der Vermögensprozess V, sondern bereits das Marktmodell (β, S) eine direkte Beziehung zur Martingaltheorie:

Lemma 11.11. *Im Marktmodell (β, S) ist der abdiskontierte Aktienkurs*

$$\hat{S}_t := \beta_t^{-1} S_t = e^{-\int_0^t r_s ds} S_t, \qquad t \in [0, T],$$

ein Martingal bezüglich des Wahrscheinlichkeitsmaßes Q in (11.37).

Beweis. Mit der Produktregel, mit $\theta_t = (\mu_t - r_t)/\sigma_t$ und (11.10) folgt:

$$\begin{aligned}
d\hat{S}_t &= -r_t \hat{S}_t dt + \hat{S}_t(\mu_t dt + \sigma_t dB_t) \\
&= \sigma_t \hat{S}_t(\theta_t dt + dB_t) \\
&= \sigma_t \hat{S}_t d\tilde{B}_t.
\end{aligned}$$

Die Lösung $\hat{S}_t = S_0 \exp\{\int_0^t \sigma_s d\tilde{B}_s - \frac{1}{2}\int_0^t \sigma_s^2 ds\}$ ist wegen der Beschränktheit von σ nach Lemma 10.3 ein Martingal bezüglich Q. $\qquad\square$

Bemerkung. Man kann zeigen, dass Q das einzige zu P äquivalente W-Maß auf $\mathcal{F}_T$ ist (d.h. die Nullmengen beider Maße stimmen überein), bezüglich dem der Prozess $\hat{S}$ ein Martingal ist. Aus diesem Grund bezeichnet man Q als *das zu P äquivalente Martingalmaß.*

Der nun folgende Satz gibt im Wesentlichen eine Umformulierung der Preisformel (11.35) an. Er verallgemeinert (11.36) durch Einschluss des Konsumprozesses, und gibt eine alternative Möglichkeit an den Preis zu berechnen.

Satz 11.12. *Im Marktmodell (β, S) sei Q das äquivalente Martingalmaß (11.37). Dann lautet der zugehörige Preisprozess (11.35) wie folgt:*

$$p_t(c, C) = E_Q \left[e^{-\int_t^T r_s\, ds} C + \int_t^T e^{-\int_t^s r(u)\, du} c_s\, ds \,\middle|\, \mathcal{F}_t \right]. \tag{11.38}$$

Beweis. Mit der Produktregel und mit $H_s = \beta_s^{-1} M_s$ erhalten wir

$$
\begin{aligned}
M_T \int_t^T \beta_s^{-1} c_s\, ds &= \int_0^T 1\, dM_s \int_0^T \beta_s^{-1} 1_{[t,T]}(s) c_s\, ds \\
&= \int_0^T M_s \beta_s^{-1} 1_{[t,T]}(s) c_s\, ds + \int_0^T \left(\int_0^s \beta_u^{-1} 1_{[t,T]}(u) c_u\, du \right) dM_s \\
&= \int_t^T M_s \beta_s^{-1} c_s\, ds - \int_t^T \left(\int_t^s \beta_u^{-1} c_u\, du \right) \theta_s M_s\, dB_s \\
&=: \int_t^T H_s c_s\, ds - \int_t^T f(s)\, dB_s\,,
\end{aligned}
$$

mit $f \in \mathcal{L}_a^2([0, T])$. Für den letzten Term folgt

$$E\left[\int_t^T f(s) dB_s \,\middle|\, \mathcal{F}_t \right] = E\left[\int_0^T f(s) dB_s - \int_0^t f(s)\, dB_s \,\middle|\, \mathcal{F}_t \right] = 0\,.$$

Die Preisformel (11.35) lässt sich hiermit nun wie folgt umformen:

$$
\begin{aligned}
p_t &= \frac{1}{H_t} E\left[H_T C + \int_t^T H_s c_s\, ds \,\middle|\, \mathcal{F}_t \right] \\
&= \frac{1}{\beta_t^{-1} M_t} E\left[\beta_T^{-1} M_T C + M_T \int_t^T \beta_s^{-1} c_s\, ds + \int_t^T f(s) dB_s \,\middle|\, \mathcal{F}_t \right] \\
&= \frac{1}{M_t} E\left[M_T \left(\frac{\beta_t}{\beta_T} C + \int_t^T \frac{\beta_t}{\beta_s} c_s\, ds \right) \,\middle|\, \mathcal{F}_t \right].
\end{aligned}
$$

Beachtet man $M_t = E[M_T | \mathcal{F}_t]$, sowie $\beta_t/\beta_s = \exp\{-\int_t^s r_u\, du\}$, so folgt mit Lemma 10.4 hieraus (11.38). $\qquad\square$

11.5 Das Black-Scholes-Modell

Bei diesem Modell handelt es sich um den einfachsten Spezialfall des allgemeinen Marktmodells (β, S), nämlich um den Fall konstanter, deterministischer Koeffizienten $r_t = r \geq 0$, $\mu_t = \mu \in \mathbb{R}$, und $\sigma_t = \sigma > 0$. Es besitzt nur die beiden unbekannte Modellparameter μ und σ, da die Zinsrate r am Markt bekannt ist. Bondpreis und Aktienkurs werden somit modelliert durch

$$\beta_t = e^{rt}, \quad S_t = S_0 e^{(\mu - \frac{\sigma^2}{2})t + \sigma B_t},$$

mit einer Konstanten $S_0 > 0$. Dieses 1973 eingeführte Modell hat die Theorie und Praxis der Finanzmärkte entscheidend verändert. Es hat – gegenüber dem allgemeinen Marktmodell (β, S) – den praktischen Vorteil, dass es sowohl explizite (theoretische) Preisfestsetzungen für verschiedene Claims gestattet, als auch deren Absicherung durch die Bestimmung der zugehörigen Duplikationsstrategien. Insbesondere Claims der Form $C = h(S_T)$ lassen sich gut analysieren. Zur Vorbereitung benötigen wir ein Lemma über bedingte Erwartungswerte, das auch allgemein interessant ist:

Lemma 11.13. *Seien X und Y unabhängige Zufallsvariablen auf $(\Omega, \mathcal{F}, P)$ und $f : \mathbb{R}^2 \to \mathbb{R}$ messbar mit $f(X,Y) \in \mathcal{L}^1(P)$. Sei weiter $\mathcal{H} \subset \mathcal{F}$ eine σ-Algebra sodass X $\mathcal{H}$-messbar ist und $Y \perp\!\!\!\perp \mathcal{H}$ gilt. Dann gilt*

$$E[f(X,Y)|\mathcal{H}] = H(X),\qquad(11.39)$$

wobei H für P_X-fast alle $x \in \mathbb{R}$ definiert ist durch $H(x) := E[f(x,Y)]$.

Beweis. Wegen $P_{(X,Y)} = P_X \otimes P_Y$ ist nach Fubini $E[f(x,Y)]$ P_X-f.s. wohldefiniert und P_Y-integrierbar, sodass $H(X)$ P-f.s. wohldefiniert ist. Nun gilt (11.39) für Funktionen $f(x,y) = g(x)h(y)$ mit beschränkten, messbaren g, h:

$$E[g(X)h(Y)|\mathcal{H}] = g(X)E[h(Y)|\mathcal{H}] = g(X)E[h(Y)].$$

Approximiert man nun $f \in \mathcal{L}^1(P_{(X,Y)})$ durch eine Folge f_n von Linearkombinationen solcher Produkte [nach Satz 8.17], so folgt $f_n(X,Y) \to f(X,Y)$ in $\mathcal{L}^1(P)$, und damit weiter

$$\begin{aligned}E[f(X,Y)|\mathcal{H}] &= \mathcal{L}^1(P) - \lim E[f_n(X,Y)|\mathcal{H}] \\ &= \mathcal{L}^1(P) - \lim H_n(X),\end{aligned}\qquad(11.40)$$

mit $H_n(x) := E[f_n(x,Y)]$. Weiter gilt

$$\begin{aligned}\int |H(X) - H_n(X)| \, dP &= \int |H(x) - H_n(x)| \, dP_X \\ &= \int \Big| \int [f(x,y) - f_n(x,y)] \, dP_Y \Big| \, dP_X \\ &\leq \int |f - f_n| \, dP_{(X,Y)} \to 0,\end{aligned}$$

d.h. die rechte Seite in (11.40) ist durch $H(X)$ gegeben. $\qquad\square$

Bemerkung. Informell gesprochen besagt (11.39), dass man in der Berechnung von $E[f(X,Y)|\mathcal{H}]$ die Z.V. X als „konstant" betrachten kann. Praktisch berechnet man (11.39) also einfach dadurch, dass man zunächst X als Konstante auffasst, damit den gewöhnlichen Erwartungswert von $f(X,Y)$ berechnet, und im Ergebnis X wieder als Zufallsvariable interpretiert. Hiervon werden wir im folgenden Satz Gebrauch machen.

Im Folgenden betrachten wir den Preis p_0 für Optionen $C = h(S_T)$ als Funktion der Parameter $T, S_0 > 0$, d.h. wir setzen

$$p_0(T, S_0) = E[H_T h(S_0 e^{(\mu - \sigma^2/2)T + \sigma B_T})].$$

Mit dieser Funktion lässt sich der Preis p_t in (11.35) wie folgt ausdrücken:

Satz 11.14 (Struktur von Preisen). *Sei (β, S) ein Black-Scholes-Modell und C ein Claim der Form $C = h(S_T)$, mit einer reellen, messbaren Funktion h. Dann lässt sich der faire Preis des Claims darstellen als*

$$p_t = p_0(T - t, S_t), \qquad \forall t \in [0, T]. \tag{11.41}$$

Dieser Preis hängt nicht ab vom Parameter μ des Black-Scholes-Modells.

Beweis. Im Fall $c = 0$ lässt sich die Preisformel (11.35) wie folgt darstellen:

$$p_t = \frac{\beta_t}{M_t} E[\beta_T^{-1} M_T h(S_T) | \mathcal{F}_t]$$

$$= E\left[e^{-r(T-t)} e^{-\theta(B_T - B_t) - \frac{1}{2}\theta^2(T-t)} h\left(S_t e^{(\mu - \frac{\sigma^2}{2})(T-t) + \sigma(B_T - B_t)}\right) | \mathcal{F}_t \right].$$

Es ist S_t eine $\mathcal{F}_t$-messbare Z.V. und $Y := B_T - B_t \perp\!\!\!\perp \mathcal{F}_t$. Folglich lässt sich das Lemma 11.13 anwenden, d.h. wir betrachten S_t als Konstante und lassen die Konditionierung auf $\mathcal{F}_t$ bei der Berechnung von p_t weg. Da $B_T - B_t$ dieselbe Verteilung hat wie B_{T-t} so ist die resultierende Formel identisch mit der Berechnung von p_0 für die Parameterwerte $T' = T - t$ sowie für $S_0' = S_t$. Aber dies ist (11.41). Zum Nachweis der Unabhängigkeit von μ genügt es wegen (11.41) p_0 zu betrachten:

$$p_0(C) = E[H_T C] = E[e^{-rT} e^{-\frac{\theta^2}{2}T - \theta B_T} h(S_0 e^{(\mu - \sigma^2/2)T + \sigma B_T})].$$

Setzt man hier im letzten Faktor $X := (\mu - \sigma^2/2)T + \sigma B_T$ und ersetzt im mittleren Faktor B_T durch $(X - (\mu - \sigma^2/2)T)/\sigma$, so folgt

$$p_0(C) = \frac{e^{-rT}}{\sqrt{2\pi\sigma^2 T}} \int_{\mathbb{R}} e^{g(x)} h(S_0 e^x)\, dx, \tag{11.42}$$

mit

$$g(x) = -\frac{\theta^2}{2}T - \frac{\theta}{\sigma}(x - (\mu - \sigma^2/2)T - \frac{(x - (\mu - \sigma^2/2)T)^2}{2\sigma^2 T}$$

$$= a + \frac{(x - b)^2}{2\sigma^2 T},$$

wobei a, b geeignete Konstanten sind. Für $h(x) := 1$ gilt $E[M_T(-\theta)] = 1 = e^a$, also gilt $a = 0$. Aus $g'(x) = (x - b)/\sigma^2 T$ und $\theta = (\mu - r)/\sigma$ folgt

$$b = -\sigma^2 T g'(0) = -\sigma^2 T(-\frac{\theta}{\sigma} + \frac{(\mu - \sigma^2/2)T}{\sigma^2 T})$$

$$= (\frac{\sigma^2}{2} - r)T.$$

Somit hängt g nicht von μ ab, und damit auch nicht (11.42). $\qquad \square$

Bemerkungen. 1. Gleichung (11.41) war intuitiv zu erwarten, aber die Unabhängigkeit des Preises vom (unbekannten) Modellparameter μ ist doch überraschend. Eine Schätzung von μ aus Prozessdaten entfällt damit, was äußerst hilfreich ist und einen der Gründe für die praktische Akzeptanz darstellt. 2. Der Parameter μ spiegelt die *Erwartung* wider, wie stark der Kurs tendenziell steigt oder fällt. Die Unabhängigkeit des Preises von μ bezeichnet man daher als *präferenzfreie Bewertung*. 3. Die verhältnismäßig einfache Struktur dieses Modells ist auch noch in anderer Hinsicht vorteilhaft: Je mehr Parameter ein Modell besitzt desto besser kann man es zwar im Prinzip an beobachtete Kursverläufe $(S_t)_{t \in I}$ „fitten", desto geringer ist aber auch die Schätzgenauigkeit der einzelnen Parameter. Da sowohl die Optionspreise alsauch die Duplikationsstrategien explizit von diesen Parametern abhängen (jedenfalls im Allgemeinen), so wirken sich große Fehlerschranken insbesondere negativ auf die Aussagekraft eines Vergleichs theoretischer und beobachteter Preise aus.

Satz 11.15 (Black-Scholes-Formel). *Für ein Black-Scholes-Modell (β, S) ist der faire Preis einer europäischen Call-Option $C = (S_T - K)^+$ mit Ausübungspreis $K > 0$ und Ausübungszeit $T > 0$ gegeben durch*

$$p_t(C) = S_t \Phi(d^+(T-t, S_t)) - Ke^{-r(T-t)} \Phi(d^-(T-t, S_t)), \qquad (11.43)$$

wobei $\Phi(x) = (2\pi)^{-1/2} \int_{-\infty}^{x} e^{-y^2/2} dy$ die Normal-Verteilungsfunktion ist, und

$$d^{\pm}(T, S_0) := \frac{\ln\left(\frac{S_0}{K}\right) + (r \pm \frac{\sigma^2}{2})T}{\sigma\sqrt{T}}.$$

Beweis. Nach Satz 11.14 genügt es zu zeigen, dass gilt:

$$p_0(T, S_0) = S_0 \Phi(d^+(T, S_0)) - Ke^{-rT} \Phi(d^-(T, S_0)). \qquad (11.44)$$

Dies ist eine reine Integrationsübung: Mit Satz 11.10 und mit (11.19) gilt

$$p_0 = E[H_T(S_T - K)^+] \qquad (11.45)$$

$$= E[e^{-(r+\frac{\theta^2}{2})T} e^{-\theta B_T} (S_0 e^{(\mu-\frac{\sigma^2}{2})T + \sigma B_T} - K)^+],$$

wobei $\theta = (\mu - r)/\sigma$ ist. Nun ist $(\cdots)^+$ strikt positiv genau dann, wenn

$$\frac{B_T}{\sqrt{T}} > \frac{1}{\sigma\sqrt{T}}\left(\ln\left(\frac{K}{S_0}\right) - (\mu - \frac{\sigma^2}{2})T\right) =: x_0.$$

Da $B_T/\sqrt{T}$ eine $N(0,1)$-Verteilung besitzt folgt

$$p_0 = \frac{e^{-(r+\frac{\theta^2}{2})T}}{\sqrt{2\pi}}\Big[S_0 e^{(\mu-\frac{\sigma^2}{2})T} \int_{x_0}^{\infty} e^{(\sigma-\theta)\sqrt{T}x - \frac{x^2}{2}} dx$$

$$- K \int_{x_0}^{\infty} e^{-\theta\sqrt{T}x - \frac{x^2}{2}} dx\Big] =: q_1 - q_2.$$

Der Exponent in q_1 lautet (mit quadratischer Ergänzung)

$$-(r + \frac{\theta^2}{2})T + (\mu - \frac{\sigma^2}{2})T - \frac{1}{2}(x - (\sigma - \theta)\sqrt{T})^2 + \frac{1}{2}(\sigma - \theta)^2 T = -\frac{1}{2}\tilde{x}^2\,,$$

mit $\tilde{x} = x - (\sigma - \theta)\sqrt{T}$. Es folgt somit

$$q_1 = S_0 \int_{x_0 - (\sigma - \theta)T}^{\infty} e^{-\frac{\tilde{x}^2}{2}} d\tilde{x} = S_0 \Phi((\sigma - \theta)\sqrt{T} - x_0)\,,$$

wobei sich das Argument von Φ mit $r = \mu - \sigma\theta$ noch weiter umformen lässt:

$$(\sigma - \theta)\sqrt{T} - x_0 = \frac{(\sigma^2 - \sigma\theta)T}{\sigma\sqrt{T}} + \frac{1}{\sigma\sqrt{T}}\left(\ln\left(\frac{S_0}{K}\right) + (\mu - \frac{\sigma^2}{2})T\right) = d^+(T, S_0)\,.$$

Der Exponent in q_2 unterscheidet sich von demjenigen für q_1 nur durch den zusätzlichen Term $\sigma\sqrt{T}x$. Eine analoge Rechnung für q_2 liefert den zweiten Term in (11.44). $\square$

Bemerkungen. 1. Gleichung (11.43) bestätigt nochmals die Unabhängigkeit von μ, wie sie in Satz 11.14 allgemeiner festgestellt wurde. 2. Die Berechnung für den Preis eines europäischen Puts geht völlig analog. Dieser Preis lautet (o.B.d.A. für $t = 0$ und mit denselben Abkürzungen):

$$p_0 = Ke^{-rT}\Phi(-d^-(T, S_0)) - S_0\Phi(-d^+(T, S_0)) \qquad \text{(Put-Preis)}\,.$$

Diese Formel lässt sich *alternativ* auch aus der Put-Call Parität (11.31) herleiten; man kann dies als eine Konsistenz-Bedingung auffassen, welche das Black-Scholes-Modell erfüllt.

Eigenschaften der Black-Scholes-Formel. Wir untersuchen im Folgenden p_0 in Gleichung (11.44) als eine Funktion von $T, S_0, K, \sigma > 0$ und $r \geq 0$. Wir benutzen dazu einerseits die offenkundige Beziehung

$$d^- = d^+ - \sigma\sqrt{T}\,, \qquad (11.46)$$

und andererseits die folgende Identität, wobei mit $\psi(x) := \Phi'(x)$ die standardisierte Gauß-Dichte abgekürzt sei:

$$Ke^{-rT}\psi(d^-) = Ke^{-rT}\psi(d^+)e^{d^+\sigma\sqrt{T} - \sigma^2 T/2}$$

$$= Ke^{-rT}\psi(d^+)\exp\{\ln\left(\frac{S_0}{K}\right) + (r + \frac{\sigma^2}{2})T - \frac{\sigma^2}{2}T\}$$

$$= S_0\psi(d^+)\,. \qquad (11.47)$$

(a) Zunächst gilt aufgrund von (11.45) (und weil S_T eine stetige, strikt positive Dichte hat) die Eigenschaft $p_0 > 0$. Weiter gibt (11.44) unmittelbar die obere Schranke $p_0 < S_0$, also

$$p_0 \in (0, S_0)\,. \qquad (11.48)$$

Für $T \searrow 0$ folgt mit der Stetigkeit von $T \mapsto (S_T - K)^+$ und mit majorisierter Konvergenz weiter die Konvergenz $p_0 \to (S_0 - K)^+$.

(b) Wir betrachten als nächstes die Abhängigkeit von S_0: Es gilt

$$\frac{\partial p_0}{\partial S_0} = \Phi(d^+) + S_0\psi(d^+)\frac{\partial d^+}{\partial S_0} - e^{-rT}K\psi(d^-)\frac{\partial d^-}{\partial S_0}$$

$$= \Phi(d^+) > 0, \tag{11.49}$$

wobei (11.46) und (11.47) benutzt wurde. Der Call-Preis wächst also mit S_0, was zu erwarten war. Nochmaliges differenzieren von (11.49) liefert:

$$\frac{\partial^2 p_0}{\partial S_0^2} = \psi(d^+)\frac{\partial}{\partial S_0}\Big\{\frac{\ln\big(\frac{S_0}{K}\big) + (r + \frac{\sigma^2}{2})T}{\sigma\sqrt{T}}\Big\}$$

$$= \frac{\psi(d^+)}{S_0\sigma\sqrt{T}} > 0. \tag{11.50}$$

Somit ist p_0 eine konvexe Funktion des Anfangswertes S_0.

(c) Der Call-Preis wächst auch mit der Laufzeit T:

$$\frac{\partial p_0}{\partial T} = S_0\psi(d^+)\frac{\partial d^+}{\partial T} - Ke^{-rT}\big(\psi(d^-)\frac{\partial d^-}{\partial T} - r\Phi(d^-)\big)$$

$$= S\psi(d^+)\frac{\sigma}{2\sqrt{T}} + rKe^{-rT}\Phi(d^-) \tag{11.51}$$

$$= Ke^{-rT}\big\{r\Phi(d^-) + \psi(d^-)\frac{\sigma}{2\sqrt{T}}\big\} > 0. \tag{11.52}$$

(d) Schließlich wächst p_0 streng mit der Volatilität σ:

$$\frac{\partial p_0}{\partial \sigma} = S_0\psi(d^+)\frac{\partial d^+}{\partial \sigma} - Ke^{-rT}\psi(d^-)\frac{\partial d^-}{\partial \sigma}$$

$$= S_0\psi(d^+)\big(\frac{\partial d^+}{\partial \sigma} - \frac{\partial d^-}{\partial \sigma}\big)$$

$$= S_0\psi(d^+)\sqrt{T} > 0.$$

Die Formel für $d^\pm$ zeigt weiter, dass $d^\pm$ gegen $\pm\infty$ konvergiert, für $\sigma \to \infty$. Mit (11.44) folgt $p_0 \to S_0$ für $\sigma \to \infty$. Für $\sigma \to 0$ konvergiert p_0 wegen (11.48) gegen ein $a \in [0, S_0)$, welches aber abhängt von der Kombination der restlichen Konstanten. Ist jedenfalls $\bar{p}_0 \in (a, S_0)$, so hat die Gleichung

$$p_0(T, S_0, K, \sigma, r) = \bar{p} \tag{11.53}$$

bei festen T, S_0, K, genau eine Lösung σ. Ist nun $\bar{p}$ der am Markt real vorhandene Preis eines Calls mit Ausübungspreis K, so kann man nach (11.53) das zugehörige σ, genannt *implizite Volatilität* $\bar{\sigma}$, bestimmen. Nach dem Black-Scholes-Modell sollte dieser Wert unabhängig von K sein. Man beobachtet aber tatsächlich eine Abhängigkeit $\bar{\sigma}(K)$ in Form einer flachen Parabel („volatility smile"). In einer Umgebung des Wertes $K = S_0$ stimmt tatsächlich $\bar{\sigma}(K)$ mit dem theoretischen Wert σ annähernd überein, wobei letzterer aus historischen Daten von S_t geschätzt wurde (typischerweise aus drei bis sechs Monaten Preisdaten). Für Werte $K \ll S_0$ bzw. $K \gg S_0$ liegt allerdings $\bar{\sigma}(K)$ signifikant über σ.

Aufgabe. Man zeige, dass der Call-Preise p_0 mit der Zinsrate r wächst, und mit dem Ausübungspreis K fällt (letzteres war offensichtlich zu erwarten):

$$\frac{\partial p_0}{\partial r} = KTe^{-rT}\Phi(d^-) > 0\,, \qquad \frac{\partial p_0}{\partial K} = -e^{-rT}\Phi(d^-) < 0\,.$$

Die Handelsstrategie zur Black-Scholes-Formel. Wir schreiben im Folgenden den Preisprozess p_t in (11.43) mit Hilfe von (11.44) wie in (11.41):

$$p_t = p_0(T - t, S_t)\,, \quad \forall t \in [0, T)\,. \tag{11.54}$$

Wir wissen aus Abschnitt 11.4, dass für den Preis des Calls definitionsgemäß $p_t = V_t^\varphi = \varphi_t^\beta \beta_t + \varphi_t^S S_t$ gilt, wenn φ die Duplikationsstrategie des Calls ist. Vergleicht man dies mit (11.43) und beachtet $\beta_t = e^{rt}$, so ist die Vermutung

$$\varphi_t^S = \Phi(d^+(T - t, S_t)) \tag{11.55}$$

$$\varphi_t^\beta = -Ke^{-rT}\Phi(d^-(T - t, S_t)) \tag{11.56}$$

naheliegend. Der folgende Satz zeigt, dass dies im Wesentlichen so ist:

Satz 11.16. *Es sei $p_t(C)$ der Call-Preis (11.43). Dann wird eine zulässige Duplikationsstrategie φ für C definiert durch stetige Fortsetzung der Funktionen (11.55) und (11.56) in $t = T$.*

Beweis. Nach Definition von $d^\pm$ gilt im Fall $S_T > K$: $d^\pm(T - t, S_t) \to \infty$ für $t \nearrow T$. Hieraus folgt $\varphi_t^S \to 1$ und $\varphi_t^\beta \to -K$, also $V_t^\varphi \to S_T - K = (S_T - K)^+$. Enstprechend erhält man im Fall $S_T < K$ die Konvergenz $\varphi_t^S \to 0$ und $\varphi_t^\beta \to 0$, also $V_t^\varphi \to 0 = (S_T - K)^+$. Da S_T stetig verteilt ist gilt $S_T = K$ nur auf einer P-Nullmenge. Somit hat sowohl φ alsauch V^φ eine P-f.s. stetige Fortsetzung nach $t = T$, und es gilt die Duplikationseigenschaft

$$V_T^\varphi = (S_T - K)^+\,, \quad P - \text{fast sicher}\,.$$

Da φ^S und φ^β offensichtlich beschränkte, $\mathcal{F}_t$-adaptierte Prozesse sind ist φ per Definition eine Handelsstrategie. Nach (11.45) gilt $p_0 \geq 0$, also mit (11.54) auch $V_t^\varphi = p_t \geq 0$ für alle t, d.h. φ erfüllt die Kreditbedingung (11.29). Schließlich bleibt zu zeigen, dass φ selbstfinanzierend ist, dass also

$$dV_t^\varphi = \varphi_t^\beta\, d\beta_t + \varphi_t^S\, dS_t \tag{11.57}$$

gilt. Aus (11.54) folgt zunächst mit der Itô-Formel und $dS_t = \mu S_t dt + \sigma S_t dB_t$:

$$dV_t^\varphi = -\frac{\partial p_0}{\partial T}(T-t, S_t)dt + \frac{\partial p_0}{\partial S_0}(T-t, S_t)\, dS_t + \frac{1}{2}\frac{\partial^2 p_0}{\partial S_0^2}(T-t, S_t)\, (dS_t)^2$$

$$= \left(-\frac{\partial p_0}{\partial T} + \frac{1}{2}\sigma^2 S_t^2 \frac{\partial^2 p_0}{\partial S_0^2}\right)(T-t, S_t)\, dt + \frac{\partial p_0}{\partial S_0}(T-t, S_t)\, dS_t. \quad (11.58)$$

Nach (11.49) stimmt der dS_t-Koeffizient in (11.58) mit $\Phi(d^+(T-t, S_t))$ überein, d.h. mit φ_t^S aus (11.55). Aus (11.50) und (11.51) folgt außerdem

$$-\frac{\partial p_0}{\partial T}(T, S_0) + \frac{1}{2}\sigma^2 S^2 \frac{\partial^2 p_0}{\partial S^2}(T, S_0) = -rKe^{-rT}\Phi(d^-(T, S_0)),$$

sodass das erste Differential in (11.58) mit $\varphi_t^\beta\, d\beta_t$ übereinstimmt. Somit ist (11.57) verifiziert. □

Bemerkung. Nach (11.55) gilt stets $\varphi_t^S \in [0, 1]$. Der Investor hält also bei dieser Strategie stets einen positiven Aktienanteil (sodass gar keine Aktienleerverkäufe erforderlich sind). Nach (11.56) ist der Bondanteil hingegen stets negativ, und nach unten durch $-Ke^{-rT}$ (dem abdiskontierten Ausübungspreis) beschränkt. Da φ außerdem pfadstetig ist, so ist diese Strategie am Markt (zumindest theoretisch) problemlos realisierbar.

Lösungen der nummerierten Aufgaben

2.a. Sei $\mathcal{F} := \{A \triangle N \mid A \in \mathcal{H}, N \in \mathcal{N}\}$. Zeige $\sigma(\mathcal{H} \cup \mathcal{N}) = \mathcal{F}$:

„$\supset$": Aus $A \in \mathcal{H} \subset \sigma(\mathcal{H} \cup \mathcal{N})$ und $N \in \mathcal{N} \subset \sigma(\mathcal{H} \cup \mathcal{N})$ folgt $A \triangle N \in \sigma(\mathcal{H} \cup \mathcal{N})$.

„$\subset$": Es gilt $\mathcal{H} \cup \mathcal{N} \subset \mathcal{F}$, da $A = A \triangle \emptyset \in \mathcal{F}$ und $N = \emptyset \triangle N \in \mathcal{F}$. Also gilt auch $\sigma(\mathcal{H} \cup \mathcal{N}) \subset \sigma(\mathcal{F})$. Die Behauptung folgt also, falls $\mathcal{F} = \sigma(\mathcal{F})$ gilt. Weise dies nach, d.h. zeige, dass $\mathcal{F}$ eine σ-Algebra ist (Def. in Abschnitt 1.1):

(S1) $\Omega = \Omega \triangle \emptyset \in \mathcal{F}$.

(S2) Sei $F \in \mathcal{F}$. Zeige $F^c \in \mathcal{F}$:

$$
\begin{aligned}
F^c = (A \triangle N)^c &= [(A \cap N^c) \cup (N \cap A^c)]^c \\
&= (A^c \cup N) \cap (N^c \cup A) \\
&= [A^c \cap (N^c \cup A)] \cup [N \cap (N^c \cup A)] \\
&= [A^c \cap N^c] \cup [N \cap A] = A^c \triangle N \in \mathcal{F}.
\end{aligned}
$$

(S3) Seien $F_n = A_n \triangle N_n \in \mathcal{F}$. Zeige $\cup_{n=1}^{\infty} F_n \in \mathcal{F}$. Zunächst gilt:

$$
N := (\bigcup_n A_n \triangle N_n) \triangle \bigcup_n A_n \subset \bigcup_n (A_n \triangle N_n) \triangle A_n = \bigcup_n N_n \in \mathcal{N},
$$

wobei $B = C \triangle (B \triangle C)$ benutzt wurde. Mit $\cup_n A_n \in \mathcal{H}$ folgt hiermit weiter:

$$
\bigcup_n (A_n \triangle N_n) = (\bigcup_n A_n) \triangle N \in \mathcal{F}.
$$

Zur zweiten Behauptung: Sei $X \in \mathcal{L}^1(\Omega, \mathcal{F}, P)$, $A \in \mathcal{F}$, und $N \in \mathcal{F}$ eine P-Nullmenge. Da $F \triangle N = A \backslash N \cup N \backslash A$ eine disjunkte Vereinigung ist gilt

$$
\begin{aligned}
\int_{A \triangle N} X \, dP &= \int_{A \backslash N} X \, dP + \int_{N \backslash A} X \, dP \quad \text{(zweiter Term ist 0)} \\
&= \int_{A \cap N^c} X \, dP + \int_{A \cap N} X \, dP \quad \text{(hier ebenso)} \\
&= \int_A X \, dP.
\end{aligned}
$$

$\square$

2.b. Da B_t an $\mathcal{A}_t$ adaptiert ist, so auch an $\mathcal{A}_t^* \supset \mathcal{A}_t$. Bleibt also $B_t - B_s \perp\!\!\!\perp \mathcal{A}_s^*$ für alle $0 \le s < t$ zu zeigen. Sei also $A^* = A \triangle N \in \mathcal{A}_s^*$ und $C \in \sigma(B_t - B_s)$. Dann gilt wegen $B_t - B_s \perp\!\!\!\perp \mathcal{A}_s$ (mit Aufgabe 2.a)

$$P(A^* \cap C) = \int_{A^* \cap C} 1 \, dP = \int_{A^*} 1_C \, dP = \int_A 1_C \, dP = P(A \cap C) = P(A)P(C).$$

Die nachzuweisende Faktorisierung $P(A^* \cap C) = P(A^*)P(C)$ folgt damit aus

$$P(A) = \int_A 1 \, dP = \int_{A^*} 1 \, dP = P(A^*). \qquad \Box$$

2.c. Sei $f \in \mathcal{T}([\alpha, \beta])$ auf zweierlei Weise dargestellt:

$$f(t) = \sum_{j=0}^{N-1} e_j 1_{[t_j, t_{j+1})}(t) + e_N 1_{\{\beta\}}(t) = \sum_{i=0}^{M-1} g_i 1_{[s_i, s_{i+1})}(t) + e_N 1_{\{\beta\}}(t)$$

Definiere die Zerlegung $\mathcal{Z} := \{t_0, \ldots, t_N\} \cup \{s_0, \ldots, s_M\} =: \{r_0, \ldots, r_K\}$ von $[\alpha, \beta]$. Zu jedem j gibt es dann genau ein $k = k(j) \in \{0, \ldots, K\}$ mit $t_j = r_{k(j)}$, wobei $k(j) < k(j+1)$ für alle $j < N$ gilt. Damit folgt

$$1_{[t_j, t_{j+1})} = 1_{[r_{k(j)}, r_{k(j+1)})} = \sum_{k(j) \le k < k(j+1)} 1_{[r_k, r_{k+1})}.$$

Für $f - e_N 1_{\{\beta\}}$ erhält man so eine Darstellung bezüglich $\mathcal{Z}$,

$$\sum_{j=0}^{N-1} \sum_{k(j) \le k < k(j+1)} e_j 1_{[r_k, r_{k+1})} = \sum_{k=0}^{K-1} \tilde{e}_k 1_{[r_k, r_{k+1})}, \qquad (*)$$

mit $\tilde{e}_k = e_j \; \forall k \in \{k(j), \ldots, k(j+1)\}$. Verfährt man auf die gleiche Weise mit der zweiten Darstellung von f, so erhält man eine zu $(*)$ analoge Darstellung von f mit Koeffizienten $\tilde{g}_k$. Weil aber beiden Darstellungen *dieselbe Zerlegung* zugrunde liegt muss $\tilde{g}_k = \tilde{e}_k$ gelten. Es folgt für die erste Darstellung

$$I(f) = \sum_{j=0}^{N-1} e_j(B_{t_{j+1}} - B_{t_j}) = \sum_{j=0}^{N-1} e_j \sum_{k(j) \le k < k(j+1)} (B_{r_{k+1}} - B_{r_k})$$

$$= \sum_{k=0}^{K-1} \tilde{e}_k(B_{r_{k+1}} - B_{r_k}).$$

Dieses Ergebnis folgt aber auch für die zweite Darstellung, d.h. $I(f)$ ist wohldefiniert. Zeige nun die Stetigkeit des Wiener-Integrals: Für $t \in [t_j, t_{j+1})$ gilt:

$$I_t(f) = \int_\alpha^t f(s) \, dB_s = \int_\alpha^{t_j} f(s) \, dB_s + e_j(B_t - B_{t_j}).$$

Also ist $I_t(f)$ stetig in (t_j, t_{j+1}), linksstetig in t_{j+1} und rechtsstetig in t_j. Da dies für alle $j = 1, \ldots N-1$ gilt folgt die Stetigkeit für alle $t \in [\alpha, \beta]$. $\qquad \Box$

3.a. Ersetzt man die Integranden C_j und $C'_{j'}$ auf der linken Seite von (3.8) durch approximierende Treppenfunktion $C_j^{(n)}$ und $C'^{(n)}_{j'}$ (mit gleicher Zerlegungsnullfolge $\mathcal{Z}_n$), so fallen wegen Unabhängigkeit alle Terme, welche Faktoren $E[\Delta B^{(j)}_{t_i} \Delta B^{(j')}_{t_{i'}}]$ mit $j \neq j'$ oder $i \neq i'$ enthalten, weg. Man erhält so die Itô-Isometrie (3.8) für Treppenfunktionen. Der Grenzübergang $n \to \infty$ liefert dann (3.8) für beliebige $\mathcal{L}^2([\alpha,\beta],\lambda)$-Integranden. $\square$

4.a. Es sei $(f_n)_{n \in \mathbb{N}}$ eine CF in $\mathcal{L}^p_a([\alpha,\beta])$. Dann ist (f_n) auch eine CF in $\mathcal{L}^p = \mathcal{L}^p([\alpha,\beta] \times \Omega, \mathcal{B}([\alpha,\beta]) \otimes \mathcal{F}, \lambda \otimes P)$, konvergiert also gegen ein $f \in \mathcal{L}^p$, d.h. $\int_\alpha^\beta E[|f_n(t) - f(t)|^p]\,dt \to 0$. Damit gibt es eine λ-Nullmenge $N \subset [\alpha,\beta]$, sodass für geeignete Teilfolgenindizes n' gilt:

$$E[|f_{n'}(t) - f(t)|^p] \cdot 1_{N^c}(t) \to 0, \qquad \forall t \in [\alpha,\beta]. \tag{α}$$

Nun ist $\tilde{f}_{n'} := f_{n'} 1_{N^c \times \Omega} \in \mathcal{L}^p_a$, $\tilde{f} := f \cdot 1_{N^c \times \Omega} \in \mathcal{L}^p$ und es gilt

$$f_n \to \tilde{f}, \quad \text{in } \mathcal{L}^p. \tag{β}$$

Für jedes feste $t \in [\alpha,\beta]$ gilt nach (α) weiter $f_{n'}(t,\cdot) \to \tilde{f}(t,\cdot)$ in $\mathcal{L}^p(\Omega, \mathcal{F}, P)$. Da $f_{n'}(t,\cdot)$ $\mathcal{A}_t$-messbar ist, so ist $\tilde{f}(t,\cdot)$ $\mathcal{A}_t^*$-messbar, also n.V. $\mathcal{A}_t$-messbar. Somit gilt $\tilde{f} \in \mathcal{L}^p_a([\alpha,\beta])$ und (β) zeigt, dass $\tilde{f}$ $\mathcal{L}^p$-Grenzwert der f_n ist. $\square$

4.b. *Linearität:* Seien $f_n, g_n \in \mathcal{T}^2_a([\alpha,\beta])$ mit $f_n \to f$ und $g_n \to g$ in $\mathcal{L}^2_a([\alpha,\beta])$. O.b.d.A. seien f_n und g_n bzgl. derselben Zerlegung $\{t_0^{(n)}, \dots, t_{N_n}^{(n)}\}$ dargestellt. Wegen der Linearität von $\sum$ folgt damit sofort

$$I(cf_n + g_n) = cI(f_n) + I(g_n) \quad \forall n \in \mathbb{N}. \tag{$*$}$$

Da $cf_n + g_n$ in $\mathcal{L}^2_a([\alpha,\beta])$ gegen $cf + g$ konvergiert folgt durch Grenzübergang in $(*)$ die Behauptung. *Additivität:* Wähle f_n wie oben, aber o.B.d.A. gelte $\delta \in \{t_0^{(n)}, \dots, t_{N_n}^{(n)}\}$ für alle n (sonst Zusatzpunkt einfügen). Zu jedem n gibt es also ein $j_n \in \{1, \dots, N_n - 1\}$ mit $\delta = t_{j_n}^{(n)}$. Es folgt

$$\sum_{j=0}^{N_n-1} e_j^{(n)} (B_{t_{j+1}^{(n)}} - B_{t_j^{(n)}}) = \sum_{j=0}^{j_n-1} e_j^{(n)} (B_{t_{j+1}^{(n)}} - B_{t_j^{(n)}}) + \sum_{j=j_n}^{N_n-1} e_j^{(n)} (B_{t_{j+1}^{(n)}} - B_{t_j^{(n)}})$$

Wegen $\alpha = t_0^{(n)} < \cdots < t_{j_n}^{(n)} = \delta$ und $\delta = t_{j_n}^{(n)} < \cdots < t_{N_n}^{(n)} = \beta$ folgt durch Grenzübergang in dieser Gleichung die Behauptung. $\square$

4.c. Zweimalige Benutzung der Dreiecksungleichung ergibt:

$$d(x,z) \leq d(x,y) + d(y,z) \;\Rightarrow\; d(x,z) - d(z,y) \leq d(x,y) \tag{α}$$
$$d(z,y) \leq d(z,x) + d(x,y) \;\Rightarrow\; d(z,y) - d(z,x) \leq d(x,y) \tag{β}$$

Die linke Seite von (α) oder von (β) ist nichtnegativ, sodass folgt

$$|d(x,z) - d(z,y)| \leq d(x,y). \qquad\qquad \square$$

5.a. $X_t := X_\alpha$ (für $t \in [\alpha,\beta]$) ist ein Itô-Prozess mit $f = g = 0$. Ersetzt man in (5.35) überall dX_t durch Null und X_β durch X_α, so folgt (5.39). $\square$

7.a. (i) Mit X hat auch $\tilde{X} := X - E[X]$ unabhängige Zuwächse, und $\tilde{X}$ ist auch $\mathcal{F}_t^X$-adaptiert. Für $0 \le s \le t$ folgt hieraus:

$$E[\tilde{X}_t | \mathcal{F}_s^X] = E[(\tilde{X}_t - \tilde{X}_s) + \tilde{X}_s | \mathcal{F}_s^X] = E[\tilde{X}_t - \tilde{X}_s] + \tilde{X}_s = \tilde{X}_s,$$

d.h. $\tilde{X}$ ist ein $\mathcal{F}_t^X$-Martingal. Ähnlich löst man (ii): Für $0 \le s \le t$ gilt:

$$E[X_t | X_s] = E[E[X | \mathcal{F}_t] | \mathcal{F}_s] = E[X | \mathcal{F}_s] = X_s. \qquad \square$$

7.b. (a) Für $F' \in \mathcal{F}'$ gilt:

$$
\begin{aligned}
(X|_A)^{-1}(F') &= \{\omega \in A \mid X(\omega) \in F'\} \\
&= \{\omega \in \Omega \mid X(\omega) \in F'\} \cap A \in \mathcal{F} \cap A.
\end{aligned}
$$

Also ist $X|_A$ messbar bezüglich $(\mathcal{F} \cap A) - \mathcal{F}'$.

(b) Sei $X = (X_1, X_2)$ messbar bezüglich $\mathcal{F} - \mathcal{F}_1 \otimes \mathcal{F}_2$. Zeige die $\mathcal{F} - \mathcal{F}_1$-Messbarkeit von X_1: Für $F_1 \in \mathcal{F}_1$ gilt

$$X_1^{-1}(F_1) = X^{-1}(F_1 \times \Omega_2) \in \mathcal{F}.$$

Entsprechend folgt die $\mathcal{F} - \mathcal{F}_2$-Messbarkeit von X_2. Sind umgekehrt die X_i $\mathcal{F} - \mathcal{F}_i$-messbar, so gilt für $F_i \in \mathcal{F}_i$:

$$X^{-1}(F_1 \times F_2) = X_1^{-1}(F_1) \cap X_2^{-1}(F_2) \in \mathcal{F}.$$

Da $\mathcal{E} = \{F_1 \times F_2 \mid F_1 \in \mathcal{F}_1, F_2 \in \mathcal{F}_2\}$ ein Erzeuger von $\mathcal{F}_1 \otimes \mathcal{F}_2$ ist folgt hieraus die Messbarkeit von X. $\qquad \square$

10.a. Zur Erinnerung (vgl. Abschnitt 1.1): Ist $f \ge 0$ so gilt

$$\int f \, d(MP) = \int f M \, dP.$$

(a) Hieraus folgt (wegen $M \ge 0$) insbesondere:

$$
\begin{aligned}
X \in \mathcal{L}^1(MP) \quad &\Longleftrightarrow \quad \int |X| \, d(MP) < \infty \\
&\Longleftrightarrow \quad \int |X| M \, dP < \infty \quad \Longleftrightarrow \quad XM \in \mathcal{L}^1(P).
\end{aligned}
$$

(b) Zeige die Äquivalenz der beiden W-Maße: Sei $P(A) = 0$. Dann gilt

$$(MP)(A) = \int 1_A \, d(MP) = \int 1_A M \, dP = 0,$$

da $1_A M = 0$ P-fast sicher. Sei umgekehrt $(MP)(A) = 0$. Wegen $M > 0$ gilt dann

$$
\begin{aligned}
P(A) &= \int 1_A \, dP = \int 1_A M^{-1} M \, dP \\
&= \int 1_A M^{-1} \, d(MP) = 0,
\end{aligned}
$$

da $1_A M^{-1} = 0$ MP-fast sicher. $\qquad \square$

Häufige Bezeichnungen und Abkürzungen

$\mathbb{N}, \mathbb{N}_0, \mathbb{Q}$	$\{1, 2, \ldots\}$, $\{0, 1, 2, \ldots\}$, rationale Zahlen
$\mathbb{R}, \mathbb{R}_+, \overline{\mathbb{R}}$	reelle Zahlen, bzw. $[0, \infty) \subset \mathbb{R}$, bzw. $[-\infty, \infty]$
ϕ, Ω	leere Menge, Grundmenge
$\mathcal{P}(\Omega)$	$= \{A \,|\, A \subset \Omega\}$, Potenzmenge von Ω
N^c	das Komplement der Menge N
$A \triangle B$	$= A \backslash B \cup B \backslash A$, die symmetrische Differenz zweier Mengen
$D_n \uparrow D$	$D_n \subset D_{n+1}$ für alle $n \in \mathbb{N}$, und $\cup_{n \in \mathbb{N}} D_n = D$
$D_n \downarrow D$	$D_n \supset D_{n+1}$ für alle $n \in \mathbb{N}$, und $\cap_{n \in \mathbb{N}} D_n = D$
T^{-1}	$T : \Omega \rightarrow \Omega'$ sei Abbildung. Dann ist $T^{-1} : \mathcal{P}(\Omega') \rightarrow \mathcal{P}(\Omega)$ definiert durch $T^{-1}(A') := \{\omega \in \Omega | T(\omega) \in A'\}$.
$\mathcal{Z}$	$= \{t_0, t_1, \ldots, t_N\}$ mit $\alpha = t_0 < t_1 < \cdots < t_N = \beta$, eine Zerlegung von $[\alpha, \beta]$
$\mathcal{F}, \mathcal{A}, \mathcal{H}$	σ-Algebren (über Ω)
$\mathcal{F} \otimes \mathcal{A}$	$= \sigma(F \times A \,|\, F \in \mathcal{F}, A \in \mathcal{A}) = $ Produkt-σ-Algebra
$\sigma(T)$	die von einer Abbildung $T : \Omega \rightarrow \Omega'$ erzeugte σ-Algebra
$\sigma(\mathcal{E})$	die von einem Mengensystem $\mathcal{E}$ erzeugte σ-Algebra
$(\mathcal{F}_t)_{t \in I}$	Filtration bezüglich der Zeitmenge I
$\mathcal{F}_t^X$	die durch $(X_t)_{t \geq 0}$ erzeugte Filtration $\mathcal{F}_t^X := \sigma(X_s, s \leq t)$
$(\mathcal{A}_t)_{t \geq 0}$	Filtration, welche dem Itô-Integral zugrunde liegt
$\mathcal{H}^*$	Augmentation der σ-Algebra $\mathcal{H}$ durch alle P-Nullmengen
$\mathcal{F}_{t+}$	$= \bigcap_{s > t} \mathcal{F}_s$
$\mathcal{B}(\mathbb{R}^d)$	Borelsche σ-Algebra über $\mathbb{R}^d$
$\mathcal{F}_\tau$	σ-Algebra der Ereignisse bis zur Stoppzeit τ
$(\Omega, \mathcal{F}, \mu)$	Maßraum (μ ein Maß auf $\mathcal{F}$)
$\mu_1 \otimes \mu_2$	Produktmaß der Maße μ_1 und μ_2
$(\Omega, \mathcal{F}, P)$	Wahrscheinlichkeitsraum (P ein W-Maß auf $\mathcal{F}$)
P_X	Verteilung der Zufallsvariablen X: $P_X(B) = P(X \in B)$
$P|_{\mathcal{H}}$	Einschränkung von P auf die Unter-σ-Algebra $\mathcal{H} \subset \mathcal{F}$

$d^n x, \lambda^n$	Lebesgue-Maß auf $\mathbb{R}^n$, oder auf einer Teilmenge von $\mathbb{R}^n$
ν_{μ,σ^2}	Normalverteilung mit Erwartungswert μ und Varianz σ^2
$N(\mu, \sigma^2)$	verbale Umschreibung für ν_{μ,σ^2}
π_a	Poisson-Maß mit Parameter $a \geq 0$
f^+, f^-	$f^+ = \max\{f, 0\}$, $f^- = \max\{-f, 0\}$ $(f = f^+ - f^-)$
X, Y, Z	reelle Zufallsvariablen
$\mathcal{M}(\Omega, \mathcal{F}, P)$	Raum aller reellen Zufallsvariablen auf $(\Omega, \mathcal{F}, P)$
$d(X, Y)$	$= E\big[|X - Y|/(1 + |X - Y|)\big] = $ Halbmetrik auf $\mathcal{M}(\Omega, \mathcal{F}, P)$
1_A	Indikatorfunktion der Menge $A \subset \Omega$ (1 für $\omega \in A$, 0 sonst)
σ, τ	Stoppzeiten
φ_μ	charakteristische Funktion des endlichen Maßes μ
φ_X	charakteristische Funktion der Verteilung P_X (der Z.V.n X)
$(B_t)_{t \geq 0}$	Brownsche Bewegung in $\mathbb{R}$ oder in $\mathbb{R}^k$
$(X_t)_{t \in I}$	stochastischer Prozess mit Zeitmenge I
$(X_t^\tau)_{t \in I}$	der zur Stoppzeit τ gestoppte Prozess $X_{t \wedge \tau}$
$\langle X \rangle_t$	quadratische Variation eines Prozesses $(X_t)_{t \geq 0}$ zur Zeit t
V_t	Vermögensprozess
c_t	Konsumprozess
p_t	Preisprozess
(β, S)	Marktmodell
$(\varphi^\beta, \varphi^S)$	Handelsstrategie
$I(f)$	$= \int_\alpha^\beta f(s)\, dB_s = $ Itô-Integral
$I_t(f)$	$= \int_0^t f(s)\, dB_s$
$E[X]$	$= \int X\, dP = $ Erwartungswert der Z.V. X
$\mathrm{Var}[X]$	$= E[X^2] - E^2[X] = $ Varianz von X
$E[X|\mathcal{H}]$	bedingter Erwartungswert von X unter $\mathcal{H}$ $(= \sigma\text{-Algebra})$
$\langle f, g \rangle$	Skalarprodukt für $f, g \in L^2_{\mathbb{C}}(\Omega, \mathcal{F}, \mu)$: $\langle f, g \rangle := \int \bar{f} g\, d\mu$
$\langle y, x \rangle$	$= y_1 x_1 + \cdots + y_d x_d$, das Standard-Skalarprodukt auf $\mathbb{R}^d$
$d_p(f, g)$	Halbmetrik auf den $\mathcal{A}_t$-adaptierten Prozessen, welche pfadweise P-f.s. in $\mathcal{L}^p([\alpha, \beta], \lambda)$ sind
$\|f\|_p, \|f\|_{\mathcal{L}^p}$	$= \big(\int_\Omega |f|^p\, d\mu \big)^{1/p} = $ (Halb-) Norm in L^p (bzw. $\mathcal{L}^p$)
$\|f\|_\infty$	$= \sup\{|f(t)| \,|\, t \in I\} = $ Supremumsnorm
$E(\Omega, \mathcal{F})$	Elementarfunktionen: $\mathcal{F}$-messbar mit endlicher Wertemenge
$E^*(\Omega, \mathcal{F})$	Raum aller $\mathcal{F}$-messbaren Funktionen mit Werten in $[0, \infty]$
$\mathrm{lin}[f_\lambda | \lambda \in I]$	die lineare Hülle aller f_λ, d.h. alle endlichen Linearkombinationen $f = \alpha_1 f_{\lambda_1} + \cdots + \alpha_n f_{\lambda_n}$, mit $\alpha_k \in \mathbb{R}$
$\mathcal{L}^p(\Omega, \mathcal{F}, \mu)$	$= \{f : \Omega \to \mathbb{R} \,|\, f \text{ ist messbar und } \int_\Omega |f|^p\, d\mu < \infty\} = $ Raum aller reellen, p-fach integrierbaren Funktionen
$L^p(\Omega, \mathcal{F}, \mu)$	Banachraum p-fach integrierbarer Funktionenklassen
$\mathcal{T}([\alpha, \beta])$	Treppenfunktionen auf $[\alpha, \beta]$
$\mathcal{T}_a^p([\alpha, \beta])$	$\mathcal{A}_t$-adaptierte, p-fach integrierbare Treppenprozesse

$\mathcal{T}_a^\infty([\alpha,\beta])$ $\mathcal{A}_t$-adaptierte, beschränkte Treppenprozesse

$\mathcal{L}_a^p([\alpha,\beta])$ $\mathcal{A}_t$-adaptierte $\mathcal{L}^p(\lambda \otimes P)$-Prozesse (für $p = 2$ die Integranden von $\mathcal{L}^2(P)$-Itô-Integralen)

$\mathcal{L}_\omega^p([\alpha,\beta])$ pfadweise $\mathcal{L}^p$-Prozesse (für $p = 2$ die Integranden allgemeiner Itô-Integrale)

$\mathcal{L}_\omega^p([\alpha,\infty))$ Prozesse $(f_t)_{t \geq \alpha}$ mit $f|_{[\alpha,\beta]} \in \mathcal{L}_\omega^p([\alpha,\beta])$ für alle $\beta > \alpha$;

$\mathcal{L}_a^p([\alpha,\infty))$ entsprechend definiert, mit $\mathcal{L}_\omega^p$ ersetzt durch $\mathcal{L}_a^p$

$\mathcal{L}_\omega^p([0,\tau])$ für $\mathcal{A}_t$-Stoppzeiten $\tau \leq T$: $\mathcal{A}_t$-adaptierte, messbare Prozesse $(f_t)_{t \in [0,T]}$ mit $1_{[0,\tau)}f \in \mathcal{L}_\omega^p([0,T])$ (für $p = 2$ die Integranden von Itô-Integralen bis zur Stoppzeit τ)

$\mathcal{L}_a^p([0,\tau])$ entsprechend definiert, mit $\mathcal{L}_\omega^p$ ersetzt durch $\mathcal{L}_a^p$

$\mathcal{L}_{loc}^p([\alpha,\infty))$ alle $f : [\alpha,\infty) \to \mathbb{R}$ mit $f|_{[\alpha,\beta]} \in \mathcal{L}^p([\alpha,\beta],\lambda)$, $\forall \beta > \alpha$

$C(M)$ stetige reelle Funktionen auf der Menge $M \subset \mathbb{R}^d$

$C^n([\alpha,\beta])$ n-fach stetig differenzierbare, reelle Funktionen auf $[\alpha,\beta]$

$C_b(\mathbb{R}^d)$ stetige, reelle, beschränkte Funktionen auf $\mathbb{R}^d$

$C_0(\mathbb{R}^d)$ diejenigen $f \in C(\mathbb{R}^d)$ mit $f(\lambda) \to 0$ für $|\lambda| \to \infty$

$C_c(\mathbb{R}^d)$ stetige reelle Funktionen auf $\mathbb{R}^d$ mit kompaktem Träger

$C_c(\mathbb{R}^d,\mathbb{C})$ wie $C_c(\mathbb{R}^d)$, aber komplexwertig

$C^k(U)$ k-fach stetig differenzierbare reelle Funktionen auf U

$C^{1,2}(I \times U)$ C^1-Funktionen auf $I \times U$ die in der zweiten Variablen zweimal stetig differenzierbar sind

$\perp$ Symbol für Orthogonalität im Hilbertraum

$\perp\!\!\!\perp$ Symbol für stochastische Unabhängigkeit

$V \oplus W$ direkte Summe der (Unter-) Vektorräume V und W

$t \wedge s$ $\min\{t,s\}$

$t \vee s$ $\max\{t,s\}$

$\dot{F} = \partial_t F$ Partielle Ableitung von $F(t,x)$ nach der Zeit t

$F' = \partial_x F$ Partielle Ableitung von $F(t,x)$ nach dem Ort x

$\sigma \equiv 0$ zur Betonung, dass die Funktion σ identisch Null ist

$f_n \nearrow f$ die f_n konvergieren monoton wachsend gegen f

AWP   Anfangswertproblem

BB   Brownsche Bewegung

CF   Cauchy-Folge

CSU   Cauchy-Schwarzsche Ungleichung

DG   Differentialgleichung

EW   Erwartungswert

f.s., f.ü.   fast sicher, fast überall

g.g.i.   gleichgradig integrierbar

n.V.   nach Voraussetzung

o.B.d.A.   ohne Beschränkung der Allgemeinheit

SDG   stochastische Differentialgleichung

Z.V.   Zufallsvariable

Z.Vek.   Zufallsvektor

Literatur

[A1]   L. Arnold, *Stochastische Differentialgleichungen*, Oldenburg Verlag 1974.

[A2]   L. Arnold, *Random Dynamical Systems*, Springer Monographs in Mathematics, Springer 1998.

[Ba1] H. Bauer, *Maß- und Integrationstheorie*, De Gruyter 1992.

[Ba2] H. Bauer, *Wahrscheinlichkeitstheorie*, De Gruyter 1991.

[Bec] R. Becker, *Theorie der Wärme*, Heidelberger Taschenbücher Band 10, Springer 1985.

[Ben] A. Bensoussan, *Stochastic control of partially observable systems*, Cambridge University Press 1992.

[BN]   K. Behnen und G. Neuhaus, *Grundkurs Stochastik*, Teubner 1995.

[CC]   R.A. Carmona und F. Cerou, *Transport by Incompressible Random Velocity fields: Simulations & Mathematical Conjectures*, in: Stochastic partial differential equations: Six Perspectives. Math. Surveys and Monographs, Vol. 64, eds: R.A. Carmona, B. Rozovskii, AMS 1999.

[CE]   A.S. Cherny und H.-J. Engelbert, *Singular stochastic differential equations*, Lecture Notes in Mathematics 1858, Springer 2005.

[CK]   W.T. Coffey, Y.P. Kalmykov und J.T. Waldron, *The Langevin Equation*, World Scientific 1996.

[CR]   Y.S. Chow, H. Robbins und D. Siegmund, *Great Expectations: The theory of optimal stopping*, Boston, Houghton Mifflin 1971.

[DM]   C. Dellacherie und P. Meyer, *Probabilities and Potential*, Mathematics Studies Vol. 29, North-Holland Publishing Company 1979.

[Do1] J.L. Doob, *Stochastic processes depending on a continuous parameter*, Transactions of the AMS 42 (1937).

[Do2] J.L. Doob, *Classical Potential Theory and Its Probabilistic Counterpart*, Grundlehren der mathematischen Wissenschaften 262, Springer 1984.

[Do3] J.L. Doob, *The Brownian movement and stochastic equations*, Annals of Math. 43, No. 2 (1942), S. 351-369.

[Du]   R. M. Dudley, *Wiener functionals as Itô integrals*, Ann. Probability 5 (1977), no. 1, 140–141.

[Dy]   E.B. Dynkin, *Markov Processes*, Vol.1, Springer 1965.

[El]   J. Elstrodt, *Maß- und Integrationstheorie*, Springer 1996.

[ES]   A. Einstein und M. v. Smoluchowski, *Untersuchungen über die Theorie der Brownschen Bewegung; Abhandlungen über die Brownsche Bewegung und verwandte Erscheinungen*, Ostwalds Klassiker, Reprint der Bände 199 und 207, Verlag Harri Deutsch 1997.

[Fo]   O. Forster, *Analysis I + II*, Vieweg, Braunschweig 1977.

[Fre] M. Freidlin, *Functional Integration and Partial Differential Equations*, Annals of Mathematics Studies 109, Princeton University Press 1985.

[Fri] A. Friedman, *Stochastic Differential Equations and Applications*, Academic Press 1975.

[Ga]   T. Gard, *Introduction to stochastic differential equations*, Marcel Dekker 1989.

[GS]   I.I. Gichman und A.W. Skorochod, *Stochastische Differentialgleichungen*, Akademie-Verlag 1971.

[Ha]   G.L. de Haas, *Die Brownsche Bewegung und einige verwandte Erscheinungen*, Vieweg 1913.

[He]   H. Heuser, *Funktionalanalysis*, Teubner 1986.

[HT]   W. Hackenbroch und A. Thalmaier, *Stochastische Analysis*, Teubner 1994.

[Ir]   A. Irle, *Finanzmathematik*, Teubner Taschenbuch 1998.

[I1]   K. Itô, *Stochastic differential equations*, Memoirs of the AMS, no. 4, 1951.

[I2]   K. Itô, *Introduction to Probability Theory*, Cambridge University Press 1984.

[KP]   P. Kloeden und E. Platen, *Numerical Solution of Stochastic Differential Equations*, Springer 1995.

[Ko]   M. Koecher, *Lineare Algebra und analytische Geometrie*, Springer 1997.

[Kor] R. und E. Korn, *Optionsbewertung und Portfolio-Optimierung*, Vieweg 1999.

[Kr]   K. Krickeberg, *Wahrscheinlichkeitstheorie*, Teubner 1963.

[Kry] N.V. Krylov, *Introduction to the theory of diffusion processes*, American Mathematical Society 1999.

[KS1] I. Karatzas und S.E. Shreve, *Brownian motion and stochastic calculus*, Springer 1989.

[KS2] I. Karatzas und S.E. Shreve, *Methods of Mathematical Finance*, Springer 1998.

[KT]   S. Karlin und H. Taylor, *A second coures in stochastic processes*, Academic Press, London 1981.

[Le]   F.L. Lewis, *Optimal Estimation*, Wiley 1986.

[LL]   D. Lamberton und B. Lapeyre, *Introduction to Stochastic Calculus Applied to Finance*, Chapman and Hall, London 1996.

[LS]   R.S. Lipster und N. Shiryayev, *Statistics of random processes I*, Springer, zweite Auflage 2001.

[Ma]   R.M. Mazo, *Brownian Motion – Fluctuations, Dynamics and Applications*, Clarendon Press 2002.

[MK]   H. P. McKean, Jr., *Stochastic Integrals*, Academic Press 1969.

[MR]   M. Musiela und M. Rutkowski, *Martingale Methods in Financial Modelling*, Springer 1998.

[Ne]   E. Nelson, *Dynamical Theories of Brownian Motion*, Mathematical Notes 3, Princeton University Press 1967.

[Ø]   B. Øksendal, *Stochastic differential equations* (5th edition), Springer 1999.

[Pe]   K. Petersen, *Ergodic theory*, Cambridge University Press 1983.

[PR]   B.L.S. Prakasa Rao, *Statistical inference for diffusion type processes*, Kendall's library of statistics 8, Arnold 1999.

[RS]   M. Reed und B. Simon, *Methods of Modern Mathematical Physics I, Functional analysis*, Academic Press 1980.

[RY]   D. Revuz und M. Yor, *Continuous Martingales and Brownian Motion*, Grundlehren 293, Springer 1994.

[RW]   L. Rogers und D. Williams, *Diffusions, Markov processes, and Martingales*, Vol. 1 and 2, Cambridge University Press 2000.

[Sc]   W. Schachermayer, *Introduction to the mathematics of financial markets*. Lectures on probability theory and statistics (Saint-Flour, 2000), 107-179, Lecture Notes in Math., 1816, Springer, Berlin 2003.

[Sch]   Z. Schuss, *Theory and Applications of Stochastic Differential Equations*, Wiley, New York 1980.

[St]   J.M. Steele, *Stochastic Calculus and Financial Applications*, Springer 2001.

[We]   A.D. Wentzel, *Theorie zufälliger Prozesse*, Birkhäuser 1979.

[Wa]   W. Walter, *Analysis I + II*, Springer 1995.

[Wax]   N. Wax, *Selected papers on noise and stochastic processes*, Dover, New York 1954.

[WW]   H. v. Weizsäcker und G. Winkler, *Stochastic integrals: an introduction*, Vieweg 1990.

Sachverzeichnis